KOSMOS HIMMELS-JAHR 1998

SONNE, MOND UND STERNE IM JAHRESLAUF

Herausgegeben von Hans-Ulrich Keller
unter Mitarbeit von Erich Karkoschka

Mit 209 Abbildungen
und 85 Tabellen

Kosmos

Mit 159 größtenteils vierfarbigen Zeichnungen von Gerhard Weiland nach Vorlagen der Verfasser: 23 Farbfotos und 7 Schwarzweißfotos, 85 Tabellen, 8 Sternkartendarstellungen (Archiv). 12 Monatssternkarten von Wil Tirion.

Umschlag gestaltet von Atelier Reichert, Stuttgart, unter Verwendung einer Graphik von Conrad Höllerer

Lektorat: Hermann-Michael Hahn und Siegfried Fischer.
Herstellung: S. Werner

ISSN 0439-1551
Best.-Nr. 3-440-07328-6
Printed in Germany / Imprimé en Allemagne
Satz und Repro: Typomedia Satztechnik GmbH, Ostfildern
Druck und Bindung: Westermann Druck Zwickau GmbH, Zwickau

Verzeichnis wichtiger Abbildungen und Tabellen

Sonnen- und Mondfinsternisse 26
Sternbedeckungen durch
den Mond 220
Sternzeittafel 222
Sonne: Diagramme der
Fleckenrelativzahlen 219
Lage der Rotationsachse und
des Äquators 218
Beginn der synodischen Sonnenrotation,
Zentralmeridiane 218
Planeten: Durchmesser und Symbole 18
Scheinbare Größen der
Planetenscheibchen 207
Helligkeiten 209
Merkur und Venus – Hauptstellungen 1998 . 33
Venus und Mars am Osthimmel 119
Jupiter und Saturn – Übersicht 36
Jupiter 149
Saturn 167
Uranus und Neptun 121
Pluto 91
Ceres 170
Pallas 149
Vesta .... 153 + 167
Eunomia 170
Veränderliche Sterne:
Aufsuchkärtchen für Algol, β Lyrae,
δ Cephei und Mira Umschlag innen
Nomogramm zur Korrektur für
Auf- und Untergangszeiten 224
Tabellen:
Geographische Koordinaten großer
Städte mit Zeitkorrektur 223
Korrekturtafel für Auf- und
Untergangszeiten 225
Das griechische Alphabet 25
Erläuterungen zum Kalendarium
1998 – 2002 247

Das Himmelsjahr 1998

Das Himmelsjahr – ein Führer durch die Sternenwelt 5

Das Jahr 1998 7

Erläuterungen zum Gebrauch 9
Sterne, Sternbilder und Sternkarten 11
Sterngruppen und Nebel 14
Die Helligkeit der Sterne 14
Zeitangaben 15
Der Sonnenlauf 17
Der Mondlauf 18
Der Planetenlauf 19
Die großen Planeten 20
Kleinplaneten 21
Die Monde der Planeten 22
Sternschnuppen 22
Konstellationen und Ereignisse 22
Fixsternhimmel 23
Monatsthemen 24
Tabellen und Ephemeriden 24
Das griechische Alphabet 25

Sonnen- und Mondfinsternisse 1998 26

Anhang 207
Tabellen, Ephemeriden und Abbildungen 207
Veränderliche Sterne . . . . . Umschlag innen
Planetenscheibchen 207
Äußeres Planetensystem 208
Planetensichtbarkeiten 209
Planetenhelligkeiten 209
Ekliptikale Koordinaten
Mond 210
Sonne und große Planeten 211
Äquatoriale Koordinaten
Große Planeten 212
Kleinplaneten 216
Zentralmeridian 217
Jupiter 217
Sonnenscheibenephemeriden 218
Sternbedeckungen 220
Sternzeittafel 222
Koordinaten größerer Städte 223
Auf- und Untergangskorrektur 225

Astronomische Institute, Planetarien und Sternwarten 231
Amateurastronomische Vereinigungen, Beobachtungsstationen und Privatsternwarten 240
Kalendarium 1998–2002 251

Monatsübersichten
Januar 29
Februar 47
März 61
April 75
Mai 87
Juni 101
Juli 115
August 129

September 145
Oktober 163
November 181
Dezember 193

Monatsthemen
Wie alt ist das Universum? 40
Der Orionnebel – Fabrik der Sterne 55
Gibt es braune Zwerge? 70
Goldene Zahl und Epakte 83
Was sind Plutinos? 97
Jung, hell und blau: Exotische Kugelsternhaufen 110
HALE-BOPP, der große Komet von 1997 125
Vorschau auf die totale Sonnenfinsternis vom 11. August 1999 139
GALILEO erforscht Jupiter 157
Die Trabanten des Ringplaneten 174
Die Leoniden 190
Wann beginnt das dritte Jahrtausend? 204

Das Himmelsjahr – ein Führer durch die Sternenwelt im Jahreslauf

Sie halten dieses Jahrbuch vielleicht zum ersten Mal in Händen. Eigentlich haben Sie sich schon immer für die Himmelskunde interessiert. Als ein im Grunde genommen nachdenklicher Mensch haben Sie sich schon lange mit Fragen nach dem grenzenlosen Weltall, dem Ursprung des Universums, dem Leben der Sterne und mit den geheimnisvollen, bizarren Welten der Planeten beschäftigt. Aber haben Sie selbst schon mal den Sternenhimmel aufmerksam beobachtet, Sternbilder aufgesucht und Planeten erkannt – und sei es nur mit dem bloßen Auge?

Vielleicht besitzen Sie ein Fernglas oder gar ein Teleskop, mit dem Sie gerne einmal einen Blick in den Sternenhimmel werfen wollen. Doch wo finden Sie wann was? Die praktische Ausübung der Himmelskunde bedarf einer Anleitung. Vorliegendes Jahrbuch soll dabei helfen, eigene astronomische Beobachtungen zu ermöglichen.

Mit Hilfe des *Himmelsjahres* soll sich der Leser über die astronomischen Ereignisse des Jahres in möglichst klarer und verständlicher Form informieren können. Jedes Jahr kommen stets neue Leser hinzu, die sich erst in die astronomischen Fachbegriffe und in die spezifische Materie der Himmelskunde einarbeiten wollen. Sie schätzen eine möglichst einfache und doch vollständige Darstellungsweise auch komplizierter Sachverhalte. Für die Erstbenutzer ist das Einführungskapitel „Erläuterungen zum Gebrauch" in erster Linie gedacht. Aber auch der langjährige Himmelsjahrleser sollte ab und zu das Einführungskapitel durchgehen. Eine wesentlich ausführlichere und tiefergehende Beschreibung wichtiger Abschnitte der Himmelskunde findet man in dem Büchlein *Astrowissen,* erschienen bei Franckh-Kosmos, Stuttgart 1994. Als Kompendium der Astronomie soll das *Astrowissen* ein Begleiter zum *Himmelsjahr* sein.

Doch nicht nur dem Neuling in der Himmelskunde soll das vorliegende Jahrbuch dienen. Für fortgeschrittene Sternfreunde und systematisch arbeitende Amateurastronomen bringt es alle notwendigen Zahlenangaben (Ephemeriden) für eigene Beobachtungen. Um möglichst allen Benutzern – vom Anfänger bis zum versierten Beobachter – zu dienen, wird in den Monatsübersichten eine einfache, beschreibende Darstellung aller interessanten Himmelsvorgänge gebracht, während im Tabellenteil am Schluß wichtige Beobachtungsdaten in Form von Zahlentafeln vermerkt sind, die der Anfänger unberücksichtigt lassen kann.

Dem Hauptteil ist eine Zusammenfassung der 1998 stattfindenden Sonnen- und Mondfinsternisse vorangestellt. Auf Seite 7 findet man eine kalendarische Übersicht für das Jahr 1998 mit chronologischen Daten und Angaben der Festtage. Der Anhang enthält ein Verzeichnis professioneller astronomischer Institute sowie eine Liste von amateurastronomischen Einrichtungen, die den Kontakt zu Gleichgesinnten erleichtern soll.

Der Jahrgang 1998 erscheint in neuem Gewand, neudeutsch auch Layout genannt. Es soll der noch leichteren Lesbarkeit und Übersichtlichkeit dienen. Durchgehend sind nun Graphiken und Abbildungen mehrfarbig gestaltet. Verlag und Herausgeber hoffen, damit vielen Leserinnen und Lesern ein ansprechendes Erscheinungsbild zu präsentieren.

Die Daten für das vorliegende Jahrbuch stammen, soweit nicht nachstehend besonders vermerkt, vom Planetarium Stuttgart. Das Bureau des Longitudes, Paris, lieferte die Daten für die Jupitermonderscheinungen, die Angaben für die Sternbedeckungen das Internationale

E.1: 1998 soll der erste von vier 8-Meter-Spiegeln des 16-Meter-Teleskops der Europäischen Südsternwarte ESO in Chile seinen Betrieb aufnehmen.

Lunar Occultation Centre (ILOC), Tokio, die Sonnenfleckenrelativzahlen das Observatoire Royal de Belgique, Brüssel.
Mein besonderer Dank gilt meinem Mitarbeiter, Herrn Erich Karkoschka (Lunar and Planetary Laboratory, University of Arizona, Tucson) für seine Ephemeridenberechnung und Anfertigungen der meisten Skizzen sowie für seine zahlreichen Hinweise und Vorschläge zur weiteren Verbesserung dieses Jahrbuches.
Dank schulde ich auch Herrn Gerhard Weiland, der mit großer Sorgfalt und Umsicht die Reinzeichnungen aller Graphiken angefertigt hat. Dankbar bin ich auch Frau Mareike Ziegler, die alle Korrekturen sorgfältig gelesen und zahlreiche nützliche Hinweise gegeben hat.
Zu danken habe ich ferner den Mitgliedern der Beobachtergruppe des Planetariums Stuttgart für ihre hervorragenden Astroaufnahmen, die sie auf der Sternwarte Welzheim gewonnen haben. Dank gebührt auch Frau Carmen Borst und Frau Christa Rätz für die sorgfältige Reinschrift des Manuskripts sowie den Mitarbeiterinnen und Mitarbeitern des Verlages, insbesondere den Herren Siegfried Fischer und Hermann-Michael Hahn, für die hervorragende Zusammenarbeit, ohne die dieses Jahrbuch nicht pünktlich erscheinen könnte.

Stuttgart, im April 1997
Hans-Ulrich Keller

Das Jahr 1998

Das Jahr 1998 ist nach dem Gregorianischen Kalender ein **Gemeinjahr** mit **365** Tagen.
Beginn der Jahreszeiten:
Frühling (Tagundnachtgleiche):
20. März 20^h55^m MEZ
Sommer (Sonnenwende):
21. Juni 15^h03^m MEZ
Herbst (Tagundnachtgleiche):
23. September 6^h37^m MEZ
Winter (Sonnenwende):
22. Dezember 2^h56^m MEZ

Sommerzeit: Die Mitteleuropäische Sommerzeit (MESZ) geht gegenüber der Mitteleuropäischen Zeit (MEZ) um eine Stunde vor. Sie soll vom **29. März** bis **25. Oktober 1998** gelten. Kurzfristige Änderungen sind möglich.

FEST- UND FEIERTAGE 1998

Neujahrstag:	**Donnerstag,** 1. Januar
Aschermittwoch:	25. Februar
Karfreitag:	10. April
Ostersonntag:	12. April
Ostermontag:	13. April
Christi Himmelfahrt:	Donnerstag, 21. Mai
Pfingstsonntag:	31. Mai
Pfingstmontag:	1. Juni
Fronleichnam:	Donnerstag, 11. Juni
Allerheiligen:	Sonntag, 1. November
Buß- und Bettag:	Mittwoch, 18. November
1. Advent:	Sonntag, 29. November
Heiliger Abend:	Donnerstag, 24. Dezember
1. Weihnachtsfeiertag:	**Freitag,** 25. Dezember
2. Weihnachtsfeiertag:	Samstag, 26. Dezember
Silvester:	**Donnerstag,** 31. Dezember

STAATSFEIERTAGE 1998

Tag der deutschen Einheit:	Samstag, 3. Oktober
Österreichischer Nationalfeiertag:	Montag, 26. Oktober
Schweizer Bundesfeier:	Samstag, 1. August

KALENDERÄREN 1998
Am 20. September beginnt das jüdische Jahr 5759.
Am 27. April beginnt das islamische Jahr 1419.
Am 14. September beginnt in der byzantinischen Ära das Jahr 7507.
Am 1. Januar beginnt das japanische Jahr 2658.
Am 11. September beginnt das Jahr 1715 der Ära Diokletians.
Am 14. September beginnt das Jahr 2310 der Seleukidenära.
Am 14. Januar beginnt das Jahr 2751 der römischen Ära a.u.c.
Der 14. Januar 1998 des Gregorianischen Kalenders korrespondiert mit dem 1. Januar 1998 des Julianischen Kalenders.
Das Jahr 1998 entspricht dem Jahr 6711 der Julianischen Periode.

Der 1. Januar 1998 (0^h Weltzeit = 1^h Mitteleuropäischer Zeit) hat die Julianische Tagesnummer 2450814,5

CHRONOLOGIE 1998
Sonnenzirkel: 19
Goldene Zahl (Mondzirkel): IV
Sonntagsbuchstabe: D
Indiktion (Römerzinszahl): 6
Epakte: 2
Jahresregent: Merkur
(Nähere Erläuterungen zu den chronologischen Zyklen, die auch Kalenderzyklen genannt werden, siehe Seite 25).

FINSTERNISSE 1998
Das Jahr 1998 erweist sich für Mitteleuropa als ausgesprochen finsternisarm. Zwar finden fünf Finsternisse statt, keine davon ist jedoch von unseren Gegenden aus beobachtbar. Die totale Sonnenfinsternis vom 26. Februar und die ringförmige Sonnenfinsternis vom 21./22. August bleiben von Mitteleuropa aus unbeobachtbar. Weder eine totale noch eine partielle Mondfinsternis ereignen sich 1998. Von den drei Halbschattenfinsternissen des Mondes – am 13. März, am 8. August und am 6. September – kann keine bei uns verfolgt werden.
Ein absoluter Höhepunkt in Sachen Finsternis ist jedoch im Jahre 199**9** zu erwarten: Am 11. August kommt es zu einer totalen Sonnenfinsternis, wobei die Totalitätszone über Süddeutschland und Österreich ziehen wird (siehe auch Monats-

thema „Vorschau auf die totale Sonnenfinsternis vom 11. August 1999“ auf Seite 139). Nähere Erläuterungen zu den fünf Finsternissen findet man im Kapitel „Sonnen- und Mondfinsternisse“ auf Seite 26.

PLANETEN 1998

MERKUR kann Anfang Januar, Ende August/Anfang September sowie in der zweiten Dezemberhälfte am Morgenhimmel gesehen werden. Mitte März bietet Merkur die einzige Abendsichtbarkeit in diesem Jahr.

VENUS kommt am 16. Januar in untere Konjunktion mit der Sonne. Ab Ende Januar bis Mitte September ist unser innerer Nachbarplanet Morgenstern. Am 20. Februar leuchtet sie am Morgenhimmel in größtem Glanz. Am 27. März erreicht sie ihre größte westliche Elongation von der Sonne. Am 30. Oktober steht sie in oberer Konjunktion mit der Sonne. Kurz vor Jahresende taucht Venus am Abendhimmel auf.

MARS kann zu Jahresanfang noch am Abendhimmel gesehen werden. Im Februar wird er unbeobachtbar, am 12. Mai steht er in Konjunktion mit der Sonne. Mitte August macht er sich am Morgenhimmel erstmals wieder bemerkbar. Bis Jahresende ist er in der zweiten Nachthälfte vertreten.

JUPITER kommt am 16. September in Opposition zur Sonne. Seine Oppositionsschleife liegt im Gebiet der Sternbilder Wassermann/Fische. Im Laufe des April taucht der Riesenplanet am Morgenhimmel auf. Von September bis Jahresende kann er am Abendhimmel gesehen werden.

SATURN erreicht seine Oppositionsstellung im Sternbild Fische am 23. Oktober. Zu Jahresbeginn ist er noch am Abendhimmel vertreten. Am 13. April steht er in Konjunktion mit der Sonne am Taghimmel. Ab Mitte Juni kann der Ringplanet am Morgenhimmel gesehen werden. Nach seiner Opposition ist er über den Jahreswechsel hinaus in der ersten Nachthälfte am Sternenzelt vertreten.

URANUS, **NEPTUN** und **PLUTO** sind so lichtschwach, daß sie ohne optische Hilfsmittel nicht sichtbar sind.

URANUS kommt am 3. August im Steinbock in Opposition zur Sonne, **NEPTUN** bereits am 23. Juli im Westteil des Steinbocks nahe der Grenze zum Schützen.

PLUTO steht am 28. Mai in Opposition zur Sonne. Zur Zeit ist er der Sonne noch ein wenig näher als Neptun.

Genauere Angaben über die Sichtbarkeiten der Planeten entnehme man der Rubrik „Planetenlauf“ in den Monatsübersichten.

Erläuterungen zum Gebrauch

Wer in einer wirklich klaren Nacht fernab von jeder störenden irdischen Lichtquelle den sternenübersäten Himmel betrachtet, ist leicht verwirrt. Scheinbar unzählige Lichtpünktchen funkeln am samtschwarzen Firmament. Doch die Astronomen haben Ordnung in dieses Sternengewimmel gebracht. Sich am Sternenzelt zurechtzufinden ist leichter, als mancher denken mag.

Die vielen Sterne, die man in einer mondlosen Nacht zu sehen bekommt, sind fast ausnahmslos Sonnen, also heiße, selbstleuchtende Gasbälle, gewissermaßen Geschwister unserer eigenen Sonne. Sie prägen dem Himmel ein scheinbar unveränderliches Muster auf, d. h., ihre gegenseitigen Positionen bleiben unverändert; man nennt sie daher Fixsterne. Die Phantasie der Menschen erkannte schon in alter Zeit in der zufälligen Anordnung der Sterne die Gestalten von Menschen, Tieren oder Gegenständen, eben die Sternbilder. Das Beispiel des Großen Wagens ist wohl jedem bekannt. Seine Form ändert sich nicht, jahraus, jahrein erkennen wir ihn in gleicher Gestalt.

Das Aussehen des Sternenhimmels ändert sich jedoch von Stunde zu Stunde. Da die Erde sich dreht, gehen die Sterne ebenso wie Sonne und Mond auf und unter. Am Morgenhimmel sind andere Sternbilder zu sehen als am Abendhimmel. Da die Sonne im Laufe eines Jahres durch die Tierkreissternbilder wandert, ist der Himmelsanblick auch jahreszeitlich immer wieder verschieden. Schließlich hängt es noch vom Beobachtungsort auf der Erde ab, welche Sterne zu sehen sind. In anderen geographischen Breiten sieht der Himmel entsprechend verschieden aus. Das berühmte Kreuz des Südens beispielsweise ist bei uns in Mitteleuropa nicht zu sehen.

Im *Himmelsjahr* ist das Bild des abendlichen Fixsternhimmels für jeden Monat beschrieben. Eine Sternkarte erleichtert die Übersicht. Außerdem ist die Stellung des Himmelswagens um 22^h MEZ für jeden Monat aus einer Graphik ersichtlich. Der Himmelswagen ist in jeder klaren Nacht zu beobachten, da er bei uns zirkumpolar ist, also niemals untergeht.

E.2: Die Galaxie M 51 im Sternbild Jagdhunde – ein Milchstraßensystem in 22 Millionen Lichtjahren Entfernung.

E.3: Ausschnitt aus der Milchstraße im Gebiet des Sternbildes Adler – ein Gewimmel von Millionen Sonnen (Aufnahme von Gutzeit/Idler, Beobachtergruppe Planetarium Stuttgart).

Während die Fixsterne ihre Stellungen zueinander nicht ändern, sondern nur gemeinsam infolge der Erdrotation über das Firmament ziehen, gibt es Gestirne, die ihre Position im Laufe von Wochen und Monaten ändern. Man nennt sie Wandelsterne oder Planeten (griech.: πλαναομαι = umherirren). Sie sind die Geschwister unserer Erde, die ebenfalls ein Planet ist. Mit bloßem Auge sind fünf Planeten zu sehen: Merkur, Venus, Mars, Jupiter und Saturn. Nach der Erfindung des Fernrohres wurden noch drei weitere entdeckt: Uranus, Neptun und Pluto. Somit sind heute neun große Planeten bekannt, die die Sonne, das Zentralgestirn, umkreisen.
Wer die Sternbilder kennt, dem fällt ein Planet sofort als nicht dazugehöriges, gewissermaßen fremdes Gestirn auf. Ferner flimmern Planeten im Unterschied zu den punktförmigen Fixsternen nicht oder kaum, sie glänzen ruhig im geborgten Sonnenlicht.
Die Planeten laufen etwa in derselben Ebene um die Sonne, die von der Erdbahn aufgespannt wird. Die Erdbahnebene entsteht durch den Umlauf der Erde um die Sonne; sie heißt auch Ekliptikebene.
Von der Erde aus gesehen wandert somit die Sonne in einem Jahr durch die bekannten Sternbilder des Tierkreises. Der Wanderweg der Sonne heißt Ekliptik. Mond und Planeten bewegen sich ebenfalls in der Nähe der Ekliptik. Sie sind daher stets in den Tierkreissternbildern zu finden. Niemals kann beispielsweise die Venus im Großen Bären gesehen werden!
Ein Wort zu den Dimensionen im Weltall: Gibt man sie in Kilometer an, so erhält man die berühmten „astronomischen" Zahlen, Ungetüme mit vielen Nullen, die kaum aussprechbar sind und unter denen man sich gar nichts mehr vorstellen kann. Anschaulicher werden die Entfernungen im Kosmos, wenn man die Reisegeschwindigkeit des Lichtes zu Hilfe nimmt: Pro Sekunde legt ein Lichtstrahl 300 000 Kilometer zurück, das

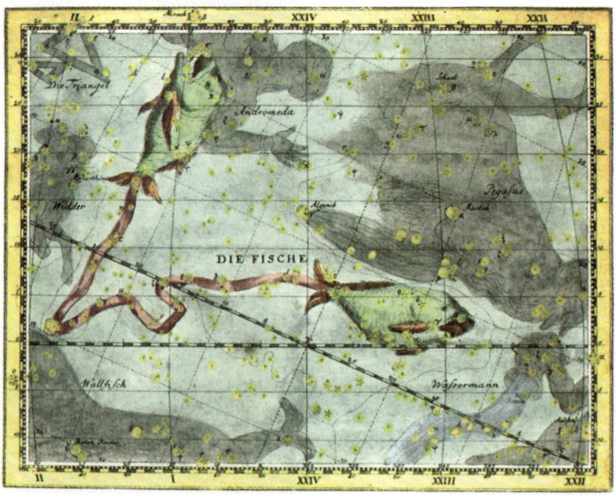

E.4: Das Sternbild Fische (Pisces) in der phantasievoll ausgeschmückten Sternkarte von Johann Elert Bode aus dem Jahre 1782.

ist fast die Strecke von der Erde zum Mond. Von der Sonne zur Erde sind es 8 $1/3$ Lichtminuten; dies entspricht 150 Millionen Kilometer. Die Entfernung Erde Sonne wird auch Astronomische Einheit (A.E.) genannt. Sie ist die Basis für astronomische Entfernungsmessungen. Bis zum fernsten Planeten unseres Sonnensystems, dem Pluto, ist ein Lichtquant von der Sonne immerhin schon sechs Stunden unterwegs. Danach beginnt der Abgrund der Fixsternräume. Schon die nächsten Sterne, also Nachbarsonnen unserer eigenen, sind so weit weg, daß das Licht Jahre braucht, um die gewaltigen Distanzen zu überbrücken. In einem Jahr legt das Licht 9 460 000 000 000 Kilometer zurück, also fast zehn Billionen Kilometer. Sirius im Sternbild Großer Hund, ein sehr naher Stern, ist beispielsweise „nur“ rund neun Lichtjahre entfernt. Die meisten Sterne sind aber Dutzende, Hunderte und Tausende von Lichtjahren weit weg. Alle Sterne am Himmel gehören zu einem riesigen System, zur Milchstraße. Als Sternenschwarm von 100 Milliarden Sonnen bildet sie einen gewaltigen Diskus mit 100 000 Lichtjahren Längsdurchmesser und einer zentralen Dicke von 30 000 Lichtjahren. Zwischen den Sternen schweben Staub- und Gaswolken, sogenannte interstellare Materie. Von den Milliarden Sternen der Milchstraße sehen wir in einer klaren Nacht aber nur etwa 3000 bis 4000 Sterne.

Doch die Milchstraße ist nicht das einzige Sternensystem im Universum. Es gibt Milliarden solcher Milchstraßen oder Galaxien, wie sie auch heißen. Schon mit bloßem Auge kann man im Sternbild der Andromeda ein schwaches Lichtfleckchen erkennen: unsere Nachbarmilchstraße, den berühmten Andromedanebel. Über zwei Millionen Jahre ist das Licht dieser Sterne zu uns unterwegs. Andere Galaxien oder Spiralnebel stehen viele Millionen, ja Milliarden Lichtjahre tief im Raum.

Sterne, Sternbilder und Sternkarten

Je nach Phantasie und Kultur haben die einzelnen Völker Sterne und Sternbilder unterschiedlich benannt. Die alten Chinesen kannten einen anderen Tierkreis, als wir ihn heute benutzen. Der Große Wagen wiederum heißt bei den Amerikanern „big dipper“, große

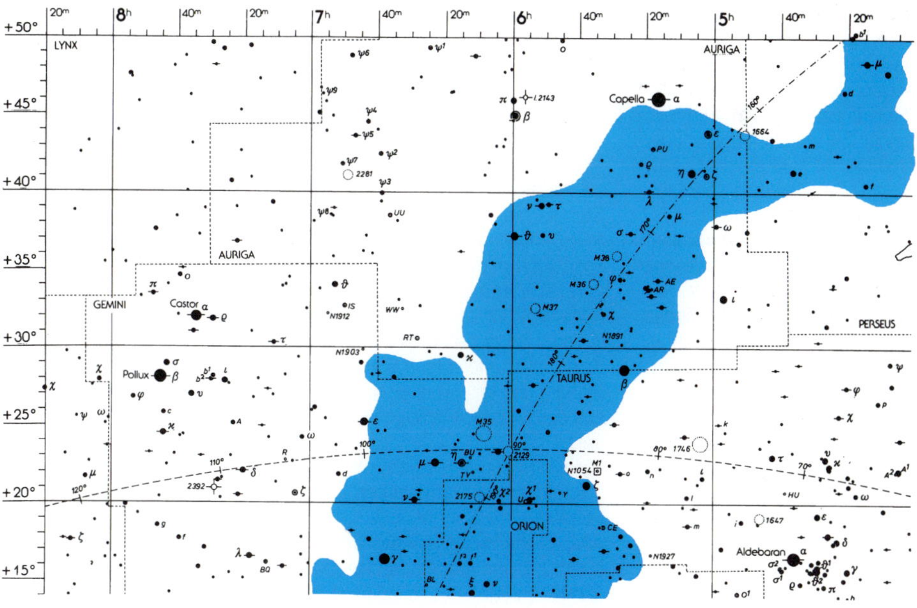

E.5: Ausschnitt aus einer modernen Sternkarte (Dunlop/Tirion, Der Kosmos Sternatlas 2000.0).

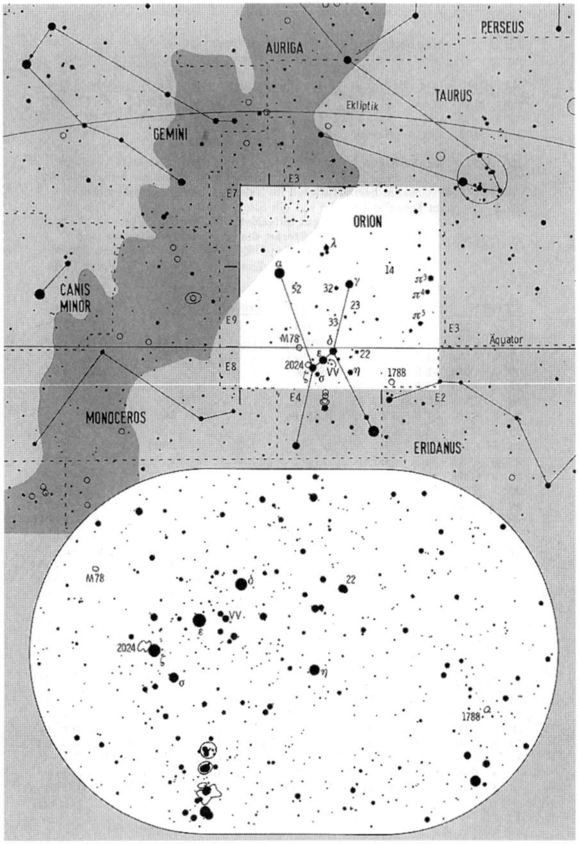

E.6: Ausschnitt aus dem Atlas für Himmelsbeobachter von Erich Karkoschka. Die Übersichtskarten enthalten alle Sterne bis Grenzgröße 6^{m}, die Aufsuchkarten für Sternhaufen und Nebel bis zur Grenzgröße 9^{m} (Kosmos-Verlag, Stuttgart, 1988).

Schöpfkelle. Die meisten Sternbilder, die wir in den Sternkarten finden, stammen aus der griechisch-römischen Mythologie, viele haben ihre Wurzeln im babylonischen Kulturkreis, einige kamen im Mittelalter hinzu. Die Sternbilder des Südhimmels wurden erst in der Neuzeit von den Entdeckern benannt. Damit keine Verwirrung aufkommt, hat die Internationale Astronomische Union (IAU) für die gesamte Himmelskugel 88 Sternbilder festgelegt, die für alle Astronomen und Sternfreunde verbindlich sind. Diese 88 Sternbilder haben lateinische Namen und jeweils eine Abkürzung von drei Buchstaben; Beispiel: der Krebs, lat.: Cancer, Abkürzung: Cnc. Waren früher die Grenzen zwischen den einzelnen Sternbildern unklar oder fließend, so sind die durch IAU-Beschluß festgelegten Sternbilder durch die rechtwinkligen, äquatorialen Himmelskoordinaten (Rektaszension und Deklination) eindeutig abgegrenzt.
In alten Himmelsatlanten findet man recht hübsch und phantasiereich ausgeschmückte Darstellungen der einzelnen Himmelsfiguren (Abb. E. 4). Moderne Sternkarten zeigen nur noch Namen und Koordinatengrenzen eines Sternbildes, aber keine figürliche Darstellung mehr (Abb. E. 5).
Speziell für die Benutzer des *Himmelsjahres* empfehlen sich zur ersten Orientierung die Sternkarten im *Atlas für Himmelsbeobachter* von Erich Karkoschka, Kosmos-Verlag, Stuttgart. Alle Sterne, die mit freiem Auge sichtbar sind, finden sich in dem Himmelsatlas *Der große Kosmos-Himmelsführer* von Ian Ridpath und Wil Tirion, ebenfalls aus dem Kosmos-Verlag, Stuttgart.
Für Sternfreunde mit Fernrohren seien folgende Sternatlanten genannt:
Atlas of the Heavens (Atlas Coeli 1950.0) von Antonin Beçvar (geht bis $7^{\mathrm{m}}\!.75$),
Sky Atlas 2000.0 von Wil Tirion (bis $8^{\mathrm{m}}\!.0$), und
Uranometria 2000.0 von W. Tirion/B. Rappaport/G. Lovi (Grenzgröße $9^{\mathrm{m}}\!.5$).
Neben den klassischen Sternatlanten gibt es heute auch gute Computerprogramme, die einen gewünschten Himmelsausschnitt am Monitor erscheinen lassen. Zwei sehr nützliche Astroprogramme seien genannt: Redshift 2 – Multimedia Astronomie, deutsche Version erschienen bei Ullstein Softmedia, und Guide 5.0 Project Pluto.

Nur die hellsten oder auffällige Sterne, die beispielsweise periodisch ihre Helligkeit ändern, haben Eigennamen erhalten. Diese stammen häufig von den Arabern, die in klaren Wüstennächten eifrig den Himmel beobachteten. So heißen die beiden hellsten Sterne im Wintersternbild Orion Beteigeuze und Rigel oder der berühmte veränderliche Stern im Perseus Algol.
Etwas systematischer hat Johannes Bayer im Jahre 1603 die Sterne bezeichnet, nämlich mit griechischen Buchstaben und dem Genitiv des lateinischen Sternbildnamens. So bekommt der hellste Stern in der Leier die Bezeichnung α Lyrae (oder kurz α Lyr), der zweithellste β Lyrae, der dritthellste γ Lyrae usw.. Die Helligkeitsfolge ist aber nicht immer streng eingehalten, manchmal hat die Mythologie Vorrang. Von den beiden hellen Zwillingssternen trägt der hellere Pollux die Bezeichnung β Geminorum, der etwas schwächere Kastor α Geminorum. Bei Doppelsternen wird gelegentlich noch ein Index an den griechischen Buchstaben angehängt. Beispiel: ε_1 und ε_2 Lyrae, der berühmte Vierfachstern in der Leier (jede Komponente ist ihrerseits ebenfalls ein Doppelstern). Die 24 griechischen Buchstaben (siehe Seite 25) pro Sternbild reichen natürlich nicht aus, um alle Sterne zu benennen. Bei schwächeren Sternen gibt man die Katalognummer an, unter der sie verzeichnet sind, oder einfach die genauen Koordinaten. Beispiele für Katalognummern: BD +52°1312 bedeutet Stern Nummer 1312 in der Deklinationszone von +52° bis +53° der sogenannten Bonner Durchmusterung. HD 128974, Stern aus dem Henry-Draper-Katalog, SAO 146912, Stern aus dem Smithsonian Astrophysical Observatory Star Catalog, FK5: 1051, Stern aus dem 5. Fundamental-Katalog.
Sterne, deren Helligkeit variiert, werden häufig mit einer Kombination aus großen lateinischen

E.7: Der offene Sternhaufen M 11 im Sternbild Schild (Scutum), aufgenommen von Gutzeit/Idler, Beobachtergruppe Planetarium Stuttgart.

E.8: Der große Orionnebel (M 42), eine interstellare Staub- und Gaswolke in rund 1700 Lichtjahren Entfernung, aufgenommen am 4. Dezember 1996 um 23^h47^m MEZ auf der Sternwarte Welzheim von Gertz/Weishaar, Beobachtergruppe Planetarium Stuttgart.

Buchstaben und dem jeweiligen Sternbildnamen versehen: RR Lyrae, T Coronae Borealis. Man kann somit aus der Bezeichnung auf die Eigenart dieser Sterne schließen.
Eine Zusammenfassung der verschiedenen Bezeichnungen für die helleren Sterne findet man in folgendem Katalog-Werk: *Synopsis der Nomenklatur der Fixsterne* von H. Werner und F. Schmeidler, Wissenschaftliche Verlagsges. mbH., Stuttgart.

Sterngruppen und Nebel

Schon mit bloßem Auge entdeckt man im Sternbild Stier ein Grüppchen von sechs bis neun Sternen, bekannt unter dem Namen Siebengestirn oder Plejaden. Sucht man den Himmel mit einem Feldstecher oder Fernrohr ab, so findet man zahlreiche derartige Gruppen. Sie werden schlicht Sternhaufen genannt. Man unterscheidet offene und kugelförmige Sternhaufen: Offene Sternhaufen enthalten Dutzende bis einige hundert Sterne, die alle einzeln als Lichtpunkte erkennbar sind; Kugelhaufen haben Hunderttausende bis Millionen Mitgliedssterne und sind als verwaschene, kreisrunde Lichtfleckchen zu sehen. Nur die Randpartien sind in Einzelsterne auflösbar, im Zentrum stehen die Sterne zu dicht, um als einzelne Lichtpunkte erkannt zu werden.
Zwischen den punktförmigen Sternen zeigen sich auch nebelhafte Gebilde. Da diese „Nebel" ihre Positionen unter den Sternen beibehalten, sind sie keine Erscheinung in der Erdatmosphäre, sondern astronomische Objekte. Bei den Nebeln gilt es, zwei Kategorien auseinanderzuhalten. Einmal beobachten wir tatsächlich Staub- und Gasmassen zwischen den Sternen unserer Milchstraße, wie zum Beispiel im Sternbild Orion den berühmten Orionnebel. Andere nebelhafte Lichtfleckchen lassen sich jedoch mit sehr großen Teleskopen in einzelne Sterne auflösen. Hier sieht man fremde, ferne Milchstraßensysteme; das Licht von Milliarden Sternen wird von uns nur als schwaches Nebelfleckchen registriert, wie beispielsweise beim Andromedanebel. Wegen ihrer häufig spiraligen Gestalt spricht man auch von Spiralnebeln oder Galaxien (griech.: γαλάξις = Milchstraße).
Der französische Astronom Charles Messier (1730 bis 1817) hat einen Katalog mit über hundert Sternhaufen und Nebeln zusammengestellt. Sternfreunde benutzen noch heute seine Katalognummern. Der Orionnebel wird z. B. mit M 42, der Andromedanebel mit M 31, der Kugelhaufen im Herkules mit M 13 bezeichnet. Wesentlich umfangreicher ist der Katalog von John L. E. Dreyer mit dem Namen *New General Catalogue of Nebulae and Clusters of Stars*, abgekürzt mit NGC. Später erschienen noch zwei Ergänzungen (*Index-Catalogue I and II*, kurz IC I und IC II) und schließlich der überarbeitete *Revised New General Catalogue* (RNGC). Daher trägt der Andromedanebel M 31 auch die Bezeichnung NGC 224.

Die Helligkeit der Sterne

Von alters her teilt man die Sterne in sogenannte Größen-

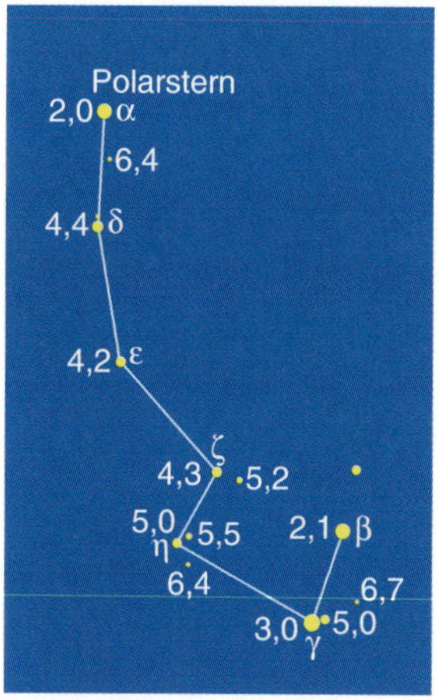

E.9: Sternbild Kleiner Wagen mit Helligkeitsangaben in Größenklassen für die einzelnen Sterne.

klassen ein. Man sagt zum Beispiel, der Polarstern sei ein Stern zweiter Größe. Diese Größenklassen geben nicht den Durchmesser oder die wahre Leuchtkraft der Sterne an, sondern ihre scheinbare Helligkeit am Himmel. Sterne erster Größe sind dabei heller als solche zweiter Größe. Ein schwaches Sternpünktchen sechster Größe ist eben noch mit bloßem Auge zu erkennen. Ein Stern erster Größe ist dabei hundertmal heller als ein Stern sechster Größe. Daraus folgt, daß ein Stern zweiter Größe 2,512mal lichtschwächer ist als ein Stern erster Größe. Ein Stern dritter Größe wiederum ist 2,512mal lichtschwächer als ein Stern zweiter Größe usw., denn $2{,}512^5 = 100$. Die Größenklassenskala ist somit ein logarithmisches Maß. Als Abkürzung verwendet man ein kleines hochgestelltes ^{m} für magnitudo (lat. = Größe). Sterne, die heller

als 1^m sind, bezeichnet man mit 0^m, -1^m, -2^m usw. Die Venus kann -4^m hell sein, was bedeutet, daß sie dann hundertmal heller strahlt als ein Stern erster Größe!
Mit Teleskopen lassen sich auch Sterne beobachten, die schwächer sind als 6^m. In einem guten Fernglas sind Sterne bis 10^m ohne weiteres erkennbar. In großen Teleskopen werden Sterne bis 21^m beobachtet, also Objekte, die eine Million mal lichtschwächer sind als die schwächsten, dem menschlichen Auge zugänglichen Sterne mit 6^m. Die Helligkeiten der Sterne zu schätzen, sollte man üben. Abb. E. 9 zeigt den Kleinen Wagen, wobei die Helligkeiten der einzelnen Sterne vermerkt sind. Da das Sternbild Kleiner Wagen zirkumpolar ist, kann es in jeder klaren Nacht zu jeder Uhrzeit gesehen werden.
Stünden alle Sterne gleich weit entfernt, sozusagen in einer Normentfernung, dann entspräche die beobachtete scheinbare Helligkeit auch ihrer wirklichen Leuchtkraft.
Eine solche Normentfernung wurde mit 10 Parsec (knapp 33 Lichtjahre) festgelegt. Man rechnet nun die Helligkeit aus, die ein Stern in 10 Parsec Entfernung hätte, und bezeichnet diese Größe als „absolute Helligkeit" oder „wahre Leuchtkraft" eines Sternes.
Um die absolute nicht mit der scheinbaren Helligkeit zu verwechseln, wird sie mit einem großen M (Magnitudo) abgekürzt.
Beispiel: Unsere Sonne hat die enorme scheinbare Helligkeit von -27^m am Firmament und eine absolute Helligkeit von $+4^{M}{,}8$. Das heißt, in 33 Lichtjahren Entfernung erschiene uns die Sonne nur noch als Sternchen 5. Größe. Anmerkung: Da ^{m} auch für Minute steht, ist aus dem Textzusammenhang zu entnehmen, ob Helligkeiten oder Zeiten bzw. Koordinaten gemeint sind.

Zeitangaben

Alle Uhrzeiten im *Himmelsjahr* sind grundsätzlich in Mitteleuropäischer Zeit (MEZ) angegeben. Die Mitteleuropäische Zeit ist die mittlere Sonnenzeit des Meridians 15° östlich von Greenwich (Nullmeridian der Erde). Sie geht gegenüber der Weltzeit (UT = Universal Time oder GMT = Greenwich Mean Time) um eine Stunde vor. Es gilt: Weltzeit plus eine Stunde = MEZ. Wenn es in Greenwich Mitternacht (0^h) ist, dann haben wir schon 1^h (MEZ) morgens. Für ortsabhängige Angaben (z. B. Auf- und Untergänge) gelten alle Zeiten genau für einen Ort 10° östlich von Greenwich und 50° nördlicher Breite. Dieser Punkt liegt für Mitteleuropa ziemlich zentral.

SOMMERZEIT

Die Sommerzeit ist eine willkürliche Verschiebung der Zonenzeit um eine Stunde, um die Tageshelligkeit besser auszunutzen und (angeblich) Energie einzusparen. Sie beruht nicht auf astronomischen Grundlagen und ist außerdem von Staat zu Staat verschieden. Um die Benutzer des *Himmelsjahres* nicht zu verwirren, sind alle Angaben das ganze Jahr durchgehend in MEZ vermerkt. Es gilt:
MEZ plus eine Stunde = MESZ (Mitteleuropäische Sommerzeit). Gilt in einem Land die Sommerzeit, so ist zu den Zeitangaben im Himmelsjahr einfach eine Stunde zu addieren. Beispiel: der Mondaufgang am 12. April 1998 findet laut Tabelle „Mondlauf im April" um 19^h42^m MEZ statt und somit um 20^h42^m MESZ.
Achtung: Fällt ein Ereignis in die letzte Stunde vor Mitternacht, so ändert sich auch das Datum um einen Tag. Beispiel: Der Mondaufgang erfolgt am 15. Mai 1998 um 23^h24^m MEZ; zählt man eine Stunde hinzu, erhält man 0^h24^m MESZ am 16. Mai.
Die Mitteleuropäische Sommerzeit (MESZ) beginnt am Sonntag, den 29. März 1998 um 2^h MEZ und endet am Sonntag, den 25. Oktober 1998 um 3^h MESZ. Während der Dauer der Sommerzeit sind alle Zeitangaben in den Tabellen grau unterlegt. Wer häufig beobachtet, sollte das ganze Jahr über eine Uhr in MEZ laufen lassen. Dies ist recht bequem und hilft, Irrtümer zu vermeiden.
Wichtiger Hinweis: Da Beginn und Ende der Sommerzeit von den Regierungen bestimmt werden und nicht aus astronomischen Gegebenheiten abzuleiten sind, also keine natürlichen Grundlagen haben, sind die Angaben in diesem Jahrbuch unverbindlich. Vermerkt sind die bei Drucklegung bekanntgewordenen Absichten über die Einführung der Sommerzeit. Änderungen der vermerkten Daten sind aufgrund kurzfristiger politischer Entscheidungen möglich. Der Herausgeber übernimmt dafür keine Verantwortung.

AUF- UND UNTERGANGSZEITEN

Alle Auf- und Untergangszeiten (MEZ) gelten exakt für 10° östlicher Länge und 50° nördlicher Breite.

Für andere Orte in Mitteleuropa können diese Zeiten erheblich differieren (bis etwa 1/2 Stunde). Um schnell auch für andere Orte die Auf- und Untergänge ermitteln zu können, ist das Nomogramm auf Seite 224 gedacht. Im Nomogramm sind die wichtigsten Städte in Mitteleuropa eingetragen. Man wähle eine Stadt, die dem eigenen Standpunkt am nächsten kommt. Dann lege man ein Lineal so auf das Nomogramm, daß es mit der Deklination des Gestirns bzw. der Uhrzeit laut Tabelle „Sonnenlauf" am oberen Bogen übereinstimmt. Dabei gilt das obere Vorzeichen für den Aufgang, das untere für den Untergang. Die Verbindungslinie (Lineal) gibt dann am unteren Bogen die Korrektur für die Auf- bzw. Untergangszeit an. Positive Werte bedeuten eine Verspätung, ein negativer Wert deutet an: Der Auf- oder Untergang erfolgt entsprechend früher. Die Zahlen geben die Minuten an. Beispiel: Wann geht in Wien am 31. März die Sonne auf? Man verbinde mit einem Lineal den Punkt „Wien" mit der 6 Uhr-Marke am oberen Bogen. Denn laut Tabelle „Sonnenlauf" auf Seite 62 erfolgt der Sonnenaufgang am 31. März um 6^h00^m. Die Verbindungslinie schneidet den unteren Bogen bei -24^m. Der Sonnenaufgang erfolgt in Wien somit 24 Minuten früher, also um 5^h36^m MEZ bzw. 6^h36^m Sommerzeit.
Wem die Verwendung des Nomogramms zu kompliziert erscheint, der kann auch die Tabelle zur Auf- und Untergangskorrektur auf Seite 225 benutzen. Man suche die seinem Wohnort nächstliegende Stadt und lese einfach die Korrekturzeit in Minuten ab, wobei für Mond, Planeten oder Sterne noch vorher die Deklination zu ermitteln ist. Bei der Sonne beachte man das Datum.
Da durch den natürlichen Horizont (Häuser, Bäume, Berge etc.) die Auf- und Untergangszeiten ohnedies mit einem gewissen Spielraum zu versehen sind, kann man auf die Korrektur auch ganz verzichten, wenn man keine große Genauigkeit benötigt.

STERNZEIT

Unser tägliches Leben richtet sich nach der Sonne, ebenso unsere bürgerliche Zeitrechnung. Auf unserer Armbanduhr lesen wir somit „Sonnenzeit" ab. Steht die Sonne im Süden, dann haben wir zwölf Uhr Mittag. Eine Stunde später ist es ein Uhr nachmittags, wieder eine Stunde später zwei Uhr nachmittags usw.; die Sonnenzeit wird also am Stundenwinkel der Sonne gemessen.
Die Sonne steht jedoch nicht fest, sondern wandert im Laufe eines Jahres durch die Tierkreissternbilder. Um aber mit dem Fernrohr ein bestimmtes Gestirn zu finden, muß man die Stellung des Beobachters auf der Erde zu einer bestimmten Uhrzeit des Tages relativ zur Fixsternwelt kennen. Man braucht also einen „ruhenden" Punkt unter den Sternen. Dafür hat man den Frühlingspunkt ausgewählt. Er ist der Schnittpunkt der aufsteigenden Sonnenbahn mit dem Himmelsäquator. Im Frühlingspunkt steht die Sonne zu Frühlingsbeginn. Er ist auch der Nullpunkt der äquatorialen Himmelskoordinaten. Nimmt man statt der Sonne den unter den Fixsternen feststehenden Frühlingspunkt, erhält man statt der Sonnen- die Sternzeit.
Steht der Frühlingspunkt im Süden (Meridian), spricht man von 0^h Sternzeit, eine Stunde später von 1^h Sternzeit usw. Es gilt: Sternzeit = Stundenwinkel des Frühlingspunktes. Im *Himmelsjahr* ist die Sternzeit jeweils für 1^h MEZ (= 0^h Weltzeit) von zehn zu zehn Tagen für den Meridian von Greenwich (Nullmeridian) angegeben (siehe Tabelle auf Seite 218).
Die Tabelle auf Seite 222 erlaubt eine schnelle Bestimmung der Sternzeit zur abendlichen Beobachtungsstunde.
Die Tabelle „Sternzeit" gibt die Sternzeit um 20^h MEZ (= 21^h MESZ am Ortsmeridian 10° östlicher Länge für jeden Tag des Jahres an.
Wozu dient die Sternzeit? Zunächst gibt sie an, wie der Fixsternhimmel relativ zum Beobachter steht. Um 0^h Sternzeit (SZ) sind beispielsweise Pegasus und Kassiopeia im Meridian zu finden, das Sommerdreieck hingegen im Westen, um 6^h SZ sind im Süden Orion und Sirius zu sehen, um 11^h SZ kulminiert der Löwe usw. Mit Hilfe der Sternzeit kann man sein Teleskop „nach Koordinaten" einstellen. Die Deklination wird direkt an einem Teilkreis eines parallaktisch montierten Fernrohres abgelesen. Der andere Teilkreis ist der Stundenkreis. Um den Stundenwinkel eines Gestirns zu ermitteln, bilde man die Differenz: Sternzeit minus Rektaszension des Gestirns, dann hat man den Stundenwinkel zum Beobachtungszeitpunkt und kann das Teleskop entsprechend einstellen.
Für die Bestimmung des Stundenwinkels eines Planeten kann man auch seine Kulminationszeit (Zeit des Meridiandurchganges) benutzen, wenn man keine

Sternzeituhr zur Verfügung hat und sich die Berechnung der Sternzeit zum Beobachtungszeitpunkt ersparen will. Die Kulminationszeiten der Planeten und Kleinplaneten sind auf den Seiten 212 bis 216 angegeben. Die Kulminationszeit gilt für 10° östlicher Länge. Zunächst ist die Korrektur für die Längendifferenz des Beobachtungsortes anzubringen (siehe Seite 223, Spalte „Zeitkorrektur gegen 10° östlicher Länge"). Um diese so erhaltene Zeit geht der Planet durch den Meridian des Beobachters und hat somit den Stundenwinkel Null. Man bilde nun die Zeitdifferenz zwischen der Beobachtungszeit und der Zeit des Meridiandurchganges. Sie entspricht direkt dem Stundenwinkel (im Zeitmaß). Geht beispielsweise der Planet Neptun am 30. Juni 1998 um 2^h03^m durch den Meridian, beobachtet man aber erst um 3^h05^m, dann beträgt der Stundenwinkel t = 1^h02^m. Erhält man einen negativen Wert, so bedeutet dies, daß das Objekt noch vor dem Meridiandurchgang steht, der Stundenwinkel also in Richtung Osten einzustellen ist.

DYNAMISCHE ZEIT
In der Astronomie wird seit 1984 eine Dynamische Zeit verwendet, die die früher übliche Ephemeridenzeit abgelöst hat. Nähere Erläuterungen zu den Dynamischen Zeitskalen finden sich in dem Buch *Astrowissen* von H.-U. Keller, erschienen beim Kosmos-Verlag, Stuttgart 1994. Die genaue Differenz der Dynamischen Zeit (TDT) zur Weltzeit (UT = Universal Time) kann erst im nachhinein aus Beobachtungen der Gestirnspositionen bestimmt werden. Der extrapolierte Wert für das Jahr 1998 lautet: $\Delta T = +64$ Sekunden, wobei ΔT = TDT – UT gilt. Die Weltzeit (UT) hinkt somit der Dynamischen Zeit (TDT) um eine Minute nach. Der beobachtende Sternfreund kann die TDT unberücksichtigt lassen, wenn er nicht hohe Genauigkeitsansprüche hat. Wer jedoch die Angaben im *Himmelsjahr* mit anderen Jahrbüchern vergleicht, muß beachten, daß alle Zeitangaben hier in MEZ = UT + 1^h und nicht in TDT vermerkt sind.

Der Sonnenlauf

Die Bewegung der Sonne durch den Tierkreis ist zu Beginn jeder Monatsübersicht aus einer kleinen Graphik zu entnehmen. Die Grenzen der Sternbilder sind ebenso eingetragen wie die wichtigsten Bahnpunkte der Sonne. Ferner sind die Eintritte der Sonne sowohl in die einzelnen Tierkreis**sternbilder** als auch in die Tierkreis**zeichen** vermerkt sowie die Äquinoktien (Tagundnachtgleichen) und Solstitien (Sommer- und Winterbeginn).
Die Tages- und Nachtstunden sowie Dämmerungslängen werden durch eine dreiteilige Zeichnung (Uhrensymbole) veranschaulicht. Diese soll einen groben und schnellen Überblick über die Länge der Tages- und Nachtzeit geben. Für die Dämmerungszeiten wurde die nautische Dämmerung (Sonne 12° unter dem Horizont) eingesetzt. Die Tabelle Sonnenlauf gibt die Auf- und Untergangszeiten, Meridiandurchgang (Kulmination), Zeitgleichung und die Mittagshöhe der Sonne sowie die äquatorialen Koordinaten Rektaszension und Deklination für 1^h MEZ in Abständen von jeweils fünf Tagen an. Die Zeiten gelten exakt für einen zentralen Ort mit 10° östlicher Länge und 50° nördlicher Breite. Für diesen Ort gelten auch die Dämmerungszeiten. Angegeben ist jeweils der Beginn und das Ende der nautischen Dämmerung (Sonne 12° unter dem Horizont).

SONNENHÖHE ZU MITTAG
Sie ist in der Tabelle Sonnenlauf für 50° nördlicher Breite angegeben. Für andere Breiten ist sie einfach zu ermitteln: 90° minus geographische Breite des Beobachters plus Sonnendeklination. Beispiel: Wie hoch steht die Sonne am 10. Juni zu Mittag (Kulmination) in Düsseldorf (geographische Breite: +51°)? Die Rechnung lautet dann 90° – 51° + 23° = 62°. Im Winterhalbjahr ist die Deklination abzuziehen (negative Deklinationen!).

ZEITGLEICHUNG
Die Sonnenzeit wird nach einer fiktiven „mittleren Sonne" gerechnet. Die wahre Sonne läuft nämlich ungleichförmig. So geht sie einmal vor, dann wieder nach. Die Differenz kann bis zu einer Viertelstunde plus oder minus betragen. Diese Differenz wird Zeitgleichung genannt. Sie ist definiert zu: ZGL = Wahre Sonnenzeit minus Mittlere Sonnenzeit. Die Zeitgleichung und die Kulmination der wahren Sonne sind tabellarisch aufgeführt. Wer den Wert der Zeitgleichung berechnen will, ziehe von 12^h20^m die Kulminationszeit ab. 12^h20^m ist nämlich die wahre Sonnenzeit der Kulmination für 10° östlicher Länge, wenn die wahre Sonne um 12^h im Meridian 15° östlicher Länge kulminiert.
Beispiel: Wie groß ist die Zeitgleichung am 25. April? Kulminationszeit der wahren Sonne

am 25. April: 12^h18^m MEZ. Also $12^h20^m - 12^h18^m = +2^m$. Das heißt, die wahre Sonne geht 2^m früher durch den Meridian (Kulmination) als die mittlere. Ein negativer Wert der ZGL bedeutet, die wahre Sonne geht nach der mittleren durch den Meridian.

Der Mondlauf

Auf- und Untergangszeiten (MEZ) gelten genau für 10° östlicher Länge und 50° nördlicher Breite (siehe Zeitangaben). Ferner sind die Kulminationszeiten (Meridiandurchgänge) für 10° östliche Länge tabelliert.
Der Mond bewegt sich recht schnell durch den Tierkreis. Deshalb sind für jeden Tag des Jahres seine Koordinaten angegeben. Sie gelten jeweils für 1^h MEZ (= 0^h Weltzeit).
Wem diese Zahlen nichts sagen, der findet in der Spalte „Sterne und Sternbilder" die Position des Mondes im Tierkreis vermerkt. Ein Sternchen (*) deutet auf eine Sternbedeckung hin.
Die Position des Mondes gilt wie erwähnt für 1^h MEZ. Wer also abends beobachtet, sollte die Stellung des Mondes im Tierkreis aus der Zeile des folgenden Tages entnehmen, denn der Mond läuft recht rasch. Nähere Angaben zu den Sternbedeckungen finden sich in der Tabelle Sternbedeckungen durch den Mond auf Seite 220. Die letzte Spalte enthält die Mondphasen sowie wichtige Punkte in der Bahn. Die Mondbahn ist rund 5° gegen die Ekliptik (scheinbare Sonnenbahn) geneigt. Aufsteigender Knoten bedeutet, der Mond überschreitet die Ekliptik nach Norden, absteigender Knoten, er wechselt wieder nach Süden. Größte Nordbreite: Der Mond steht am weitesten in nördlicher Richtung von der Ekliptik entfernt; analog dazu heißt größte Südbreite: Der Mond hat maximalen südlichen Abstand von der Ekliptik.
Im Tabellenteil findet man auf Seite 210 die Mondbahn relativ zur Ekliptik eingetragen. Wegen der Rückläufigkeit der Mondbahnknoten verläuft die Mondbahn in jedem Jahr anders.
Libration: Bei größter Südbreite ist die Nordhalbkugel des Mondes uns ein wenig mehr zugekehrt, man spricht von maximaler Libration Nord; entsprechend sieht man bei größter Nordbreite mehr vom Südpolgebiet des Mondes. Libration West: Westrand des Mondes, Libration Ost: Ostrand des Mondes ist uns zugekehrt (Astronomische Definition West – Ost, siehe auch *Astrowissen* von H.-U. Keller S. 65 sowie Graphik in diesem *Himmelsjahr* auf Seite 220). Bei Erdnähe und Erdferne ist die Distanz des Mondes je-

E.10: Größenverhältnisse der Planeten und der Mondbahn im Vergleich zur Sonne. Darunter sind die astronomischen Symbole der Planeten vermerkt, die auch in den monatlichen Sternkarten des Himmelsjahres die Orte der betreffenden Planeten markieren.

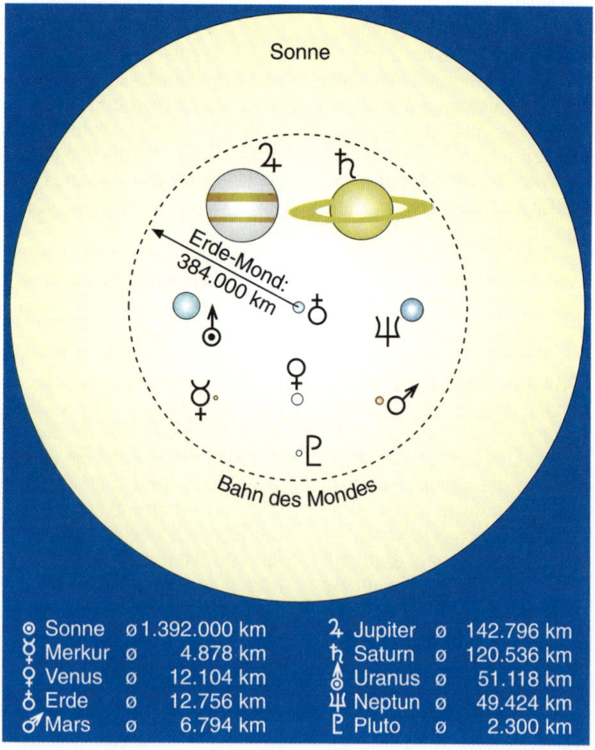

☉ Sonne	ø 1.392.000 km		♃ Jupiter	ø	142.796 km
☿ Merkur	ø	4.878 km	♄ Saturn	ø	120.536 km
♀ Venus	ø	12.104 km	⛢ Uranus	ø	51.118 km
♁ Erde	ø	12.756 km	♆ Neptun	ø	49.424 km
♂ Mars	ø	6.794 km	♇ Pluto	ø	2.300 km

weils in tausend Kilometer vermerkt. Außerdem ist der scheinbare Monddurchmesser in Bogenminuten angegeben. Beispiel: 3. Januar 1998 – Erdnähe 369/32,'4 bedeutet: Der Mond ist 369 000 Kilometer von der Erde entfernt und erscheint 32,4 Bogenminuten groß.

Der Planetenlauf

Planeten sind Geschwister der Erde. Sie laufen gemeinsam mit ihr um die Sonne. Je näher ein Planet der Sonne steht, desto schneller wandert er um sie.
Wir beobachten die Planeten nicht von einem ruhenden Punkt aus, sondern vom Raumschiff Erde, das ständig in Bewegung ist. Deshalb erscheinen uns von der Erde aus (geozentrisch) die Bewegungen der Planeten vor dem Hintergrund der fernen Fixsterne – dem Muster der Sternbilder also – recht kompliziert. Überholt die Erde einen weiter außen laufenden Planeten, so scheint jener einige Wochen lang zurückzubleiben: er ist „rückläufig". Anschließend bewegt er sich wieder in der ursprünglichen Richtung wie die Sonne, nämlich von West nach Ost, er ist wieder „rechtläufig". Durch diesen Bewegungswechsel bildet die Bahn des Planeten eine Schleife.
Ob ein Planet am Himmel zu sehen ist, hängt von der gegenseitigen Stellung von Sonne und Planet ab. Steht ein äußerer Planet von der Erde aus gesehen hinter der Sonne, so daß Planet, Sonne und Erde also eine Linie bilden, so ist er nicht beobachtbar (Abb. E.11). Da er in Sonnenrichtung steht, geht er mit der Sonne auf und unter, bleibt somit nachts unter dem Horizont verborgen. Diese Konstellation heißt Konjunktion.
Steht der Planet von der Erde aus gesehen der Sonne gegenüber, also in der Reihenfolge Sonne – Erde – Planet (Abb. E.11), so spricht man von Opposition oder Gegenschein. Der Planet ist die ganze Nacht über zu sehen, da er mit Sonnenuntergang aufgeht und morgens mit Sonnenaufgang unter dem Westhorizont verschwindet.
Bilden Sonne – Erde – Planet ein rechtwinkliges Dreieck, so spricht man von einer Quadratur.
Die inneren Planeten Merkur und Venus können, wie leicht zu sehen ist, niemals in Oppositionsstellung kommen. Dafür unterscheidet man bei ihnen zwischen oberer und unterer Konjunktion (Abb. E.11, unten).
In beiden Stellungen bleibt der Planet unsichtbar. Nur wenn der Planet westlich oder östlich der Sonne „in Elongation" steht, kann er gesehen werden.
Steht Venus in östlicher Elongation, so geht sie erst nach Sonnenuntergang unter und ist dann Abendstern. Steht sie in westlicher Elongation, so geht sie vor der Sonne auf und ist am Morgenhimmel zu sehen.
Ähnliches gilt für Merkur. Die größte Elongation (Winkelabstand von der Sonne) kann für die Venus 48° betragen, für den sonnennäheren Merkur aber nur 28°. Merkur ist daher schwierig zu beobachten – entweder abends kurz nach Sonnenuntergang tief im Westen oder kurz vor Sonnenaufgang tief am Osthimmel.
Die Sichtbarkeiten der Planeten hängen nicht nur von den geometrischen Verhältnissen (Stellung des Planeten und der Sonne), sondern auch von meteorologischen Gegebenheiten ab. Eine starke Dunstglocke, hohe Luftfeuchtigkeit (Nebel)

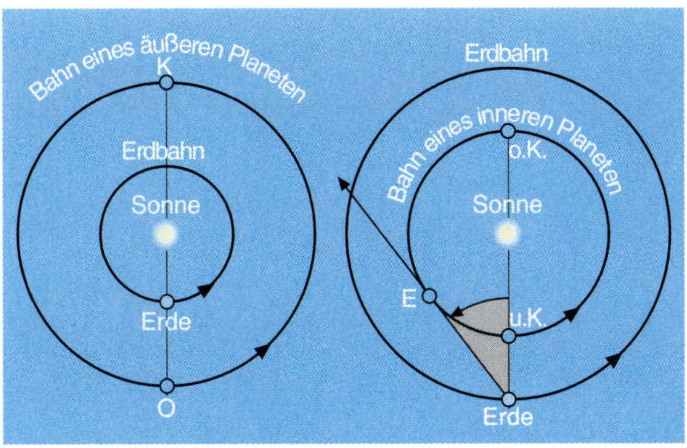

E.11: Die linke Zeichnung zeigt die Erdbahn und die Bahn eines äußeren Planeten. Bei O steht der Planet in Opposition, bei K in Konjunktion. Auf der rechten Seite der Abbildung sind die Erdbahn und die Bahn eines inneren Planeten dargestellt. Bei u.K. steht der Planet in unterer, bei o.K. in oberer Konjunktion mit der Sonne. Bei E steht er in größter Elongation.

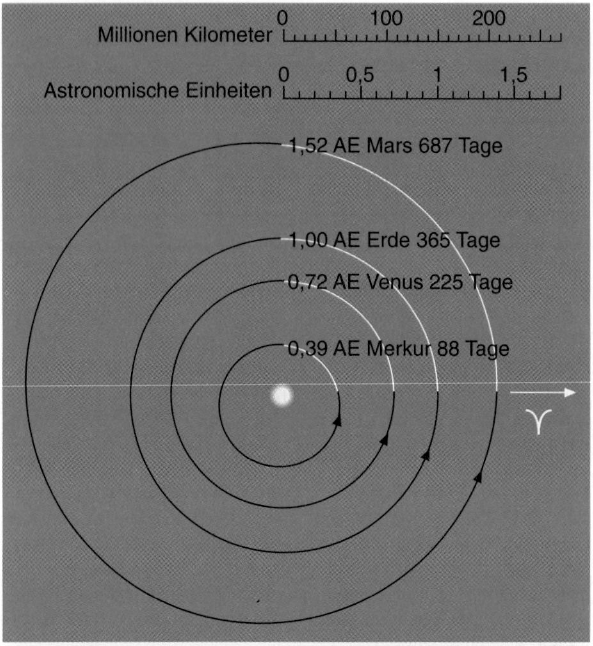

E.12: Die Bahnen der inneren Planeten um die Sonne (1 AE = 1 Astronomische Einheit = 149,6 Millionen Kilometer): Der Pfeil deutet die Richtung zum Frühlingspunkt an (Symbol: ♈).

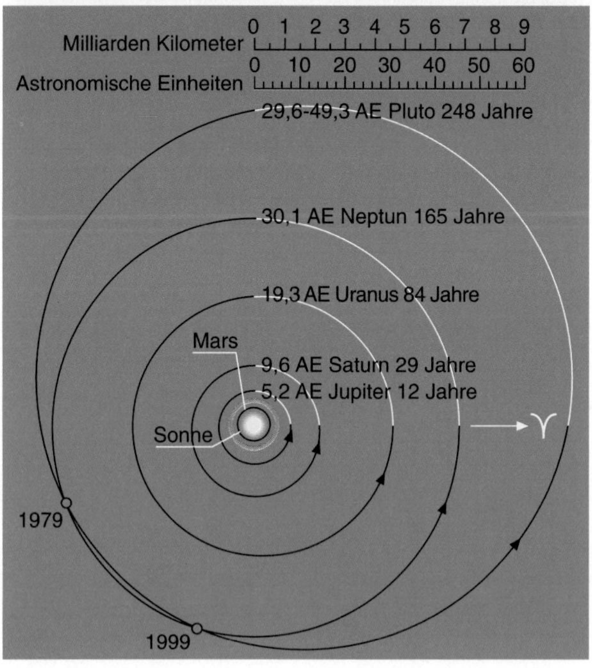

oder irdisches Streulicht (Neonreklame, Autoscheinwerfer, Lichtdom eines Stadions) beeinträchtigen die Beobachtung. Die Sichtbarkeitszeiten im *Himmelsjahr* sind aufgrund langjähriger Erfahrungen vermerkt. Je nach Beobachtungsort (stadtnah oder stadtfern) und Witterung sind die angegebenen Termine um wenige Tage zu verschieben. Jeder Beobachter wird hier seine eigenen, ganz persönlichen Erfahrungen machen. Eine Graphik vor der Rubrik „Planetenlauf" ermöglicht einen schnellen Überblick, welche Planeten am Abend, die ganze Nacht über, am Morgen oder gar nicht zu sehen sind. Eine graphische Jahresübersicht der Stellung, Größe, Helligkeit und Sichtbarkeit der Planeten findet sich auf den Seiten 207 bis 209.

Die großen Planeten

MERKUR: Sonnennächster Planet, zwischen $+3^{m}$ und $-1{,}^{m}5$ hell; schwer zu beobachten, da nur kurze Sichtbarkeitsperioden

E.13: Die Bahnen der äußeren Planeten. Zwischen der Marsbahn und der Jupiterbahn laufen Abertausende Kleinplaneten (Planetoiden) um die Sonne. Wegen seiner stark exzentrischen Bahn ist Pluto von 1979 bis 1999 der Sonne näher als Neptun.

E. 14: Ansicht der Venusoberfläche mit dem rund 8 km hohen Vulkan Maat Mons, erstellt aus Radardaten amerikanischen Raumsonde Magellan.

und stets horizontnahe Stellung; chromgelbes Licht.

VENUS: Innerer Nachbarplanet der Erde, nach Sonne und Mond hellstes Gestirn; oft als Abend- bzw. Morgenstern bezeichnet. Helligkeiten von $-3\overset{m}{,}9$ bis $-4\overset{m}{,}7$; strahlend weißes Licht; entweder abends am Westhimmel oder morgens in der östlichen Himmelshemisphäre zu sehen.

MARS: Äußerer Nachbarplanet der Erde, auffallend seine rötliche Farbe (der rote Planet); sehr unterschiedliche Helligkeiten, nämlich von $+1\overset{m}{,}8$ bis $-2\overset{m}{,}9$.

JUPITER: Der größte aller Planeten, ein auffallend heller Planet, daher kaum zu übersehen; Helligkeit von $-1\overset{m}{,}7$ bis $-2\overset{m}{,}9$, weißlichgelbes Licht.

SATURN: Der sonnenfernste mit bloßem Auge noch sichtbare Planet, strahlt in einem fahlen Licht zwischen $+1\overset{m}{,}3$ und 0^{m}, in Ausnahmefällen bis $-0\overset{m}{,}5$; den berühmten Ring kann man mit einem Fernrohr ab etwa 30facher Vergrößerung erkennen.

URANUS: Ist theoretisch mit bloßem Auge gerade noch erkennbar (Oppositionshelligkeit $5\overset{m}{,}5$). Wohlgemerkt „theoretisch“, es empfiehlt sich auf alle Fälle ein gutes Fernglas, um Uranus zu finden! Farbe: grünlich. Die im März 1977 entdeckten Ringe sind jedoch selbst in großen Fernrohren nicht zu sehen.

NEPTUN: Helligkeit um $7\overset{m}{,}9$; zeigt im Fernrohr ein winziges, grünblaues Scheibchen.

PLUTO: Der in der Regel sonnenfernste Planet ist leider recht lichtschwach, Helligkeit: $13\overset{m}{,}7$. Nur gut ausgerüstete Amateurastronomen können ihn beobachten.

Bis zum Jahr 1999 ist Pluto uns ein wenig näher als Neptun.

Die Angaben der scheinbaren Helligkeiten der Planeten sind – wie international üblich – V-Helligkeiten (nach dem UBV-System von Johnson). Die früher gebräuchlichen „visuellen“ (m_{vis}) Helligkeiten sind um durchschnittlich $0\overset{m}{,}2$ geringer. Man beachte, daß manche Sternkalender noch die veralteten Werte bringen.

Kleinplaneten

Außer den neun großen Planeten schwirren noch tausende kleiner und kleinster Planeten (Planetoiden oder Asteroiden)

um die Sonne. Der erste wurde in der Neujahrsnacht des Jahres 1801 von Giuseppe Piazzi in Palermo entdeckt und auf den Namen Ceres getauft.
Heute sind weit über sechstausend Planetoiden katalogisiert. Die meisten bewegen sich zwischen Mars und Jupiter um die Sonne. Einige haben jedoch sehr langgestreckte Bahnen, die die Bahnen anderer Planeten kreuzen. Sie können auch der Erde recht nahe kommen. Einige Planetoiden, die im Jahre 1998 heller als 9^m werden, sind in der Rubrik „Planetenlauf" verzeichnet, und zwar: Ceres (1), Pallas (2), Vesta (4) und Eunomia (15).
Im Abschnitt „Ephemeriden hellerer Kleinplaneten" (Seite 216) sind ihre Koordinaten und Kulminationszeiten angegeben.

Die Monde der Planeten

Die beiden winzigen Marsmonde, die zahlreichen Uranusmonde, die Neptunmonde und der Plutomond sind so lichtschwach, daß sie mit den bescheidenen optischen Hilfsmitteln der Sternfreunde nicht zu beobachten sind. Deshalb sind sie hier nicht aufgeführt.
JUPITER: Die vier hellsten Monde sind schon in kleinen Teleskopen leicht zu sehen: I Io, II Europa, III Ganymed, IV Kallisto. In den Monaten, in denen Jupiter zu beobachten ist, findet man eine Graphik, aus der die Positionen der Jupitermonde im **umkehrenden** Fernrohr ersichtlich sind. Sie soll den Benutzer die gegenseitigen Stellungen und die Bewegungsabläufe der Jupitermonde erkennen lassen. Die waagerechten Linien in der Graphik beziehen sich auf 1^h MEZ des jeweiligen Datums, das links angegeben ist.
Die Schnittpunkte der waagerechten Linien mit den Kurven der Jupitermonde geben somit deren Positionen jeweils um 1^h MEZ an. Am unteren Rand jeder Graphik findet man eine Darstellung der Jupitermondbahnen relativ zum Beobachter.

Erscheinungen der Jupitermonde

Für den Fernrohrbesitzer ist es überaus reizvoll, Bedeckungen, Verfinsterungen, Durchgänge und Schattenwürfe der Monde des Riesenplaneten auf Jupiter selbst zu beobachten. Sofern diese Ereignisse von Mitteleuropa aus beobachtbar sind, findet man sie in der Rubrik „Jupitermonderscheinungen" verzeichnet. Es gelten folgende Abkürzungen:
B = Bedeckung, Mond verschwindet hinter der Jupiterscheibe
D = Durchgang, Mond geht vor der Planetenscheibe vorbei
S = Schattendurchgang, Mond wirft seinen Schatten auf Jupiter
V = Verfinsterung, Mond wird vom Jupiterschatten getroffen
A = Anfang der Erscheinung
E = Ende der Erscheinung
I: Io, II: Europa, III: Ganymed, IV: Kallisto.
Beispiel: Juni 1998: 26. 1^h45^m II SA bedeutet: Am 26. um 1^h45^m MEZ (= 2^h45^m MESZ) beginnt der Schatten von Mond II (Europa) über die Jupiterkugel zu wandern.
SATURN: Schon mit einem guten Fernglas ist der Riesenmond Titan zu erkennen. Mit Fernrohren sind auch die Monde Rhea, Dione und Tethys sowie Japetus in westlicher Elongation (er ist dann rund 2^m heller) zugänglich. Für die Monate, in denen Saturn einigermaßen zu beobachten ist, findet man jeweils eine Graphik, aus der die Stellungen und die Bewegungsabläufe der Saturnmonde Titan, Tethys, Dione, Rhea und Japetus zu entnehmen sind. Die Bahnlagen der Saturnmonde relativ zum Beobachter sind unter jeder Graphik abgebildet.

Sternschnuppen

Sternschnuppen, die in Strömen periodisch auftreten, sind in den Monatsübersichten angegeben. Bei den verzeichneten Daten ist mit erheblichen Abweichungen zu rechnen, in erster Linie hinsichtlich der Häufigkeit: Die Meteorrate bezieht sich auf den Idealfall, daß der Radiant im Zenit steht. Vor allem bei horizontnahen Radianten ist die pro Stunde zu beobachtende Sternschnuppenzahl erheblich geringer.
Die systematische Beobachtung heller Meteore ist auch heute noch ein dankbares Aufgabengebiet für den Amateurastronomen.

Konstellationen und Ereignisse

Diese Übersicht weist auf Konjunktionen (Begegnungen) zwischen den großen Planeten, mit Sonne und Mond sowie auf alle Oppositionen zur Sonne und die größten Elongationen der inneren Planeten hin. Auch Perihel- (Sonnennähe) und Aphelstellungen (Sonnenferne) der Planeten sind angegeben.
Sind Begegnungen des Mondes mit Planeten prinzipiell beobachtbar, so sind die Winkeldistanzen **topozentrisch** (für

+50° Breite) angegeben und durch **Fettdruck** hervorgehoben. Für die übrigen Konjunktionen sind die Abstandsangaben geozentrische Werte (Normaldruck). Denn durch die relative Erdnähe des Mondes ergibt sich eine große Parallaxe, d. h., der Winkelabstand des Mondes von einem Planeten kann bis etwa 1° zwischen einem (fiktiven) Beobachter im Erdmittelpunkt (geozentrisch) und einem Beobachter auf der Erdoberfläche (topozentrisch) differieren.

Fixsternhimmel

Da die Sonne täglich um rund 1° unter den Sternen nach Osten vorrückt, ändert sich der Anblick des Himmels im Laufe eines Jahres. Genauer: Täglich durchschreiten die Fixsterne den Meridian vier Minuten früher als am Vortag. In 30 Tagen, also einem Monat, macht das schon zwei Stunden! Mitte Dezember steht das Sternbild Orion gegen Mitternacht im Süden. Mitte Januar schon um 22 Uhr, und Mitte Februar geht Orion um 20 Uhr durch den Meridian. Dadurch ändert bei gleichbleibender Beobachtungsstunde die Himmelsszene mit dem Datum.

Nach einem Monat ist der Anblick noch nicht allzu verschieden vom Vormonat, aber nach einem Vierteljahr (sechs Stunden!) hat sich die Szenerie völlig umgestellt. Man spricht daher von einem Frühlings-, Sommer-, Herbst- und Wintersternhimmel. Gemeint ist der Anblick des Fixsternhimmels in den Abendstunden der jeweiligen Jahreszeit.

Die Monatssternkarte dient der schnellen Orientierung. Sie zeigt den beobachtbaren Himmelsausschnitt für 50° nördlicher Breite zur Standardbeobachtungszeit (am Monatsersten um 23^{h} MEZ, am 15. um 22^{h} MEZ). Ebenfalls in die Monatssternkarten eingetragen sind die fünf hellen Planeten (Merkur bis Saturn), sofern sie zur Monatsmitte um 22^{h} MEZ über dem Horizont stehen. Zum Rand hin erscheint die Sternkarte aufgehellt; damit werden die Extinktion und die durch künstliche Lichtquellen fast immer aufgehellten Horizonte nachempfunden.

Die monatlichen Sternkarten können auch zur Beobachtung

am Morgenhimmel herangezogen werden. Unter jeder Sternkarte finden sich die entsprechenden Datums- und Uhrzeitangaben. Man beachte jedoch, daß für andere Monate der Planetenstand nicht aktuell ist; ihn kann man der jeweiligen monatlichen Graphik „Planetenlauf" entnehmen.

Monatsthemen

Hier wird monatlich ein Kapitel aus der Himmelskunde kurz und bündig dargestellt, zum leichteren Eindringen in die Wissenschaft von den Sternen.
Auch über neue Forschungsergebnisse aus der Astronomie wird berichtet.

Tabellen und Ephemeriden

Für den fortgeschrittenen Amateurastronomen sind im Anhang wichtige Beobachtungsgrundlagen vermerkt. Der Anfänger kann diese Angaben unberücksichtigt lassen.
Auf Seite 210/1 findet man die ekliptikalen Koordinaten des Mondes, der Sonne und der großen Planeten. Die äquatorialen Koordinaten der hellen Planeten Merkur bis Uranus sind für das aktuelle Äquinoktium angegeben, für Neptun, Pluto sowie die Kleinplaneten gilt das Äquinoktium J2000.0, damit man sie leichter in vorhandene Sternkarten einzeichnen kann.
Die Aufsuchkärtchen gelten ebenfalls für J2000.0. Die Differenz zwischen beiden Äquinoktien ist zur Zeit so gering, daß sie in den meisten Fällen vernachlässigt werden kann.
Ferner sind Kulminationszeiten sowie die Auf- bzw. Untergangszeiten, Scheibchendurchmesser in Bogensekunden und beleuchteter Teil der Planetenscheibchen vermerkt. Bei Saturn sind noch die Ringöffnung zur Erde und zur Sonne sowie die scheinbare Ausdehnung der großen und der kleinen Ringachse angegeben.
Für Sonne und Jupiter (System I und II) sind die Zentralmeridiane (Meridiane durch den Scheibchenmittelpunkt) jeweils für 1^h MEZ aufgelistet. Ferner gibt die Sonnenephemeride die Entfernung der Sonne von der Erde in A.E. sowie ihren scheinbaren Durchmesser, die Achsenlage und die Sternzeit an.
Sternbedeckungen durch den Mond sind für Berlin, Dresden, Hamburg, Hannover, Düsseldorf, Frankfurt (Main), Leipzig, München, Nürnberg, Stuttgart, Wien und Zürich angegeben.
Aus Platzersparnisgründen ist jeweils nur ein Positionswinkel genannt, der lediglich dem leichteren Aufsuchen des zu bedeckenden Sternes dienen soll.
In den Monatsübersichten wird unter der Rubrik Mondlauf in der Spalte Sterne und Sternbilder durch ein Sternchen (*) auf eine Sternbedeckung hingewiesen.
Veränderliche Sterne sind im Anschluß an die Fixsternmonatsübersichten aufgeführt. Für Algol (β Persei) und β Lyrae findet der Sternfreund jeweils die Minima-Zeiten, für δ Cephei die Lichtmaxima und für den langperiodischen Veränderlichen Mira (o Ceti) den jeweiligen Helligkeitszustand. Die Aufsuchkärtchen findet man auf der Innenklappe des Umschlags vorne. Bei den Minima-Angaben für Algol ist die Lichtzeitkorrektur (heliozentrisch auf geozentrisch) berücksichtigt.
Eine Sternzeittafel soll die rasche Bestimmung der Sternzeit zur abendlichen Beobachtungsstunde ermöglichen. Die Sternzeit für 1^h MEZ, bezogen auf den Meridian von Greenwich (Nullmeridian), findet man in der Tabelle „Ephemeride der Sonnenscheibe" (letzte Spalte).
Das Julianische Datum ist jeweils für den Monatsersten in der Rubrik „Sonnenlauf" angegeben. Das Julianische Datum stellt eine fortlaufende Tageszählung dar, die mit dem 1. Januar des Jahres 4713 v. Chr. beginnt.
Im Anhang finden sich zwei Verzeichnisse astronomischer Institutionen. Im Verzeichnis „Astronomische Institute, Planetarien und Sternwarten" findet man die professionellen Einrichtungen im deutschen Sprachraum.
Das Verzeichnis „Amateurastronomische Vereinigungen, Beobachtungsstationen und Privatsternwarten" enthält astronomische Vereine, Schulsternwarten sowie ehrenamtlich betriebene Sternwarten mit Publikumsverkehr. Dieses Verzeichnis soll dem Leser den Kontakt zu Gleichgesinnten erleichtern und die eigene Beobachtungstätigkeit fördern. Das Verzeichnis erhebt keinen Anspruch auf Vollständigkeit. Weitere Adressen nimmt der Herausgeber gerne auf (Anschrift: Planetarium, Mittlerer Schloßgarten, 70173 Stuttgart).

Abbildungen

Zahlreiche Abbildungen sollen der Anschaulichkeit, dem besseren Verständnis und für die Beobachtung dienen. Viele Abbildungen sind irgendwo im Text eingestreut, werden jedoch nicht nur in einem bestimmten Monat, sondern häufiger benötigt – z. B. Sternkarten mit eingezeichnetem Planetenlauf oder Aufsuchkärtchen. Um eine gewünschte Abbildung schneller zu finden, sind die Abbildungen nicht fortlaufend durchnumeriert, sondern kapitelweise. E. steht dabei für den Einführungsteil, F. für Finsternisse, 1. für die Monatsübersicht Januar, 2. für Februar usw., T. für den Tabellenteil. Beispiele: E.3 ist die dritte Abbildung im Erläuterungsteil, 1.1 die erste im Monatskapitel Januar, 5.3 die dritte im Mai, T.5 die fünfte im Tabellenteil usw. Auf Seite 2 findet sich ferner ein Verzeichnis wichtiger Abbildungen und Tabellen für ein schnelles Auffinden gewünschter Graphiken und Zahlenwerte.

Kalenderzyklen

Sonnenzirkel: Ordnungszahl (1 bis 28) im Zeitintervall von 28 Jahren, nach dem die Wochentage wieder auf dieselben Daten (dieselben Monatstage) fallen. Da es sieben Wochentage gibt, aber jedes 4. Jahr ein Schaltjahr ist, fallen die Wochentage erst nach $7 \times 4 = 28$ Jahren wieder auf dieselben Monatstage. Der Sonnenzirkel gibt an, welcher Sonntagsbuchstabe im betreffenden Jahr gilt.

Sonntagsbuchstabe: Gibt im ewigen Kalender den Tag des ersten Sonntags im Jahr an. In Schaltjahren gelten zwei Sonntagsbuchstaben (der zweite ist vom 1. März an zu benutzen).

1. Januar A	5. Januar E
2. Januar B	6. Januar F
3. Januar C	7. Januar G
4. Januar D	

Der erste Sonntag im Jahr 1998 fällt auf den 4. Januar. Im Jahr 1998 lautet daher der Sonntagsbuchstabe D.

Epakte: Gibt das Mondalter zu Beginn des Kalenderjahres an, also die Zahl der Tage, die am 1. Januar seit dem letzten Neumondtermin verflossen sind (1–29). Die Epakte spielt eine Rolle bei der Festlegung des Ostertermins.

Goldene Zahl, lateinisch Numerus Aureus oder auch Mondzirkel genannt, ist die Ordnungszahl (I bis XIX) der Jahre im Metonschen Mondzyklus. Denn 235 Lunationen (synodische Monate) entsprechen ziemlich genau 19 Jahren. Nach 19 Jahren fallen die Mondphasen (nahezu) auf dieselben Tage im Sonnenjahr. Die Goldene Zahl diente im Julianischen Kalender zur Bestimmung des Ostertermins. Im Gregorianischen Kalender ist sie durch die Epakte ersetzt. Die Goldene Zahl wird in römischen Ziffern geschrieben, um eine Verwechslung mit dem Sonnenzirkel auszuschließen (siehe auch Monatsthema „Goldene Zahl und Epakte“ auf Seite 83).

Indiktion (Römerzinszahl): Zyklus von 15 Jahren im Besteuerungssystem des Römischen Reiches, das von Kaiser Augustus eingeführt wurde. Der Start (Epoche) des Zyklus erfolgte im Jahr 3 v. Chr. Heute dient die Indiktion (von lat.: indictio = Ankündigung) nur noch als chronologische Prüfzahl für das laufende Jahr. Die Indiktion läuft von 1 bis 15.

Jahresregent: Gehört traditionsgemäß ebenfalls zu den Kalenderzyklen, hat aber keine chronologische Bedeutung mehr. Aus kulturhistorischen Gründen und da er in der Numismatik eine gewisse Rolle spielt sowie schlicht der Vollständigkeit halber ist er in der Rubrik Kalenderzyklen mit aufgeführt. Jahresregent können sein: Sonne, Mond, Merkur, Venus, Mars, Jupiter und Saturn, also die klassischen sieben „Planeten“ des Ptolemäischen Weltsystems.

Das griechische Alphabet

Α	α	Alpha	a	Η	η	Eta	e	Ν	ν	Nü	n	Τ	τ	Tau	t
Β	β	Beta	b	Θ	ϑ	Theta	th	Ξ	ξ	Xi	x	Υ	υ	Ypsilon	y
Γ	γ	Gamma	g	Ι	ι	Jota	i, j	Ο	ο	Omikron	o	Φ	φ	Phi	ph
Δ	δ	Delta	d	Κ	κ	Kappa	k	Π	π	Pi	p	Χ	χ	Chi	ch
Ε	ε	Epsilon	e	Λ	λ	Lambda	l	Ρ	ρ	Rho	r	Ψ	ψ	Psi	ps
Ζ	ζ	Zeta	z	Μ	μ	Mü	m	Σ	σ ς	Sigma	s	Ω	ω	Omega	o

Sonnen- und Mondfinsternisse

Für uns Mitteleuropäer ist 1998 ein ausgesprochen finsternisarmes Jahr. Die totale Sonnenfinsternis vom 26. Februar und die ringförmige vom 21./22. August bleiben in Mitteleuropa unbeobachtbar. Weder eine totale noch eine partielle Mondfinsternis ereignen sich 1998. Lediglich drei Halbschattenfinsternisse des Mondes finden statt. Alle drei bleiben von unserer Gegend aus unbeobachtbar. Fazit: Für Mitteleuropa bleibt das Jahr 1998 finsternislos.
Dafür wird es 199**9** umso spannender. Am 11. August ereignet sich die erste und einzige totale Sonnenfinsternis in diesem Jahrhundert in Deutschland, bei der die Totalitätszone in den Mittagsstunden über Süddeutschland und Österreich streicht (siehe Monatsthema „Vorschau auf die totale Sonnenfinsternis vom 11. August 1999“ auf Seite 139). Die nächste von Mitteleuropa aus sichtbare Mondfinsternis ist die totale vom 21. Januar 2000.

Totale Sonnenfinsternis am 26. Februar

Diese Sonnenfinsternis findet in den Nachmittagsstunden des 26. Februar statt und bleibt für Mitteleuropa unbeobachtbar. Sie beginnt um 15^h50^m MEZ und endet um 21^h06^m MEZ. Das Sichtbarkeitsgebiet umfaßt Teile des östlichen Pazifiks, südliche Teile Nordamerikas, Mittelamerika, die nördliche Hälfte Südamerikas, den nördlichen Atlantischen Ozean, die westlichen Teile Nordafrikas sowie Portugal und die südwestlichste Ecke Spaniens.

F.1: Globaler Verlauf der totalen Sonnenfinsternis vom 26. Februar 1998. Im umrandeten Gebiet ist die Finsternis partiell zu sehen. Die Totalitätszone zieht sich vom Pazifik über Mittelamerika in den Atlantik hinein bis kurz vor den Kanarischen Inseln.

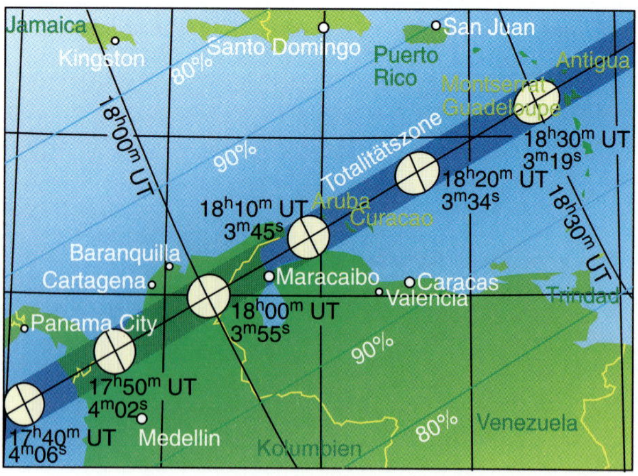

F.2: Verlauf der Totalitätszone der Sonnenfinsternis vom 26. Februar 1998 im Bereich der Karibik.

Die Totalitätszone beginnt mitten im Pazifik bei 144°00′ westlicher Länge und 2°22′ südlicher Breite und verläuft von dort über den nordwestlichsten Teil Südamerikas (Panama, Kolumbien, Venezuela) und einige karibische Inseln bis in den Atlantik. Sie endet noch vor den Kanarischen Inseln bei 19°02′ westlicher Länge und 29°51′ nördlicher Breite zu Sonnenuntergang um 20^h09^m MEZ (siehe Abb. F.1 und F.2). Die maximale Dauer der totalen Phase beträgt 4^m13^s. Sie wird um 18^h28^m MEZ bei 83° westlicher Länge und 4°34′ nördlicher Breite erreicht. Die Totalitätszone ist an diesem Ort 152 Kilometer breit, die Sonne steht 76° hoch. Der Durchmesser der Mondscheibe hat dabei den 1,044 fachen Sonnenscheibendurchmesser.

Halbschattenfinsternis des Mondes am 13. März

Halbschattenfinsternisse sind unauffällige Ereignisse. Dem Laien fallen sie meist überhaupt nicht auf, der versierte Naturbeobachter erkennt sie nur, wenn mindestens 70% des Mondscheibendurchmessers im Halbschatten der Erde stehen. Dann kann man eine etwas dunkler gefärbte Kalotte der Mondkugel bemerken. Ein- und Austritt des Mondes in den Halbschatten der Erde bleiben unbeobachtbar.

Verlauf der Halbschattenfinsternis:

	MEZ
Eintritt des Mondes in den Halbschatten	3^h14^m
Mitte der Finsternis	5 20
Austritt des Mondes aus dem Halbschatten	7 26

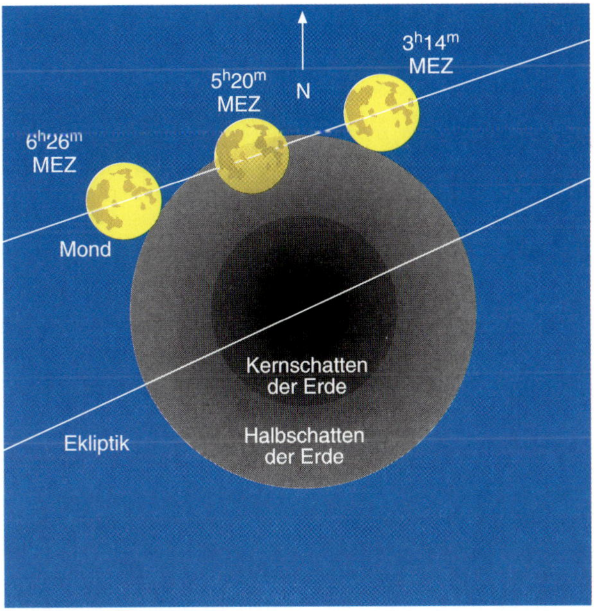

F.3: Verlauf der Halbschattenfinsternis des Mondes vom 13. März 1998.

Die Größe der Finsternis beträgt das 0,735fache des Mondscheibendurchmessers, das heißt, fast 74% des scheinbaren Monddurchmessers liegen im Halbschatten. Damit ist die Finsternis zum Höhepunkt um 5^h20^m zumindest theoretisch zu erkennen. Da der Mond um 6^h51^m untergeht, steht er schon recht horizontnah (Höhe für 50° Nord und 10° Ost: 13°,5). Deshalb kann man nur schwer zwischen Verdunklung durch horizontnahe Dunstschichten und dem Halbschatteneffekt unterscheiden. Es handelt sich hier um einen Grenzfall der möglichen Erkennbarkeit einer Finsternis, vor allem da der südliche Teil der Mondscheibe im Halbschatten steht und der Verdunklungsverlauf parallel zur Extinktionszunahme in der Erdatmosphäre ist (siehe Abb. F.3). Eher beobachtbar ist die Halbschattenfinsternis in Westeuropa, vom Atlantik aus sowie von der Osthälfte des amerikanischen Kontinents.

Halbschattenfinsternis des Mondes am 8. August

Diese Halbschattenfinsternis findet in den frühen Morgenstunden des 8. August statt, während sich der Mond in Mitteleuropa über dem Horizont befindet. Sie nimmt folgenden Verlauf:

	MEZ
Eintritt des Mondes in den Halbschatten	2^h32^m
Mitte der Finsternis	3 25
Austritt des Mondes aus dem Halbschatten	4 18

Der Mond zieht nördlich am Kernschattenbereich vorbei. Da die Finsternis nur eine Größe vom 0,146fachen des Mondscheibendurchmessers erreicht, bleibt sie unbeobachtbar.

Ringförmige Sonnenfinsternis am 22. August

Diese Finsternis findet in der Nacht vom 21. auf den 22. August statt, wenn sich die Sonne in Europa unter dem Horizont befindet. Sie bleibt in ganz Europa unbeobachtbar. Die Finsternis beginnt um 0^h10^m MEZ und endet um 6^h02^m MEZ. Die schmale Zone der ringförmigen Phase beginnt im Indischen Ozean, zieht dann über Sumatra, Borneo (Kalimantan), knapp nördlich von Neuguinea vorbei und endet im Pazifischen Ozean. Die maximale Dauer der ringförmigen Phase beträgt 3^m08^s. Sie wird um 2^h06^m MEZ bei 145°23′ östlicher Länge und 2°59′ südlicher Breite erreicht, wobei die Sonne 75° hoch steht. Der Durchmesser der Mondscheibe entspricht dabei 97% der Sonnenscheibe. Die partielle Phase kann von Indien, dem südöstlichsten Teil Asiens, Indonesien, Australien, Neuseeland und südwestlichen Teilen des Pazifiks aus beobachtet werden.

Halbschattenfinsternis des Mondes am 6. September

Die Halbschattenfinsternis findet um die Mittagsstunden des 6. September statt und bleibt daher von ganz Europa aus unbeobachtbar. Sie nimmt folgenden Verlauf:

	MEZ
Eintritt des Mondes in den Halbschatten	10^h14^m
Mitte der Finsternis	12 10
Austritt des Mondes aus dem Halbschatten	14 06

Die Größe der Finsternis beträgt das 0,837fache des Mondscheibendurchmessers, wobei der Mond südlich am Kernschattenbereich vorbeizieht. Die dritte Halbschattenfinsternis dieses Jahres führt den Mond also noch am nächsten an den Kernschattenbereich heran. Sie ist somit prinzipiell in folgenden Gegenden zu beobachten: Nord-, Mittel- und Südamerika, Pazifischer Ozean, fast ganz Australien, Neuseeland, großen Teilen der Antarktis sowie den äußersten östlichen Gebieten Asiens.

JANUAR 1998

Drei Planeten wandern im Januar durch den jeweils sonnennächsten Punkt ihrer Bahn: die Erde am 4., der Mars am 7. und die Venus am 25.; ebenfalls drei Planeten gelangen in Konjunktion mit der Sonne: Venus (am 16.), Neptun (am 20.) und Uranus (am 28.).

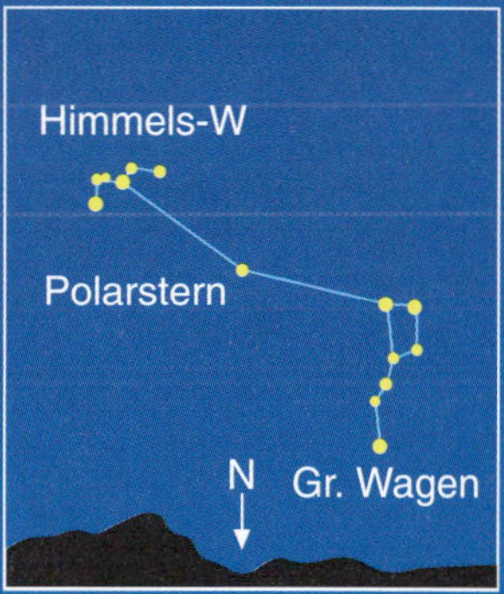

Großer Wagen und Himmels-W Anfang Januar um 22^h

1.1: Himmelsanblick am 1. Januar gegen 18^h MEZ: Zu dem Planetentrio aus Venus, Mars und Jupiter knapp über dem Südwesthorizont gesellt sich die schmale Sichel des zunehmenden Mondes.

Sonnenlauf

19.1. 23ʰ
Sonne tritt in das Sternbild Steinbock
20.1. 8ʰ
Sonne tritt in das Tierkreiszeichen Wassermann

Julianisches Datum
am 1. Januar, 1ʰ MEZ:
2450814,5

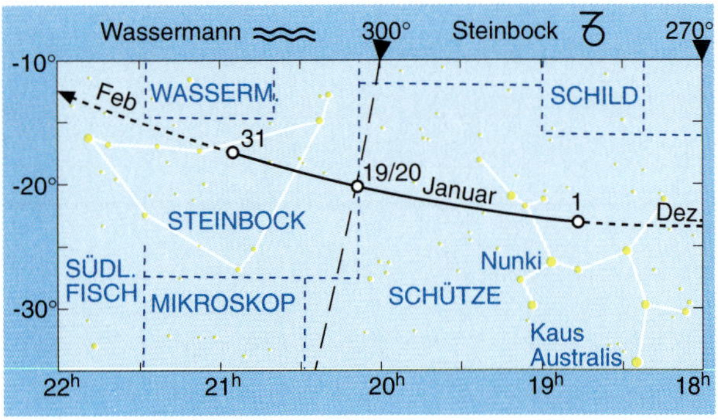

Tag	Dämmerg. Anfang	Aufgang MEZ	Kulmination	Untergang MEZ	Dämmerg. Ende	Mittagshöhe	Zeitgleichg.	Rektaszension	Deklination
	h m	h m	h m	h m	h m	°	m	h m	°
1.	6 59	8 19	12 24	16 29	17 48	17,0	– 4	18 45	–23,0
5.	6 59	8 18	12 25	16 33	17 52	17,4	– 5	19 03	–22,7
10.	6 58	8 16	12 27	16 39	17 58	18,1	– 7	19 25	–22,0
15.	6 56	8 13	12 29	16 46	18 04	18,9	– 9	19 46	–21,2
20.	6 52	8 09	12 31	16 54	18 10	19,9	–11	20 08	–20,2
25.	6 48	8 03	12 32	17 02	18 17	21,1	–12	20 29	–19,1
31.	6 41	7 55	12 33	17 12	18 26	22,6	–13	20 53	–17,5

Tages- und Nachtstunden

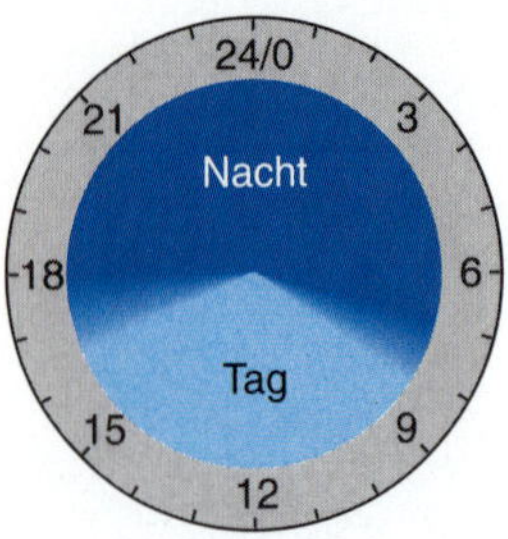

5. Januar

15. Januar

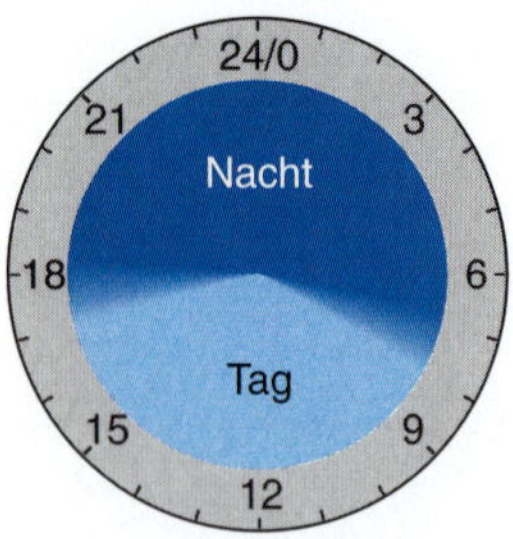

25. Januar

Mondlauf

Datum	Aufg. MEZ	Kulmination	Unterg. MEZ	Rektaszension	Deklination	Sterne und Sternbilder	Phase	MEZ
	h m	h m	h m	h m	°			
Do 1.	9 55	14 56	20 04	20 47	−15,1	Steinbock		
Fr 2.	10 31	15 50	21 18	21 44	−12,0	Steinbock		
Sa 3.	11 02	16 43	22 34	22 39	− 8,1	Wassermann	Erdnähe 369/32;4 Absteigender Knoten	10h
So 4.	11 32	17 35	23 49	23 34	− 3,8	Wassermann		
Mo 5.	12 01	18 26	–	0 28	+ 0,7	Walfisch	**Erstes Viertel**	**15h18m**
Di 6.	12 30	19 18	1 04	1 21	+ 5,1	* Fische		
Mi 7.	13 02	20 10	2 18	2 15	+ 9,3	* Walfisch		
Do 8.	13 37	21 04	3 30	3 10	+12,9	Widder		
Fr 9.	14 17	21 58	4 40	4 06	+15,7	Stier, Hyaden	Größte Südbreite	
Sa 10.	15 03	22 52	5 45	5 02	+17,7	Aldebaran		
So 11.	15 56	23 46	6 43	5 58	+18,6	Orion	Libration West	
Mo 12.	16 53	–	7 35	6 54	+18,5	Alhena	**Vollmond**	**18h24m**
Di 13.	17 54	0 39	8 18	7 48	+17,4	Zwillinge		
Mi 14.	18 57	1 29	8 55	8 41	+15,4	Krebs, Krippe		
Do 15.	20 00	2 17	9 27	9 31	+12,8	Löwe		
Fr 16.	21 03	3 03	9 55	10 20	+ 9,6	Löwe, Regulus	Aufsteigender Knoten	
Sa 17.	22 05	3 46	10 20	11 06	+ 6,1	* Löwe		
So 18.	23 06	4 29	10 43	11 52	+ 2,4	Jungfrau	Erdferne 405/29;5	5h22m
Mo 19.	–	5 11	11 07	12 37	− 1,3	Jungfrau		
Di 20.	0 08	5 54	11 31	13 22	− 5,1	Spica	**Letztes Viertel**	**20h40m**
Mi 21.	1 09	6 37	11 57	14 08	− 8,6	Jungfrau		
Do 22.	2 12	7 22	12 26	14 55	−11,8	Waage		
Fr 23.	3 14	8 10	13 00	15 44	−14,6	Waage		
Sa 24.	4 17	9 00	13 40	16 36	−16,8	Schlangenträger	Größte Nordbreite Libration Ost	
So 25.	5 17	9 53	14 28	17 30	−18,2	Schlangenträger		
Mo 26.	6 14	10 49	15 25	18 27	−18,6	Schütze		
Di 27.	7 05	11 46	16 31	19 25	−17,9	Schütze		
Mi 28.	7 50	12 43	17 43	20 24	−16,1	Steinbock	**Neumond**	**7h01m**
Do 29.	8 29	13 39	18 59	21 23	−13,3	Wassermann		
Fr 30.	9 03	14 35	20 17	22 21	− 9,6	* Wassermann	Erdnähe 364/32;8 Absteigender Knoten	15h
Sa 31.	9 35	15 29	21 35	23 18	− 5,3	Wassermann		

Der Mond steht anfangs als schmale Sichel am Abendhimmel und wandert von Jupiter langsam weiter zu Saturn. Am 12. zieht er als Vollmond über den Himmel (Kulminationshöhe auf 50° n.Br. 58°,5). Kurz vor Neumond passiert er unbeobachtbar noch Venus, Merkur, Neptun und Uranus und taucht zum Monatsende wieder im Westen bei Mars und Jupiter auf.

Planetenlauf

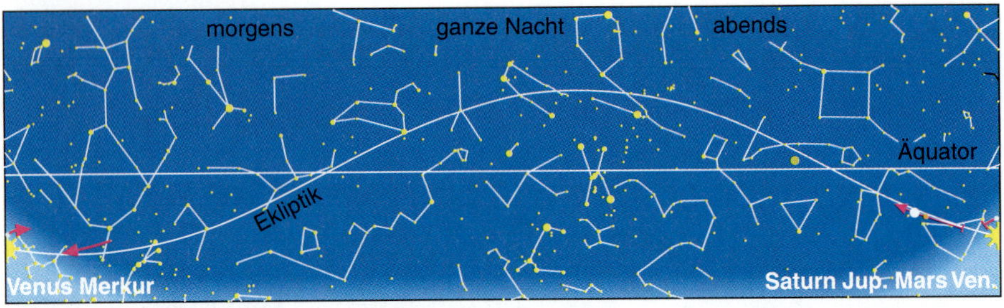

MERKUR erreicht am 6. mit 23°04′ Winkelabstand seine größte westliche Elongation zur Sonne. Trotz des relativ großen Winkelabstandes kommt es nur zu einer bescheidenen Morgensichtbarkeit. Unter guten Sichtbedingungen kann der flinke Planet im ersten Monatsdrittel tief am Südosthorizont vor Sonnenaufgang erkannt werden. Am 1. erfolgt der Merkuraufgang um 6^{h}30^m. Eine Viertelstunde später kann man den –0^m,1 hellen Planeten knapp über dem Südosthorizont erspähen (siehe auch Abb. 1.2 auf dieser Seite). Am Tag der größten westlichen Elongation geht der inzwischen –0^m,2 helle Merkur um 6^{h}34^m auf. Gegen 7^{h}40^m verblaßt er in der zunehmenden Morgenhelle.
Bis zum 14. steigt die Merkurhelligkeit ein wenig auf –0^m,3 an, und die Merkuraufgänge verspäten sich auf 6^{h}51^m. Nach dem 14. wird man den flinken Planeten vergeblich suchen, er hat sich vom Morgenhimmel zurückgezogen. Die Begegnung mit Venus am 26., bei der Merkur 8°,2 südlich am Morgenstern vorbeizieht, bleibt unbeobachtbar.
Im Teleskop erkennt man, daß das Merkurscheibchen am 1. halb beleuchtet erscheint: Die sogenannte Dichotomie tritt ein, wobei der Merkurglobus 7",4 scheinbaren Durchmesser aufweist. Nach der Dichotomie wird das Merkurscheibchen kleiner und rundlicher. Bis zum Monatsende sind 92% von ihm beleuchtet. Merkur ist dann aber mit bloßen Augen nicht mehr sichtbar – nur mit besseren Te-

1.2: Stellung von Merkur über dem Südosthorizont zu den angegebenen Daten eine Stunde vor Sonnenaufgang. Die Pfeile zeigen die Bewegungen von Merkur und Sonne in der folgenden halben Stunde an.

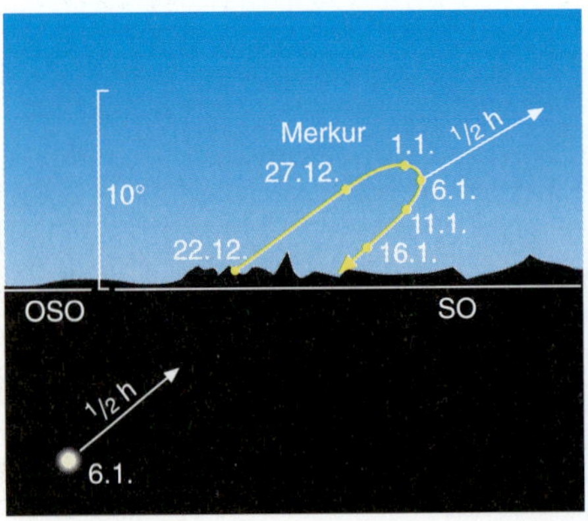

1.3: Sichtbarkeitsdiagramm für Merkur. Es gilt genau für 50° nördlicher Breite und 10° östlicher Länge. Dunkelgelbe Fläche: Merkur ist unter günstigen Sichtbedingungen sichtbar.

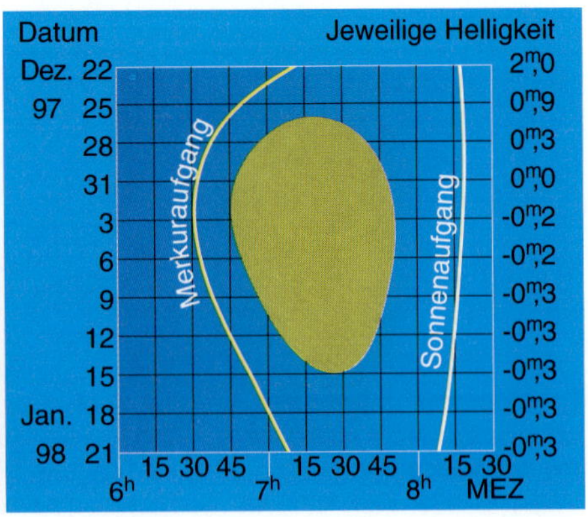

leskopen kann er noch am Taghimmel verfolgt werden.
Am Tag der größten westlichen Elongation, dem 6. Januar, ist Merkur 60 Millionen Kilometer von der Sonne und 152 Millionen Kilometer von der Erde entfernt.
Am 29. passiert Merkur das Aphel (= sonnenfernster Punkt) seiner Bahn. An diesem Tag trennen ihn 70 Millionen Kilometer (= 0,468 A.E.) von der Sonne.
VENUS zieht sich vom Abendhimmel zurück und beendet damit ihre Abendsternperiode. Allenfalls am Monatsanfang kann man die $-4{,}^{m}2$ helle Venus noch am Abendhimmel tief im Südwesten sehen (siehe auch Himmelsanblick Abb. 1.1 auf Seite 29). Am 1. erfolgt der Venusuntergang um $18^{h}32^{m}$, am 10. bereits um $17^{h}48^{m}$. Venus nähert sich rasch rückläufig der Sonne. Am 16. steht sie in unterer Konjunktion. Sie hält sich dabei fast 6° nördlich der Sonne auf. Zur unteren Konjunktion kommt Venus in Erdnähe. Ihr geringster Abstand beträgt 39,9 Millionen Kilometer (= 0,267 A.E.).
Nach der unteren Konjunktion rückt Venus rasch nach Westen von der Sonne ab, da Venus sich rückläufig durch den Tierkreis bewegt, die Sonne ihr aber rechtläufig davoneilt. Im letzten Monatsdrittel taucht Venus am Morgenhimmel auf.
Am 20. geht die $-4{,}^{m}2$ helle Venus im Südosten um $7^{h}11^{m}$ auf. Am 31. erscheint die inzwischen $-4{,}^{m}5$ helle Venus bereits um $6^{h}08^{m}$ über der Horizontlinie. Im Fernrohr zeigt Venus jetzt eine extrem schmale Sichel von 55″ scheinbarem Durchmesser.
Am 25. eilt Venus durch das Pe-

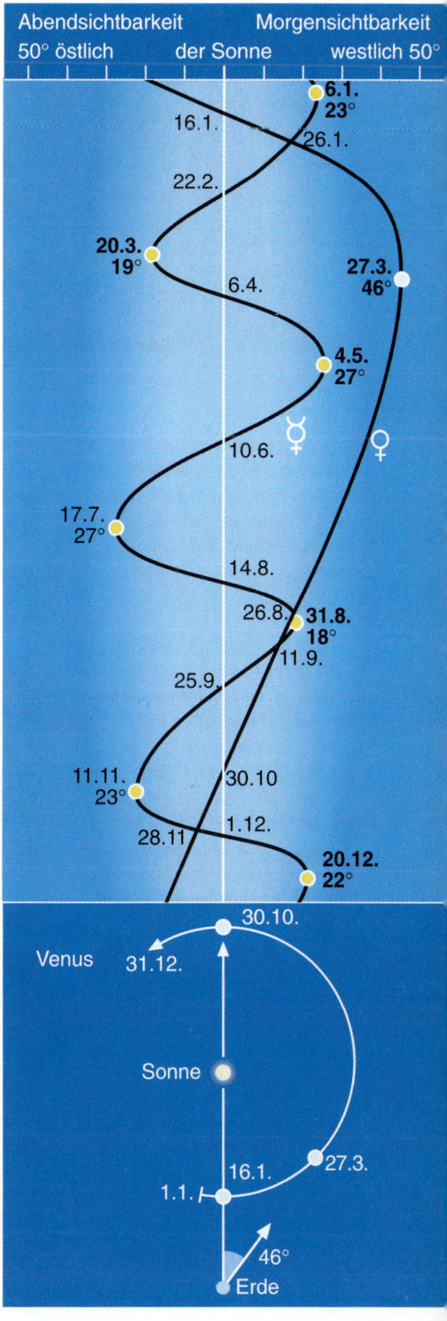

1.4: Elongationen der inneren Planeten Merkur und Venus von der Sonne im Jahr 1998. Die Datumsangaben beziehen sich jeweils auf die größten Elongationen und die Konjunktionen. Fettgedrucktes Datum bedeutet: in Mitteleuropa mit freiem Auge sichtbar. Unterbrochener Sonnenbalken weist auf eine untere Konjunktion hin, unterbrochene Planetenlinie auf eine obere Konjunktion.
Im unteren Teil ist die heliozentrische Bewegung der Venus vom 1.1. bis 31.12.1998 relativ zur Erde dargestellt, wodurch der jeweilige Elongationswinkel (Sonne-Erde-Venus) leicht abschätzbar ist.

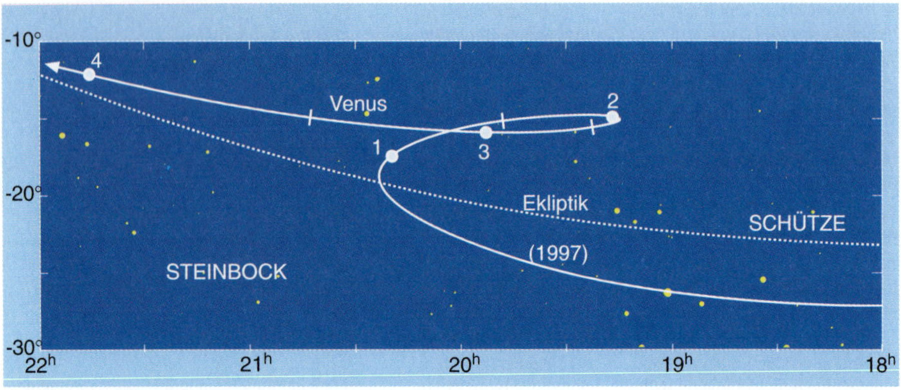

1.5: Die scheinbare Bahn der Venus im ersten Jahresviertel 1998 im Gebiet der Sternbilder Schütze und Steinbock. Die Zahlen geben die Position der Venus am jeweiligen Monatsersten an.

rihel (= sonnennächster Punkt) ihrer fast kreisförmigen Bahn, wobei sie 107 Millionen Kilometer (= 0,715 A.E.) von der Sonne entfernt ist.

MARS im Steinbock kann noch am Abendhimmel weit im Südwesten aufgefunden werden. Am 21. verläßt er den Steinbock und tritt in den Wassermann. Der Marsuntergang erfolgt am 1. um 19h02m, am 31. um 19h18m. Die Helligkeit des roten Planeten bleibt konstant bei 1,m2. Für Fernrohrbeobachter ist Mars kein lohnenswertes Objekt mehr: Der scheinbare Durchmesser des Marsscheibchens weist nur mehr 4″ auf. Damit kann man selbst in größeren Amateurteleskopen kaum noch Einzelheiten auf dem Marsglobus erkennen.

In der Nacht vom 20. auf den 21. wandert Mars knapp südlich am Riesenplaneten Jupiter vorbei (siehe Abb. 1.7 auf Seite 35).

Am 1. ergibt sich gegen 18h ein reizvoller Himmelsanblick: Mars

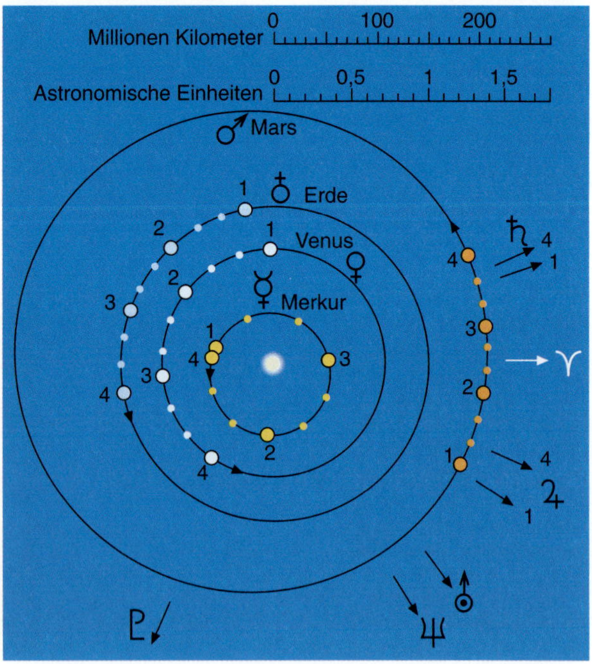

1.6: Das innere Planetensystem im ersten Jahresviertel 1998. Eingezeichnet sind die Positionen der Planeten für den 1. Januar (1), 1. Februar (2) sowie 1. März (3) und 1. April (4). Die Pfeile deuten die Richtungen zu den ferneren Planeten sowie zum Frühlingspunkt an. Die Bedeutung der Planetensymbole findet man auf Seite 18 in Abb. E.10.

1.7: Mars wandert im letzten Monatsdrittel Januar an Jupiter vorbei. Der Gesichtsfelddurchmesser beträgt rund 5°.

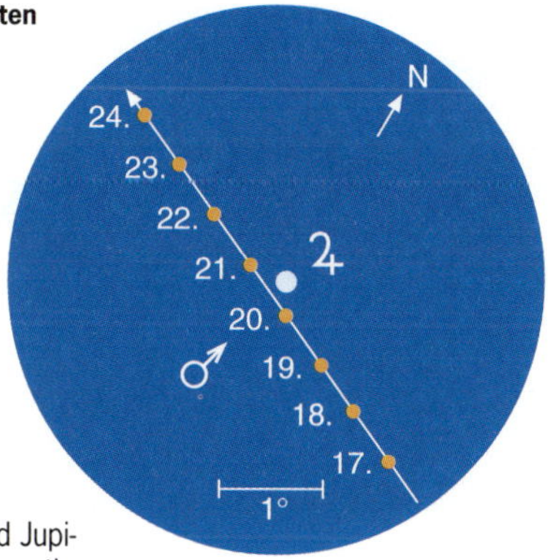

steht zwischen Venus und Jupiter knapp über dem Südwesthorizont. Zu diesem Planetentrio gesellt sich die schmale Sichel des zunehmenden Mondes (siehe Abb. 1.1 auf Seite 29). Am 7. wandert Mars durch das Perihel (sonnennächster Punkt) seiner Bahn, wobei er 206,6 Millionen Kilometer, das sind 1,381 A.E., von der Sonne entfernt ist.
JUPITER gibt seine Abschiedsvorstellung am Abendhimmel. Der Riesenplanet kann mit Einbruch der Dunkelheit tief im Südwesten erkannt werden. Er wandert durch den Steinbock und wechselt am 23. in den Wassermann.
Am 1. geht der $-2^{m}\!,1$ helle Riesenplanet um $20^{h}05^{m}$ unter und am 15. um $19^{h}28^{m}$; am Monatsletzten sinkt der inzwischen $-2^{m}\!,0$ helle Jupiter schon um $18^{h}45^{m}$ unter die Horizontlinie. Ein reizvoller Himmelsanblick ergibt sich am ersten Tag des Jahres, wenn sich die Sichel des zunehmenden Mondes zu Jupiter gesellt und auch unsere beiden Nachbarplaneten Venus und Mars tief am Südwesthorizont zu finden sind (siehe Abb. 1.1 auf Seite 29).
SATURN, der rechtläufig durch die Fische wandert, steht am

1.8: Begegnung der extrem schmalen Sichel des zunehmenden Mondes mit Jupiter und Mars: Himmelsanblick am 29. Januar gegen 18^{h} MEZ in südwestlicher Richtung.

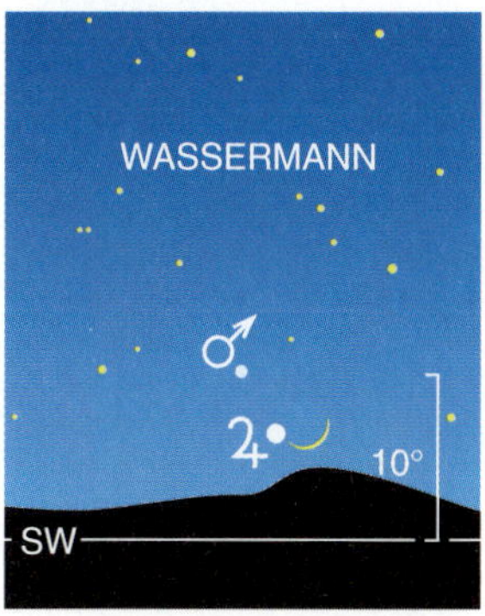

Konstellationen und Ereignisse

Datum	MEZ	Ereignis
1.	4^{h}	Mond bei Mars, Mond 3,°9 nördlich
2.	0	**Mond bei Jupiter**, Mond 2,°7 nördlich,
		Abstand 3,°5 um 19^{h} am 1.
4.	22	Erde im Perihel (Sonnennähe), Abstand
		Erde – Sonne 147,102 Millionen Kilometer
5.	13	**Mond bei Saturn**, Mond 0,°2 südlich,
		Abstand 2,°7 um 17^{h}, Bedeckung
6.	15	Merkur in größter westlicher Elongation (23°)
7.	12	Mars im Perihel, Abstand Mars – Sonne
		206,6 Millionen Kilometer
9.	18	Venus bei Neptun, Venus 4,°0 nördlich
16.	12	Venus in unterer Konjunktion mit der Sonne
20.	0	Neptun in Konjunktion mit der Sonne
21.	2	**Mars bei Jupiter**, Mars 0,°2 südlich,
		Abstand 0,°3 um 18^{h} am 20.
25.	23	Venus im Perihel
26.	18	Merkur bei Venus, Merkur 8,°2 südlich
27.	1	Mond bei Venus, Mond 3,°1 südlich
27.	2	Mond bei Merkur, Mond 5,°1 nördlich
27.	18	Mond bei Neptun, Mond 3,°1 nördlich
28.	9	Mond bei Uranus, Mond 3,°4 nördlich
28.	21	Uranus in Konjunktion mit der Sonne
29.	1	Merkur im Aphel
29.	18	**Mond bei Jupiter**, Mond 2,°0 nördlich,
		Abstand 1,°4 um 18^{h}
30.	2	**Mond bei Mars**, Mond 1,°7 nördlich,
		Abstand 5,°3 um 18^{h} am 29.

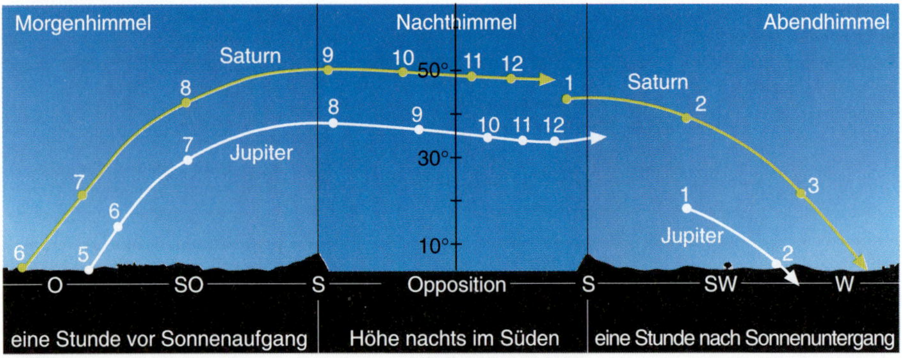

1.9: Stellungen der beiden Riesenplaneten Jupiter und Saturn im Jahr 1998. Im linken Teil sind die Positionen am Morgenhimmel jeweils eine Stunde vor Sonnenaufgang eingetragen, im rechten Teil die Positionen am Abendhimmel jeweils eine Stunde nach Sonnenuntergang. Im Mittelteil sind die Stellungen um Mitternacht angegeben sowie die Kulminationshöhe. Die Zahlen geben die Positionen zum jeweiligen Monatsersten an.

Abendhimmel. Am ersten Tag des Jahres geht Saturn um 0^h51^m unter; am 15. erfolgt der Untergang des $0^m{,}7$ hellen Ringplaneten um 23^h56^m und am 31. bereits um 22^h59^m.
Im Fernrohr zeigt sich der Ring mit einer noch relativ kleinen Öffnung von knapp zehn Grad. Der scheinbare Längsdurchmesser des Ringes beträgt 40″ und der scheinbare Äquatordurchmesser des Saturnglobus 17″. Die Entfernung von der Erde mißt am ersten Tag des Jahres 1385 Millionen Kilometer (= 9,26 A.E.). Damit benötigt das Licht von Saturn zur Erde eine Stunde und 17 Minuten.
Am 5. wird Saturn vom Mond bedeckt, ein Ereignis, das von Mitteleuropa aus unbeobachtbar bleibt.

URANUS erreicht am 28. seine Konjunktion mit der Sonne und bleibt somit unsichtbar. Der grünliche Planet, der sich im Steinbock aufhält, ist am Tag der Konjunktion 3116 Millionen Kilometer (= 20,83 A.E.) von der Erde entfernt.

NEPTUN kommt am 20. in Konjunktion mit der Sonne und bleibt unbeobachtbar. Der zur Zeit sonnenfernste Planet wechselt am 21. aus dem Sternbild Schütze in den Steinbock. Zur Konjunktion trennen Neptun 4657 Millionen Kilometer (= 31,13 A.E.) von der Erde. Die Begegnung von Neptun mit Venus am 9. bleibt unbeobachtbar.

PLUTO siehe *Planetenlauf* im März, Mai, August und November.

PLANETOIDEN

VESTA (4) – Planetoid Nr. 4 – stand am 17. Oktober des Vorjahres in Opposition zur Sonne. Sie wandert rechtläufig durch die Fische und holt Saturn ein, den man zum Monatsende als Aufsuchehilfe nutzen kann (siehe Abb. 10.3 auf Seite 167).
Noch kann Vesta am Abendhimmel gefunden werden, wenn auch die Verhältnisse rasch ungünstiger werden. Am 1. kulminiert Vesta um 18^h58^m und geht um 1^h08^m unter. Am 15. passiert sie um 18^h14^m den Meridian, ihr Untergang erfolgt um 0^h32^m. Am 31. findet die Vestakulmination schon um 17^h26^m statt, der Vestauntergang um 23^h54^m. Während des Monats sinkt die Vestahelligkeit deutlich von $7^m{,}7$ auf $8^m{,}1$ ab. Zum Monatsende ist Vesta 391 Millionen Kilometer (= 2,61 A.E.) von der Erde entfernt.

Periodische Sternschnuppenströme

Vom 1. bis 6. Januar sind die **Quadrantiden** (Ausstrahlungspunkt oder Radiant im früheren Sternbild Quadrans muralis, das heute zum Bootes gehört) in der zweiten Nachthälfte zu erwarten, deren spitzes Maximum in der Nacht vom 3. auf 4. Januar eintritt. Bis zu hundert Objekte pro Stunde können dann aufleuchten; in manchen Jahren wurden sogar über zweihundert pro Stunde beobachtet. Helle Sternschnuppen kommen dabei nur selten vor. Ein Erzeugerko-

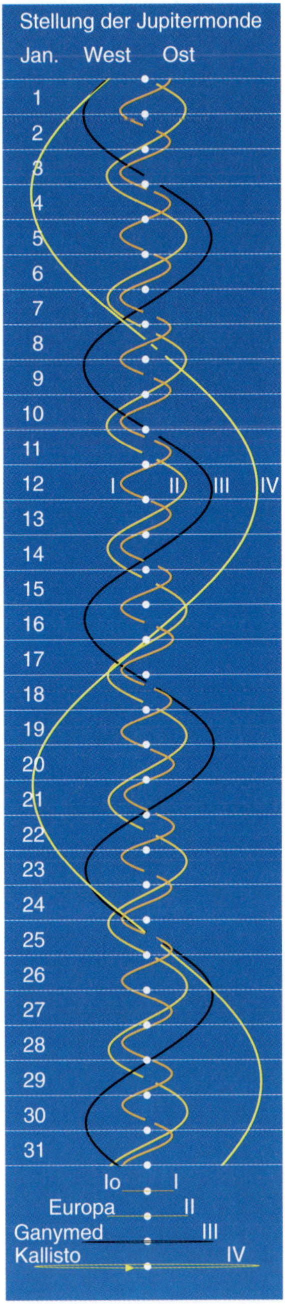

met ist nicht bekannt. Die einzelnen Meteore haben mittlere Geschwindigkeiten um 40 Kilometer pro Sekunde. Da der Radiant im Sternbild Bootes liegt, wird dieser Strom auch *Bootiden* genannt.

Jupitermond-Erscheinungen

Tag	MEZ		Vorgang	
	h	m		
2.	19	42	II	DA
3.	18	34	III	BA
4.	19	24	II	VE
6.	19	10	I	DA
7.	19	23	I	VE
8.	16	43	I	SE
	17	12	IV	BE
11.	17	42	II	BA
14.	17	05	III	DE
	18	20	I	BA
15.	16	21	I	SA
	17	59	I	DE
	18	38	I	SE
20.	17	40	II	DE
	18	50	II	SE
21.	17	56	III	DA
22.	17	44	I	DA
	18	17	I	SA
23.	17	42	I	VE
25.	18	28	IV	VE
27.	17	40	II	DA
	18	37	II	SA

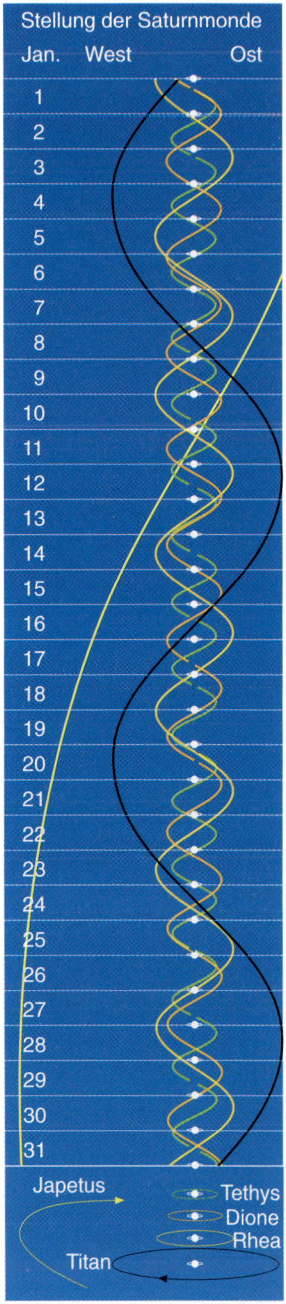

Der Fixsternhimmel

Der abendliche Winterhimmel ist reich an hellen Sternen. Um sich unter diesem Sternengewimmel zu orientieren und einzelne Sterne sowie Sternbilder zu identifizieren, muß man die Himmelsrichtungen kennen, denn die beste Sternkarte nützt wenig, wenn man nicht weiß, wo Norden, Osten, Süden und Westen ist.
Am nächtlichen Sternenhimmel beginnt man daher seine Beobachtungen zweckmäßigerweise mit dem Aufsuchen des Polarsternes, der die Nordrichtung ziemlich genau markiert. Um den Polarstern zu finden – als Stern zweiter Größenklasse ist er nicht besonders auffällig –, dient der Große Wagen. Seine Stellung ist jeweils für den Monatsanfang um 22 Uhr MEZ im *Himmelsjahr* verzeichnet.
Ein wenig Phantasie vorausgesetzt, kann man den Großen Wagen im Januar abends als einbeinigen Riesen ansehen. Die Wagendeichsel zeigt zum Horizont. Tatsächlich nannten die Eskimos dieses Bild Hunrakan, den einbeinigen Riesen. Wegen seiner horizontnahen Stellung ist der Große Wagen leicht zu übersehen. Aber ein anderes, ebenfalls leicht einzuprägendes Sternbild ersetzt ihn in seiner Funktion als Polweiser: das Himmels-W, die Kassiopeia (Abb. oben). Die Sterne sind in Form eines großen lateinischen W angeordnet, das jetzt hoch über unseren Köpfen steht. Die mittlere Spitze dieses Himmels-Ws deutet ungefähr auf den Polarstern.
Nahe dem Zenit (Scheitelpunkt) strahlt ein sehr heller Stern, die Kapella (lat.: Zicklein), der Hauptstern des Bildes Fuhrmann. Hoch im Süden durchschreitet gerade der Stier mit seinem roten, hellen Stern Aldebaran den Meridian. Aldebaran, der das blutunterlaufene Stierauge markiert, steht inmitten eines Haufens von Sternen, den Hyaden, auch Regengestirn genannt. Noch eindrucksvoller erscheinen die Plejaden, das Siebengestirn, denn dieser Sternhaufen im Stier ist dichter und gedrängter. Vor allem im Fernglas bietet der Anblick der Plejaden einen ästhetischen Genuß. Zwischen Hyaden und Plejaden geht die scheinbare Sonnenbahn, die Ekliptik, hindurch. Sonne, Mond und Planeten wandern von Zeit zu Zeit zwischen beiden Sternhaufen hindurch, weshalb man vom „Goldenen Tor der Ekliptik" spricht.
In südlicher Richtung – auch für den Laien sofort erkennbar – präsentiert sich Orion, der gewaltige Himmelsjäger. Beteigeuze, der rötliche Schulterstern, und Rigel, der blauweiße Fußstern, sind die hellsten Objekte im Orion. Zwischen ihnen markieren drei Sterne zweiter Größenklasse, die ziemlich genau in einer Geraden stehen, den Gürtel. Knapp unterhalb dieser drei Gürtelsterne erkennt man ein Lichtfleckchen, den Orionnebel (M 42). Südlich (unterhalb) des Orion ist seine Jagdbeute zu erspähen: der Hase (lat.: Lepus). Er ist ein allerdings wenig auffallendes Sternbild. Umso auffälliger strahlt Sirius, der hellste Stern des Himmels. Ein wenig höher und östlicher von Sirius stoßen wir auf einen weiteren hellen Stern: Prokyon im Kleinen Hund. Hoch im Südosten markieren zwei Sternenketten die Zwillinge. Die beiden hellsten Sterne heißen Kastor und Pollux.
Das Schwergewicht des Winterhimmels liegt im Süden. Sechs Sterne erster Größe bilden dabei das sogenannte Wintersechseck: Kapella – Aldebaran – Rigel – Sirius – Prokyon – Pollux.

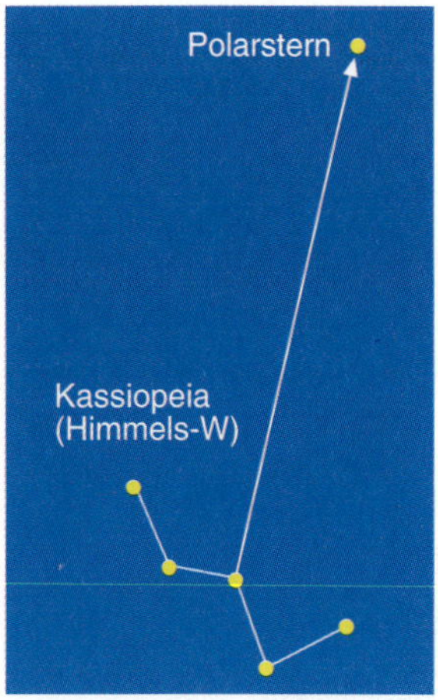

Veränderliche Sterne

Algol-Minima	12. 3^h53^m	15. 0^h42^m	17. 21^h31^m	20. 18^h21^m		
β-Lyrae-Minima	1. 15^h	14. 14^h	27. 12^h			
δ-Cephei-Maxima	3. 8^h	8. 17^h	14. 1^h	19. 10^h	24. 19^h	30. 4^h
Mira-Helligkeit	3^m – 4^m, kurz nach dem Maximum					

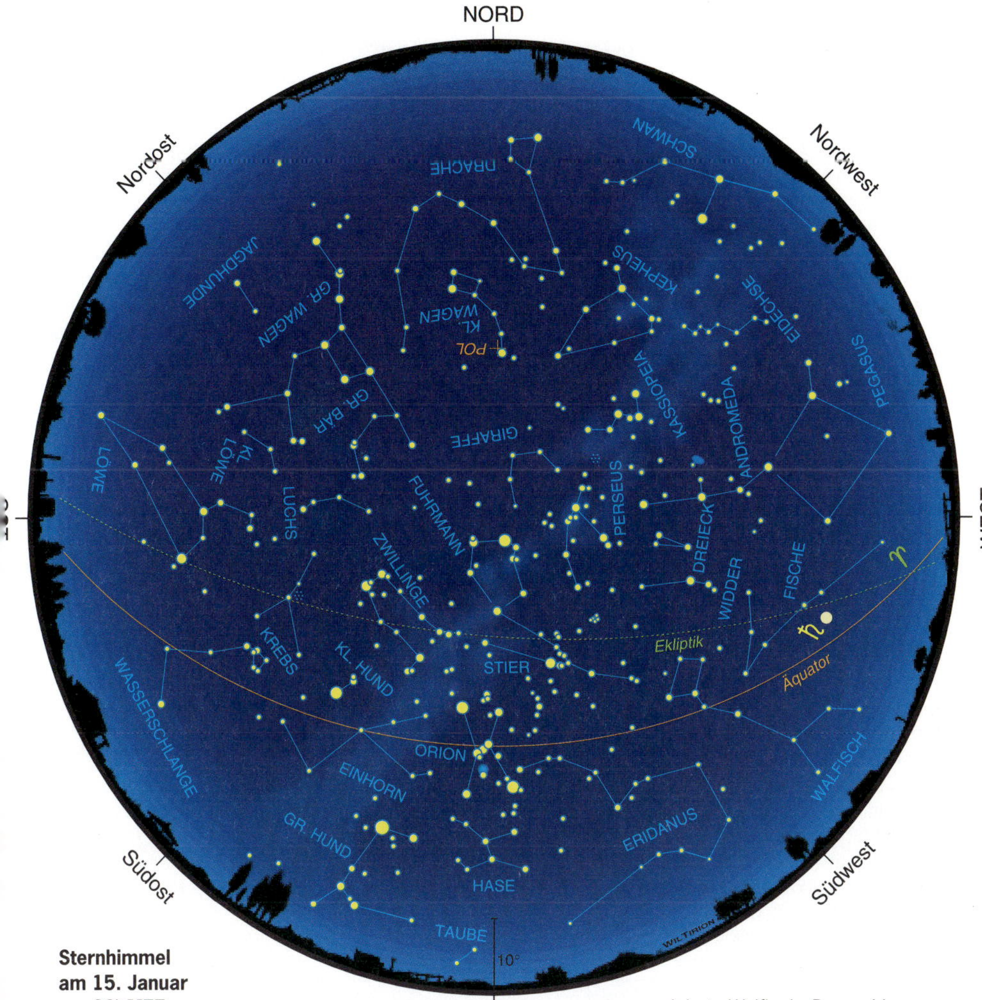

Sternhimmel am 15. Januar um 22h MEZ.

Fixsternhimmel auch gültig für:	MEZ	MESZ
1.10.	5h	6h
15.10.	4	5
1.11.	3	
15.11.	2	
1.12.	1	
15.12.	0	
1. 1.	**23**	
15. 1.	**22**	
31. 1.	**21**	
15. 2.	20	

Tief im Osten läßt der eben aufgehende Löwe mit dem hellen Regulus den heraufziehenden Frühlingshimmel erahnen, während die westliche Hemisphäre noch von den Herbstbildern eingenommen wird: Perseus – Andromeda – Pegasus, darunter Dreieck – Widder – Fische sowie tief im Südwesten der lichtschwache, aber ausgedehnte Walfisch. Das schimmernde Band der Milchstraße zieht sich von Südosten vorbei am Großen Hund durch Zwillinge und Fuhrmann über den Zenit und weiter durch Perseus und Kassiopeia hinab zum Nordwesthorizont. Freilich sollte man fernab irdischer Lichtquellen und nur bei sehr klarem Himmel versuchen, die Milchstraße zu erkennen. In unseren lichtüberfluteten Siedlungen wird man sie vergeblich suchen.

Wie alt ist das Universum?

Als am 17. Februar 1600 in Rom die Flammen des Scheiterhaufens aufloderten, beendeten sie auf fürchterliche Weise das Leben des Dominikanermönchs Giordano Bruno, der trotz siebenjähriger Haft nicht bereit war, seinen Lehren abzuschwören. Unter anderem vertrat Bruno die Ansicht, daß Fixsterne Sonnen wie unsere Sonne seien, daß es andere bewohnte Planeten gäbe, daß die Zahl der Sterne unendlich sei, das Weltall keine Grenze habe und schon seit ewigen Zeiten existiere. Diese ketzerischen Ansichten konnte die heilige Inquisition nicht ungestraft verbreiten lassen. Sie verurteilte Bruno deshalb zum Tode.

Noch in unserem Jahrhundert vertraten namhafte Wissenschaftler die Meinung, das Universum sei unendlich alt und werde für alle Ewigkeit bestehen. Doch bald schon wurde klar, daß das zumindest nicht für die Sterne gelten kann. Trotz ihres großen Energievorrats ist ihre Lebensdauer nicht beliebig. Jeder Ofen geht einmal aus. Nach dem Newtonschen Gravitationsgesetz kann ferner ein unendlich großes, einigermaßen gleichmäßig mit Sternen gefülltes Universum nicht stabil sein: Jede noch so kleine Störung führt unweigerlich zum Zusammenbruch oder zum Auseinanderfliegen des Kosmos. Dieses Problems nahm sich Albert Einstein an:

1.11: Der amerikanische Astronom Edwin Powell Hubble (1889–1953), der Entdecker der Fluchtbewegung der Galaxien.

Um das Weltall zu stabilisieren, ergänzte er das Newtonsche Gravitationsgesetz um einen weiteren mathematischen Term, das sogenannte λ-Glied. Später hat er dies als „größte Eselei meines Lebens" bezeichnet. Denn bald darauf entdeckte Edwin P. Hubble mit dem 2,5-Meter-Hooker-Reflektor auf dem Mt. Wilson-Observatorium in Kalifornien die Flucht der Nebel. Das Weltall ist gar nicht stabil, es expandiert. So groß war Einsteins Eselei allerdings auch wieder nicht, denn in der modernen Kosmologie taucht das Lambda-Glied wieder auf – aus gutem Grund, wie der geneigte Leser noch erfahren wird. Neuerdings schreibt man dafür ein großes Lambda (Λ), um eine Verwechslung mit dem sogenannten normierten kosmologischen Term zu vermeiden.

Ende der Zwanziger Jahre unseres Jahrhunderts stellte Hubble fest, daß die Rotverschiebung der Spektrallinien in den Galaxien umso größer ist, je kleiner und lichtschwächer diese erscheinen. Interpretiert man die

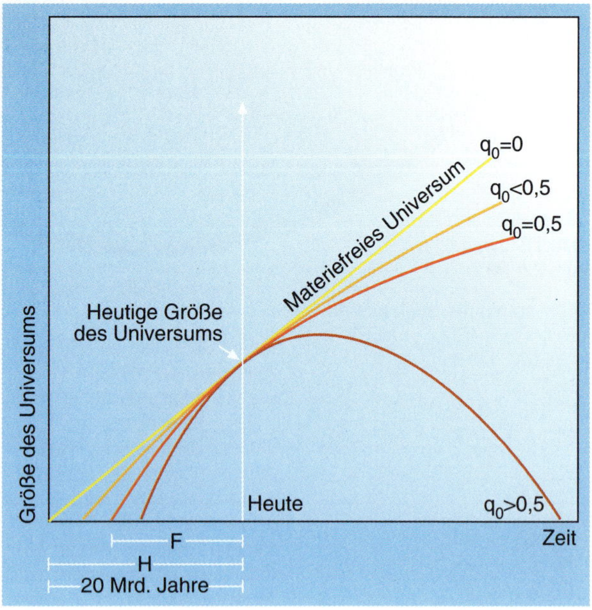

1.10: Die Expansion des Universums (H: Hubble-Alter, F: Friedmann-Alter). Weitere Erläuterungen siehe Text.

Rotverschiebung als Doppler-Effekt, so bedeutet dies: Je weiter eine Galaxie entfernt ist, desto schneller fliegt sie von uns weg. Das gesamte Weltall dehnt sich somit aus. Hubble bestimmte dabei die Expansionsrate zu 580 Kilometer pro Sekunde und Megaparsec*).
Diese Größe wird meist Hubble-Konstante genannt. Besser ist die Bezeichnung Hubble-Parameter, denn ihr Wert ist nicht konstant, sondern nimmt im Laufe der Zeit ab, weil die Anziehungskraft der Galaxienhaufen die Expansion bremst. Früher war die Expansionsrate sicher größer. Wenn man den heutigen Wert des Hubble-Parameters angibt, fügt man deshalb im Index eine Null an: H_0. Der Hubble-Parameter hat die Dimension einer reziproken Zeit: t^{-1}. Nimmt man den Kehrwert ($1/H_0$), so erhält man einen Wert für das maximale Alter des Universums. Da die Expansion früher schneller vonstatten ging, muß das reale Weltalter kleiner als das „Hubble-Alter" sein.

MODELLE FÜR DIE WELT

Nach dem russischen Mathematiker Alexander A. Friedmann (1888-1925), der als erster eine Lösung der Einsteinschen Feldgleichungen angegeben hat, beträgt das Weltalter nur zwei Drittel des „Hubble-Alters" (im Standardmodell der Kosmologie für den parabolischen Grenzfall). Aus der von Hubble ursprünglich abgeleiteten Größe des Expansionsparameters von 580 km/(s·Mpc) folgt ein Hubble-Alter von nur 1,7 Milliarden Jahren, das wirkliche Alter des Universums nach Friedmann wäre dann nur 1,1 Milliarden Jahre. Das ist aber entschieden zu kurz. Denn unsere Sonne und die Erde sind bereits vor rund fünf Milliarden Jahren entstanden, und die ältesten Sterne in den Kugelhaufen sind dreizehn bis fünfzehn Milliarden Jahre alt. Das Weltall kann aber nicht jünger sein als seine Sterne.
Die Verlegenheit war damals groß. Vielleicht ist die Rotverschiebung gar nicht als Doppler-Effekt zu interpretieren, also als Fluchtbewegung der Galaxien, sondern eine noch unbekannte Eigenschaft des Lichtes, eine Art Ermüdungserscheinung?
Der Schlüssel zur Lösung dieses Problems liegt wie fast immer in der Beobachtung. Um den Wert von H_0 zu bestimmen, muß man von möglichst vielen Galaxien zwei Größen messen: Die Radialgeschwindigkeit und die Entfernung. Während die Messung der Radialgeschwindigkeit recht einfach und auch einigermaßen genau möglich ist, bereitet die Entfernungsbestimmung große Probleme. Zu Zeiten Hubbles wurden die Gala-

1.12: Der Virgo-Galaxienhaufen mit der elliptischen Riesengalaxie M 87 (= Radioquelle Virgo A) im Zentralbereich.

Hubble-Parameter und Alter der Welt

H_0 Hubble-Parameter km/s·Mpc	$1/H_0$ Hubble-Alter in Milliarden Jahren	$q_0=0,5$ Friedmann-Alter in Milliarden Jahren	Kritische Dichte ρ_0 [g/cm³]
580	1,7	1,1	$6,3 \cdot 10^{-28}$
230	4,3	2,9	$9,9 \cdot 10^{-29}$
100	9,8	6,5	$1,9 \cdot 10^{-29}$
90	10,9	7,3	$1,5 \cdot 10^{-29}$
80	12,2	8,1	$1,2 \cdot 10^{-29}$
70	13,9	9,3	$9,2 \cdot 10^{-30}$
60	16,3	10,9	$6,7 \cdot 10^{-30}$
50	19,6	13,1	$4,7 \cdot 10^{-30}$
40	24,5	16,3	$3,0 \cdot 10^{-30}$

*) 1 Megaparsec (Mpc) = 1 Million Parsec (pc) = 3,26 Millionen Lichtjahre = $3,09 \cdot 10^{19}$ km

Entfernungsindikatoren und Hubble-Parameter

Methode	H_0 km/s·Mpc	Alter in Milliarden Jahren H	F
Cepheiden	60–90	16,3–10,9	10,9–7,3
Supernovae Typ Ia	57–64	17	
Supernovae Typ II	65–80	18–12	12–8
Tully-Fisher	80(50–90)	12	8
HST-Cepheiden in Virgo-Cluster	69–80	14–12	10–8
S-Z(Sunyaev-Zeldovich)	35–80	26–12	15–8
Gravitationslinseneffekt QSO 0957+561	70	14	9

xien viel zu nah eingeschätzt. Man wußte damals noch nicht, daß die als „Standardkerzen" benutzten Delta-Cephei-Sterne in zwei große Klassen zerfallen, die sich in ihren absoluten Helligkeiten erheblich unterscheiden. Cepheiden gelten als Meilensteine des Universums. Sie sind Pulsationsveränderliche und gehören zu den leuchtkräftigsten Sternen überhaupt. Ihre Besonderheit: je länger die Periodendauer des Lichtwechsels eines Cepheiden ist, desto leuchtkräftiger ist er. Diese Perioden-Leuchtkraftbeziehung ermöglicht es, aus der beobachteten Blinkperiode eines Cepheiden auf dessen absolute Helligkeit zu schließen. Aus der Differenz zwischen beobachteter, scheinbarer Helligkeit eines Cepheiden und seiner wahren Leuchtkraft, die sich aus seiner Periodendauer ergibt, läßt sich somit auf die Entfernung des Cepheiden schließen.

Hubble war es gelungen, in den Randpartien der Andromedagalaxie einzelne Cepheiden zu orten. Nachträglich stellte sich heraus, daß man zwischen zwei Typen von Cepheiden, den sogenannten klassischen Cepheiden und den W-Virginis-Sternen, unterscheiden muß. Für beide Typen gilt die Perioden-Helligkeitsbeziehung, allerdings sind bei gleicher Periodendauer die klassischen Cepheiden rund 1,5 Größenklassen heller. Somit mußte die extragalaktische Distanzskala revidiert werden – die Galaxien rückten in doppelte Entfernung. Weitere Korrekturen waren wegen verbesserter Werte für die interstellare Absorption erforderlich.

Heute kennt man den Wert des Hubble-Parameter H_0 noch immer nicht mit befriedigender Genauigkeit. Die mit verschiedenen Methoden ermittelten Beträge für H_0 liegen zwischen 50 und 100 km/(s·Mpc), dies entspricht jeweils einem maximalen Weltalter von 20 beziehungsweise 10 Milliarden Jahren. Das tatsächliche Weltalter (Friedmann-Alter) ist aber deutlich kürzer anzusetzen, wegen der bremsenden Wirkung der Materie im Kosmos als Folge der allgemeinen Massenanziehung (Gravitation).

Um das Friedmann-Alter des Kosmos zu bestimmen, ist also außer dem Hubble-Parameter noch der Verzögerungsfaktor q $= dH_0/dt\ (=\dot{H}_0)$ zu ermitteln oder die mittlere Materiedichte $\bar{\rho}$ im Weltall. Beide Größen sind aber außerordentlich schwierig zu bestimmen. Der Verzögerungsfaktor q kann im Prinzip aus den Beobachtungen ermittelt werden, wenn zum einen H genau bekannt ist, zum anderen die Entfernungen der Galaxien genau gemessen werden können. Beides ist heute noch nicht gegeben. Die mittlere Materiedichte kann zwar grob geschätzt werden, wobei sich allerdings zeigt, daß die in Sternen und Gasnebeln leuchtende Materie nur ein Zehntel der Masse ausmacht, die aufgrund der Beobachtung von Schwerkraftwirkungen vorhanden sein muß.

Dreh- und Angelpunkt der Frage nach dem Alter des Universums ist der Hubble-Parameter. Ihn mit möglichst hoher Genauigkeit zu messen, ist eines der Hauptanliegen der modernen Astronomie. Nach wie vor werden Werte für H_0 zwischen 50 und 100 km/s pro Mpc „gehandelt". Für das klassische Standardmodell mit verschwindendem kosmologischen Term ($\Lambda = 0$) gilt, daß H_0 nicht viel über 50 liegen darf, sonst wird das Weltalter geringer als das Alter der ältesten Sterne – und das ist offensichtlich ein Widerspruch.

Die Schwierigkeiten bei der Bestimmung von H_0 sind zweifacher Natur: Einmal ist es nach wie vor recht schwierig, genaue Distanzen weiter entfernter Galaxien zu bestimmen. Zum anderen folgen die Galaxien nicht nur der allgemeinen Raumexpansion, sondern zeigen auch Pekuliarbewegungen von einigen hundert Kilometern pro Sekunde, die der Expansion überlagert sind. Wenn ein mit einem Mückenschwarm gefüllter Luftballon aufgeblasen wird, dann werden *im Mittel* die Abstände der einzelnen Mücken voneinander immer größer. In einzelnen Fällen wird jedoch der Abstand zwischen zwei Mücken schrumpfen, wenn sie sich zu-

1.13: Der rund 5 Milliarden Lichtjahre entfernte Galaxienhaufen 0024+1654 wirkt als Gravitationslinse für das Licht einer rund doppelt so weit entfernten Galaxie, die auf dieser Aufnahme des Hubble-Weltraumteleskops gleich mehrfach als bläuliches Gebilde zu erkennen ist.

fällig einander nähern. Ähnlich ist es bei den Galaxien. So nähert sich der Andromedanebel mit rund 300 km/s unserer Milchstraße. In vergleichsweise kleinen Raumbereichen macht sich die allgemeine Expansion kaum bemerkbar. Als „kleiner Raumbereich" gilt hierbei durchaus ein ganzer Galaxienhaufen wie die Lokale Gruppe (siehe auch *Himmelsjahr* 1991, Seite 174) mit etwa vier Millionen Lichtjahren Durchmesser. In solchen Galaxienhaufen bleibt die Gravitation dominant. Erst bei den Superhaufen kommt die Expansion zur Wirkung, wobei allerdings auch hier wieder die Schwerkraft eine Rolle spielt: Unsere Lokale Gruppe driftet in Richtung auf den Virgohaufen. Überlagert ist allerdings die Expansion, so daß die Abstände zwischen den einzelnen Galaxienhaufen des Virgo-Superhaufens dennoch größer werden und sich somit der gesamte Virgo-Superhaufen aufbläht.

ANDERE STANDARDKERZEN

Bei ferneren Galaxien kann man keine Einzelsterne mehr ausmachen, somit auch nicht die inzwischen recht zuverlässige Cepheiden-Methode anwenden. Man muß andere „Standardkerzen" heranziehen, von denen man weiß, wie groß ihre Leuchtkraft ist. Dazu bieten sich die Supernovae vom Typ Ia an. Su-

pernovae gehören zu den hellsten Einzelsternen, sie können so hell wie eine ganze Galaxie werden und sind daher noch in sehr großen Distanzen zu sehen. Supernovae vom Typ Ia zeigen eine recht geringe Streuung in ihren absoluten Helligkeiten. Sie sind relativ leicht zu identifizieren, charakteristisch ist das Fehlen von Wasserstofflinien in ihren Spektren. Supernovae von Typ Ia sind detonierende Weiße Zwerge, die durch Massenakkretion von einem Begleiter ihre Stabilitätsgrenze (Chandra-Limit) von 1,4 Sonnenmassen überschritten haben. Supernovae vom Typ II eignen sich im Prinzip ebenfalls zur Entfernungsbestimmung weit entfernter Galaxien; allerdings streuen ihre absoluten Helligkeiten weit mehr als beim Typ Ia, weshalb Distanzbestimmungen mit ihnen zu größeren Unsicherheiten führen. Bei Supernovae vom Typ II handelt es sich um massereiche Sterne, die am Lebensende einen Kollaps erleiden und explodieren (siehe auch *Himmelsjahr* 1997, Seite 121).
Das Problem bei den Distanzbestimmungen mit dem Typ Ia-Supernovae liegt wieder einmal in der Eichung. Nur wenige Ia-Supernovae sind in Galaxien beobachtet worden, deren Entfernungen mit der Cepheiden-Methode relativ zuverlässig bestimmt wurden. Daraus abgeleitet wurde eine Helligkeit für Ia-Supernovae von rund zehn Milliarden Sonnenleuchtkräften mit einer Streuung von 18 Prozent. Aus 13 beobachteten Ia-Supernovae in bis zu tausendfacher Entfernung des Andromedanebels wurde jüngst von einem Astronomenteam der Hubble-Parameter zu 57 km/s pro Mpc mit einer Unsicherheit von ± 4 km/s pro Mpc abgeleitet. Das ergibt ein gerade noch akzeptables Weltalter. Doch es gibt noch andere Entfernungsbestimmungen, die zu höheren Werten für den Hubble-Parameter führen.
Ein relativ neues Verfahren zur Bestimmung von Galaxiendistanzen ist die sogenannte Tully-Fisher-Relation: Aus der Verbreiterung der Spektrallinien (speziell der 21cm-Linie des neutralen Wasserstoffs) läßt sich auf die Rotationsgeschwindigkeit einer Galaxie schließen und damit direkt auf ihre Gesamtmasse. In der durchaus berechtigten Annahme, daß für alle großen Spiralgalaxien in etwa der gleiche Prozentsatz der Masse als interstellares Wasserstoffgas auftritt und daß die Sternentstehungsrate vor allem der O- und B-Sterne überall ähnlich ist, ergibt sich eine Beziehung zwischen der leuchtenden Materie in einer Galaxie (vor allem der heißen, jüngeren und massereichen O- und B-Sterne sowie der H II-Gebiete), der scheinbaren Helligkeit im blauen Spektralbereich (B-Helligkeit in der UBV-Photometrie nach Johnson) und der Entfernung. Allerdings reicht das Tully-Fisher-Verfahren nicht allzuweit in den Raum hinaus, so daß die Ableitung des Hubble-Parameters nur mit großen Unsicherheiten gelingt. Danach liegt der Wert von H_0 im Bereich von 50 bis 90 km/s pro Mpc.
Noch stärker streuen die Werte für H_0 bei Anwendung des Sunyaev-Zeldovich-Effektes, der zwar Entfernungsbestimmungen in großen Distanzen ermöglicht, aber weniger eine Messung denn eine grobe Schätzung von Galaxienhaufenentfernungen zuläßt. Galaxien eines Haufens sind in ein sehr dünnes, aber extrem heißes (über 100 Millionen Kelvin) intergalaktisches Gas eingebettet, das eine merkbare Röntgenstrahlung aussendet. Außerdem beeinflußen die Elektronen und Ionen des vollständig ionisierten Gases die Photonen der kosmischen Hintergrundstrahlung. Beide Effekte kombiniert lassen die Ausdehnung des Haufens in Sichtlinie abschätzen. In Kombination mit dem scheinbaren Durchmesser (im Winkelmaß) des Haufens an der Sphäre läßt sich die ungefähre Haufendistanz ableiten. Mit Hilfe des S-Z-Effektes ergibt sich ein H_0 in den Grenzen von 35 bis 80 km/s pro Mpc.
Ein etwas exotisch anmutendes, aber im Prinzip recht zuverlässiges Verfahren zur Bestimmung sehr weit entfernter Galaxien beruht auf dem Gravitationslinseneffekt (siehe *Himmelsjahr* 1995, Seite: 54). Quasare, die durch eine als Gravitationslinse wirkende massereiche Galaxie (oder einen ganzen Galaxienhaufen) Doppelbilder zeigen, können als Entfernungsindikatoren eingesetzt werden, wenn sie kurzperiodisch ihre Helligkeit ändern. Solche blinkenden Quasare gibt es genügend. Am Quasar QSO 0957+561 konnte ein Doppelbild als Gravitationslinseneffekt erkannt werden, wobei die Helligkeitsfluktuationen des Mehrfachbildes nicht simultan, sondern phasenverschoben zu registrieren sind. Dies beruht auf dem rein geometrischen Effekt der unterschiedlichen Lichtlaufzeiten. Aus der Geometrie der Lichtstrahlen und dem Verzögerungseffekt läßt sich die Distanz sowohl der gravitierenden Galaxienmasse als auch des Qua-

DANUBIA
DÖRR
FOTO·OPTIK·VIDEO
ASTRO
TELESKOPE
TAURUS 80
SATURN 45
REFLEKTOREN · REFRAKTOREN
DÖRR GmbH
Foto Marketing
Postfach 12 80
D-89202 Neu-Ulm
Telefon: 07 31 / 9 70 37-0
Telefax: 07 31 / 9 70 37-37

sars abschätzen. Daraus abgeleitet wurde eine Obergrenze für H_0 von 70 km/s pro Mpc.
Die letztgenannten drei Methoden zur Entfernungsbestimmung von Galaxien sind einerseits recht grob, zum anderen nur in wenigen Fällen angewendet worden. Große Hoffnung setzt man daher in das Hubble-Weltraumteleskop, das noch einzelne Cepheiden in Galaxien erkennen kann, die in 20 Mpc (etwas mehr als 60 Millionen Lichtjahre) Distanz stehen. So ist es mit diesem Teleskop (HST: Hubble-Space-Telescope) gelungen, noch Cepheiden in den Galaxien M 96 und M 100 zu orten. Für M 100 wurde mit der klassischen Cepheiden-Methode eine Entfernung von 17,1 Mpc (= 56 Millionen Lichtjahre) mit einer zehnprozentigen Ungenauigkeit ermittelt. Dies führt zu einem H_0 von 80 (± 17) km/s pro Mpc, was einem maximalen Weltalter (Hubble-Alter) von zwölf Milliarden und einem realen (Friedmann-Alter) von acht Milliarden Jahren entspricht. Damit wäre aber das Universum erheblich jünger als die ältesten Sterne in Kugelhaufen, deren Alter zwischen dreizehn und fünfzehn Milliarden Jahren geschätzt wird. Die Entfernung von M 96 wiederum wurde mittels Cepheidenbeobachtungen zu 12 Mpc (= 39 Millionen Lichtjahren) bestimmt, was zu einem H_0 von 69 (± 8) km/s pro Mpc führt. Dies ergäbe ein Weltalter von 14 bzw. 9,3 Milliarden Jahre – auch noch zu jung im Hinblick auf die ältesten Objekte im Universum.

UNSICHERE WERTE

Allerdings ist die Ableitung des Hubble-Parameters aus nur zwei Galaxien im Virgo-Haufen ohnehin problematisch. Liegen sie im oder nahe dem Zentrum oder am vorderen Rand des Virgo-Haufens?
Der Virgo-Haufen hat immerhin gut zehn Mpc (= 33 Millionen Lichtjahre) an Ausdehnung. Wie sieht das Geschwindigkeitsfeld im Virgo-Haufen aus? Vielleicht haben gerade M 96 und M 100 recht hohe pekuliare Geschwindigkeiten. Und letztendlich: Mit welcher Geschwindigkeit bewegt sich unsere Milchstraße samt der Lokalen Gruppe auf den Virgo-Haufen zu? Der Virgo-Haufen bildet das Zentrum des Virgo-Superhaufens, zu dem auch unsere Lokale Gruppe gehört. Wie groß ist die relative Bewegung der lokalen Gruppe zum Virgo-Haufen infolge der gravitativen Anziehung, die ja der Expansion überlagert ist?
Wie dem auch sei, noch sind bei weitem nicht genügend Cepheidenbeobachtungen mit dem Hubble-Weltraumteleskop erfolgt, die einen gesicherten Wert für H_0 ableiten ließen. Man darf aber davon ausgehen, daß H_0 in den nächsten zehn Jahren mit einer zufriedenstellenden Genauigkeit ermittelt werden wird. Für den parabolischen Fall der Expansion (Grenzfall zwischen offenem und geschlossenem Universum mit Stillstand der Ausdehnung nach unendlich langer Zeit) ist das Alter des Universums sicher nicht kleiner als zwanzig Milliarden Jahre. Dies bedingt für das Standardmodell mit verschwindendem kosmologischen Term ($\Lambda = 0$) ein H_0 von deutlich kleiner als 50 km/s pro Mpc. Aber selbst wenn H_0 größer sein sollte – etwa 60 oder 70 –, muß das Weltalter nicht unter zwanzig Milliarden Jahre schrumpfen.
Wer weiß denn definitiv, daß der kosmologische Term exakt gleich Null ist? Sicher, die Einsteinschen Feldgleichungen nehmen dann eine besonders einfache Form an. Aber wer sagt denn, daß die Natur sich danach richten muß? Im allgemeinen Fall tritt das Λ als Integrationskonstante auf und gehört zum Gleichungsensemble. Der Bonner Kosmologe Wolfgang Priester spricht in diesem Zusammenhang von den „kastrierten" Feldgleichungen, wenn man Λ einfach unter den Tisch fallen läßt, also $\Lambda = 0$ setzt.
Wenn jedoch Λ positiv ist, was nicht auszuschließen ist, so ist das Weltall erheblich älter. Ein $\Lambda > 0$ (also positiv) bedeutet eine Art Abstoßungskraft, die der allgemeinen Massenanziehung entgegenwirkt. Selbst wenn das Λ sehr klein ist, ergibt sich nach Priester und seinen Mitstreitern bei einem H_0 von 90 km pro Sekunde und pro Megaparsec ein Weltalter von dreißig Milliarden Jahren. Dabei hat das Lambda einen Wert von nur $\Lambda = 3 \cdot 10^{-56}$! Dies ist eine unglaublich kleine Zahl, praktisch fast Null. Aber eben nur „fast". Sie reicht aus, das Weltall bis in Ewigkeit expandieren zu lassen und zu sichern, daß das Universum bedeutend älter ist als die ältesten in ihm vorhandenen Sterne.
Nach heutiger Kenntnis ist das Weltall somit mindestens zwanzig Milliarden Jahre alt, wahrscheinlich aber rund dreißig Milliarden. Eine genauere Angabe des Weltalters wird erst möglich sein, wenn von wesentlich mehr weiter entfernt stehenden Galaxien genaue Entfernungen bekannt sind und außerdem der Wert des Λ-Terms durch Beobachtungen ermittelt ist.

FEBRUAR 1998

Die totale Sonnenfinsternis am 26.2. ist zwar für uns unbeobachtbar, dafür erscheint auch bei uns die Venus am Morgenhimmel im größten Glanz (20.); unsichtbar sind auch Merkur und Jupiter, die am 22. bzw. 23.2. in Konjunktion mit der Sonne stehen.

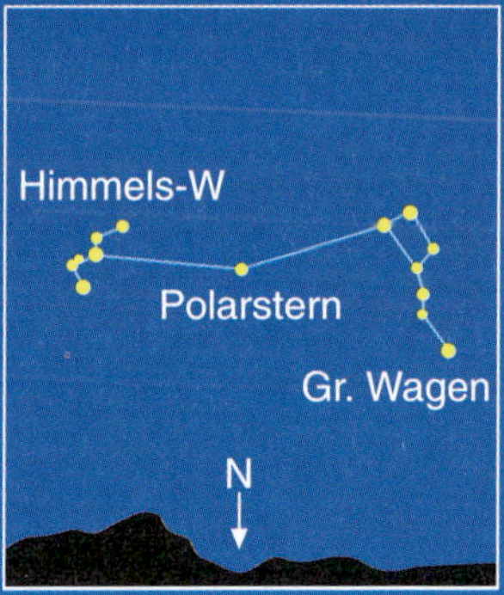

Großer Wagen und Himmels-W Anfang Februar um 22ʰ

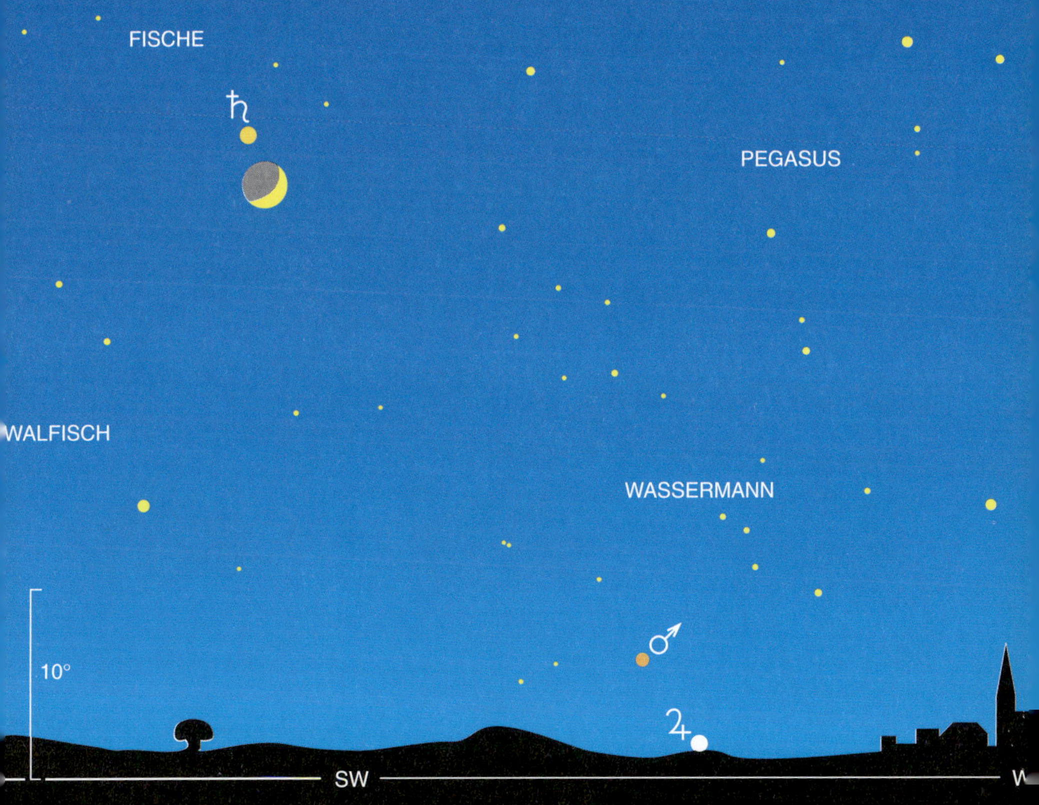

2.1: Himmelsanblick am 1. Februar um 18ʰ30ᵐ MEZ: Tief am Westhorizont leuchten Jupiter und Mars, während Saturn und die zunehmende Mondsichel wesentlich höher stehen.

Sonnenlauf

16.2. 10h
Sonne tritt in das Sternbild Wassermann
18.2. 22h
Sonne tritt in das Tierkreiszeichen Fische

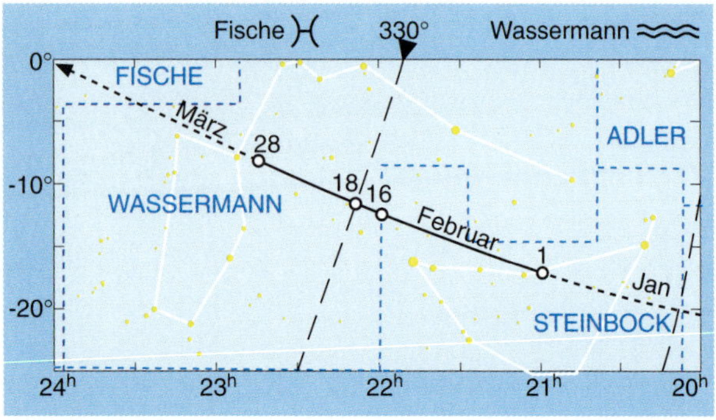

Julianisches Datum
am 1. Februar, 1h MEZ:
2450845,5

Tag	Dämmerg. Anfang	Aufgang MEZ	Kulmination	Untergang MEZ	Dämmerg. Ende	Mittagshöhe	Zeitgleichg.	Rektaszension	Deklination
	h m	h m	h m	h m	h m	°	m	h m	°
1.	6 40	7 54	12 34	17 14	18 28	22,9	–14	20 58	–17,2
5.	6 35	7 48	12 34	17 21	18 34	24,1	–14	21 14	–16,0
10.	6 28	7 40	12 34	17 29	18 41	25,7	–14	21 34	–14,5
15.	6 20	7 31	12 34	17 38	18 49	27,3	–14	21 53	–12,8
20.	6 11	7 22	12 34	17 46	18 57	29,1	–14	22 13	–11,1
25.	6 02	7 12	12 33	17 55	19 05	30,9	–13	22 32	– 9,2
28.	5 56	7 06	12 33	18 00	19 10	32,1	–13	22 43	– 8,1

Tages- und Nachtstunden

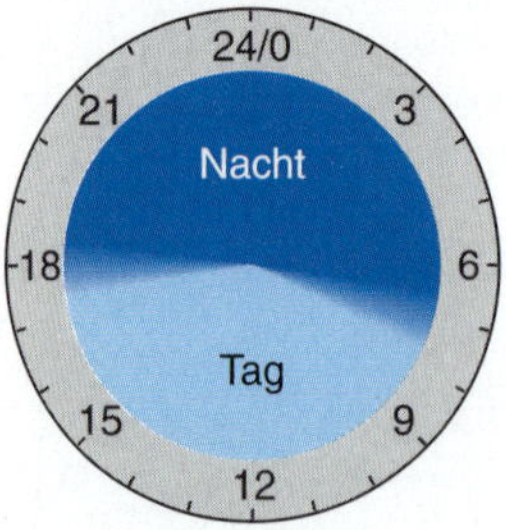

5. Februar

15. Februar

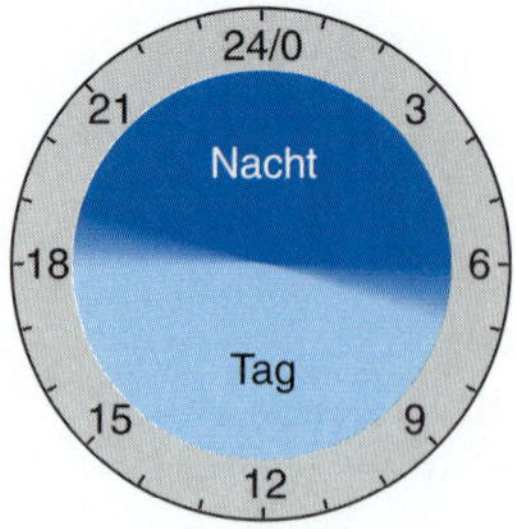

25. Februar

Mondlauf

Datum	Aufg. MEZ	Kulmination	Unterg. MEZ	Rektaszension	Deklination	Sterne und Sternbilder	Phase	MEZ
	h m	h m	h m	h m	°			
So 1.	10 05	16 22	22 52	0 13	– 0,7	Fische		
Mo 2.	10 35	17 15	–	1 08	+ 3,9	Fische		
Di 3.	11 06	18 08	0 07	2 03	+ 8,2	Fische	**Erstes Viertel**	**23^h53^m**
Mi 4.	11 40	19 01	1 21	2 58	+11,9	Widder		
Do 5.	12 18	19 54	2 31	3 53	+15,0	Stier	Größte Südbreite	
Fr 6.	13 01	20 47	3 37	4 49	+17,1	Aldebaran		
Sa 7.	13 50	21 40	4 37	5 44	+18,3	Stier	Libration West	
So 8.	14 45	22 32	5 30	6 39	+18,5	Alhena		
Mo 9.	15 43	23 23	6 15	7 33	+17,7	Zwillinge		
Di 10.	16 45	–	6 54	8 25	+16,1	Krebs, Krippe		
Mi 11.	17 48	0 11	7 28	9 16	+13,7	Krebs	**Vollmond**	**11^h23^m**
Do 12.	18 50	0 57	7 57	10 05	+10,7	Löwe, Regulus	Aufsteigender Knoten	
Fr 13.	19 53	1 42	8 23	10 52	+ 7,3	Löwe		
Sa 14.	20 54	2 25	8 47	11 38	+ 3,7	Löwe		
So 15.	21 56	3 07	9 11	12 23	– 0,1	Jungfrau	Erdferne 405/29′5	16^h
Mo 16.	22 57	3 50	9 34	13 08	– 3,8	Spica		
Di 17.	23 58	4 32	9 59	13 53	– 7,4	Spica		
Mi 18.	–	5 16	10 27	14 39	–10,7	Waage		
Do 19.	1 00	6 02	10 58	15 27	–13,6	* Waage	**Letztes Viertel**	**16^h27^m**
Fr 20.	2 01	6 50	11 34	16 17	–16,0	Skorpion	Größte Nordbreite	
Sa 21.	3 01	7 40	12 17	17 09	–17,6	Schlangenträger	Libration Ost	
So 22.	3 58	8 33	13 08	18 03	–18,5	Schütze		
Mo 23.	4 51	9 28	14 08	19 00	–18,3	Schütze, Nunki		
Di 24.	5 38	10 25	15 16	19 58	–17,0	Schütze		
Mi 25.	6 21	11 22	16 31	20 57	–14,7	Steinbock		
Do 26.	6 58	12 19	17 49	21 55	–11,3	Steinbock	**Neumond**	**18^h26^m**
							Absteigender Knoten	
Fr 27.	7 32	13 15	19 09	22 54	– 7,2	Wassermann	Erdnähe 359/33′3	21^h
Sa 28.	8 03	14 10	20 30	23 52	– 2,6	Fische		

Der Mond steht zunächst als zunehmende Sichel am Abendhimmel unweit von Saturn, erreicht im Krebs die Vollmondstellung (11.2., Kulminationshöhe auf 50° n.Br.: 43°) und zieht sich dann vom Abendhimmel zurück. Die Begegnung mit Venus ist nicht sehr eng, doch dafür wandert der Neumond vor der Sonnenscheibe her (Sonnenfinsternis in Mittelamerika).

Planetenlauf

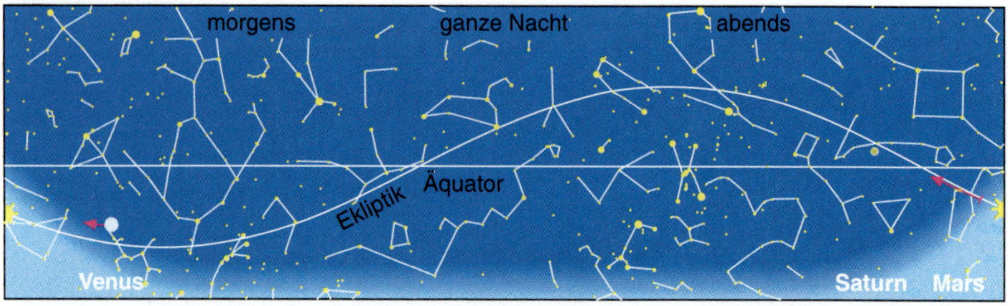

MERKUR eilt der Sonne im Tierkreis nach. Am 22. holt der flinke Planet das Tagesgestirn im Sternbild Wassermann ein und steht dann in oberer Konjunktion. Anschließend gewinnt er wieder östlichen Winkelvorsprung vor der Sonne. Bis zum Monatsende wächst die östliche Elongation Merkurs auf bescheidene $5^{\circ},9$ an. Dies reicht bei weitem nicht, um Merkur am Abendhimmel sichtbar werden zu lassen. Fazit: Merkur bleibt im Februar unsichtbar. Auch die Begegnungen mit Neptun am 2., mit Uranus am 8. und mit Jupiter am 22. entgehen uns.

VENUS hat Ende des Vormonats ihre Morgensternperiode begonnen: Sie kann vor Sonnenaufgang tief am Osthorizont gesehen werden (siehe auch Abb. 7.3 auf Seite 119). Sie wandert durch die nördlichen Gebiete des Schützen. Bereits am 5. kommt sie zum Stillstand und beendet ihre Rückläufigkeit (siehe Abb. 1.5 auf Seite 34). Ihren größten Glanz am Morgenhimmel entfaltet sie am 20. mit $-4^{m},6$. Die Venusaufgänge verfrühen sich von 6^h03^m am 1. auf 5^h17^m am 15. und auf 4^h56^m am Monatsende.
Fernrohrbeobachter erkennen eine immer dicker und kleiner werdende Sichel. Der scheinbare Venusdurchmesser geht während des Monats von 55″ auf 35″ zurück. Am 19. beträgt der Beleuchtungsgrad des Venusscheibchens 25%.

MARS zieht sich allmählich vom Abendhimmel zurück. Der rote Planet wandert durch die Fische und nähert sich dem Himmelsäquator. Am 1. geht Mars um 19^h19^m unter, am 15. um 19^h25^m und am 28. um 19^h31^m. Die immer später einsetzende Dunkelheit verkürzt die Sichtbarkeitsdauer jedoch erheblich. Zum Monatsende macht es Mühe, den roten Planeten noch am Abendhimmel zu finden. Die Marshelligkeit bleibt konstant bei $1^{m},2$.
Am 27. erhält Mars Besuch vom zunehmenden Mond; gegen 19^h steht die schmale Sichel etwa 4° südwestlich von ihm. Am späteren Abend wird Mars vom Mond bedeckt, ein Ereignis, das allerdings von Mitteleuropa aus unbeobachtbar bleibt.
Am 6. beginnt für die Nordhalbkugel des Mars der Winter.

JUPITER im Wassermann zieht sich endgültig vom Abendhimmel zurück. Allenfalls zu Monatsanfang können erfahrene Beobachter ihn noch tief im Südwesten bald nach Sonnenuntergang erspähen.
Am 1. geht der $-2^{m},0$ helle Riesenplanet um 18^h43^m unter, am 10. bereits um 18^h19^m. Letztmals dürfte man Jupiter um den 5. noch mit bloßem Auge erkennen; danach wird man ihn am Abendhimmel vergeblich suchen.
Am 23. wird Jupiter schließlich von der Sonne eingeholt und steht in Konjunktion mit ihr. Seine Entfernung von der Erde beträgt an diesem Tag 897 Millionen Kilometer, das sind 5,996 A.E. (= Astronomische Einheiten).

SATURN in den Fischen kann noch am Abendhimmel gesehen werden. Seine Sichtbarkeitszeit verkürzt sich allerdings drastisch, denn der Ringplanet geht immer früher unter, die Abenddämmerung hingegen setzt immer später ein.
Am 1. sinkt der $0^{m},7$ helle Ringplanet um 22^h55^m unter die Horizontlinie, am 15. um 22^h07^m und am 28. bereits um 21^h24^m. Damit verbleiben gut $2^1/_2$ Stunden Sichtbarkeitsdauer am Abendhimmmel.
Am 2. zieht die Sichel des zunehmenden Mondes an Saturn vorbei (siehe Abb. 2.1 auf Seite 47). Zum zweiten Mal in diesem

Jahr wird der Ringplanet vom Mond bedeckt, nicht aber für die Bewohner Mitteleuropas.
URANUS im Steinbock stand Ende des Vormonats in Konjunktion mit der Sonne und bleibt unsichtbar.
NEPTUN, rechtläufig im Westteil des Steinbocks an der Grenze zum Schützen, hat seine Konjunktion gerade hinter sich und bleibt unbeobachtbar.

PLANETOIDEN
Pallas – Planetoid Nr. 2 – steht am 14. in Konjunktion mit der Sonne. Sie ist dann 646 Millionen Kilometer (= 4,32 A.E.) von der Erde und 504 Millionen Kilometer (= 3,37 A.E.) von der Sonne entfernt.
Vesta (4), rechtläufig in den Fischen, wird zunehmend schwieriger zu beobachten (siehe auch Abb. 10.3 auf Seite 167). Die Vestahelligkeit geht weiter leicht um $0^m,2$ auf $8^m,3$ zurück, die Kulminationszeiten verlagern sich von 17^h23^m am 1. auf 16^h45^m am 15. und auf 16^h11^m am 28., wobei am letzten Tag des Monats der Vestauntergang um 22^h59^m erfolgt.

Periodische Sternschnuppenströme

Zwischen dem 6. und 9. Februar sind die **Alpha-Aurigiden** zu erwarten. Ihr Maximum ist nicht sehr ausgeprägt. Der Ausstrahlungspunkt liegt in der Nähe von Kapella. Nur wenige, aber helle und langsame Meteore tauchen auf. Die beste Beobachtungszeit ist um Mitternacht.
Die **Delta-Leoniden** erreichen ihr Maximum um den 26. Februar. Sie sind ein schwacher Strom, der sich zwischen dem 5. Februar und dem 19. März bemerkbar macht, wobei es sich um langsame Objekte handelt (um 25 Kilometer pro Sekunde).

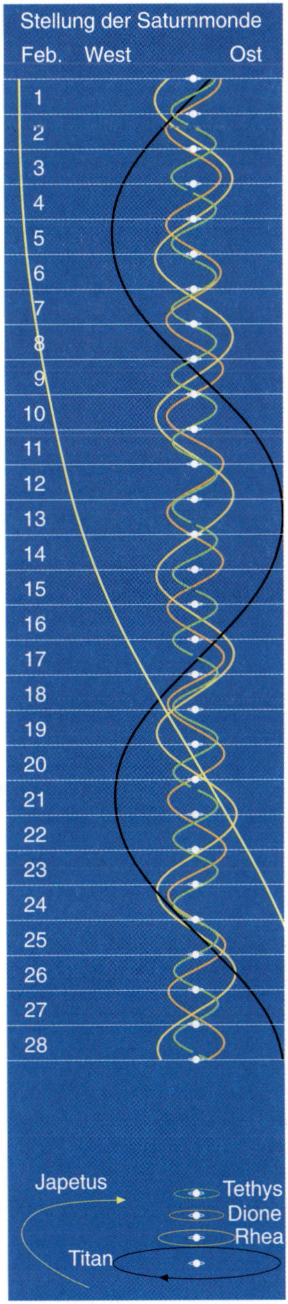

Konstellationen und Ereignisse

Datum	MEZ	Ereignis
1.	22^h	**Mond bei Saturn,** Mond 0°,6 südlich, **Abstand 1°,5 um 22^h**, Bedeckung
2.	12	Merkur bei Neptun, Merkur 2°,0 südlich
5.	19	Venus im Stillstand, anschließend rechtläufig
8.	6	Merkur bei Uranus, Merkur 1°,4 südlich
20.	3	Venus in größtem Glanz ($-4^m,6$)
22.	9	Merkur in oberer Konjunktion mit der Sonne
22.	15	Merkur bei Jupiter, Merkur 1°,1 südlich
23.	10	Jupiter in Konjunktion mit der Sonne
23.	18	**Mond bei Venus**, Mond 1°,6 südlich, **Abstand 5°,9 um 7^h**
24.	7	Mond bei Neptun, Mond 3°,1 nördlich
24.	23	Mond bei Uranus, Mond 3°,3 nördlich
26.	15	Mond bei Jupiter, Mond 1°,4 nördlich
26.	18	Totale Sonnenfinsternis – von Mitteleuropa aus unbeobachtbar (siehe Seite 26)
27.	2	Mond bei Merkur, Mond 1°,4 nördlich
27.	23	**Mond bei Mars**, Mond 0°,7 südlich, **Abstand 4°,1 um 19^h**, Bedeckung

Der Fixsternhimmel

Ein Blick zum abendlichen Sternenhimmel zeigt uns: noch beherrschen die Winterbilder eindeutig die Szene. Sirius im Großen Hund kulminiert eben (kulminieren = höchste Stellung im Süden einnehmen). Der Himmelsjäger Orion hingegen hat seinen Meridiandurchgang zu unserer Standardbeobachtungszeit 22^h MEZ zur Monatsmitte schon hinter sich. Gegenüber dem Vormonat hat sich der Schwerpunkt des Wintersechsecks (siehe Fixsternhimmel im Januar) aber schon ein wenig nach Westen verlagert.
Von den Herbstbildern sind nur noch Andromeda und Perseus erwähnenswert. Die anderen sind inzwischen ganz oder teilweise unter dem Horizont verschwunden. Im Nordosten schiebt sich der Große Wagen langsam höher, wobei der Wagenkasten vorangeht und die Deichsel folgt. Der Wagen wird also nicht gezogen, sondern geschoben. Die Kassiopeia, das Himmels-W, sinkt langsam zum Horizont hinab – erreicht ihn aber als Zirkumpolarbild nicht. In Bezug auf den Himmelsnordpol stehen Himmels-W und Großer Wagen einander stets diametral gegenüber.
Der Löwe ist im Osten bereits vollständig aufgegangen. Regulus steht als einziger Stern erster Größe einsam in dieser Region. Zwischen dem Löwen und den Zwillingen, die hoch im Süden stehen, befindet sich der Krebs. Dem Namen nach ist er gut bekannt, gehört er doch zum Tierkreis. Ihn aber auch am Himmel zu erkennen, fällt vielen schwer, da der Krebs nur von lichtschwachen Sternen gebildet wird. Trotzdem sollte man versuchen, einmal auch dieses unauffällige Sternbild zu identifizieren. In mondloser Nacht und ungestört durch das Licht von Straßenlampen kann man schon mit bloßem Auge im Krebs den offenen Sternhaufen Praesepe (lat.: Krippe) sehen. Im Fernglas ist er leicht zu finden. Die Krippe steht eingerahmt zwischen zwei Sternchen, Asellus borealis und Asellus australis, also nördliches und südliches Eselchen.

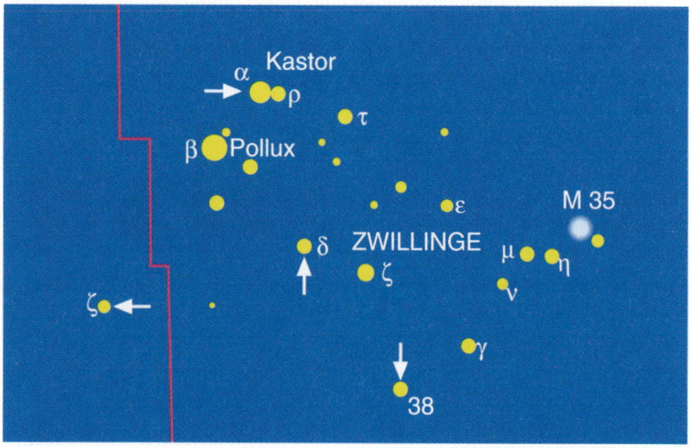

2.2: Das Sternbild Zwillinge mit dem offenen Sternhaufen M 35. Die Pfeile deuten auf Doppelsterne hin.

OBJEKTE FÜR FELDSTECHER UND FERNROHR
Schon für das bloße Auge sind die beiden offenen Sternhaufen Hyaden und Plejaden ein Leckerbissen am Fixsternhimmel. Ihre wahre Pracht entfalten sie aber erst im Fernglas, wobei die Hyaden wegen ihres relativ großen Feldes, das sie einnehmen, meist nicht ganz in das Gesichtsfeld eines Feldstechers passen. Man muß spazierensehen, indem man diese Gegend regelrecht absucht. Mitten in den Hyaden steht der rote Riesenstern Aldebaran, der hellste Stern im Stier (α Tauri). Er gehört nicht zu den Hyaden, sondern befindet sich bei einer Entfernung von 68 Lichtjahren im Vordergrund der 140 Lichtjahre weit weg stehenden Hyadensterne. In den Hyaden findet sich auch ϑ Tauri, ein Doppelstern, der für gute Augen ohne optische Hilfsmittel spielend zu trennen ist. Zwei Sterne, $3\overset{m}{,}6$ und $3\overset{m}{,}9$ hell, stehen 337″ weit

Veränderliche Sterne

Algol-Minima	4. 2^h27^m	6. 23^h16^m	9. 20^h06^m	27. 1^h01^m	
β-Lyrae-Minima	9. 11^h	22. 9^h			
δ-Cephei-Maxima	4. 13^h	9. 21^h	15. 6^h	20. 15^h	25. 24^h
Mira-Helligkeit	4^m – 5^m, fallend				

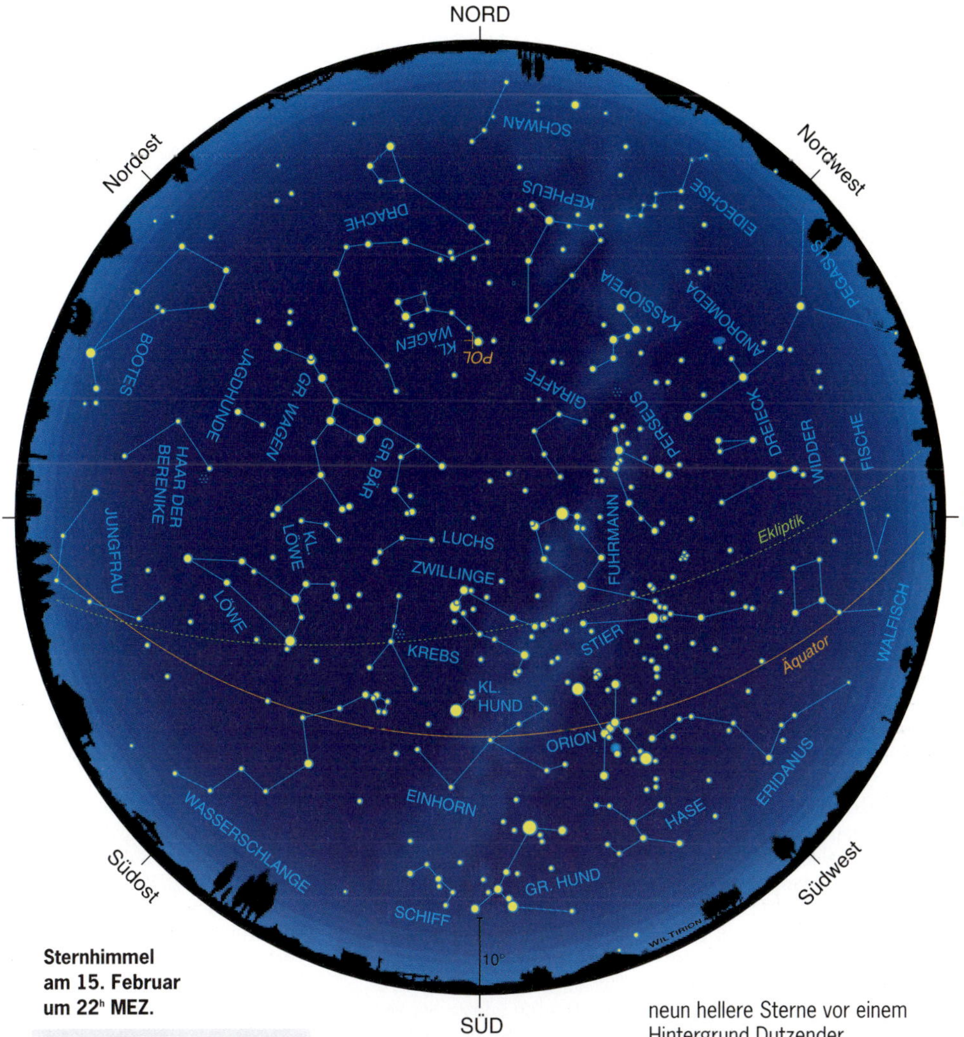

Sternhimmel am 15. Februar um 22h MEZ.

Fixsternhimmel auch gültig für:	MEZ
1.11.	5h
15.11.	4
1.12.	3
15.12.	2
1. 1.	1
15. 1.	0
1. 2.	**23**
15. 2.	**22**
28. 2.	**21**
15. 3.	20

auseinander. Da es aber in den Hyaden nur so von Sternen wimmelt, ist es gar nicht so leicht, ϑ Tauri zu identifizieren. Etwas dichter beieinander liegen die Plejadensterne – sie sind auch mit 400 Lichtjahren Distanz rund dreimal so weit weg wie die Hyaden. Mit bloßen Augen sind sechs Sterne zu sehen, im Fernglas sieht man neun hellere Sterne vor einem Hintergrund Dutzender schwächerer Sterne. Es handelt sich um junge, heiße, bläulich schimmernde Sterne.

Der Sage nach stellen die neun helleren Sterne die sieben Töchter des Atlas inklusive des Elternpaares dar, daher auch die Bezeichnung „Siebengestirn" für die Plejaden. Für Fernrohrbeobachter sei Alcyone im Zentrum der Plejaden erwähnt, den man als Vierfachstern sehen kann.

Ein weiterer offener Haufen liegt im Krebs, M 44, die Krippe (lat.: Praesepe). Mit bloßen Augen kann man ein schwaches Lichtfleckchen erkennen, aber schon im Fernglas sind zahlreiche Einzelsterne in einem Gebiet von etwa drei Vollmonddurchmessern auszumachen. M 44 liegt nahe dem Buchstaben K von Krebs in der Monatssternkarte und genau in der Ekliptik (gestrichelte Linie). M 44 ist rund 500 Lichtjahre entfernt.
Ebenfalls schon mit bloßen Augen zu erkennen ist M 42, der große Orionnebel: ein schwaches Lichtfleckchen südlich („unterhalb") der drei Gürtelsterne des Himmelsjägers. Im Instrument bietet M 42 einen faszinierenden Anblick: bläulichweiße Sterne, eingebettet in bläulich leuchtende Nebelfetzen. Was wir hier sehen, ist das von interstellaren Staubwolken reflektierte Licht junger, heißer Sterne. Der Orionnebel ist ein wahres Sternentstehungsnest in 1700 Lichtjahren Entfernung.
Wer die eben genannten Objekte schon längst gut kennt, sollte einmal folgende offene Haufen aufsuchen: M 35 in den Zwillingen, M 50 im Einhorn und M 41 im Großen Hund. M 35 kann leicht mit einem Fernglas etwa $2{,}^{\circ}5$ nordwestlich von η Geminorum entdeckt werden. In mittleren Amateurteleskopen (um 15 cm freier Öffnung) lassen sich Dutzende Sterne unterschiedlicher Farben erkennen, die diesen Haufen zu einem der schönsten Beobachtungsobjekte machen. M 35 ist rund 2200 Lichtjahre entfernt; seine Sterne nehmen einen Raum von etwa 30 Lichtjahren Durchmesser ein.
M 50 liegt in einer an hellen Sternen armen, dafür aber an schwachen Sternen umso reicheren Gegend mitten in der Milchstraße, etwa 10° nördlich von Sirius (auf der Strecke Prokyon – Sirius). Schon im Opernglas ist er leicht zu finden. M 50 ist etwas rechts oberhalb des Ns von EINHORN zu finden.
M 41 findet man etwa 4° südlich von Sirius, ein wenig östlich der exakten Nord-Süd-Linie (Stundenkreis). Schon im Feldstecher erkennt man bequem ein verhältnismäßig ausgedehntes, sternreiches Gebiet. Der Haufen ist rund 2300 Lichtjahre entfernt.
Wer einige Beobachtungserfahrung besitzt, kann sich an M 1, dem berühmten Krabbennebel im Stier versuchen. Der Krabbennebel (engl.: Crab nebula, fälschlicherweise manchmal als Krebsnebel übersetzt) ist nicht ganz einfach zu entdecken. Er befindet sich ein wenig nordwestlich von ζ Tauri, der als Stern 3. Größe leicht zu sehen ist. M 1 ist der Überrest einer Supernovaexplosion, die am 4. Juli des Jahres 1054 beobachtet wurde. Im Fernrohr zeigt sich nur ein blasses Nebelfleckchen im Gegensatz zu den detailreichen Bildern mit filamentartigen Strukturen, die man in schönen Astronomiebüchern findet.
Für Doppelsternjäger seien folgende Objekte empfohlen: Kastor (α Geminorum); mit $3{,}''8$ Distanz sind die beiden weißen, $2{,}^{m}0$ und $2{,}^{m}9$ hellen Komponenten schon im Dreizöller zu trennen. In 73″ Abstand findet sich noch ein $9{,}^{m}0$ heller Begleiter.
Ein schwieriges Objekt ist ζ im Krebs, ein Dreifachstern. Die Komponenten A und B ($5{,}^{m}7$ und $6{,}^{m}0$ hell) sind nur $0{,}''8$ voneinander entfernt. Ein Begleiter C ($6{,}^{m}1$) steht in 6″ Distanz. Alle drei sind gelbe Sterne vom Spektraltyp G0.
Ein sehr schöner Dreifachstern ist β Monocerotis. Er liegt auf der Verbindungslinie Beteigeuze – Sirius, ein wenig näher zu Sirius. Die drei Komponenten sind $4{,}^{m}7$ (A), $5{,}^{m}2$ (B) und $5{,}^{m}6$ (C) hell. A ist $7{,}''3$ von B entfernt und C $2{,}''8$ von B. Bereits in kleineren Instrumenten ist dieses Tripel gut zu sehen. Alle drei Sterne leuchten bläulich-weiß (Spektraltyp jeweils B3).

Der Orionnebel – eine Fabrik der Sterne

2.3: **Das berühmte Orion-Trapez im großen Orionnebel M 42.**

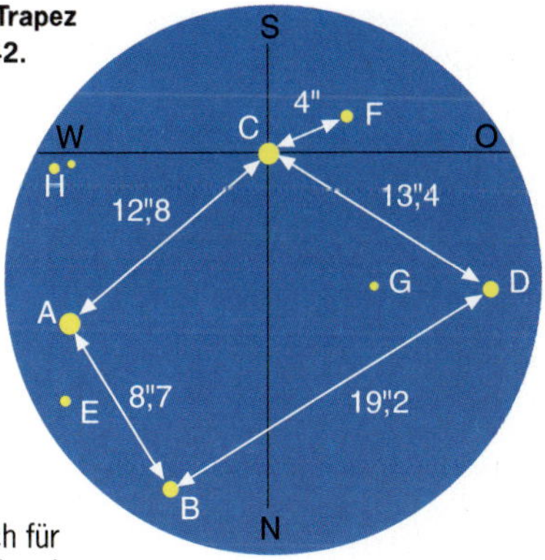

Seit einigen Jahren kreist eines der leistungsfähigsten astronomischen Instrumente, das je in die Tiefen des Weltalls blickte, permanent in etwa 500 Kilometer Höhe um die Erde: das Hubble-Weltraumteleskop. Mit seinem Spiegel von 2,40 Meter Öffnung kann es völlig ungestört von irdischen Luftturbulenzen die Gestirne mit erstaunlicher Brillanz und Schärfe beobachten. Nachdem dieses Weltraumteleskop im Dezember 1993 ein Korrekturglied, gewissermaßen eine „Brille", erhielt, arbeitet es zur vollen Zufriedenheit der Sternenforscher.
Seit dem Frühjahr 1995 wurde auch der „Große Orionnebel" mehrfach ins Visier genommen. Phantastische Bilder von turbulenten Gas- und Staubströmen, darin eingebettet junge heiße Sterne sowie dunkle, ovale Flecke – Vorstufen von Planetensystemen – erreichten die Bodenstation in Baltimore im US-Bundesstaat Maryland. Das Hubble-Weltraumteleskop konnte glänzend bestätigen, was die Astronomen aufgrund terrestrischer Beobachtungen schon lange vermuteten: Der Orionnebel ist ein Sternentstehungsnest, in dem noch heute neue Sonnen geboren werden. Doch nicht nur für die Profis mit ihren Riesenteleleskopen und großen Forschungsinstituten ist der Orionnebel ein interessantes Objekt: Auch Amateurastronomen und Naturfreunde beobachten ihn gerne und häufig. Er gehört zu den schönsten Himmelsobjekten, die schon in einem einfachen Fernglas beeindrucken – und: er ist auch für Anfänger in der Himmelskunde leicht am Firmament zu finden. Wer in einer klaren Nacht das bekannteste der Wintersternbilder, den Orion, betrachtet, dem fällt schon mit bloßen Augen südlich („unterhalb") der drei Gürtelsterne ein schwach schimmerndes Lichtfleckchen auf. Man sieht es allerdings nur, wenn die Augen adaptiert, also an die Dunkelheit angepaßt sind, und nicht von irdischen Lichtquellen wie Straßenlampen oder Autoscheinwerfern gestört werden. Auch muß der Nachthimmel dunkel sein. Das ist heute leider immer seltener der Fall: Licht- und Luftverschmutzung lassen immer häufiger das nächtliche Firmament in einem milchig-grauen Licht erscheinen, so daß nur die hellsten Sterne noch erkennbar sind. Unter solchen Bedingungen benötigt man dann schon ein Fernglas, um den schwachen Lichtfleck unterhalb der drei Gürtelsterne zu erkennen.

SPÄTE ERWÄHNUNG

Diese Aufhellung wird gemeinhin als „Großer Orionnebel" bezeichnet. Obwohl er sicher schon im Altertum und Mittelalter von den damaligen Astronomen gesehen wurde, gibt es so gut wie keine Berichte darüber – nirgendwo findet man dieses Lichtwölkchen erwähnt. Auch Galileo Galilei, der als erster mit einem kleinen, selbstgebauten Teleskop den Himmel absuchte und zahlreiche Entdeckungen machte, erwähnt den Orionnebel nicht. Der erste Beobachtungsbericht stammt von Nicolas-Claude Fabri de Peiresc, einem französischen Rechtsanwalt, der ihn mit einem von Galilei geliehenen Fernrohr im Jahre 1611 ins Visier nahm. Peiresc war ein an den Naturwissenschaften außerordentlich interessierter Amateurforscher. Unter anderem konnte er die Hypothese vom Blutkreislauf definitiv bestätigen.
Die nächste verbürgte Beobachtung stammt von dem Schweizer Jesuiten Cysatus, der den Orionnebel im Jahre 1618 mit einem Kometen vergleicht. Damals war man allgemein auf der Suche nach Kometen und vermutete in jedem Lichtfleckchen unter den Sternen zunächst einmal ein solches Objekt. Um beim Kometensuchen von derartigen Nebelflecken nicht genarrt zu werden, hat Charles Messier seinen berühmten Kata-

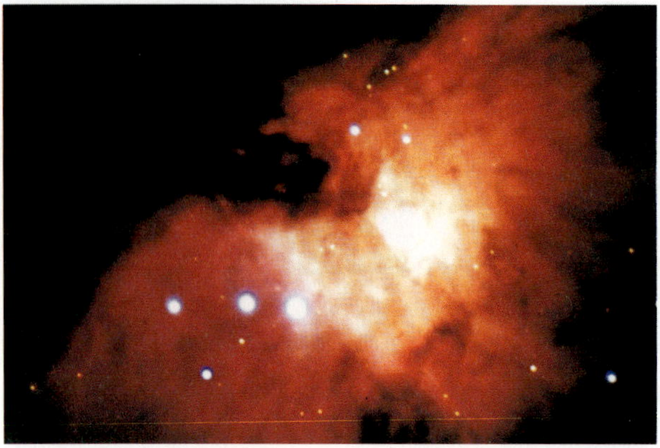

2.4: Der große Orionnebel M 42 – aufgenommen am 13. Januar 1997 auf der Sternwarte Welzheim mit dem 25 cm-Triplett-Refraktor von Gertz/Weishaar, Beobachtergruppe Planetarium Stuttgart.

log aufgestellt (siehe auch Monatsthema September im *Himmelsjahr* 1996, Seite 145). Im März 1769 hat Charles Messier den Orionnebel beobachtet und ihn als 42. Objekt in seinen Katalog aufgenommen, das kleinere Anhängsel dagegen als 43. Mitglied. Im modernen Nebelkatalog von John Dreyer trägt er die Nummer NGC 1976. Bereits über hundert Jahre vor Messiers Beobachtung, nämlich im Jahre 1656, hat Christian Huygens eine ausführliche Beschreibung seiner Fernrohrbeobachtungen des Orionnebels gegeben, in dem er auch schon vier Sterne erwähnt, die trapezförmig angeordnet sind. Sie sind heute unter der schlichten Bezeichnung „Trapezsterne" jedem Astronomen geläufig. Huygens lieferte auch die erste Zeichnung mit detaillierten Strukturen. In seiner Beschreibung weist er bereits auf die gehäufte Zahl von hellen, bläulichen Sternen hin.

Wilhelm Herschel begann 1774 seine Beobachtungen mit einem Spiegelteleskop eigener Bauart am Orionnebel. Zeit seines Lebens war er mit der Erforschung von Nebeln beschäftigt. Sein Sohn John setzte ab 1825 das Beobachtungsprogramm des Vaters fort. Seine Beschreibung der verwickelten Strukturen des Orionnebels sind heute noch zutreffend. Seit Herschels Zeiten hat sich die Bezeichnung „Nebel" eingebürgert, obwohl

2.5: Der amerikanische Astronom Henry Draper (1837–1882).

nicht alle nebelartigen Lichtfleckchen Gas- und Staubwolken sind. So ist der „Andromedanebel" eine Galaxie, ein Milchstraßensystem mit mehr als hundert Milliarden Mitgliedssternen.

Der Orionnebel ist eine echte Gas- und Staubwolke in unserer Milchstraße. Solche Objekte werden üblicherweise als galaktische Nebel bezeichnet.

Im Jahre 1880 gelang dem amerikanischen Astronomen Henry Draper mit einer Aufnahme von M 42 die erste erfolgreiche Nebelfotografie. Draper benutzte einen 11 Zoll-Refraktor (= 28 cm freie Öffnung), die Belichtungszeit betrug 51 Minuten.

Wer den Orionnebel nur aus Büchern kennt, die beeindruckende Fotos von ihm bringen, mag enttäuscht sein, wenn er ihn erstmals selbst mit einem Fernglas beobachtet. Die herrlichen Farbbilder in kräftigem Rot und Blau sind im Binokular oder kleinen Teleskop nicht zu sehen. M 42 erscheint bei der visuellen Beobachtung eigentlich farblos, eher in einem perlgrauen Ton mit einem Stich ins Bläuliche. Erst bei Instrumenten größerer Öffnung sieht man eindeutig einen blauen Schimmer. Die rote Farbe auf Fotografien stammt von der kräftigen Emissionslinie Hα (Balmer-Serie!) des Wasserstoffs. Weitere Emissionslinien liefert im blaugrünen Bereich der doppelt ionisierte Sauerstoff (O III), eine bei 5007 Å und eine bei 4959 Å. Da man beide Emissionslinien unter irdischen Laborbedingungen nicht beobachtet, spricht man von „verbotenen" Linien. Sie entstehen nur bei extrem geringen Dichten,

2.6: Zentralregion des Orionnebels M 42; Mosaikbild aus 45 Einzelaufnahmen des Hubble-Weltraumteleskops zwischen Januar 1994 und März 1995.

wie sie selbst im „Hochvakuum" irdischer Labors kaum erreicht werden. Einst glaubte man, die Emissionslinien des O III würden von einem noch unbekannten Element künden, das „Nebulium" getauft wurde. Inzwischen weiß man, daß im Universum die gleichen 92 chemischen Elemente vorkommen wie auf der Erde, von Wasserstoff bis hin zum Uran.

Auf Fotografien nimmt der Orionnebel eine wesentlich größere Fläche am Himmel ein, als ein Blick durch einen Feldstecher vermuten läßt. Die Ausdehnung ist stark von der Belichtungszeit abhängig. Im Mittel bedeckt die leuchtende Fläche rund sieben Quadratgrad. Bei extremen Belichtungen konnte gezeigt werden, daß die äußersten Ränder von M 42 ein Gebiet von 1300 Quadratgrad umschließen. Der Orionnebel bedeckt somit nicht nur das Sternbild Orion vollständig, son-

dern zieht sich noch bis Sirius im Großen Hund und bis zu den Hyaden im Stier. Das eigentliche Kerngebiet, das der Eintragung in Sternkarten entspricht und auf den meisten Fotografien erscheint, hat etwa 1,5 Grad Durchmesser und leuchtet im visuellen Bereich mit einer Gesamthelligkeit von $3\overset{m}{,}3$.
Geht man davon aus, daß das Zentrum des Orionnebels 1700 Lichtjahre von uns entfernt ist, so hat der Kernbereich einen linearen Durchmesser von rund fünfzig Lichtjahren. Das eigentliche helle Zentrum, das man im Fernglas als leuchtende Wolke sieht, ist dann rund sechs Lichtjahre groß.
Fotografische Aufnahmen lassen die sehr differenzierte Struktur des Orionnebels erkennen. Länger belichtete Aufnahmen zeigen ín den äußeren Gebieten eine faserige Struktur mit eingeschlossenen Dunkelwolken, während der Zentralbereich überbelichtet ist und keine Einzelheiten mehr wiedergibt. Ziemlich in der Mitte, nahe dem Helligkeitszentrum, erkennt man einen scharfbegrenzten, dunklen Keil, der sich offensichtlich in den Nebel hineinschiebt. Wegen seiner Form bezeichnet man diesen Teil von M 42 gerne als „Löwenmaul“, manchmal als „Fischmund“. Der nördliche Teil wurde von Messier als M 43 katalogisiert.

ZENTRALES QUARTETT

An der Spitze dieses Keils findet sich das berühmte Trapez, von dem schon Huygens berichtete. Das Trapez ist der Vierfachstern ϑ_1, der schon in einem kleinen Fernrohr vierfach zu sehen ist. Bei den einzelnen Komponenten (A, B, C, D) handelt es sich um junge, sehr heiße, leuchtkräftige Sterne der Spektralklassen O, B und A. Die längste Seite des Trapezes hat 19″, die kürzeste knapp 9″ Länge (siehe Abb. 2.3 auf Seite 55). Die Bezeichnung der Komponenten erfolgt beim Trapez nicht nach der Reihenfolge der Helligkeiten, sondern mit wachsender Rektaszension. Die hellste Komponente C hat $5\overset{m}{,}4$ scheinbarer Helligkeit und strahlt intensiv bläulich-weiß. Der Spektraltyp O6 weist C als heißesten Stern des Systems mit einer Oberflächentemperatur von 25 000°C und rund zwanzigfacher Sonnenmasse aus. C strahlt mit hunderttausendfacher Sonnenleuchtkraft, ein wahrhaft gigantischer Stern! Die zweithellste Komponente D ist $6\overset{m}{,}3$ hell und gehört zum Spektraltyp B0. Die Komponente A gilt mit $6\overset{m}{,}8$ als dritthellster Trapezstern und ist als A7-Stern das kühlste Mitglied. 1975 wurde A als Bedeckungsveränderlicher mit einer Periode von 65,432 Tagen erkannt. Im Hauptminimum leuchtet er rund $2^1/_2$ Stunden mit konstanter Helligkeit von $7\overset{m}{,}7$. Die Komponente B ist mit 8^m der lichtschwächste Trapezstern (Spektraltyp B0) und schon länger als Bedeckungsveränderlicher mit einer Periode von 6,471 Tagen identifiziert. Als Veränderlicher wird er auch unter der Bezeichnung BM Orionis geführt.
Ein fünfter Stern wurde 1826 von Friedrich G. W. Struve gefunden. Die Komponente E steht 4″ nördlich von A und ist nur 11^m hell. John Herschel fand 1830 einen sechsten Stern, ebenfalls 11^m hell. Diese Komponente F ist etwa 4″ von C entfernt. Schließlich sah Alvan G. Clark, der Entdecker des Sirius-Begleiters, mit dem 36-Zoll-Refraktor der Lick-Sternwarte auf dem Mt. Hamilton in Kalifornien im Jahre 1888 inmitten des Trapezes einen lichtschwachen Stern 16. Größenklasse (Komponente G).
Das Trapez ist das helle Zentrum der expandierenden Orion-Assoziation. Innerhalb eines Bereiches von nur fünf Bogenminuten um das Trapez stehen über 300 Sterne mit 17^m und heller! Nicht nur aus ihrer verschwenderischen Energieausstrahlung ist auf ein geringes Alter der Sterne zu schließen, sondern auch aus ihren Bewegungen: Die Sterne laufen auseinander, sie entfernen sich von ihrer Geburtsstätte. Man spricht bei solchen Sterngruppierungen von Assoziationen. Sorgfältige Untersuchungen ließen auch Veränderliche vom Typ T Tauri finden. T Tauri-Sterne sind ebenfalls sehr junge Objekte, nur wesentlich leuchtschwächer als die heißen, massereichen O- und B-Sterne.
OB-Assoziationen sind somit im Bereich des Orionnebels mit T-Tauri-Assoziationen korreliert. Im Grunde handelt es sich um eine Assoziation, die Sterne unterscheiden sich im wesentlichen nur durch ihre Masse. Das Trapez und die umliegenden, hellen und heißen Sterne beleuchten einerseits den Orionnebel, andererseits regen sie die Gase zum Selbstleuchten an, und zwar durch ihre intensive und außerordentlich energiereiche Ultraviolettstrahlung. Der Staubanteil liegt bei etwa zwei Prozent der Gesamtmasse des Nebels.
Durch die kurzwellige, intensive UV-Strahlung der heißen O- und B-Sterne wird das Wasserstoffgas auf rund 10 000 K (= Grad Kelvin der absoluten Tempera-

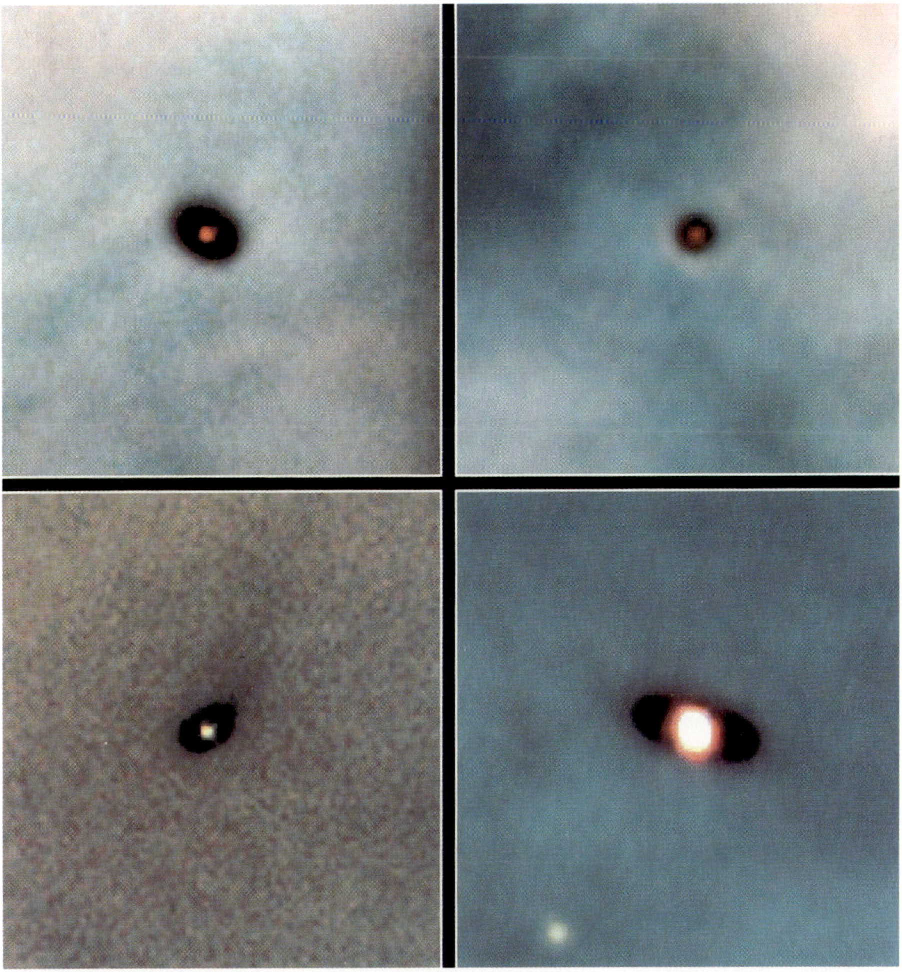

2.7: Detailaufnahmen des großen Orionnebels mit dem Hubble-Weltraumteleskop. Gut erkennbar sind dunkle, ovale Gebilde, die Vorstufen entstehender Planetensysteme.

turskala) aufgeheizt und glüht rot auf. Das Gas fluoresziert gewissermaßen, es wird zum Leuchten angeregt. Nimmt man ein Spektrum von M 42 auf, so erhält man ein kontinuierliches Band, das dem Licht der Sterne entspricht. Überlagert sind dem Kontinuum Emissionslinien der chemischen Elemente Wasserstoff, Helium, Sauerstoff, Stickstoff, Kohlenstoff und Neon.

Zum Teil sind diese Elemente ionisiert, das heißt, ein oder mehrere Elektronen sind den Atomen entrissen und schwirren frei umher. Wasserstoff ist dabei das weitaus häufigste Element, gefolgt von Helium. Auf hundert Millionen Wasserstoffatome kommen folgende Mengen an Atomen weiterer Elemente, die im Orionnebel gefunden wurden:

Element	Zahl der Atome
Wasserstoff (H)	100 000 000
Helium (He)	10 000 000
Kohlenstoff (C)	60 000
Sauerstoff (O)	25 000
Stickstoff (N)	20 000
Schwefel (S)	3 600
Neon (Ne)	1 000
Chlor (Cl)	200
Argon (Ar)	152
Fluor (F)	12

Die Dichte der Materie liegt zwischen hundert und tausend Atomen pro Kubikzentimeter, im Inneren steigt sie auf zehntausend Atome pro Kubikzentimeter an. Das ist immer noch eine sehr geringe Dichte, wie sie selbst im Hochvakuum eines irdischen Labors kaum erreicht wird: Unter normalen Bedingungen hat ein Kubikzentimeter irdischer Luft etwa 10^{23} Atome! Die Masse des Nebels im Zentralbereich wird auf rund siebenhundert Sonnenmassen geschätzt. Die heißen O- und B-Sterne sind kaum älter als zehn Millionen Jahre. Im Vergleich dazu ist unsere Sonne fünfhundert mal älter! Viele Sterne sind sogar jünger als eine Million Jahre. Der Sternentstehungsprozeß ist im Orionnebel noch in vollem Gange. Beobachtet man im infraroten Spektralbereich, so zeigen sich zahlreiche kühle, rötliche Gebilde – Sternenembryos, also Objekte noch im Kontraktionsstadium.

NEUE PLANETENSYSTEME?
Im Zentrum von M 42 finden sich sechzig bis siebzig Sterne pro Kubiklichtjahr. Die Sternendichte ist dort rund 20 000 mal höher als in der Sonnenumgebung. Das Hubble-Weltraumteleskop lieferte fantastische Bilder vom Orionnebel mit einem vorher nie gesehenen Detailreichtum. An den vorderen Rändern von Gasstrahlen, die von jungen Sternen ausgestoßen werden, wurden Schockfronten sichtbar. Gelenkt werden diese ionisierten und damit elektrisch leitenden Gasströme (Plasma) von den Magnetfeldern in den Nebelgebieten. Die Gasströme werden an den magnetischen Polen der im Entstehen begriffenen Sterne ausgestoßen. Umgeben werden die jungen, embryonalen Sternenkörper von Gas- und Staubscheiben, Vorstufen von Planetensystemen. Sie erscheinen auf den Hubble-Aufnahmen als dunkle, kreisrunde oder ovale Flecken, je nach ihrer räumlichen Lage relativ zum Beobachter. Im Infraroten leuchten diese Gas- und Staubscheiben. Manche sind dabei erheblich größer (bis zum Siebenfachen) als unser Sonnensystem. Gelegentlich beobachtet man im Zentrum dieser Scheiben einen dunkelrot glühenden Stern. Schon 1755 hat Immanuel Kant, der große Königsberger Philosoph, die Hypothese aufgestellt, unser Sonnensystem sei aus einer rotierenden Gasscheibe entstanden.
Die Bildung von Planetensystemen scheint somit ein häufiges Phänomen im Kosmos zu sein. Planeten sind aber eine Grundvoraussetzung für eine eventuelle biologische Evolution. Komplexere organische Strukturen sind nur auf den Oberflächen von Planeten mit entsprechend günstigen Bedingungen (Schwerebeschleunigung, Atmosphären, Druck- und Temperaturverhältnisse) möglich. Daß die Materie offensichtlich die universelle Eigenschaft hat, komplexe Strukturen zu bilden, hat sich ebenfalls im Orionnnebel gezeigt: Mit Radioteleskopen wurden ausgedehnte, komplizierte Atomverbände, nämlich organische Moleküle entdeckt. Unter anderem wurde molekularer Wasserstoff, Kohlenmonoxid, Isocyanwasserstoff, Acetylen, Ameisensäure, Vinylcyanid und Methylalkohol gefunden. Freilich ist dies noch kein Leben im Sinne der Biologie. Aber im Orionnebel sind alle Zutaten für eine biologische Evolution vorhanden: Planetensysteme im Entstehen und organische Moleküle. Wer weiß, vielleicht entwickeln sich in dem einen oder anderen Planetensystem im Orionnebel in den nächsten drei bis fünf Milliarden Jahren sogar intelligente Lebewesen? Diese Planeten werden sich mit ihren Muttersonnen dann aber längst von ihrem Entstehungsort im M 42 entfernt haben und in fernen Bezirken durch das All driften. Den Orionnebel wird es dann auch nicht mehr geben. Sein Material wird längst zu Sternen und Planeten verarbeitet sein, der Rest aber durch den Druck des Sternenwindes in alle Richtungen zerstoben sein. Unsere Sonne wird sich in jenen fernen Zeiten zu einem roten Riesenstern aufblähen und die Erde verglühen lassen. Im Greisenalter der Sonne wird es längst keine Menschheit mehr geben. In anderen Gebieten werden Sterne in der vollen Blüte ihres Lebens leuchten und von Planeten umkreist werden, von denen der eine oder andere vielleicht sogar bewohnt ist. Möglicherweise wird dann ein Bewohner eines fremden Planeten den Blick zu seinem Himmel erheben und einen roten Stern in seinem Todeskampf beobachten, unsere Sonne nämlich, die längst von keinem Erdenbewohner mehr betrachtet wird.

MÄRZ 1998

Die Halbschattenfinsternis des Mondes am 13.3. ist zwar wenig auffällig, doch dafür erreicht Merkur in der zweiten Monatshälfte die günstigste Abendsichtbarkeit des Jahres. Trotz der größten westlichen Elongation bleibt Venus am Morgenhimmel wenig eindrucksvoll.

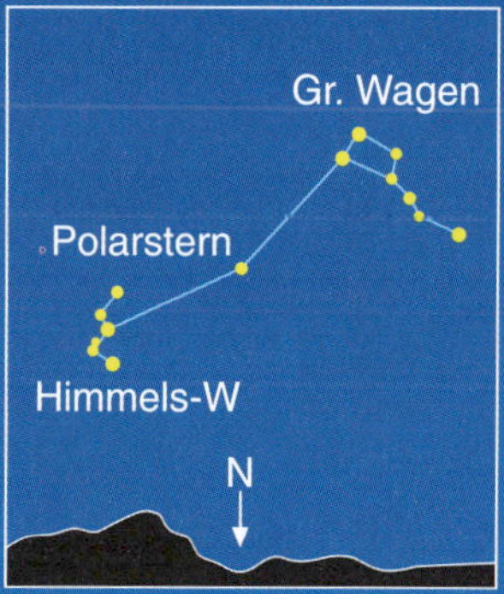

Großer Wagen und Himmels-W Anfang März um 22h

3.1: Himmelsanblick am 1. März gegen 20h MEZ: Knapp über dem Westhorizont sind Saturn und die zunehmende Mondsichel zu erkennen.

Sonnenlauf

12.3. 11^h
Sonne tritt in das Sternbild Fische
20.3. $20^h 55^m$
Sonne tritt in das Tierkreiszeichen Widder

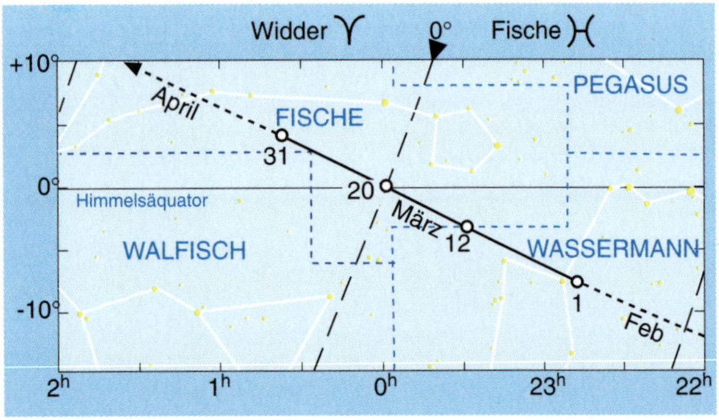

Julianisches Datum
am 1. März, 1^h MEZ:
2450873,5

Tag	Dämmerg. Anfang	Aufgang MEZ	Kulmination	Untergang MEZ	Dämmerg. Ende	Mittagshöhe	Zeitgleichg.	Rektaszension	Deklination
	h m	h m	h m	h m	h m	°	m	h m	°
1.	5 54	7 04	12 32	18 02	19 12	32,4	–12	22 47	–7,7
5.	5 46	6 56	12 32	18 08	19 18	34,0	–12	23 02	–6,2
10.	5 36	6 45	12 30	18 16	19 26	35,9	–10	23 20	–4,3
15.	5 25	6 34	12 29	18 25	19 34	37,9	– 9	23 39	–2,3
20.	5 13	6 24	12 28	18 32	19 43	39,9	– 8	23 57	–0,3
25.	5 02	6 13	12 26	18 40	19 51	41,8	– 6	0 15	+1,6
31.	4 48	6 00	12 24	18 50	20 02	44,2	– 4	0 37	+4,0

Achtung: Ab Sonntag, den 29.3., gilt die Sommerzeit. Zu allen Zeiten 1^h addieren.

Tages- und Nachtstunden

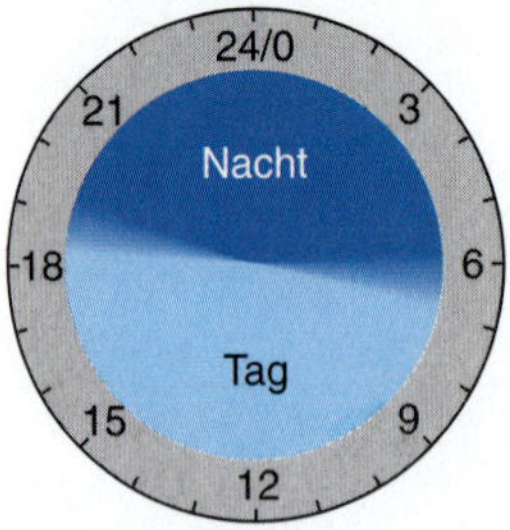

5. März

15. März

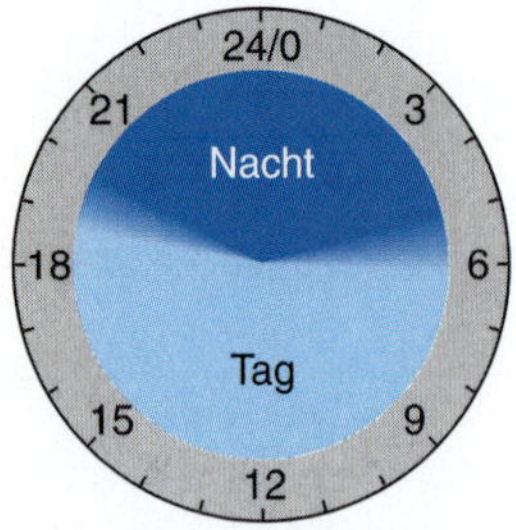

25. März

Mondlauf

Datum	Aufg. MEZ	Kulmination	Unterg. MEZ	Rektaszension	Deklination	Sterne und Sternbilder	Phase	MEZ
	h m	h m	h m	h m	°			
So 1.	8 34	15 05	21 49	0 49	+ 2,2	Walfisch		
Mo 2.	9 06	16 00	23 06	1 46	+ 6,8	* Fische		
Di 3.	9 40	16 55	–	2 42	+10,9	* Widder		
Mi 4.	10 18	17 49	0 20	3 39	+14,2	* Stier		
Do 5.	11 00	18 44	1 29	4 35	+16,7	* Aldebaran	**Erstes Viertel**	**9^h41^m**
							Größte Südbreite	
Fr 6.	11 48	19 37	2 32	5 31	+18,1	* Stier	Libration West	
Sa 7.	12 40	20 29	3 27	6 26	+18,5	Alhena		
So 8.	13 37	21 19	4 14	7 20	+18,0	Zwillinge		
Mo 9.	14 37	22 08	4 55	8 13	+16,5	Krebs, Krippe		
Di 10.	15 39	22 54	5 30	9 03	+14,4	Krebs		
Mi 11.	16 41	23 39	6 00	9 52	+11,5	Löwe, Regulus		
Do 12.	17 43	–	6 26	10 39	+ 8,3	Löwe	Aufsteigender Knoten	
Fr 13.	18 45	0 22	6 51	11 25	+ 4,7	Löwe	**Vollmond**	**5^h34^m**
Sa 14.	19 47	1 05	7 15	12 10	+ 1,0	Jungfrau		
So 15.	20 48	1 47	7 38	12 55	– 2,8	Jungfrau	Erdferne 406/29',4	2^h
Mo 16.	21 49	2 30	8 03	13 41	– 6,4	Spica		
Di 17.	22 51	3 13	8 29	14 26	– 9,8	Waage		
Mi 18.	23 51	3 57	8 58	15 13	–12,9	Waage		
Do 19.	–	4 44	9 32	16 02	–15,4	Waage	Größte Nordbreite	
Fr 20.	0 50	5 32	10 11	16 53	–17,2	Schlangenträger		
Sa 21.	1 47	6 23	10 57	17 45	–18,3	Schütze	**Letztes Viertel**	**8^h38^m**
So 22.	2 40	7 15	11 52	18 39	–18,5	Schütze, Nunki	Libration Ost	
Mo 23.	3 29	8 09	12 54	19 35	–17,7	Schütze		
Di 24.	4 12	9 05	14 04	20 32	–15,8	Steinbock		
Mi 25.	4 51	10 00	15 19	21 29	–13,0	Steinbock		
Do 26.	5 26	10 56	16 37	22 27	– 9,2	Wassermann	Absteigender Knoten	
Fr 27.	5 58	11 52	17 58	23 25	– 4,8	Wassermann		
Sa 28.	6 30	12 48	19 20	0 23	0,0	Fische	**Neumond**	**4^h14^m**
							Erdnähe 357/33',5	8^h
So 29.	7 02	13 45	20 41	1 21	+ 4,9	Fische		
Mo 30.	7 36	14 41	21 59	2 19	+ 9,3	Walfisch		
Di 31.	8 13	15 38	23 14	3 18	+13,1	Widder		

Der zunehmende Mond beginnt den Monat als schmale Sichel mit Erdlicht bei Saturn; kurz vor Erreichen der Vollmondphase passiert er den aufsteigenden Knoten, so daß es zu einer (kaum beobachtbaren) Halbschattenfinsternis kommt. Am Morgenhimmel zieht er dann zunächst an Venus und als ganz schmale Sichel an Jupiter vorbei.

Planetenlauf

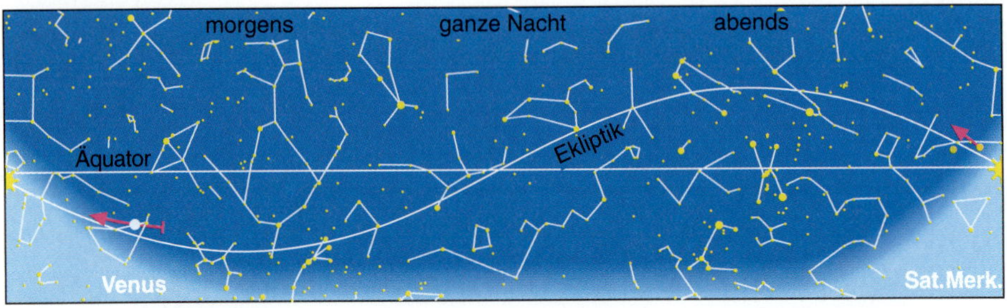

Merkur baut seinen östlichen Winkelabstand zur Sonne aus. Am Tag des Frühlingsbeginns, am 20., erreicht er mit nur 18°32′ seine größte östliche Elongation. Der größte Winkelabstand fällt diesmal so klein aus, da Merkur erst kurz vorher (am 14.) sein Perihel (= sonnennächster Bahnpunkt) passiert, wobei ihn nur 46 Millionen Kilometer, das sind 0,308 A.E., von der Sonne trennen. Trotz des relativ kleinen Elongationswinkels von knapp 19° kommt es dennoch zu einer respektablen Abendsichtbarkeit, da die abendliche Ekliptik steil zum Westhorizont steht.
Erstmals sollte man den flinken Planeten am 10. tief am Westhorizont etwa eine halbe Stunde nach Sonnenuntergang erspähen können. An diesem Tag erfolgt der Untergang des $-1{,}^{m}1$ hellen Merkur um 19^{h}36^m; etwa zwanzig Minuten vorher wird Merkur vom Horizontdunst verschluckt.
Bis zum 20. verspäten sich die Merkuruntergänge auf 20^{h}21^m, die Helligkeit nimmt allerdings um eine ganze Größenklasse auf $-0{,}^{m}1$ ab. Dennoch bleibt Merkur auch unter weniger günstigen Sichtverhältnissen rund eine halbe Stunde am Abendhimmel sichtbar. Wer noch nie den sonnennahen Planeten am Himmel gesehen hat, hat jetzt eine gute Chance, ihn erstmals zu Gesicht zu bekommen. Am Tag der größten östlichen Elongation ist Merkur 135 Millionen Kilometer von der Erde entfernt.

3.2: Stellung von Merkur über dem Westhorizont zu den angegebenen Daten eine Stunde nach Sonnenuntergang. Die Pfeile geben die Bewegung von Merkur und Sonne während der letzten halben Stunde an.

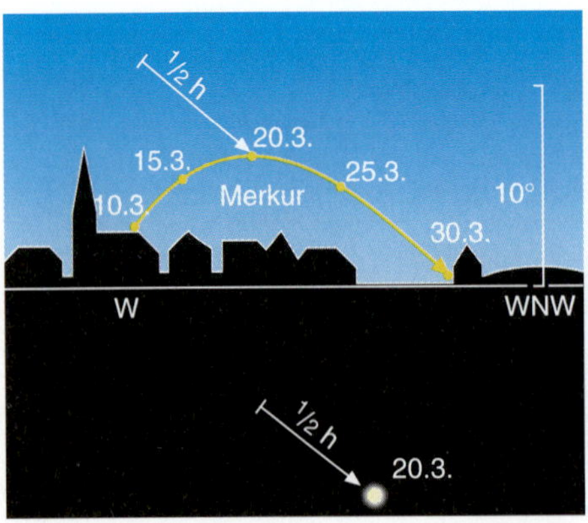

3.3: Sichtbarkeitsdiagramm für Merkur. Es gilt genau für 50° nördliche Breite und 10° östliche Länge. Dunkelgelbe Fläche: Merkur ist unter günstigen Sichtbedingungen sichtbar; hellgelbe Fläche: Merkur ist gut zu sehen.

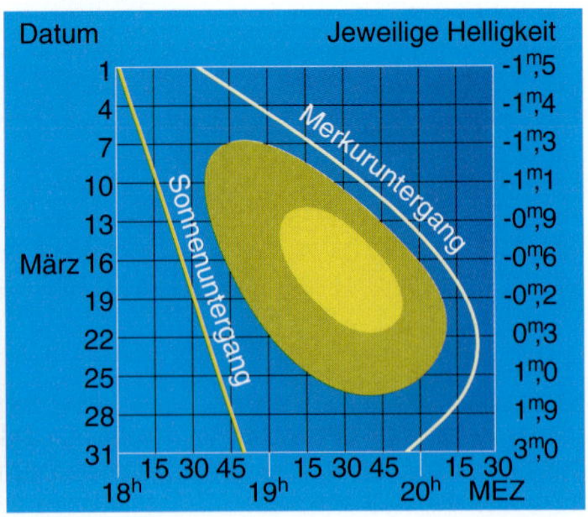

Nach dem 20. werden die Verhältnisse rasch ungünstiger. Bis zum 24. sinkt die Merkurhelligkeit auf $0\overset{\mathrm{m}}{,}8$, die Untergangszeit bleibt fast konstant – am 24. geht Merkur um $20^{h}22^{m}$ unter –, doch die Abenddämmerung setzt immer später ein. Nach dem 24. wird man den flinken Planeten am abendlichen Westhorizont vergeblich suchen (siehe auch Abb. 3.2 und Abb. 3.3 auf Seite 64).
Am 27. wird Merkur stationär und eilt anschließend rasch auf die Sonne zu, die ihm im Tierkreis entgegenkommt. In der ersten Aprilwoche treffen beide dann zusammen, die untere Konjunktion wird erreicht.
Die Begegnungen von Merkur mit Mars am 11. und am 30. bleiben unbeobachtbar – der rote Planet ist schon zu lichtschwach, um noch mit bloßem Auge erkannt werden zu können.
Die Merkurdichotomie tritt am 18. ein: Das $7\overset{\prime\prime}{,}1$ große Merkurscheibchen zeigt sich im Teleskop halb beleuchtet. Bis zum 25. geht der Beleuchtungsgrad auf 25% zurück, Merkur erscheint als Sichel.
Venus strahlt als heller Morgenstern und erreicht am 27. mit einem Winkelabstand von 46°30′ ihre größte westliche Elongation zur Sonne. Sie wandert aus dem Schützen in den Steinbock (siehe auch Abb. 1.5 auf Seite 34). Die Helligkeit der Venus sinkt während des Monats von $-4\overset{\mathrm{m}}{,}6$ auf $-4\overset{\mathrm{m}}{,}3$ ab, was ihrem Glanz aber kaum Abbruch tut. Die Venusaufgänge verfrühen sich während des Monats von $4^{h}55^{m}$ am 1. auf $4^{h}42^{m}$ am 15. und auf $4^{h}26^{m}$ (= $5^{h}26^{m}$ Sommerzeit) am Monatsletzten.
Am 29. zeigt sich das 24″ große Venusscheibchen halb beleuchtet, die Phase „Halbvenus" (Dichotomie) wird erreicht. Nach der Dichotomie wird Venus immer rundlicher und kleiner.
Am 7. passiert Venus den sonnenfernen Neptun und am 19. den grünlichen Uranus. Beide Planeten bleiben wegen ihrer Lichtschwäche unbeobachtbar.
MARS hat sich vom Abendhimmel verabschiedet und bleibt unbeobachtbar. Der rote Planet wandert durch die Fische und überschreitet im ersten Monatsdrittel den Himmelsäquator in nördlicher Richtung. Nur langsam nähert er sich seiner Konjunktionsstellung, die er erst Mitte Mai einnehmen wird.
Die Begegnungen mit Merkur am 11. und am 30. können wegen der Lichtschwäche von Mars mit bloßem Auge nicht verfolgt werden.

3.4: Merkurschleife im Gebiet des Sternbildes Fische. Die Zahlen geben die Position von Merkur jeweils zum Monatsersten an.

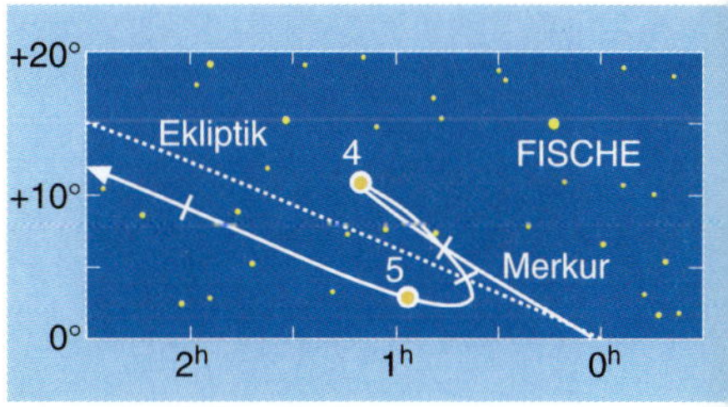

Konstellationen und Ereignisse

Datum	MEZ	Ereignis
1.	10^{h}	**Mond bei Saturn**, Mond $1\overset{\circ}{,}0$ südlich, **Abstand $4\overset{\circ}{,}5$ um 19^{h}**, Bedeckung
7.	11	Venus bei Neptun, Venus $3\overset{\circ}{,}8$ nördlich
11.	16	Merkur bei Mars, Merkur $1\overset{\circ}{,}2$ nördlich, Abstand $1\overset{\circ}{,}3$ um 19^{h}
12.	17	Pluto stationär, anschließend rückläufig
13.	5	Halbschattenfinsternis des Mondes (siehe Seite •••)
14.	1	Merkur im Perihel
19.	8	Venus bei Uranus, Venus $3\overset{\circ}{,}3$ nördlich
20.	5	Merkur in größter östlicher Elongation (19°)
20.	$20^{h}55^{m}$	Sonne im Frühlingspunkt, Tagundnachtgleiche
23.	18	Mond bei Neptun, Mond $3\overset{\circ}{,}0$ nördlich
24.	11	Mond bei Uranus, Mond $3\overset{\circ}{,}2$ nördlich
24.	20	**Mond bei Venus**, Mond $0\overset{\circ}{,}1$ nördlich, **Abstand $5\overset{\circ}{,}9$ um 5^{h} am 25.**, Bedeckung
26.	13	Mond bei Jupiter, Mond $0\overset{\circ}{,}8$ nördlich
27.	16	Merkur im Stillstand, anschließend rückläufig
27.	19	Venus in größter westlicher Elongation (47°)
28.	20	Mond bei Mars, Mond $2\overset{\circ}{,}9$ südlich
28.	22	Mond bei Merkur, Mond $7\overset{\circ}{,}1$ südlich
29.	2	Mond bei Saturn, Mond $1\overset{\circ}{,}2$ südlich
30.	6	Merkur bei Mars, Merkur $4\overset{\circ}{,}1$ nördlich

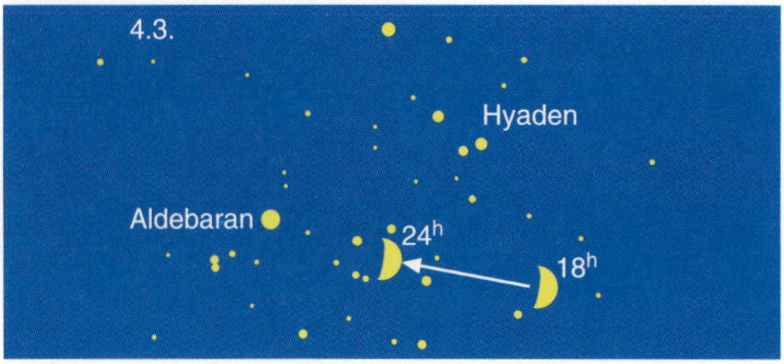

3.5: Wanderung des zunehmenden Mondes durch den offenen Sternhaufen der Hyaden am Abend des 4. März 1998.

JUPITER stand im letzten Drittel des Vormonats in Konjunktion mit der Sonne. Der Riesenplanet kann sich aus den Strahlen der Sonne noch nicht befreien und bleibt weiterhin unsichtbar.

SATURN in den Fischen beginnt sich allmählich vom Abendhimmel zurückzuziehen. Mitte nächsten Monats wird er von der Sonne eingeholt und steht in Konjunktion mit ihr.

Am 1. geht der Ringplanet um 21^h20^m unter und am 10. um 20^h51^m. Bei guten Sichtbedingungen kann man den $0\overset{m}{,}6$ hellen Saturn letztmals am 20. noch am Abendhimmel sehen; an diesem Tag erfolgt der Saturnuntergang um 20^h18^m. Nach dem 20. wird man am Abendhimmel vergeblich nach Saturn Ausschau halten.

Am 1. besucht der Mond den Ringplaneten um 10^h, seine schmale, zunehmende Sichel ist am Abend schon etwas weitergewandert (siehe Abb. 3.1 auf Seite 61). Wieder wird der Ringplanet vom Erdtrabanten bedeckt. Auch diese Bedeckung ist in Mitteleuropa nicht zu sehen.

URANUS, rechtläufig im Steinbock, kann sich noch nicht am Morgenhimmel bemerkbar machen und bleibt weiterhin unbeobachtbar. Die Begegnung mit Venus am 19. kann ebenfalls nicht verfolgt werden.

NEPTUN im Steinbock kann sich aus den Strahlen der Sonne noch nicht befreien und bleibt unsichtbar. Auch die Passage von Venus an Neptun am 7. kann nicht beobachtet werden.

PLUTO wird am 12. stationär, wobei sich das „stationär" auf seine Bewegung in Rektaszension beschränkt. Wegen der relativ großen Neigung der Plutobahn zur Ekliptik von 17° zeigt der Planet zur Zeit des „Stillstandes" eine deutliche Bewegung in Deklination (siehe auch Abb. 5.3 auf Seite 91). Nach dem 12. wandert Pluto rückläufig durch den Schlangenträger.

PLANETOIDEN

JUNO – Planetoid Nr. 3 – kommt am 19. in Opposition zur Sonne. Mit $9\overset{m}{,}1$ Oppositionshelligkeit bleibt sie diesmal recht lichtschwach, und so lohnt es sich für Sternfreunde kaum, nach ihr zu suchen. Ihre geringste Entfernung von der Erde erreicht sie bereits am 12. mit 279 Millionen Kilometer (= 1,87 A.E.).

VESTA (4), rechtläufig im Widder, kann als Beobachtungsobjekt gestrichen werden. Ihre Helligkeit sinkt auf $8\overset{m}{,}4$ ab, ihre Kulmination erfolgt am 1. um 16^h08^m, am 31. bereits um 14^h55^m; an diesem Tag geht sie um 22^h07^m unter.

Periodische Sternschnuppenströme

Während des ganzen Monats sind in der Zeit um Mitternacht die **Virginiden** zu beobachten. Ihr Radiant (Ausstrahlungspunkt) liegt in der Jungfrau. Die Häufigkeit ist nicht besonders groß. Das Maximum der Virginidenaktivität ist erst Anfang April zu erwarten.

Wenig bekannt ist der Strom der **Hydraiden**, die zwischen Mitte März und Anfang April auftauchen. Ihr Maximum ist wenig ausgeprägt – es treten nur einige wenige Sternschnuppen pro Stunde auf, die außerdem noch recht langsam sind. Der Radiant liegt im Sternbild Wasserschlange. Vermutlich sind die Hydraïden ein Zweigstrom der Virginiden.

Gegen Ende des Monats tauchen die ersten Exemplare der **Sigma-Leoniden** auf, eines schwachen, breit gestreuten Stromes.

Der Fixsternhimmel

Nun macht sich auch am abendlichen Sternenhimmel bemerkbar, daß der Winter langsam aber sicher zu Ende geht, selbst wenn die Witterung scheinbar das Gegenteil beweisen will. Die Wintersternbilder haben alle ihren Meridiandurchgang schon hinter sich und sind in die westliche Hemisphäre (Himmelshälfte) gerückt: Orion und Sirius sind zum Untergang bereit, und der Stier mit dem roten Aldebaran steht weit im Westen.
Der Große Wagen hat sich emporgeschwungen. Seine sieben Sterne stehen steil über unseren Köpfen. Wie ein Zeigefinger deutet die Deichsel auf einen hellen, orangerot leuchtenden Stern, der im Osten emporkommt. Es ist Arktur, der Hauptstern im Sternbild Bootes.
Der Krebs hat seine höchste Position erreicht und steht im Meridian. Ihm folgt im Tierkreis, schon hoch im Südosten, der mächtige Löwe. Ein großes Sternentrapez markiert den Rumpf dieses königlichen Tieres. An seiner Spitze steht ein heller Stern: Regulus (lat.: kleiner König), manchmal auch Cor Leonis (Herz des Löwens) genannt. Auf das große Trapez ist ein kleineres gesetzt, das den Kopf mit der Mähne andeuten soll. Freilich fehlt uns modernen Menschen meist die nötige Phantasie, hier wirklich einen Löwen zu sehen. Aber als Orientierungshilfe sind uns die Sternbilder auch heute noch sehr nützlich.
Der fortgeschrittene Sternfreund sollte daher von Mal zu Mal versuchen, auch schwächere und weniger populäre Bilder aufzusuchen. Zwei empfehlen sich jetzt aufgrund ihrer günstig hohen Stellung: der Luchs (Lynx) und der Kleine Löwe (Leo Minor). Der Luchs steht nördlich des Krebses und nimmt die Gegend um den Zenit ein. Den Kleinen Löwen entdeckt man nördlich (oberhalb) des (Großen) Löwen.

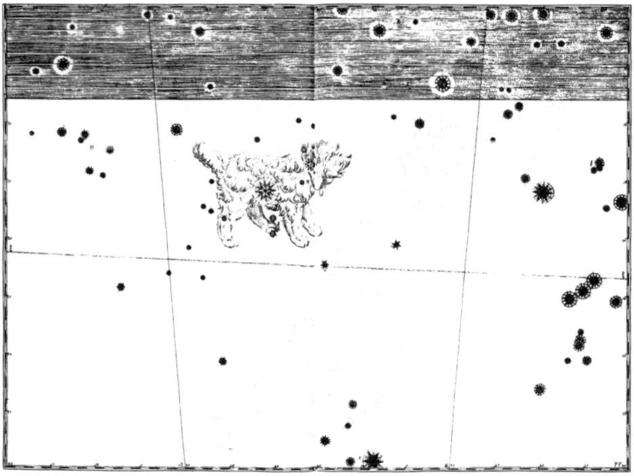

3.6: Das Sternbild Kleiner Hund in der figürlichen Darstellung im Sternatlas von Johannes Bayer aus dem Jahre 1603.

Ein Sternbild sei diesmal etwas ausführlicher beschrieben: der Kleine Hund, lat.: Canis Minor. Der Kleine Hund ist ein nicht sehr großes, aber markantes Wintersternbild, dessen heller Hauptstern Prokyon zum Wintersechseck gehört. Im wesentlichen fallen dem Beobachter mit bloßem Auge nur zwei Sterne, nämlich α und β Canis Minoris auf, die den Kleinen Hund bilden, obwohl F. W. Argelander 15 Mitgliedsterne angibt, die mit bloßem Auge zu sehen sind.
Der klassischen Überlieferung nach sind sowohl der Große als auch der Kleine Hund die Jagdhunde des Himmelsjägers Orion, wobei auch die Beute, der Hase (Sternbild!), nicht weit weg ist. Diese Vorstellung findet sich schon bei den alten Grie-

Veränderliche Sterne

Algol-Minima	1.	21^h51^m	4.	18^h40^m	21.	23^h36^m	24.	20^h25^m				
β-Lyrae-Minima	7.	8^h	20.	6^h								
δ-Cephei-Maxima	3.	9^h	8.	17^h	14.	2^h	19.	11^h	24.	20^h	30.	5^h
Mira-Helligkeit	5^m – 6^m, fallend											

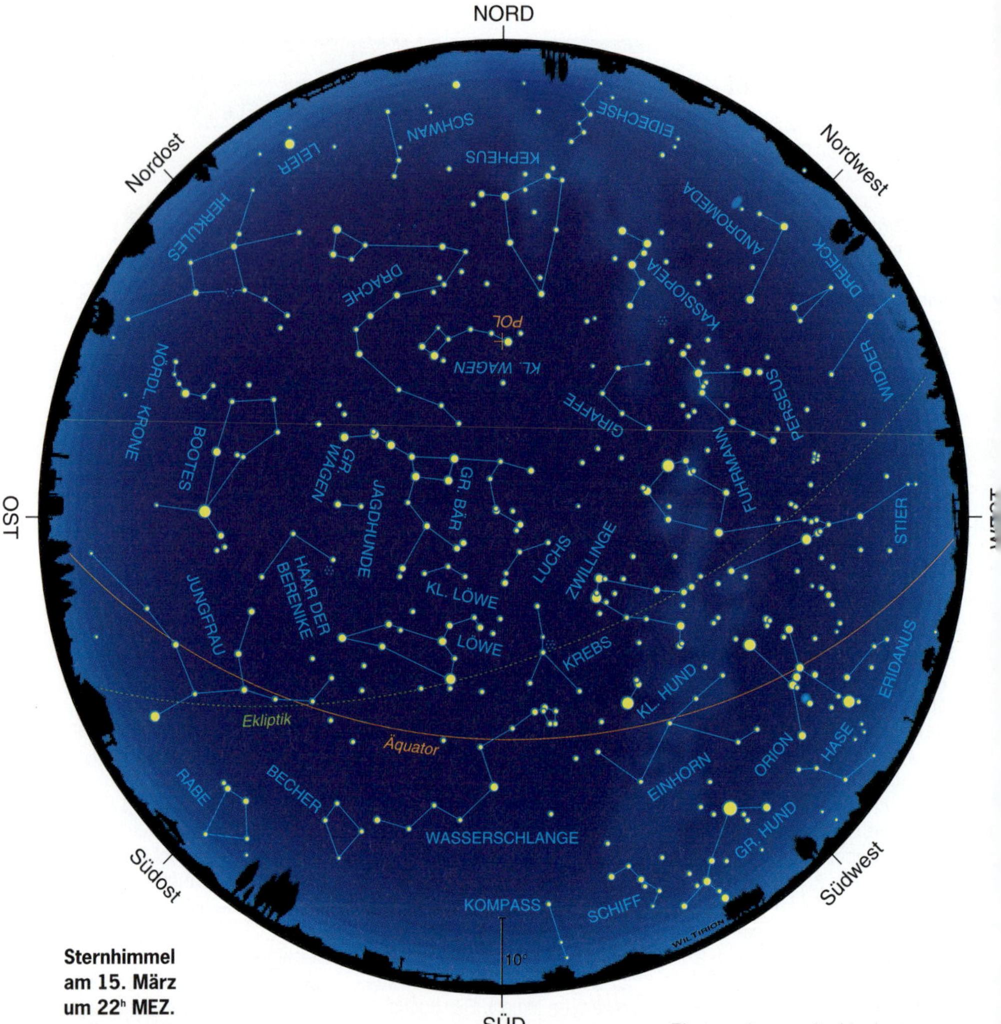

Sternhimmel am 15. März um 22h MEZ.

Fixsternhimmel auch gültig für:	MEZ	MESZ
15.11.	6h	
1.12.	5	
15.12.	4	
1. 1.	3	
15. 1.	2	
1. 2.	1	
15. 2.	0	
1. 3.	**23**	
15. 3.	**22**	
31. 3.	**21**	**22h**

chen. Aber bereits die Babylonier sahen hier einen Hund, der eben „das Wasser (einen Fluß) durchquert hat“. Gemeint ist hier wohl die Milchstraße, an deren östlichem Rand der Kleine Hund liegt. Die babylonische Bezeichnung lautet denn auch Kakkab Paldara, was etwa „Stern des Hundes, der das Wasser kreuzt“ bedeutet.

Einer anderen griechischen Sage nach ist der Kleine Hund nicht einer von Orions Jagdhunden, sondern der treue Gefährte des Ikarios, der in Hellas den Weinbau einführte. Der fleißige Bauer Ikarios (nicht identisch mit Ikarus) nimmt einst Dionysos, den Gott des Weines, gastfreundlich auf. Zum Dank dafür schenkt ihm Dionysos beim Abschied eine Weinrebe. Ikarios pflanzt sie ein und

wird zum ersten Weinbauer Griechenlands. Er füllt das köstliche Getränk in Ziegenhäute, lädt diese auf einen Wagen und fährt über Land. Überall, wo er hinkommt, spendet Ikarios Wein. Etlichen Hirten steigt der Wein zu Kopfe. Sie glauben, Ikarios will sie vergiften. Daraufhin erschlagen sie den edlen Spender und begraben ihn. Verzweifelt sucht ihn seine Tochter Erigone. Schließlich findet sie mit Hilfe der treuen Hündin Maja sein Grab. Göttervater Zeus versetzt alle unter die Sterne. Ikarios als Sternbild Bootes, Erigone als Jungfrau, den Wagen mit den Weinschläuchen und die Hündin Maja finden wir im Sternbild Kleiner Hund wieder.
Bei den Arabern bildeten die Hundssterne die Tatzen eines mächtigen Löwen, zu dem noch Kastor und Pollux, der Krebs, Teile der Jungfrau, der Rabe sowie Arktur gehörten.
In China hieß das Sternbild Nan Ho, der südliche Fluß, während man im christlichen Sternbilderhimmel hier das Osterlamm zu erkennen glaubte (um 1627).
Als Orions zweiter Hund findet man manchmal die Bezeichnung Canis Orionis (Hund des Orion). Der Hauptstern (α Canis Minoris) heißt Prokyon. Die Bezeichnung stammt aus dem Griechischen und bedeutet soviel wie „der vorauslaufende Hund“. Gemeint ist, daß Prokyon wegen seiner nördlichen Deklination stets vor dem strahlenden Sirius aufgeht.
Mit $0\overset{\mathrm{m}}{,}38$ ist Prokyon ein ausgesprochen heller Stern, der gelblich leuchtet (Spektraltyp F5 IV – V). Mit nur 11,3 Lichtjahren Entfernung gehört α CMi zur engeren Nachbarschaft unserer Sonne.
Prokyon besitzt einen Begleiter, der ihn einmal in 41 Jahren umkreist. Mit 11^{m} ist er allerdings so lichtschwach, daß er vom Hauptstern überstrahlt wird und nur in großen Fernrohren zu sehen ist. Die scheinbare Winkeldistanz schwankt zwischen $2\overset{\prime\prime}{,}2$ (1968) und 5″ (1990). Der Prokyonbegleiter ist ein Weißer Zwergstern ähnlich dem bekannten Siriusbegleiter.
Der zweithellste Stern im Kleinen Hund, β CMi, ist mit $2\overset{\mathrm{m}}{,}9$ ein Stern dritter Größe. Er strahlt ein bläuliches Licht aus (Spektraltyp B7 V) und ist über 200 Lichtjahre weit weg. Sein Name Gomeisa stammt aus dem Arabischen. Die Bedeutung ist nicht ganz geklärt. Ursprünglich jedenfalls war die Bezeichnung Gomeisa für Prokyon bzw. für das ganze Sternbild verwendet worden. Die Entfernung α CMi – β CMi beträgt $4\overset{\circ}{,}3$. Diese Strecke wird manchmal „Kleine Himmelselle“ genannt.

Gibt es Braune Zwerge?

Zunächst einmal: Braune Zwerge sind nicht braun, sondern tiefrot vor sich hin glimmende Himmelskörper. Schon länger vermuteten die Astronomen, daß es solch exotische Himmelsobjekte im Weltall geben müsse, doch so exotisch scheinen sie gar nicht zu sein. Möglicherweise beherbergt das Weltall mehr Braune Zwerge als normale Sterne. Den Begriff „Braune Zwerge" hat im Jahr 1975 die inzwischen renommierte amerikanische Astronomin Jill C. Tarter in ihrer Doktorarbeit eingeführt.

Im Gegensatz zu den roten Zwergsternen, die ihre Energieabstrahlung in Form von Licht und Wärme durch Kernfusion decken, wird das dunkelrote Glimmen der Braunen Zwerge nicht durch thermonukleare Prozesse bewirkt. Dafür besitzen sie zu wenig Masse. Andererseits sind sie wesentlich massereicher und heißer als beispielsweise der Riesenplanet Jupiter. Braune Zwerge sind somit weder echte Sterne noch normale Planeten. Sie sind gewissermaßen eine Zwischenform, eine Art Bindeglied zwischen Sternen und Planeten.

Sterne decken ihren gewaltigen Energiebedarf durch Verschmelzen von leichten Atomkernen zu schwereren. Im tiefen Inneren der meisten Sterne wird dabei Wasserstoff zu Helium verschmolzen oder fusioniert, wie die Astrophysiker sagen. Es handelt sich dabei um Atomkernprozesse, wobei die auftretende Massendifferenz gemäß der Einstein-Formel $E = mc^2$ (Energie = Masse mal Quadrat der Lichtgeschwindigkeit) in Strahlungsenergie umgewandelt wird, die die Leuchtkraft der Sterne bewirkt. In späteren Lebensstadien wird auch Helium zu Kohlenstoff umgewandelt, in massereicheren Sternen bilden sich schließlich Elemente wie Sauerstoff, Magnesium, Silizium bis hin zum Eisen. Damit jeweils vier Wasserstoffatomkerne zu einem Heliumatomkern verschmelzen können, ist eine Mindesttemperatur von einigen Millionen Grad und eine sehr hohe Materiedichte erforderlich.

Diese Bedingungen herrschen nur in den innersten Bereichen der Sterne. Deshalb kommt es allein dort zu den geschilderten thermonuklearen Prozessen.

Wenn ein Stern sich aus einer interstellaren Gaswolke bildet, steigen Temperatur und Druck im Inneren der kollabierenden Wolke so lange an, bis schließlich das Atomfeuer zündet – ein neuer Stern ist geboren. Voraussetzung dafür ist allerdings eine bestimmte Mindestmasse. Liegt die Masse unter einem Zwölftel der Sonnenmasse (genauer: 0,085 $M_{\odot}$.), so erreicht die Zentraltemperatur des schrumpfenden Protosterns nicht die nötige Höhe, um die Kernfusion zu zünden. Der Protostern wird gar nicht zu einem richtigen Stern. So hat Jupiter beispielsweise zwar die 318fache Masse der Erde, verglichen mit der Sonne aber nur den tausendsten Teil ihrer Masse. Er kann daher nie zu einem leuchtenden Stern werden. Wir sehen ihn nur, weil er von unserer Sonne beschienen wird. Wie sieht es nun mit Objekten aus, die weniger als 0,085 Sonnenmassen besitzen, aber einige dutzendmal mehr Masse als ein Planet wie Jupiter?

Auf Grund der Schwerkraft schrumpfen solche Protosterne ebenfalls zu kugelförmigen Objekten. Dabei wird Gravitationsenergie in thermische Energie, also Wärme, umgewandelt. Das kollabierende Objekt beginnt schwach zu glühen, und zwar umso mehr, je kleiner die Oberfläche wird. Dadurch bleibt die Gesamtleuchtkraft eine Zeitlang fast unverändert. Schließlich setzt die Deuterium-Reaktion ein. Deuterium ist schwerer Wasserstoff. Ein Deuteriumkern besteht aus einem Proton und einem Neutron. Durch Einfangen eines weiteren Protons entsteht Helium 3, das leichtere Isotop von Helium 4. Die Deuteriumfusion zu Helium 3 setzt bei wesentlich niedrigeren Temperaturen ein als das Wasserstoffbrennen, so daß auch massearme Objekte eine solche Phase durchmachen können. Sobald die Deuteriumfusion einsetzt, sorgt die freiwerdende Energie dafür, daß der Schrumpfungsprozeß aufhört, denn der innere Druck steigt entsprechend an.

Deuterium gibt es aber nur wenig. Normaler Wasserstoff ist tausendmal häufiger. Und so dauert die Deuteriumphase nicht sehr lange. Nach wenigen Millionen Jahren – kurz für ein Sternenleben – ist der Deuteriumvorrat erschöpft. Die Energiequelle versiegt, das Objekt beginnt wieder zu kontrahieren. Die Kontraktion wird erst gestoppt, wenn ein Zustand erreicht ist, den man als „entartete Materie" bezeichnet. Dabei sorgt der Druck des Elektronengases dann für ein stabiles Gleichgewicht.

3.7. Innerer Aufbau der Sonne, eines Roten und eines Braunen Zwerges sowie von Jupiter.

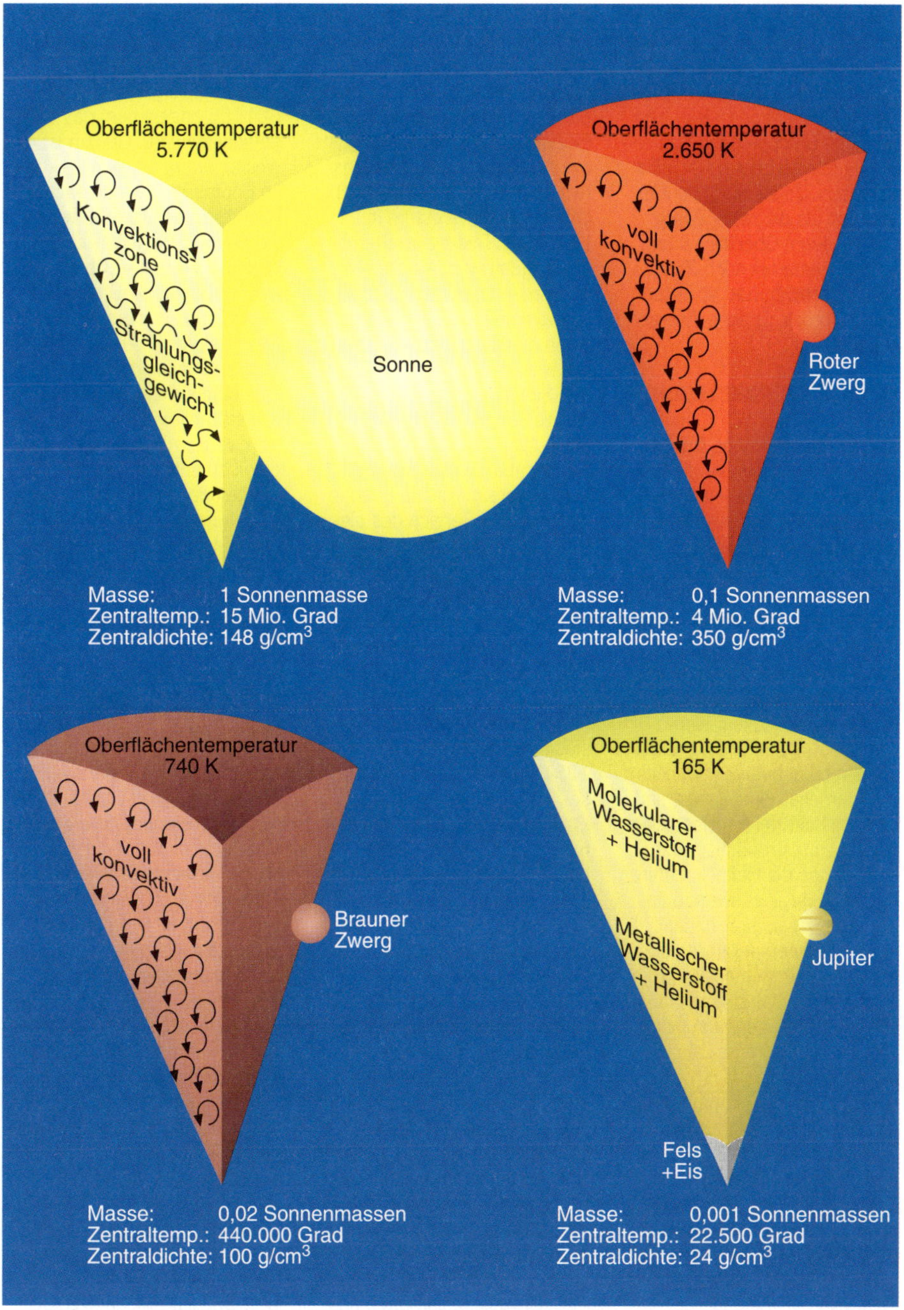
Oberflächentemperatur
5.770 K
Konvektions-
zone
Strahlungs-
gleich-
gewicht
Sonne
Masse: 1 Sonnenmasse
Zentraltemp.: 15 Mio. Grad
Zentraldichte: 148 g/cm3
Oberflächentemperatur
2.650 K
voll
konvektiv
Roter
Zwerg
Masse: 0,1 Sonnenmassen
Zentraltemp.: 4 Mio. Grad
Zentraldichte: 350 g/cm3
Oberflächentemperatur
740 K
voll
konvektiv
Brauner
Zwerg
Masse: 0,02 Sonnenmassen
Zentraltemp.: 440.000 Grad
Zentraldichte: 100 g/cm3
Oberflächentemperatur
165 K
Molekularer
Wasserstoff
+ Helium
Metallischer
Wasserstoff
+ Helium
Jupiter
Fels
+Eis
Masse: 0,001 Sonnenmassen
Zentraltemp.: 22.500 Grad
Zentraldichte: 24 g/cm3

Solche Objekte, die eigentlich gar keine richtigen Sterne sind, nennt man Braune Zwerge. Ihre Oberflächentemperatur liegt bei rund tausend Grad Celsius und darunter. Entsprechend strahlen sie die meiste Energie im Infraroten aus. Da sie noch dunkler glimmen als die roten Zwergsterne, deren Oberflächentemperatur immerhin noch 2500° Celsius beträgt, hat Jill Tarter den Ausdruck „Braune Zwerge" gewählt.

EXTREM GERINGE LEUCHTKRAFT

Wegen ihres geringen Durchmessers – Braune Zwerge haben Planetengröße – und der niedrigen Oberflächentemperatur ist ihre Leuchtkraft extrem gering. Braune Zwerge sind zehntausend- bis hunderttausendmal lichtschwächer als die Sonne. Deshalb waren die Hoffnungen der Astronomen nicht allzu groß, Braune Zwerge im Weltall zu entdecken. Wenn überhaupt, dann sind nur Exemplare in unmittelbarer Sonnennachbarschaft aufspürbar, und auch das nur mit den Techniken der Infrarotastronomie. Sind doch schon die viel bekannteren Weißen Zwerge schwer zu finden, die wegen ihrer hohen Oberflächentemperaturen beachtliche Energiemengen pro Flächeneinheit abstrahlen, aber aufgrund ihres geringen Durchmessers nur geringe Leuchtkräfte besitzen.
Vor gut zwanzig Jahren begann die Suche nach den extrem lichtschwachen Braunen Zwergen. Gelegentlich werden sie auch „substellare Objekte" genannt. Im Jahre 1985 schien man fündig geworden zu sein, der erste Braune Zwerg wurde entdeckt. Er erhielt die Bezeichnung VB8B. Dieser Code bedeutet „Begleiter des Sterns Nr. 8 im Katalog naher Sterne von van Briesbroeck". Der niederländische Astronom George van Briesbroeck hat sich intensiv mit der Suche nach sonnennahen Sternen beschäftigt. VB8 ist ein roter Zwergstern in 21 Lichtjahren Distanz im Sternbild Schlangenträger. Aus seinen periodischen Eigenbewegungsschwankungen schloß man auf einen dunklen Begleiter – ähnlich wie einst bei Sirius, als man den Sirius-Begleiter noch nicht als Weißen Zwerg gesehen hatte. Wegen ihrer niedrigen Temperatur senden Braune Zwerge ihre maximale Energie im infraroten Bereich des elektromagnetischen Spektrums aus. Mit einem speziellen Beobachtungsverfahren, der sogenannten Infrarot-Speckle-Interferometrie, gelang es schließlich, den Begleiter von VB8 zu beobachten. Nach den Messungen hat VB8B nur 1100° Celsius Oberflächentemperatur und 125 000 Kilometer Durchmesser. Damit ist dieser Braune Zwerg etwa so groß wie Saturn, hat also 1/11 des Sonnendurchmessers. Die Masse von VB8B beträgt nur ein Hundertstel der Sonnenmasse, seine Leuchtkraft nur 1/30000 der Sonnenleuchtkraft.
Lange war man recht stolz auf VB8B, der gewissermaßen zum Paradeobjekt der Braunen Zwerge avancierte. Heute hat man allerdings Probleme, VB8B zu beobachten – er scheint verschwunden zu sein. Möglicherweise ist er infolge seiner Bahnbewegung nun zu nahe an VB8, die rote Zwergsonne, herangerückt. Vielleicht beruhen aber auch die Speckle-Beobachtungen auf einer fehlerhaften Auswertung, und die Zwergsonne VB8 hat gar keinen Begleiter.
Als weiterer Kandidat für einen Braunen Zwerg wird das Objekt GD165B angesehen, das 1988 gefunden wurde. GD165 ist ein Weißer Zwerg 14. Größenklasse im Bootes. In etwa dreifacher Plutodistanz (120 A.E.) wurde ein tiefroter Begleiter, eben GD165B gesichtet. Ob dieses tiefrote Objekt ein Brauner Zwerg ist, kann noch nicht definitiv gesagt werden, da dessen Masse unbekannt ist.
Eine Möglichkeit, die Masse schwach glimmender, dunkelroter Zwerge zu bestimmen und damit zu entscheiden, ob eine Sonne oder ein Brauner Zwerg gesehen wird, ist der sogenannte Lithiumtest. Im periodischen System der chemischen Elemente ist Lithium das drittleichteste Element nach Wasserstoff und Helium. Ein Lithiumkern besitzt drei Protonen und vier Neutronen. Reagiert er mit einem Proton, so entstehen zwei Alpha-Teilchen, also zwei Helium 4-Kerne. In geringen Mengen entstand Lithium beim Urknall. In dieser primordialen Materie kommt auf eine Milliarde Wasserstoffatomkerne ein Lithiumkern. Die Verwandlung von Lithium zu Helium durch Protoneneinfang findet aber nur bei Temperaturen ab mindestens zwei Millionen Kelvin statt, wie sie in roten Zwergsonnen im Zentralbereich herrschen. Rote Zwergsterne sind voll konvektiv, die gesamte Sternmaterie wird durchmischt. Innerhalb von weniger als 100 Millionen Jahren wird daher das Lithium zu Helium verbraucht. In älteren Zwergsternen findet sich entsprechend kein Lithium mehr. Anders bei den Braunen Zwergen. Bei Massen von weniger

als einer zwanzigstel Sonnenmasse bleibt der primordiale Lithiumanteil praktisch unverändert, was sich als „Fingerabdrücke" des Lithiums im Spektrum bemerkbar macht. Freilich ist es äußerst schwierig, von so schwachen Objekten Spektren zu erhalten, deren Auflösung es noch erlaubt, Lithium-Absorptionslinien bei 6708 Angström zu beobachten. Im Jahre 1994 ist es gelungen, ein Spektum des um 22^m hellen Sterns PPL15 in den Plejaden mit dem Zehn-Meter-Keck-Teleskop auf Hawaii zu gewinnen, das eindeutig die vermutete Lithiumabsorption zeigt, während sie bei einem M6-Nachbarstern nicht vorhanden ist. Allerdings zeigt eine quantitative Analyse des Spektrums, daß PPL15 einen Teil des primordialen Lithiums schon verbraucht hat. Ob PPL15 daher ein echter Brauner Zwerg ist, bleibt noch unsicher.

ENDLICH GEFUNDEN?

Der erste definitive Braune Zwerg dürfte das Objekt Gliese 229 B sein. Der 8^m helle und mit 19 Lichtjahren Distanz sonnennahe Stern Gliese 229 steht im Grenzgebiet der Sternbilder Großer Hund und Hase. Vom Spektraltyp M her gehört er zu den roten Zwergsonnen. 1994 wurde in nur $7\farcs6$ Distanz ein lichtschwacher tiefroter Begleiter entdeckt, Gliese 229 B. Selbst im Infraroten, wo er noch die meiste Energie abstrahlt, erreicht er nur die 20. Größenklasse. Beide Objekte zeigen gleiche Eigenbewegungen von $0\farcs7$ pro Jahr. Nicht nur der Lithiumtest bestätigt Gliese 229 B als Braunen Zwerg: Infrarotspektren lassen auch Moleküle wie Methan in seiner Atmosphäre erkennen, woraus eine maximale Oberflächentemperatur von 1 000 Kelvin abzuleiten ist. Damit ist Gliese 229 B viel zu kühl für einen richtigen Stern. Nun plant man, mit dem Hubble-Weltraumteleskop die Bahn von Gliese 229 B um seine rote Zwergsonne genau zu vermessen, um aus der Bahndynamik seine Masse zu bestimmen. Aber kaum ein Astronom zweifelt heute noch daran, daß Gliese 229 B ein Brauner Zwerg „vor unserer Haustür" ist.

Braune Zwerge spielen vielleicht eine bedeutende Rolle für das Schicksal des Universums. Offensichtlich ist das Universum reicher an Masse, als wir in leuchtenden Sternen und Gasnebeln beobachten. Wenn im Durchschnitt jeder Stern einen Braunen Zwerg als Begleiter hat, dann trägt dies zur Gesamtmasse unserer Galaxis nur in bescheidenem Maße bei. Möglicherweise gibt es aber zahlreiche ungebundene Braune Zwerge, die als „free-floating objects" in der Milchstaße vorkommen. Dann könnte ihr Beitrag zur Gesamtmasse des Milchstraßensystems (und der anderer Galaxien) durchaus beträchtlich sein. Vielleicht sind sie sogar im Vergleich zu den normalen Sternen in der Überzahl. Wie dem auch sei, die Jagd auf Braune Zwerge ist eröffnet, ein ergiebiges Forschungsfeld für die Infrarot-Astronomie.

APRIL 1998

Höhepunkt im April ist die enge Begegnung von Jupiter, Venus und Mond am Morgen des 23.; leider ist der Himmel schon recht hell, und die Bedeckung der Planeten durch den Mond bleibt – wieder einmal – für uns unsichtbar.

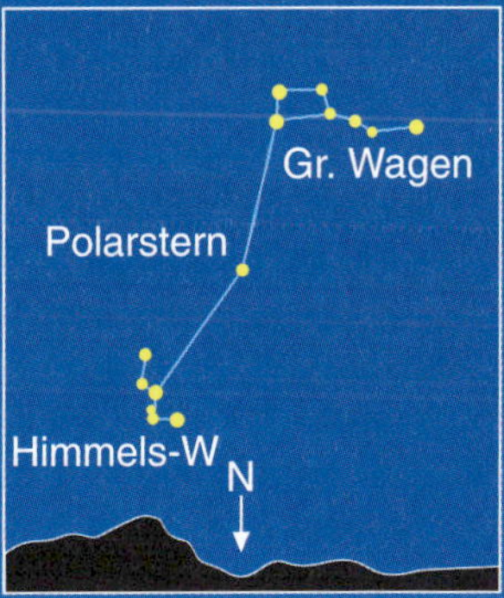

Großer Wagen und Himmels-W Anfang April um 22ʰ

4.1: Himmelsanblick am 23. April gegen 4ʰ30ᵐ (= 5ʰ30ᵐ MESZ): Zu den beiden hellsten Planeten des Himmels Venus und Jupiter tief am Osthorizont gesellt sich die schmale Sichel des abnehmenden Mondes.

Sonnenlauf

18.4. 23h
Sonne tritt in das Sternbild Widder

20.4. 8h
Sonne tritt in das Tierkreiszeichen Stier

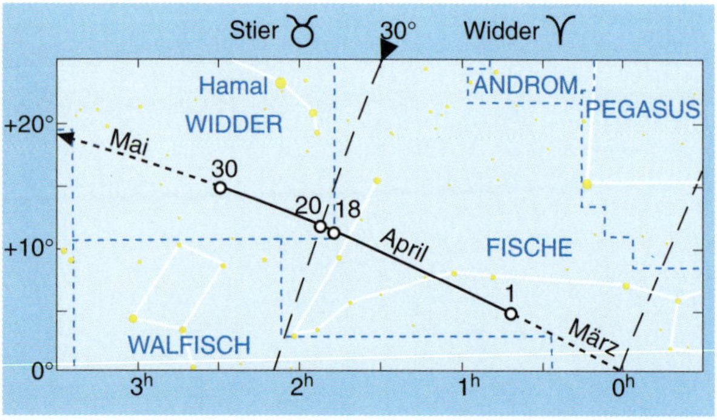

Julianisches Datum
am 1. April, 1h MEZ:
2450904,5

Tag	Dämmerg. Anfang	Aufgang MEZ	Kulmination	Untergang MEZ	Dämmerg. Ende	Mittagshöhe	Zeitgleichg.	Rektaszension	Deklination
	h m	h m	h m	h m	h m	°	m	h m	°
1.	4 45	5 57	12 24	18 51	20 04	44,6	–4	0 41	+ 4,4
5.	4 36	5 49	12 23	18 58	20 11	46,1	–3	0 55	+ 5,9
10.	4 24	5 38	12 21	19 06	20 20	48,0	–1	1 14	+ 7,8
15.	4 12	5 28	12 20	19 13	20 30	49,8	0	1 32	+ 9,6
20.	4 00	5 18	12 19	19 21	20 40	51,5	+1	1 51	+11,4
25.	3 48	5 08	12 18	19 29	20 50	53,2	+2	2 09	+13,1
30.	3 36	4 59	12 17	19 37	21 00	54,8	+3	2 28	+14,6

Tages- und Nachtstunden

5. April

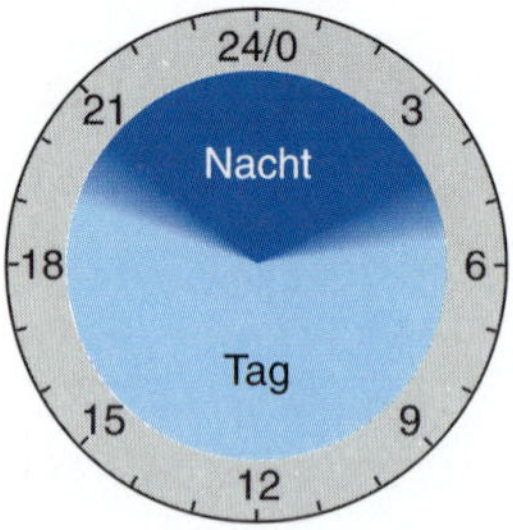

15. April

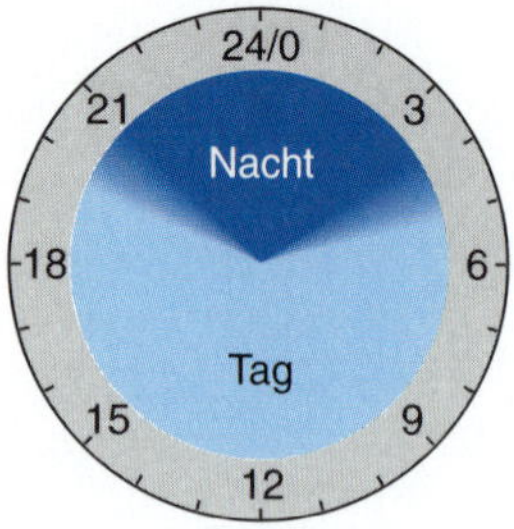

25. April

Mondlauf

Datum	Aufg. MEZ	Kulmination	Unterg. MEZ	Rektaszension	Deklination	Sterne und Sternbilder	Phase	MEZ
	h m	h m	h m	h m	°			
Mi 1.	8 55	16 35	–	4 16	+16,0	Stier, Hyaden	Größte Südbreite	
Do 2.	9 42	17 30	0 21	5 14	+17,9	Stier		
Fr 3.	10 34	18 24	1 21	6 11	+18,6	Alhena	**Erstes Viertel**	**21h18m**
							Libration West	
Sa 4.	11 31	19 16	2 12	7 07	+18,3	Alhena		
So 5.	12 31	20 05	2 56	8 00	+17,0	Krebs		
Mo 6.	13 32	20 52	3 32	8 51	+15,0	Krebs, Krippe		
Di 7.	14 34	21 37	4 04	9 40	+12,3	Löwe, Regulus		
Mi 8.	15 36	22 21	4 31	10 28	+ 9,2	Löwe, Regulus	Aufsteigender Knoten	
Do 9.	16 37	23 03	4 56	11 14	+ 5,7	Löwe		
Fr 10.	17 39	23 46	5 20	11 59	+ 1,9	Jungfrau		
Sa 11.	18 41	–	5 43	12 44	– 1,8	Jungfrau	**Vollmond**	**23h23m**
							Erdferne 406/29,′4	3h
So 12.	19 42	0 28	6 07	13 29	– 5,5	Spica		
Mo 13.	20 44	1 11	6 32	14 15	– 9,1	Jungfrau		
Di 14.	21 45	1 55	7 00	15 02	–12,2	Waage		
Mi 15.	22 45	2 41	7 32	15 50	–14,9	Waage	Größte Nordbreite	
Do 16.	23 42	3 29	8 09	16 40	–17,0	Schlangenträger		
Fr 17.	–	4 18	8 53	17 31	–18,3	Schlangenträger		
Sa 18.	0 36	5 09	9 43	18 24	–18,7	Schütze		
So 19.	1 25	6 01	10 41	19 18	–18,2	Schütze	**Letztes Viertel**	**20h53m**
							Libration Ost	
Mo 20.	2 09	6 55	11 46	20 13	–16,7	Steinbock		
Di 21.	2 47	7 48	12 56	21 09	–14,2	Wassermann		
Mi 22.	3 22	8 42	14 11	22 05	–10,9	Wassermann	Absteigender Knoten	
Do 23.	3 55	9 36	15 28	23 01	– 6,8	Wassermann		
Fr 24.	4 25	10 31	16 48	23 57	– 2,2	Fische		
Sa 25.	4 56	11 26	18 09	0 54	+ 2,6	Walfisch	Erdnähe 358/33,′4	19h
So 26.	5 29	12 23	19 30	1 52	+ 7,4	Fische	**Neumond**	**12h41m**
Mo 27.	6 04	13 21	20 48	2 51	+11,6	Widder		
Di 28.	6 44	14 19	22 02	3 51	+15,0	* Stier	Größte Südbreite	
Mi 29.	7 30	15 17	23 08	4 51	+17,4	Aldebaran		
Do 30.	8 22	16 14	–	5 50	+18,6	Orion		

Der zunehmende Mond wandert am Anfang weit südlich der Ekliptik durch die Wintersternbilder und erreicht schließlich im Sternbild Jungfrau die Vollmondphase (Ostervollmond), die diesmal mit der Erdferne zusammenfällt. Die vorübergehend zeitgleiche Bedeckung von Venus und Jupiter am 23. bleibt für uns leider unsichtbar.

Planetenlauf

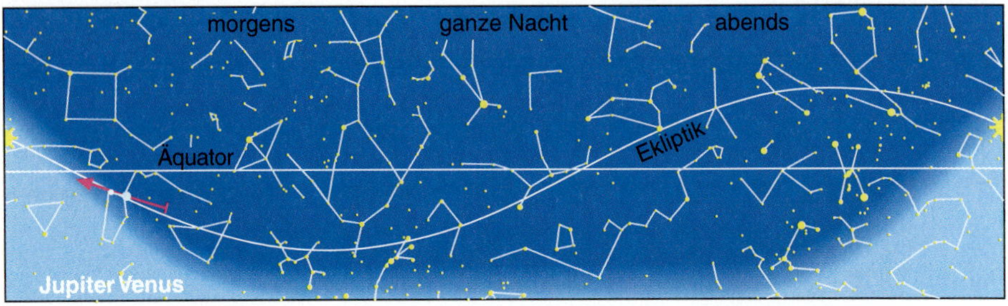

MERKUR kommt am 6. in untere Konjunktion mit der Sonne. Er wandert also, von Ost nach West eilend, zwischen Erde und Sonne hindurch. Wegen der um 7° zur Ekliptikebene geneigten Merkurbahn sieht man den sonnennahen Planeten nicht als dunklen Punkt vor der Sonnenscheibe vorbeiziehen (sogenannter Merkurdurchgang); vielmehr läuft Merkur rund 2° nördlich der Sonne vorbei.
Am 19. wird der flinke Planet stationär und wandert anschließend wieder rechtläufig durch den Tierkreis.
Bis Monatsende wächst der westliche Winkelabstand Merkurs von der Sonne auf stattliche $26{,}^{\circ}3$ an – die größte westliche Elongation ist fast erreicht. Wegen der flachen Lage der morgendlichen Ekliptik über dem Osthorizont kommt es dennoch nicht zu einer Morgensichtbarkeit, Merkur bleibt den ganzen Monat über unsichtbar. Sein Aphel passiert Merkur am 27. und ist dann 70 Millionen Kilometer (= 0,46 A.E.) von der Sonne entfernt.
VENUS spielt ihre Rolle als Morgenstern. Allerdings verschlechtern sich die Sichtbedingungen ein wenig. Die Venushelligkeit sinkt leicht von $-4{,}^{m}3$ auf $-4{,}^{m}1$ ab. Zwar verfrüht sich der Venusaufgang von $4^{h}25^{m}$ (= $5^{h}25^{m}$ Sommerzeit) am Monatsbeginn auf $3^{h}45^{m}$ zum Monatsende, doch auch die Sonne taucht am Monatsende eine ganze Stunde früher als zum Monatsanfang auf, so daß sich die Sichtbarkeitszeit für Venus von etwa einеinhalb auf nur eine Stunde verkürzt (siehe auch Abb. 7.3 auf Seite 119).
Das Venusscheibchen wird kleiner und rundlicher. Am Monatsletzten sind 65% des knapp 18″ großen Planetenscheibchens beleuchtet.
Am 23. kommt es zu einer engen Begegnung mit Jupiter. Venus zieht nur $0{,}^{\circ}3$ nördlich am Riesenplaneten vorbei. Zu den beiden hellsten Planeten am irdischen Firmament gesellt sich am gleichen Tag die schmale Sichel des abnehmenden Mondes, ein interessanter Himmelsanblick (siehe Abb. 4.1 auf Seite 75 sowie Abb. 4.2 unten). Die Venus wird am 23. außerdem vom Mond bedeckt, ebenso Jupiter. Beide Bedeckungen bleiben jedoch von Mitteleuropa aus unbeobachtbar.
MARS wird von der Sonne verfolgt, die ihn aber erst im nächsten Monat einholen wird. Sein östlicher Vorsprung vor der Sonne schrumpft von knapp 10° auf nur noch knapp 3°. Damit steht Mars praktisch kurz vor seiner Konjunktion mit der

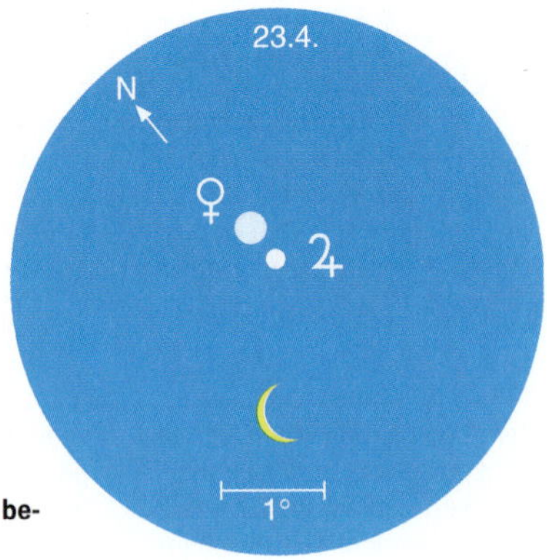

4.2: Fernglasanblick der Begegnung von Venus und Jupiter mit der abnehmenden Mondsichel am 23. April 1998 gegen 5^{h} MEZ (= 6^{h} MESZ). Der Gesichtsfelddurchmesser beträgt etwa 5°.

Sonne. Er hält sich somit am Taghimmel auf und bleibt nachts unbeobachtbar.
Die Begegnung mit Saturn am 3. entgeht uns, da beide Planeten zu nahe neben der Sonne stehen.
JUPITER taucht um die Monatsmitte am Morgenhimmel auf. Der Riesenplanet wandert rechtläufig durch den Wassermann, wobei er allmählich nach Norden vordringt. Am 15. geht der $-2{,}^{m}1$ helle Jupiter um $4^{h}25^{m}$ (= $5^{h}25^{m}$ Sommerzeit) auf, am 30. erscheint er bereits um $3^{h}32^{m}$ über der Horizontlinie. Jeweils zwanzig Minuten nach Aufgang wird er bei guter Sicht am Osthimmel als gelblicher Lichtpunkt erkennbar.
Am 23. kommt es morgens zu einer engen Begegnung mit Venus, die in nur 0°,3 nördlichem Abstand an Jupiter vorbeizieht, und der schmalen Sichel des abnehmenden Mondes – ein besonders reizvoller Himmelsanblick (siehe Abb. 4.1 auf Seite 75 und Abb. 4.2. auf Seite 78).
Die Jupiterbedeckung durch den Mond am 23. bleibt von Mitteleuropa aus unbeobachtbar.
SATURN wird am 13. von der Sonne eingeholt. An diesem Tag steht er in Konjunktion mit ihr. Der Ringplanet hält sich somit am Taghimmel auf und bleibt nachts unbeobachtbar unter dem Horizont.

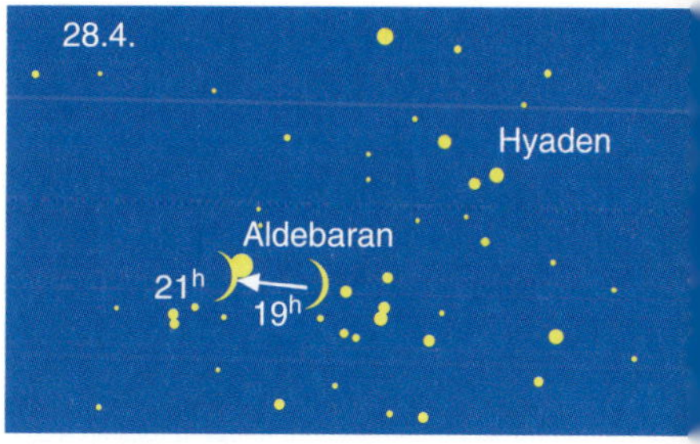

4.3: Verlauf der Aldebaranbedeckung durch den Mond in den Abendstunden des 28. April 1998 (siehe auch Tabelle *Sternbedeckungen durch den Mond* auf Seite 220).

Am Tag der Konjunktion erreicht Saturn seine größte Entfernung von der Erde: 1547 Millionen Kilometer, das sind 10,34 A.E. Saturn ist damit über zehnmal so weit entfernt von uns wie die Sonne.
Am 20. befindet sich Saturn in seiner größten heliozentrischen Südbreite (–2°29′07″).
URANUS im Steinbock kann sich aus den Strahlen der Sonne noch nicht befreien und bleibt weiterhin unsichtbar. Allenfalls Spezialisten unter den Planetenjägern mögen den $5{,}^{m}8$ hellen, grünlichen Planeten am Morgenhimmel mit lichtstarker Optik aufstöbern (Aufsuchkärtchen siehe Abb. 7.5 auf Seite 121). Am 30. geht Uranus um $2^{h}15^{m}$ (= $3^{h}15^{m}$ Sommerzeit) auf. Frühestens eine Stunde nach seinem Aufgang kann man

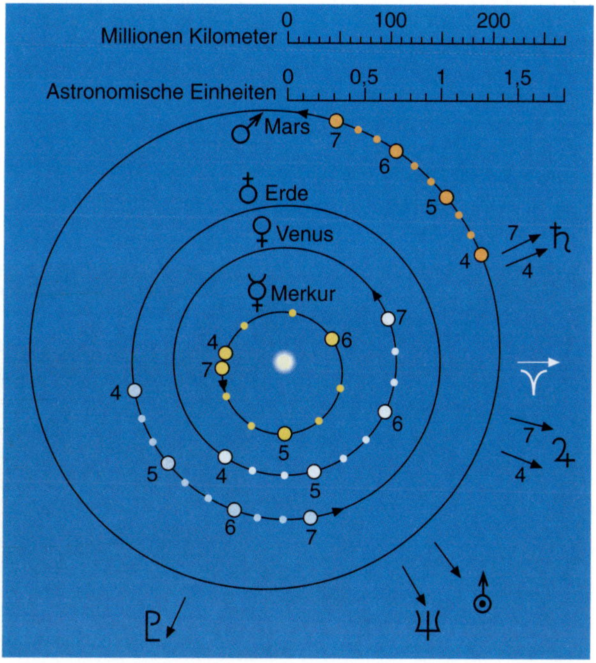

4.4: Das innere Planetensystem im zweiten Jahresviertel 1998. Eingezeichnet sind die Positionen der Planeten für den 1. April (4), 1. Mai (5) sowie 1. Juni (6) und 1. Juli (7). Die Pfeile deuten die Richtungen zu den ferneren Planeten sowie zum Frühlingspunkt an.

Konstellationen und Ereignisse

Datum	MEZ	Ereignis
3.	13^h	Mars bei Saturn, Mars 2°,0 nördlich
6.	18	Merkur in unterer Konjunktion mit der Sonne
13.	13	Saturn in Konjunktion mit der Sonne
19.	3	Merkur im Stillstand, anschließend rechtläufig
20.	3	Mond bei Neptun, Mond 2°,8 nördlich
20.	21	Mond bei Uranus, Mond 3°,0 nördlich
23.	3	**Venus bei Jupiter**, Venus 0°,3 nördlich, **Abstand 0°,3 um 5^h**
23.	8	**Mond bei Jupiter**, Mond 0°,2 nördlich, **Abstand 1°,4 um 5^h**, Bedeckung
23.	9	**Mond bei Venus**, Mond 0°,1 südlich, **Abstand 1°,7 um 5^h**, Bedeckung
24.	20	Mond bei Merkur, Mond 0°,9 südlich
25.	18	Mond bei Saturn, Mond 1°,5 südlich
26.	17	Mond bei Mars, Mond 4°,5 südlich
27.	1	Merkur im Aphel

mit Aussicht auf Erfolg versuchen, den lichtschwachen Planeten zu erspähen. Bald setzt jedoch die Morgendämmerung ein und läßt ihn verblassen.

NEPTUN im Westteil des Steinbocks an der Grenze zum Schützen bietet noch keine Chance, ihn am Morgenhimmel mit einem guten Fernglas oder kleinem Teleskop aufzustöbern. Der sonnenferne Planet bleibt unbeobachtbar.

PLANETOIDEN

CERES – Planetoid Nr. 1 – steht am 8. in Konjunktion mit der Sonne. Ihre Opposition erreicht Ceres am 28. November im Sternbild Stier. Ab August kann man versuchen, Ceres am Firmament aufzustöbern.
Am Tag der Konjunktion ist Ceres 584 Millionen Kilometer (= 3,90 A.E.) von der Erde und 436 Millionen Kilometer (= 2,91 A.E.) von der Sonne entfernt.

Periodische Sternschnuppenströme

Um den 3. April erreichen die **Virginiden** ihr wenig ausgeprägtes Maximum. Einzelne Virginiden-Meteore sind bis ins erste Maidrittel zu verfolgen.
In der Zeit vom 12. bis 24. April werden die **Lyriden** aktiv. Ihr Ausstrahlungspunkt liegt in der Leier, etwa 7° südwestlich von Wega. Manche Beobachter vermuten mehrere Radianten.
Die Lyriden-Objekte sind schnell – im Mittel liegt die Geschwindigkeit um 50 Kilometer pro Sekunde. Günstigste Beobachtungszeit: 22^h bis 4^h. Das Maximum am 22. April ist nicht sehr ausgeprägt. Rund zehn bis zwanzig Meteore, darunter einige helle Exemplare, leuchten dann pro Stunde auf.
Um den 17. April erreichen die **Sigma-Leoniden** ihr Maximum. Vereinzelte Objekte dieses schwachen Stromes sind noch bis Mitte Mai nachweisbar.

Der Fixsternhimmel

Die Wintersternbilder haben das Feld weitgehend geräumt. Die Umstellung zum Frühlingsszenario hat sich nun vollzogen: Orion geht gerade im Westen unter, und Sirius ist im Südwesten schon unter den Horizont gesunken; Prokyon im Kleinen Hund und die etwas höheren Zwillinge mit Kastor und Pollux sind noch Relikte des Winterfirmaments.
Hoch über unseren Köpfen, fast im Zenit, steht der Himmelswagen. Wer noch keine Sternbilder kennt, für den ist die Situation jetzt besonders günstig, vom Großen Wagen ausgehend die übrigen Sternbilder aufzusuchen (siehe auch Abb. 4.5).
Wie häufig erwähnt, dient der Wagen zum Auffinden des Polarsterns – die fünfmalige Verlängerung der Strecke zwischen den beiden Kastensternen des hinteren Wagenendes trifft Polaris, wie der Nordstern kurz und bündig genannt wird.
Verbindet man je zwei Kastensterne miteinander und verlängert diese Strecken in der dem Polarstern entgegengesetzten Richtung, so schneiden sich die beiden Linien etwa beim Sternbild Löwe. Der Löwe ist das Frühlingssternbild schlechthin. Er passiert gerade den Meridian. Leicht ist hoch im Süden das große Sternentrapez zu erkennen, das den Löwenrumpf darstellt. Daran schließt sich in nordwestlicher Richtung ein kleineres Trapez an, der mähnen-

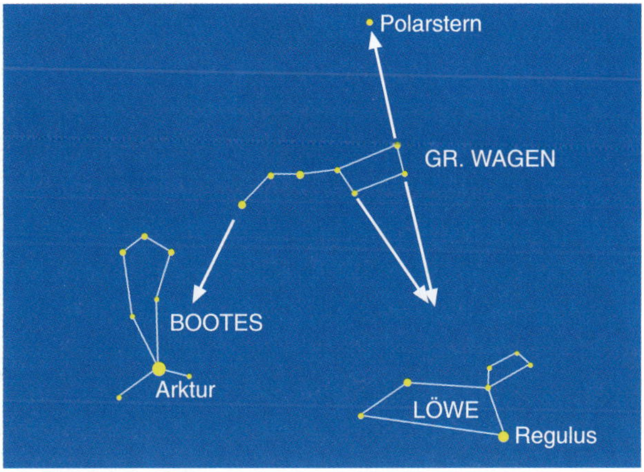

4.5: Ausgehend vom Großen Wagen findet man leicht den Polarstern, Arktur im Bootes und Regulus im Löwen.

behangene Kopf dieses königlichen Tieres. Der Hauptstern des Löwen heißt Regulus (lat., kleiner König), sein zweithellster Stern am Ende der Basis des großen Trapezes Denebola („Schwänzchen des Löwen"). Lassen wir den Blick zurück zum Großen Wagen wandern und folgen dann dem Bogenschwung der Deichsel, so treffen wir auf einen hellen, orange leuchtenden Stern namens Arktur. Mit Sirius, Kanopus, Toliman, Wega und Kapella gehört Arktur zu den hellsten Fixsternen des Himmels. Arktur heißt soviel wie Bärenhüter oder -wächter. Er ist der hellste Stern im Bootes (lat., Rinderhirt). Die drachenähnliche Figur des Bootes ist leicht auszumachen.

Den Raum im Südosten nimmt nun die Jungfrau (lat.: Virgo) ein. Sie gehört wie der Löwe zum Tierkreis, also zu jenen Sternbildern, durch die Sonne, Mond und Planeten hindurchwandern. Der hellste Stern in der Jungfrau ist die bläulich strahlende Spica (lat., Kornähre). Sie gilt als Symbol der Fruchtbarkeit. Südlich, also unterhalb des Löwen und der Jungfrau, erstreckt sich eine Zone recht lichtschwacher Sternbilder. Am auffallendsten ist noch das Sternenviereck des Raben. Daneben – in westlicher Richtung – liegt der Becher. Seine Sterne sind zwar nicht besonders hell, markieren aber recht gut die Umrisse eines Römerpokals. Die ausgedehnte Wasserschlange schlängelt sich in Richtung zum Krebs hinauf, wobei ihr mittelheller Hauptstern Alphard in dieser an helleren Sternen armen Gegend auffällt. Zwischen Löwe

Veränderliche Sterne

Algol-Minima	8. 4^h31^m	13. 22^h09^m	16. 18^h58^m		
β-Lyrae-Minima	2. 5^h	15. 3^h	28. 2^h		
δ-Cephei-Maxima	4. 13^h	9. 22^h	15. 7^h	20. 16^h	26. 0^h

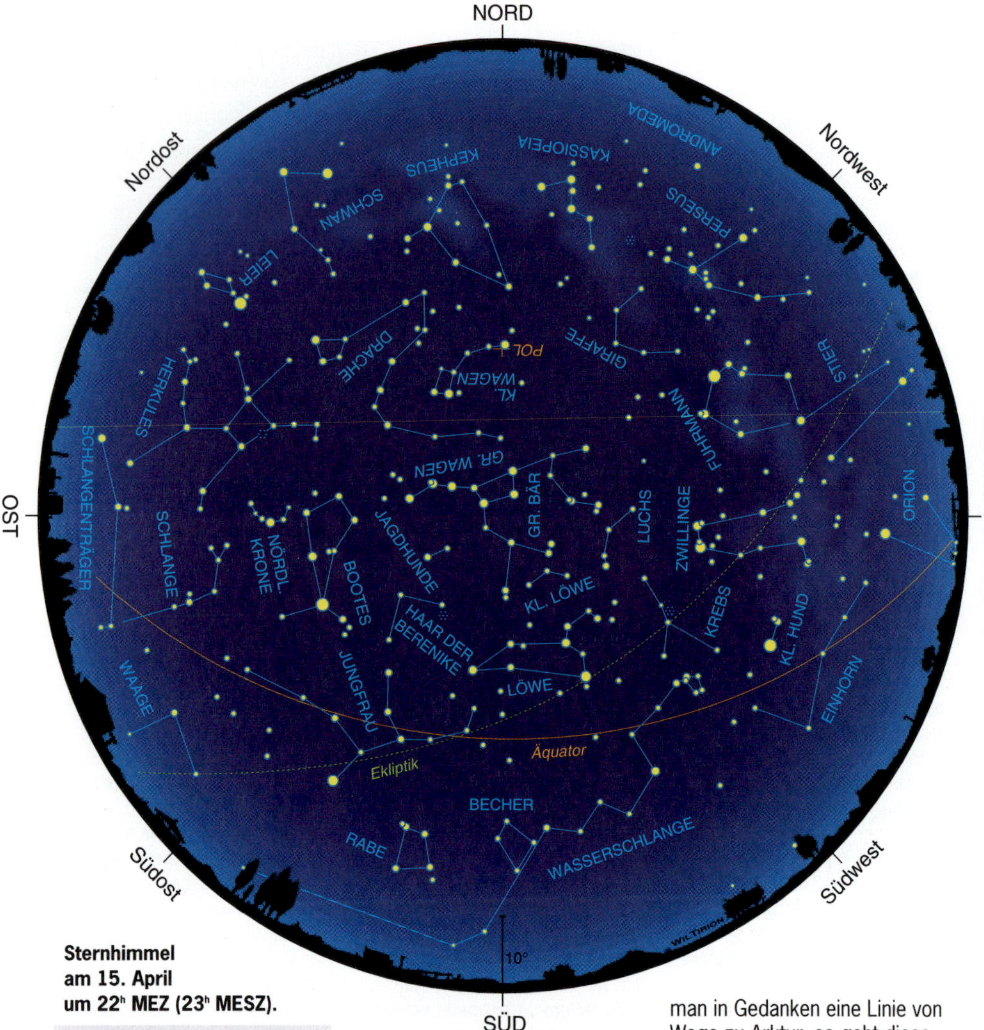

Sternhimmel am 15. April um 22h MEZ (23h MESZ).

Fixsternhimmel auch gültig für:	MEZ	MESZ
15.12.	6h	
1. 1.	5	
15. 1.	4	
1. 2.	3	
15. 2.	2	
1. 3.	1	
15. 3.	0	
1. 4.	**23**	**24h**
15. 4.	**22**	**23**
30. 4.	**21**	**22**

und der Wasserschlange liegt das unscheinbare Sternbild Sextant. Der fortgeschrittene Sternfreund kann einmal versuchen, auch dieses wenig bekannte Sternbild zu finden.
Tief im Nordosten blinkt ein heller Stern im Horizontdunst. Es ist die Wega im Sternbild der Leier, die den kommenden Sommer erahnen läßt. Zieht man in Gedanken eine Linie von Wega zu Arktur, so geht diese durch zwei lichtschwächere Bilder: Herkules und Nördliche Krone. Die Krone liegt näher beim Bootes: ein einprägsamer Halbkreis von Sternen mit einem herausragenden, helleren Stern namens Gemma (lat., Edelstein). Herkules wieder ist nicht so leicht zu erkennen. Seine Gestalt ist ziemlich ausgedehnt und nur mit einiger Übung zu erfassen.

Goldene Zahl und Epakte

Zu den bei Sternfreunden weniger bekannten Begriffen zählen die Epakte und die Goldene Zahl. Sie entstammen der Chronologie, also der Lehre vom Zeitlauf und der Aufstellung von Kalendern (von griech.: ὁ χρόνος, die Zeit). Heutzutage, wo wir den Gregorianischen Kalender benutzen, der ein reiner Sonnenkalender ist, und wo das Osterfest auf viele Jahre nach der berühmten Gaußformel vorausberechnet ist, benötigt man beide Begriffe kaum mehr. Aber man sollte doch wissen, was die Epakte und die Goldene Zahl bedeuten und welche Rolle sie einst gespielt haben.

Drei astronomische Vorgänge erlauben es, den Zeitlauf zu messen und Ereignisse in ein Kalenderschema einzuordnen: die Drehung der Erde, der Lauf des Mondes um die Erde und die Wanderung der Erde um die Sonne. Die Erdrotation beschert uns den Wechsel von Tag und Nacht, der Mond erscheint alle vier Wochen voll beleuchtet am irdischen Nachthimmel, und alle Jahre einmal erreicht die Sonne ihren Tiefststand im Winter. Aus diesen astronomischen Vorgängen abgeleitet sind drei Zeiteinheiten: der mittlere Sonnentag zu 24 Stunden, der synodische Monat und das tropische Sonnenjahr.

Das Problem, das die Kalendermacher einst zu lösen hatten, liegt in der Inkommensurabilität der drei Zeitmaße: Sie stehen nicht in einem kleinen, ganzzahligen Verhältnis zueinander. Ein mittlerer synodischer Monat, also die Zeitspanne von einem Neu- (bzw. Voll-)mond bis zum darauffolgenden Neu- (Voll-)mond beträgt weder 29 noch 30 Tage, sondern 29,530589 Tage. Ein tropisches Jahr, die Zeitspanne von Frühlingsbeginn bis zum darauffolgenden nächsten Frühlingsbeginn, dauert nicht 365 oder 366 Sonnentage, sondern 365,24219879 Tage. Und ein tropisches Jahr läßt sich weder in zwölf noch in dreizehn Monate unterteilen, sondern hat die Länge von 12,368267 mittleren synodischen Monaten. Um in einem Kalendersystem, das mit ganzen Tage, Monaten und Jahren rechnet, Koinzidenzen (Übereinstimmungen) zu erreichen, muß man also gewisse Schaltregeln verwenden.

Sowohl der Julianische als auch der Gregorianische Kalender sind reine Sonnenkalender. Sie lassen den Mondlauf unberücksichtigt. Die Monate haben mal 30, dann wieder 31 Tage, nur der Februar hat 28 oder 29 Tage. Nach dem Julianischen Kalender folgt auf drei Jahre zu 365 Tagen ein Schaltjahr mit 366 Tagen. Daraus ergibt sich eine mittlere Länge des Julianischen Jahres von 1461/4 = 365,2500 Tagen. Dieses Julianische Jahr ist also 11 Minuten und 14 Sekunden länger als das tropische Jahr. Entsprechend tritt nach 128,19 Jahren eine Differenz von einem Tag zwischen beiden Jahreszählweisen auf. Deshalb hat Papst Gregor XIII. im Jahre 1582 eine Kalenderreform angeordnet: Zehn Tage wurden weggelassen, auf den 4. folgte sofort der 15. Oktober 1582. Damit der Fehler nicht wieder auftrete, wurde außerdem die Schaltregel verfeinert: Alle vollen Jahrhunderte (1700, 1800, 1900) entfällt das Schaltjahr, nicht jedoch alle vollen 400 Jahre: 1600, 2000 und 2400 sind somit auch im Gregorianischen Kalender Schaltjahre.

Mit dieser verbesserten Schaltregel ergibt sich die Länge eines Gregorianischen Jahres zu 365,2425 – es ist nur noch um rund 26 Sekunden länger als ein tropisches Jahr. Erst nach über 3320 Jahren wird diese Differenz auf einen ganzen Tag angewachsen sein. Damit kann man gut die nächsten tausend Jahre mit der gregorianischen Schaltregel auskommen: Sonnentage und Sonnenjahre sind in ein praktikables System gebracht, und man braucht nicht zu fürchten, daß wir den Jahresanfang feiern, wenn die Sonne schon ihre Frühlingsposition am Himmelsäquator einnimmt oder gar ihren Höchststand in der Ekliptik.

STÖRENDE PHASEN

Die Mondphasen sind dabei allerdings nicht berücksichtigt. Im modernen Zivilisationsleben spielen sie heute auch keine Rolle mehr. Früher war man bei abendlichen Wanderungen jedoch auf den milden Schein des Nachtgestirns angewiesen. Man versammelte sich vor allem in heißen Gebieten in den Stunden nach Sonnenuntergang, wobei man Termine auf die Vollmondzeiten legte. Noch im vorigen Jahrhundert fanden in Großbritannien Clubmeetings stets um den Vollmondtermin statt.

Sowohl der Julianische als auch der Gregorianische Kalender sind reine Sonnenkalender. Allerdings spielt die Mondphase in der christlichen Festrechnung eine wichtige Rolle: Das Osterfest ist auf den Sonntag nach dem ersten Frühlingsvollmond festgelegt. Andere Kulturen, wie beispielsweise der Islam, verfü-

Goldene Zahl	Epakte A	B	C	D
I	8	1	*	29
II	19	12	11	10
III	*	23	22	21
IV	11	4	3	2
V	22	15	14	13
VI	3	26	25	24
VII	14	7	6	5
VIII	25	18	17	16
IX	6	29	28	27
X	17	10	9	8
XI	28	21	20	19
XII	9	2	1	*
XIII	20	13	12	11
XIV	1	24	23	22
XV	12	5	4	3
XVI	23	16	15	14
XVII	4	27	26	25
XVIII	15	8	7	6
XIX	26	19	18	17

Die Epakte ist eine zyklische Funktion mit Werten von 0 bis 29.
Die Epakte 30 entspricht somit der Epakte 0 und wird üblicherweise mit einem * gekennzeichnet.
Gültigkeit der Epakte im Metonschen Mondzyklus für folgende Jahre:
A: bis 1582 (4. Okt.) C: 1700 bis 1899
B: 1582 (15. Okt.) bis 1699 D: 1900 bis 2199

gen über einen reinen Mondkalender. Die Juden wieder benutzen einen kombinierten Sonnen- und Mondkalender. Die jüdischen Lunisolarjahre berücksichtigen dabei auch die synodischen Monate.
Bei allen Kalenderfragen, bei denen die Mondphasen eine Rolle spielen, muß die synodische Monatslänge in irgendeiner Form mit der Länge eines Sonnenjahres verknüpft werden. Am bekanntesten ist der Metonsche Mondzyklus. Der griechische Gelehrte Meton hat ihn im Jahre 432 vor Chr. eingeführt. Da 235 synodische Monate (= 6939,6884 Tage) ziemlich genau 19 tropischen Jahren (= 6939,6018 Tage) entsprechen, fällt nach dieser Zeit der Jahresbeginn stets mit der gleichen Mondphase zusammen. So war am 1. Januar 1995 Neumond. Neunzehn Jahre zuvor, nämlich am 1. Januar 1976, war ebenfalls am 1. Januar Neumond, und neunzehn Jahre später, am 1. Januar 2014, wird wieder Neumond sein. Diese Periode war schon lange vor Meton bekannt. Vermutlich hat er sie von den Babyloniern übernommen.
Man kann nun jedem Jahr im Metonschen Zyklus eine Nummer geben, die – von 1 bis 19 laufend – angibt, das wievielte Jahr im Metonschen Zyklus das entsprechende Kalenderjahr ist. Diese Nummer oder Zahl wird **Mondzirkel** genannt. Aus dem Mondzirkel sind die Mondphasen im aktuellen Kalenderjahr zu ermitteln. Da das Osterfest nach dem ersten Frühlingsvollmond stattfindet, war es für die Festrechnung wichtig, die Mondphasen zu kennen. Deshalb wurde der Mondzirkel, also die Ordnungszahl der Jahre im Metonschen Mondzyklus, in jedem guten Kalender vermerkt.
Um die Bedeutung des Mondzirkels hervorzuheben, wurde er von den Kalendermachern in älterer Zeit mit Goldtinte geschrieben. Die Ordnungszahl der Jahre im Metonschen Mondzyklus wird daher auch als „Goldene Zahl" (lat.: numerus aureus) bezeichnet. Da nicht immer die – sicher recht teure – Goldtinte zur Verfügung stand, schrieb man häufig die Goldene Zahl in römischen Ziffern, um eine Verwechslung mit dem ebenfalls notierten **Sonnenzirkel** auszuschließen. Heute wird die Goldene Zahl längst nicht mehr mit goldfarbener Tinte geschrieben, aber die Bezeichnung für den Mondzirkel hat man beibehalten. Auch schreibt man sie meist immer noch in römischen Ziffern. Angeblich soll schon zu Zeiten Metons der Mondzirkel in goldenen Ziffern in Athen auf einer Kalendertafel vermerkt worden sein.
Die Berechnung der Goldenen Zahl für ein bestimmtes Kalenderjahr ist recht einfach: Die Jahreszahl wird um 1 vermehrt und durch 19 geteilt. Der sich ergebende Rest entspricht dem Mondzirkel, also der Goldenen Zahl (GZ). Mathematisch ausgedrückt gilt:
$GZ = \mathrm{mod}\ (J + 1)/19.$
Für das Jahr 1998 erhält man somit als Goldene Zahl die IV, denn teilt man 1999 (1998+1)

durch 19, so bleibt ein Rest von 4. Im Jahre 1995, als der Neumond auf den 1. Januar fiel, war die Goldene Zahl I.
Die Goldene Zahl bestimmt somit die Neu- und Vollmondtermine in den einzelnen Monaten des jeweiligen Jahres im Metonschen Mondzyklus. Danach hat man jahrhundertelang das Osterfest bestimmt. Allerdings trat dabei ein Problem auf, denn diese nach dem Mondzirkel berechneten „zyklischen Vollmonde" verschoben sich immer mehr gegenüber den wahren Vollmondterminen: 235 synodische Mondmonate sind rund eineinhalb Stunden länger als 19 julianische Jahre und $2^h04^m46^s$ länger als 19 tropische Jahre. Von Zeit zu Zeit ändert sich somit die Mondphase um einen Tag gegenüber dem Metonschen Mondzyklus. Jeweils nach 310 Jahren (im Mittel) tritt die Phase Neumond einen Tag später ein, als der Mondzirkel angibt.
Als Papst Gregor XIII. im Jahre 1582 die nach ihm benannte Kalenderreform veranlaßte, wurde daher nicht nur die Länge des kalendarischen Sonnenjahres durch eine Ergänzung der Schaltregel der tropischen Jahreslänge besser angepaßt, sondern auch die Bestimmung des Ostervollmondes verbessert: Man führte statt des Mondzirkels, also statt der Goldenen Zahl, den **Mondzeiger** oder die **Epakte** ein, um die Mondphasen eines bestimmten Jahres zu ermitteln.
Der Begriff **Epakte** kommt aus dem Griechischen: ἐπάκτο heißt soviel wie „hinzugefügt". Unter Epakte versteht man die Überschußtage, die angeben, wieviele Tage seit dem letzten Neumond eines Jahres bis zum Beginn des Folgejahres vergangen sind. Oder anders ausgedrückt: Die Epakte gibt das Mondalter zu Jahresbeginn an.

NEUMOND UND NEULICHT

Dabei muß man allerdings etwas aufpassen. Unter Mondalter versteht man die Zeit in Tagen und Tagesbruchteilen, die seit dem letzten Neumond vergangen sind. Der Vollmond hat somit ein Mondalter von 14,765 Tagen. Den Neumond kann man aber nicht sehen. Deshalb haben etliche Völker im Mittelmeerraum die Monate vom Beginn des Neulichts an gezählt, wenn also erstmals die schmale Sichel des zunehmenden Mondes am Abendhimmel tief im Westen sichtbar wurde. Die Monate im Islamischen Kalender beginnen ebenfalls erst mit dem Neulichttermin.
Traditionsgemäß wird der Neulichttermin auf einen Tag nach dem Neumondtermin gelegt, wobei in der Praxis nicht immer der junge Mond schon sichtbar wird. Die Epakte gibt danach die Zahl der Tage an, die am 1. Januar eines Jahres seit dem letzten Neulicht des Vorjahres vergangen sind. Damit entspricht die Epakte eines bestimmten Jahres dem Mondalter am 31. Dezember des Vorjahres. Damit man nicht mit den Jahren durcheinander kommt, sei folgende Definition gegeben, die heute international üblich ist. Die Epakte gibt das Mondalter (= Zahl der Tage seit dem letzten Neumond) vermindert um 1 am 1. Januar im Gregorianischen Kalender an.
Da zwölf Lunationen (synodische Mondmonate), also ein Mondjahr, 354 Tage sind, das Sonnenjahr aber zu 365 Tagen gerechnet wird, wächst die Epakte in jedem Jahr um 11 Tage an. Ist an einem 1. Januar Neumond, so tritt der Neumond im folgenden Jahr elf Tage früher ein, im darauffolgenden Jahr dann 22 Tage früher, im dritten Jahr schließlich 33 Tage. Da die Epakte aber höchstens 29 Tage erreichen kann, sind von 33 noch 30 Tage abzuziehen, macht 3. Die Epakte lautet dann im dritten Jahr: 3 (siehe auch Tafel „Goldene Zahl und Epakte"). Diese Kalkulation gilt nur im Mittel, denn das Mondalter wächst pro 365,25 Tage (Julianisches Jahr) nicht genau um 11 Tage, sondern nur um 10,8829 Tage.
Ist die Epakte bekannt, so ergeben sich daraus die Neu- und Vollmondtermine des laufenden Jahres und somit auch das Datum des Osterfestes. Für 1998 lautet die Epakte: 2, der Mond ist also am 1. Januar 1998 drei Tage alt, der erste Vollmond fällt somit auf den 12. Januar (1. Januar plus 14 Tage minus 3!). Im Gregorianischen Kalender wurde die Goldene Zahl durch die Epakte zur Berechnung der Mondphasen und des Osterdatums abgelöst. Dennoch wird die Goldene Zahl auch heute noch in den Jahrbüchern publiziert. Auch im Julianischen Kalender läßt sich die Epakte angeben. Die Julianische Epakte wurde erst im Nachhinein eingeführt. Sie wurde vor der Kalenderreform nicht verwendet, da man die Goldene Zahl benutzte. Bei chronologischen Berechnungen ist es manchmal nützlich, die Julianische Epakte zu verwenden. Die in astronomischen Jahrbüchern publizierte Epakte ist allerdings stets die Gregorianische.

MAI 1998

Während Mars am 12.5. in Konjunktion mit der Sonne steht und die Venus am 18. den sonnenfernsten Punkt ihrer Bahn durchläuft, gelangt Pluto am 28.5. in Opposition zur Sonne. Unterdessen beginnen Neptun und Uranus ihre diesjährigen Oppositionsschleifen.

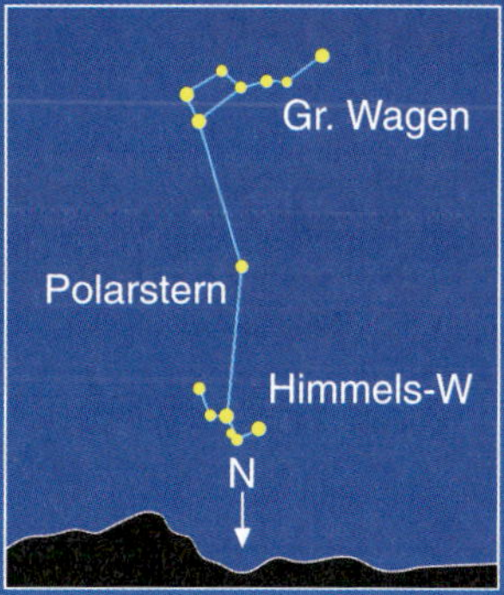

Großer Wagen und Himmels-W Anfang Mai um 22^h

5.1: Himmelsanblick am 21. Mai gegen 3^h30^m MEZ (= 4^h30^m MESZ): Venus und Jupiter stehen knapp über dem Osthorizont, daneben die abnehmende Mondsichel.

Sonnenlauf

14.5. 11ʰ
Sonne tritt in das Sternbild Stier
21.5. 7ʰ
Sonne tritt in das Tierkreiszeichen Zwillinge

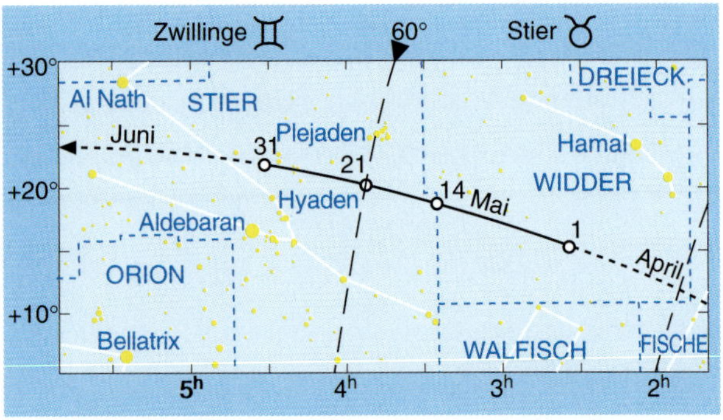

Julianisches Datum
am 1. Mai, 1ʰ MEZ:
2450934,5

Tag	Dämmerg. Anfang	Aufgang MEZ	Kulmination	Untergang MEZ	Dämmerg. Ende	Mittagshöhe	Zeitgleichg.	Rektaszension	Deklination
	h m	h m	h m	h m	h m	°	m	h m	°
1.	3 34	4 57	12 17	19 38	21 02	55,1	+3	2 32	+14,9
5.	3 25	4 50	12 17	19 44	21 10	56,3	+3	2 47	+16,1
10.	3 14	4 42	12 16	19 52	21 21	57,6	+4	3 07	+17,5
15.	3 03	4 35	12 16	19 59	21 31	58,9	+4	3 26	+18,8
20.	2 53	4 28	12 16	20 06	21 41	60,0	+4	3 46	+19,9
25.	2 44	4 22	12 17	20 12	21 51	61,0	+3	4 06	+20,9
31.	2 35	4 17	12 18	20 19	22 02	61,9	+2	4 31	+21,9

Tages- und Nachtstunden

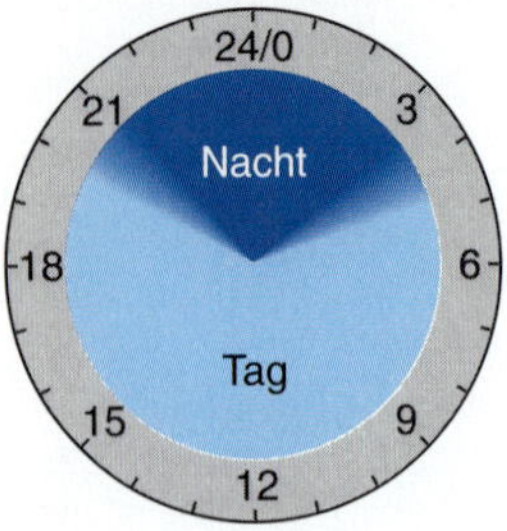

5. Mai

15. Mai

25. Mai

Mondlauf

Datum	Aufg. MEZ	Kulmination	Unterg. MEZ	Rektaszension	Deklination	Sterne und Sternbilder	Phase	MEZ
	h m	h m	h m	h m	°			
Fr 1.	9 19	17 08	0 06	6 48	+18,7	Alhena	Libration West	
Sa 2.	10 19	18 00	0 53	7 44	+17,7	Zwillinge		
So 3.	11 22	18 49	1 33	8 37	+15,9	Krebs, Krippe	**Erstes Viertel**	**11^h04^m**
Mo 4.	12 25	19 35	2 07	9 27	+13,3	* Löwe		
Di 5.	13 27	20 19	2 36	10 16	+10,2	Löwe, Regulus	Aufsteigender Knoten	
Mi 6.	14 29	21 02	3 01	11 02	+ 6,7	* Löwe		
Do 7.	15 31	21 44	3 25	11 47	+ 3,0	Jungfrau		
Fr 8.	16 32	22 26	3 48	12 32	– 0,8	Jungfrau	Erdferne 406/29′4	**10^h**
Sa 9.	17 34	23 09	4 11	13 17	– 4,5	Spica		
So 10.	18 36	23 53	4 36	14 03	– 8,2	Jungfrau		
Mo 11.	19 38	–	5 03	14 49	–11,5	Waage	**Vollmond**	**15^h29^m**
Di 12.	20 39	0 39	5 34	15 38	–14,4	Waage	Größte Nordbreite	
Mi 13.	21 38	1 26	6 09	16 27	–16,7	Schlangenträger		
Do 14.	22 34	2 15	6 50	17 19	–18,2	Schlangenträger		
Fr 15.	23 24	3 06	7 38	18 12	–18,9	Schütze		
Sa 16.	–	3 58	8 34	19 06	–18,6	Schütze, Nunki		
So 17.	0 09	4 50	9 36	20 00	–17,4	Schütze	Libration Ost	
Mo 18.	0 49	5 43	10 43	20 55	–15,2	Steinbock		
Di 19.	1 24	6 35	11 54	21 49	–12,1	Steinbock	**Letztes Viertel**	**5^h35^m**
							Absteigender Knoten	
Mi 20.	1 56	7 27	13 09	22 44	– 8,3	Wassermann		
Do 21.	2 26	8 20	14 25	23 38	– 4,0	Wassermann		
Fr 22.	2 55	9 13	15 43	0 33	+ 0,7	Walfisch		
Sa 23.	3 25	10 07	17 02	1 29	+ 5,4	Fische		
So 24.	3 58	11 03	18 21	2 26	+ 9,8	Walfisch	Erdnähe 362/33′0	1^h
Mo 25.	4 35	12 01	19 37	3 25	+13,6	Widder	**Neumond**	**20^h32^m**
							Größte Südbreite	
Di 26.	5 17	12 59	20 49	4 25	+16,6	Stier, Hyaden		
Mi 27.	6 06	13 58	21 52	5 25	+18,4	Stier		
Do 28.	7 02	14 55	22 46	6 25	+19,0	Alhena		
Fr 29.	8 02	15 50	23 30	7 23	+18,4	Zwillinge	Libration West	
Sa 30.	9 06	16 41	–	8 18	+16,9	Krebs, Krippe		
So 31.	10 10	17 30	0 08	9 11	+14,5	Krebs		

Der zunehmende Mond gewährt uns zunächst einen Blick auf die westlichen Randpartien, während der Vollmond uns seine Südhälfte zuwendet. Nach dem Letzten Viertel zieht der abnehmende Mond dann nacheinander noch an fast allen Planeten vorbei, die sich am Morgenhimmel versammelt haben; allerdings erscheint uns keine der Begegnungen besonders eng.

Planetenlauf

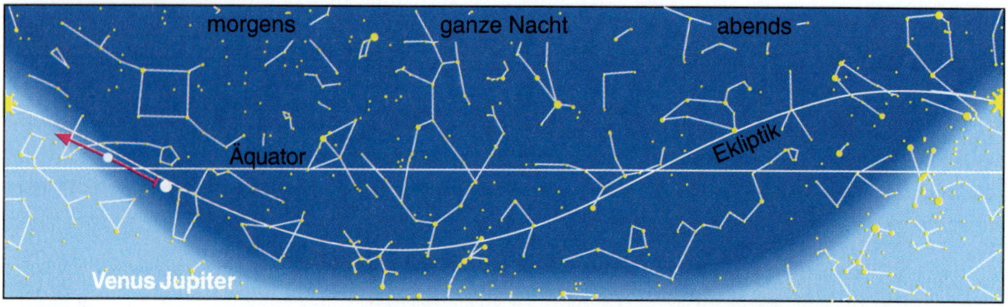

MERKUR erreicht am 4. seine größte westliche Elongation zur Sonne. Da er Ende des Vormonats sein Aphel passierte, fällt die maximale Elongation mit 26°44′ relativ groß aus. Trotzdem kommt es nicht zu einer Morgensichtbarkeit: Die Ekliptik verläuft flach zum morgendlichen Osthorizont, und so hat Merkur eine rund 12° südlichere Deklination als die Sonne und einen entsprechend kleineren Tagbogen. Merkur bleibt im Mai unsichtbar.

Am 12. zieht der flinke Planet 0°,8 südlich am Ringplaneten vorbei.

VENUS bleibt Morgenstern. Sie wandert durch die Fische und überschreitet im ersten Monatsdrittel den Himmelsäquator in nördlicher Richtung. Die Venusaufgänge erfolgen immer früher: Steigt der Morgenstern am 1. noch um 3^h43^m(= 4^h43^m Sommerzeit) über die Horizontlinie, so erfolgt der Venusaufgang am 15. um 3^h20^m und am 31. bereits um 2^h54^m.

Die $-4^m{,}0$ helle Venus zeigt im Fernrohr am Monatsende ein nur noch 14″ großes, zu 75% beleuchtetes Planetenscheibchen.

Am 29. zieht Venus nur 0°,3 nördlich an Saturn vorbei. Der Ringplanet ist aber nur erfahrenen Beobachtern mit lichtstarken Ferngläsern zugänglich, denn er beginnt sich nach seiner Konjunktionsperiode erst aus den Strahlen der Sonne zu befreien.

Ihr Bahnaphel durchläuft Venus am 18., wobei sie 109 Millionen Kilometer (= 0,729 A.E.) von der Sonne entfernt ist.

MARS wird am 12. von der Sonne eingeholt und steht in Konjunktion mit ihr. Somit hält sich der rote Planet am Taghimmel auf und bleibt nachts unter dem Horizont.

Am Tag der Konjunktion ist Mars 372 Millionen Kilometer, das sind 2,49 A.E., von der Erde entfernt.

Da Mars am 8. seinen aufsteigenden Knoten passiert, steht er zur Konjunktion fast genau in der Ekliptik und wird deshalb von der Sonne bedeckt.

JUPITER kann am Morgenhimmel gesehen werden. Der Riesenplanet wandert rechtläufig durch das Sternbild Wassermann, das er am 28. verläßt, um in die Fische zu wechseln (siehe auch Abb. 9.5 auf Seite 149).

Am 1. geht Jupiter um 3^h29^m (= 4^h29^m Sommerzeit) auf, am 15. um 2^h38^m und am Monatsletzten schon um 1^h40^m (= 2^h40^m Sommerzeit). Die Jupiterhelligkeit steigt von $-2^m{,}1$ auf $-2^m{,}3$ an.

Am 21. erhält Jupiter um Mitternacht Besuch vom abnehmenden Mond. Wenn der Planet aufgeht, ist die enge Begegnung am Morgenhimmel schon etwas aufgelöst (siehe auch Abb. 5.1 auf Seite 87). Die neuerliche Jupiterbedeckung durch den Erdtrabanten ist von Mitteleuropa aus wiederum nicht beobachtbar.

SATURN in den Fischen stand Mitte des Vormonats in Konjunktion mit der Sonne. Der Ringplanet kann sich am Morgenhimmel noch nicht durchsetzen und bleibt weiterhin unsichtbar. Auch die Begegnung mit Venus am 29. entgeht uns.

URANUS im Steinbock kann am Morgenhimmel tief im Südosten aufgefunden werden. Um den fernen, grünlichen Planeten zu sehen, benötigt man ein Fernglas oder Teleskop. Nur unter extrem günstigen Sichtbedingungen, wie sie in Mitteleuropa kaum vorkommen, ist der nur $5^m{,}8$ helle Uranus mit bloßem Auge zu sehen.

Am 1. geht Uranus um 2^h11^m auf, am 15. um 1^h16^m und am 31. bereits um 0^h13^m (= 1^h13^m Sommerzeit).

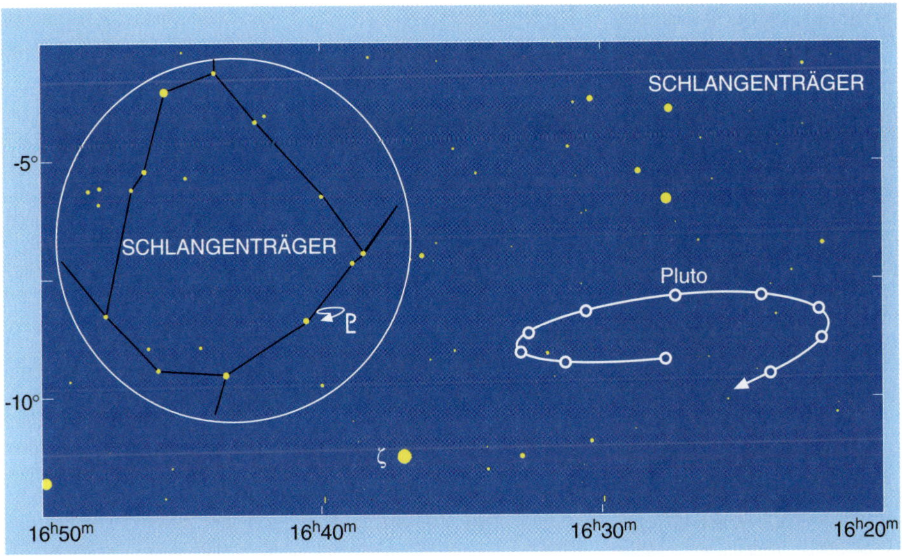

5.2: Orientierungskarte zum Aufsuchkärtchen „Pluto", Abb. 5.3.

Am 17. wird Uranus stationär und setzt zu seiner Oppositionsschleife an (siehe Abb. 7.5 auf Seite 121).

NEPTUN kommt am 4. im Steinbock an der Grenze zum Schützen zum Stillstand. Der bläuliche Planet leitet damit seine Oppositionsperiode ein, die Rückläufigkeit beginnt. Allerdings ist es erst gegen Monatsende sinnvoll, nach dem nur $7{,}^m9$ hellen Neptun zu suchen. Am 15. geht Neptun um 0^h42^m (= 1^h42^m Sommerzeit) auf, am 31. erfolgt der Neptunaufgang schon um 23^h35^m. Frühestens zwei Stunden nach seinem Aufgang lohnt es, mit einem guten Fernglas, montiert auf einem Stativ oder einem Teleskop, nach Neptun Ausschau zu hal-

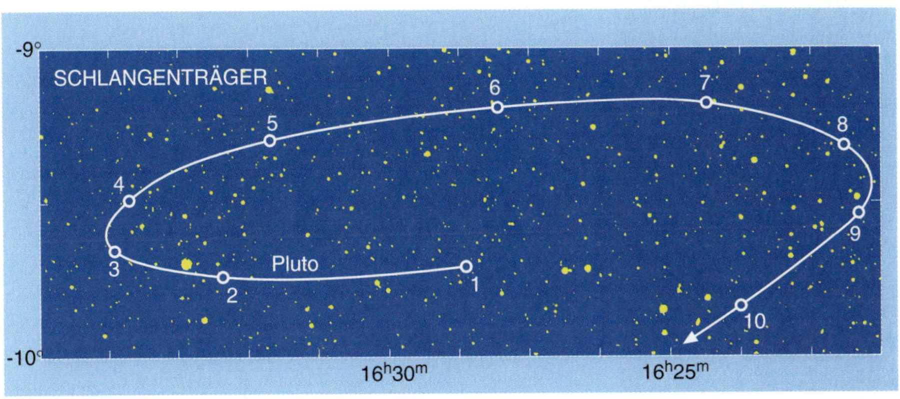

5.3: Die Bahn des Planeten Pluto 1998. Die Zahlen geben die Position von Pluto am jeweiligen Monatsersten an.

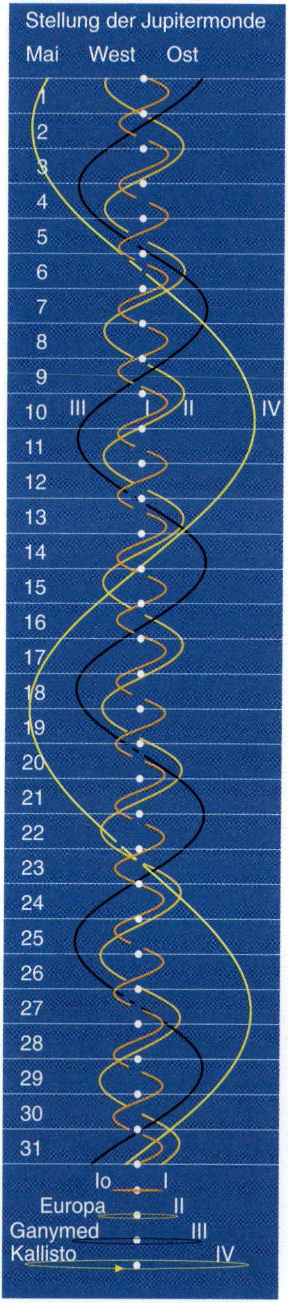

Jupitermond-Erscheinungen

Tag	MEZ		Vorgang	
	h	m		
13.	3	13	III	BA
15.	3	16	IV	DE
	3	32	I	VA
16.	3	00	I	SE
23.	2	39	I	SA
	3	54	I	DA
24.	3	30	I	BE
31.	1	57	III	DA

ten (siehe Aufsuchkärtchen Abb. 7.5 auf Seite 121). Störendes Mondlicht ist bei der Jagd auf Neptun auf alle Fälle zu vermeiden.

PLUTO kommt am 28. in **Opposition** zur Sonne. Mit nur $13^{m}{,}7$ scheinbarer Helligkeit ist Pluto der lichtschwächste der großen Planeten. Er ist auch der kleinste Planet. Nur gut ausgerüstete Sternfreunde mit einiger Beobachtungserfahrung können Pluto auffinden.
Der lichtschwache Planet zieht seine Oppositionsschleife im Gebiet der Sternbilder Schlangenträger/Skorpion. In Opposition ist Pluto 4350 Millionen Kilometer (= 29,08 A.E.) von der Erde entfernt. Dies entspricht einer Lichtlaufzeit von vier Stunden und zwei Minuten.
Von der Sonne trennen Pluto 4498 Millionen Kilometer (= 30,07 A.E.). Damit ist uns Pluto zur Zeit noch ein wenig näher als Neptun, dessen Sonnendistanz in diesem Jahr zur Opposition 4509 Millionen Kilometer oder 30,15 A.E. mißt. Im nächsten Jahr wird Pluto wieder zum sonnenfernsten Planeten werden.
Selbst bei starker Vergrößerung erscheint Pluto im Fernrohr punktförmig und ist leicht mit einem Fixstern zu verwechseln, denn das Plutoscheibchen hat

Konstellationen und Ereignisse

Datum	MEZ	Ereignis
4.	12^h	Neptun im Stillstand, anschließend rückläufig
4.	18	Merkur in größter westlicher Elongation (27°)
12.	17	Merkur bei Saturn, Merkur 0°,8 südlich
12.	21	Mars in Konjunktion mit der Sonne
17.	8	Mond bei Neptun, Mond 2°,5 nördlich
17.	21	Uranus im Stillstand, anschließend rückläufig
18.	4	Venus im Aphel
18.	4	Mond bei Uranus, Mond 2°,8 nördlich
21.	0	**Mond bei Jupiter**, Mond 0°,4 südlich, **Abstand 2°,6 um 3^h**, Bedeckung
22.	23	**Mond bei Venus**, Mond 1°,7 südlich, **Abstand 4°,1 um 4^h am 23.**
23.	9	Mond bei Saturn, Mond 1°,7 südlich
24.	12	Mond bei Merkur, Mond 2°,8 südlich
25.	13	Mond bei Mars, Mond 5°,3 südlich
28.	6	**Pluto in Opposition zur Sonne**
29.	3	Venus bei Saturn, Venus 0°,3 nördlich, Abstand 0°,3 um 4^h

nur einen scheinbaren Durchmesser von 0″,14 (siehe auch Abb. 5.2 und Aufsuchkärtchen Abb. 5.3 auf Seite 91).

Periodische Sternschnuppenströme

Die **Eta-Aquariden**, auch *Mai-Aquariden* genannt, tauchen vom 1. bis 8. Mai auf. Ihr Radiant liegt bei η Aquarii. Das ausgeprägte Maximum wird am 5. Mai erreicht. Im Durchschnitt sind etwa 20 Sternschnuppen pro Stunde zu registrieren, um die Zeit des Maximums sogar bis zu 60. Wegen des horizontnah liegenden Radianten sind die Mai-Aquariden in unseren Breiten kaum zu beobachten; in südlichen Gegenden sind sie jedoch ein auffälliger Strom. Es handelt sich bei diesem Meteorstrom um schnelle Objekte (um 65 Kilometer pro Sekunde), die auffallend lange Leuchtspuren hinterlassen. Die beste Beobachtungszeit in den Tropen ist ab etwa 3^h am Morgenhimmel. Vereinzelte Mai-Aquariden führen ihren Ursprung auf den Kometen 1P/Halley zurück. Ferner sind noch die **Scorpius-Sagittarius**-Meteore zu erwarten, die von Mitternacht bis 4^h morgens günstig zu beobachten sind. Ihr Ausstrahlungspunkt liegt rund 1° nördlich von β Scorpii.

Der Fixsternhimmel

Nun entfaltet der Frühlingshimmel seine volle Pracht. Wenn auch der Frühlingshimmel nicht so reich an hellen Sternen ist wie der des Winters, so hat dennoch diese Jahreszeit am gestirnten Firmament ihren ganz besonderen Reiz; vor allem, wenn man sich einmal die lichtschwächeren und wenig auffallenden Bilder ansieht.
Der Himmelswagen steht im Meridian, ebenso die Jungfrau. Der Löwe beherrscht den Südwesten. Zwischen dem Löwen und dem Großen Wagen liegt das unscheinbare Bild des Kleinen Löwen (lat.: Leo Minor). Südlich der Jungfrau steht das Sternenviereck des Raben, der eben den Meridian passiert. Trotz seiner horizontnahen Stellung ist der Rabe als markante Figur zu sehen.
Die östliche Hemisphäre wird nun von Bootes mit dem hellen Arktur, der Nördlichen Krone, Herkules und der noch horizontnahen Wega in der Leier beherrscht. Auch der Schwan mit Deneb ist im Nordosten schon auszumachen.
Im Südosten sieht es dagegen düster aus. Noch ist der Skorpion nicht aufgegangen, um die Gegend zu beleben. Stattdessen findet man in dieser Region die Waage und den Schlangenträger (lat.: Ophiuchus) mit der Schlange. Von der Schlange ist allerdings nur der Vorderteil (lat.: Serpens Caput) zu sehen, das Ende (Serpens Cauda) dieses ausgedehnten – und durch den Schlangenträger geteilten – Bildes ist noch im Horizontdunst verborgen. Es gehört schon einige Übung dazu, diese schwachen Bilder zu identifizieren.

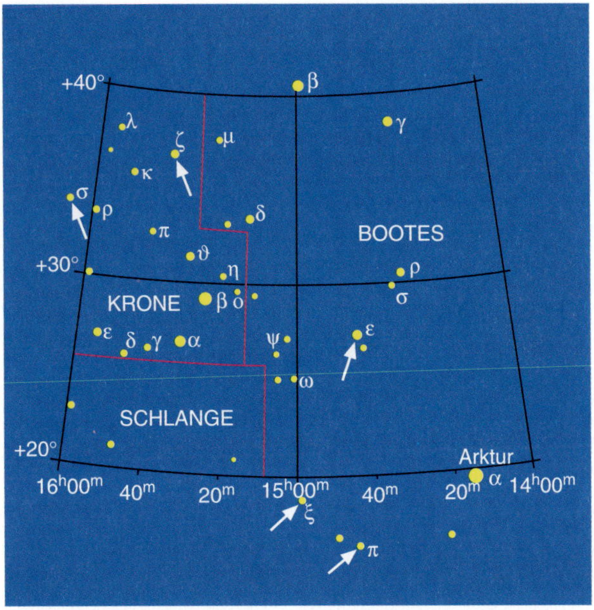

5.4: Gebiet Bootes – Nördliche Krone. Doppelsterne sind mit einem Pfeil markiert.

OBJEKTE FÜR FELDSTECHER UND FERNROHR

Zu den Paradeobjekten für Doppelsternbeobachter zählt Mizar, der mittlere Deichselstern im Großen Wagen. Man findet Mizar (ζ UMa) jetzt nach Einbruch der Dunkelheit fast im Zenit. Im kleinen Fernrohr zeigt sich neben einem $2\overset{\text{m}}{,}1$ hellen Hauptstern in $14\overset{\prime\prime}{,}4$ Distanz ein $4\overset{\text{m}}{,}1$ heller Begleiter. Schon mit 5 cm freier Öffnung ist Mizar leicht zu trennen. Falls man nicht zu stark vergrößert, kann man im Gesichtsfeld des Fernrohres noch Alkor, das Reiterlein, erkennen. Halbwegs gute Augen sehen Alkor als Lichtpünktchen neben Mizar ohne optische Hilfsmittel.
Ein weiterer, sehr schöner Doppelstern, der bei keiner Sternführung am Teleskop einer Sternwarte im Programm fehlen sollte, ist Porrima, γ Virginis.

Veränderliche Sterne

Algol-Minima	1. 3^h04^m	6. 20^h42^m	21. 4^h46^m	24. 1^h35^m	29. 19^h13^m	
β-Lyrae-Minima	11. 0^h	23. 23^h				
δ-Cephei-Maxima	1. 9^h	6. 18^h	12. 3^h	17. 12^h	22. 20^h	28. 5^h

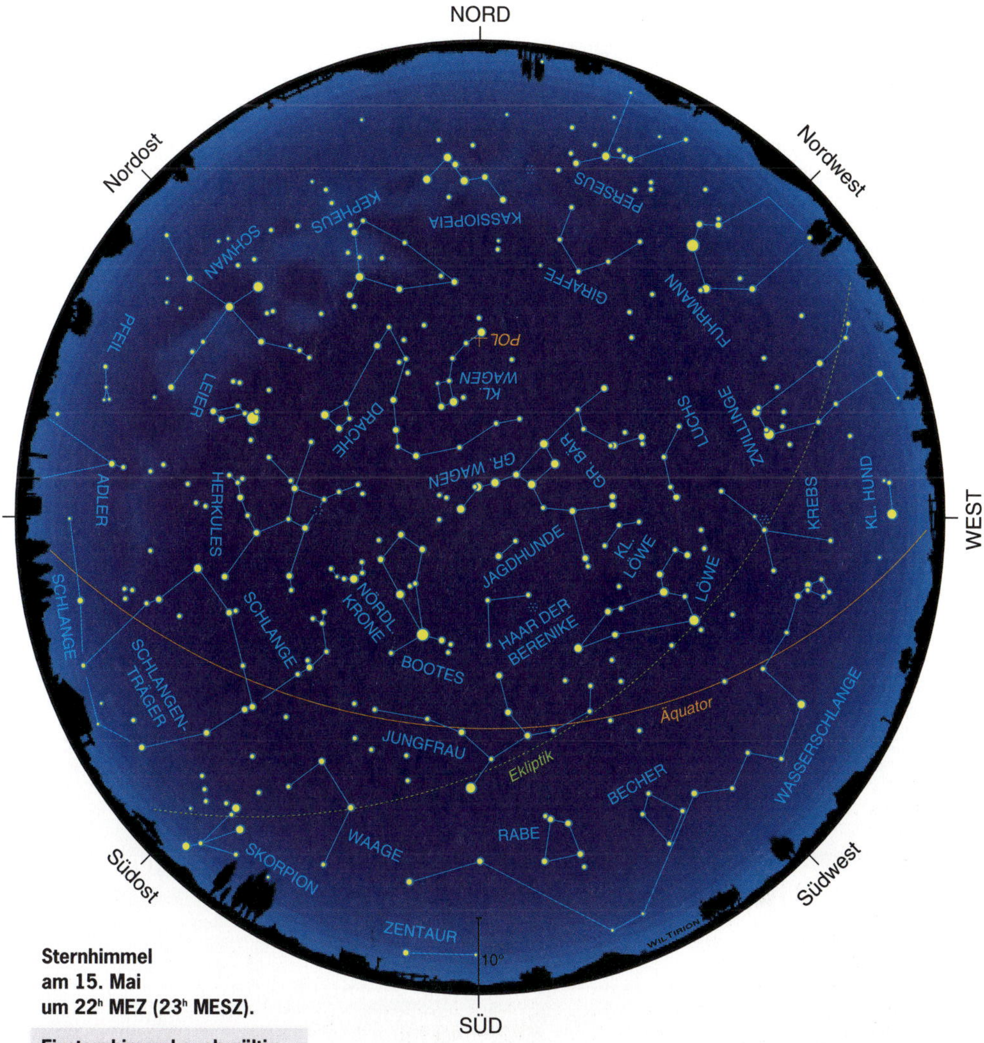

Sternhimmel am 15. Mai um 22h MEZ (23h MESZ).

Fixsternhimmel auch gültig für:	MEZ	MESZ
1. 1.	7h	
15. 1.	6	
1. 2.	5	
15. 2.	4	
1. 3.	3	
15. 3.	2	
1. 4.	1	2h
15. 4.	0	1
1. 5.	**23**	**24**
15. 5.	**22**	**23**

Zwei weiße, etwa 3m,5 helle Sterne stehen in 2",0 Abstand. Der Abstand nimmt ständig ab und wird im Jahre 2007 nur noch 0",3 betragen.

Ein beeindruckendes Objekt, das schon im Fernglas leicht gefunden werden kann, ist der prächtige Kugelsternhaufen M 13 im Herkules. Unter günstigen Verhältnissen ist er schon mit bloßen Augen zu erkennen. Seine volle Pracht wird aber erst im Teleskop sichtbar, wenn die Randpartien sich in hunderte Lichtpünktchen auflösen.

Als weitere Kugelhaufen seien M 3 in den Jagdhunden an der Grenze zum Bootes und M 53 im Sternbild Haar der Berenike genannt. Die Entfernung dieses Kugelhaufens beträgt 32 000

Lichtjahre. Schwieriger ist M 53 zu finden. Er liegt südwestlich von M 3 und bildet mit ihm und dem hellen Arktur ein gleichseitiges Dreieck. M 53 ist etwa doppelt soweit wie M 3 entfernt, hat aber einen nur wenig kleineren scheinbaren Durchmesser, so daß er räumlich gesehen viel größer ist als M 3. Weniger bekannt ist M 68, ein Kugelhaufen knapp südlich von β im Raben.

Wer sich an Milchstraßensystemen versuchen will, findet ein wenig nordwestlich von M 53 die Galaxie M 64 im Haar der Berenike (Coma Berenices). Sie ist rund 25 Millionen Lichtjahre von uns entfernt. Ein schöner Spiralnebel ist M 51 in den Jagdhunden, dessen Spiralstruktur allerdings erst in größeren Teleskopen richtig deutlich wird. M 51 ist leicht zu finden, er steht ein wenig südwestlich des letzten Deichselsterns im Großen Wagen. Weniger bekannt, aber ähnlich hell ist M 63, ebenfalls in den Jagdhunden. Die Spiralstruktur von M 63 ist aber nur in großen Teleskopen erkennbar. Eine letzte Galaxie sei noch empfohlen: M 101 im Großen Bären, ebenfalls in der Nähe des letzten Deichselsterns des Großen Wagens. Bei M 101 fällt unser Blick fast senkrecht auf die Hauptebene dieses Milchstraßensystems. M 101 ist eine der schönsten Spiralen, die wir kennen.

Doppelsternbeobachter sollten sich noch folgende Kandidaten vorknöpfen: Izar, ε Boo, zeigt einen schönen Farbkontrast und ist mit 2″8 ab 7 Zentimeter Öffnung gut zu trennen. Die mit $2^{m}7$ hellere Komponente leuchtet orange-gelb, der $5^{m}3$ helle Begleiter erscheint weiß. Noch leichter ist π Boo aufzulösen: zwei weiße Sterne, $4^{m}9$ und $5^{m}8$ hell, stehen in 5″6 Distanz.

In der Nördlichen Krone finden sich zwei beachtenswerte Objekte: ζ CrB und σ CrB (siehe auch Aufsuchkärtchen auf Seite 94). Ihre Daten lauten: ζ CrB A = $5^{m}1$; B = $6^{m}0$, Abstand 6″3 und σ CrB A = $5^{m}7$; B = $6^{m}7$; Abstand 7″1.

Was sind Plutinos?

In den letzten Jahren ist in der Astronomie ein neuer Begriff aufgetaucht – Plutino. Unwillkürlich mag man bei „Plutinos" an den Elementarteilchenbereich denken, wo Neutrinos, Positronen, Photinos und andere, ähnlich klingende Namen Bausteine der Materie bezeichnen. Plutinos sind aber keine Elementarteilchen, sondern respektable Himmelskörper, die die Sonne am Innenrand des lange vermuteten Kuiper-Gürtels mit Umlaufszeiten von rund einem Vierteljahrtausend umkreisen.
Neun große Planeten umrunden unsere Sonne. Zwischen der Mars- und der Jupiterbahn schwirren Zehntausende von Kleinplaneten um unser Zentralgestirn. Einige dieser Planetoiden laufen auf langgestreckten Ellipsen um die Sonne, wobei sie Planetenbahnen kreuzen (siehe auch *Himmelsjahr* 1992 , Seite 141, Tabelle Erdbahnkreuzer). Hinzu kommen unzählige Kometen, die wir wegen ihrer meist extrem langen Umlaufszeiten – wenn überhaupt – nur einmal zu Gesicht bekommen. Zu unserem Sonnensystem gehören ferner kosmischer Kleinschrott, die Meteoroide sowie interplanetare Gas- und Staubmassen.
Die Kometen sind eisige Boten aus den fernen Bezirken unseres Sonnensystems. Ihre Kerne bestehen aus mineralischen Partikeln, Kohlenstoffverbindungen und Eis. Dieses Material klumpt sich zu „schmutzigen Schneebällen" zusammen. In Sonnennähe verdampft ein Teil dieses Materials und bildet um die Kerne gewaltige Hüllen. Eine solche Kometenatmosphäre wird Koma genannt. Für die Forscher sind Kometen so interessant, weil sie Rückschlüsse auf das ursprüngliche Material, aus dem das Sonnensystem vor fünf Milliarden Jahren entstand, erlauben. Kometenkerne sind gewissermaßen Fossilien aus der Urzeit des Sonnensystems, die im kosmischen Tiefkühlfach aufbewahrt wurden und erst in Sonnennähe auftauen.

OORTSCHE WOLKE UND KUIPER-GÜRTEL

Der niederländische Astronom Jan Hendrik Oort (1900 – 1992) hat im Jahre 1950 vermutet, daß viele Milliarden Kometenkerne in einer zirkumsolaren Wolke vorhanden sind. Der mittlere Radius dieser kugelschalenförmigen Wolke soll rund 50 000 Astronomische Einheiten (1 A.E. = 149,6 Millionen Kilometer) betragen. Dies ist eine riesige Entfernung, wenn man bedenkt, daß die mittleren Abstände der äußersten Planeten Neptun und Pluto von der Sonne 30 A.E. bzw. 40 A.E. betragen. Nach Oort stören näher vorbeiziehende Sterne durch ihre Schwerkraft die Umlaufbahnen der Kometenkerne in der Wolke, so daß sich einige Objekte in Richtung Sonne bewegen, gewissermaßen auf sie zufallen. Oorts Kometenwolke erklärt recht gut die Bahnformen und Bahnneigungen der langperiodischen Kometen. Kometen mit mehr

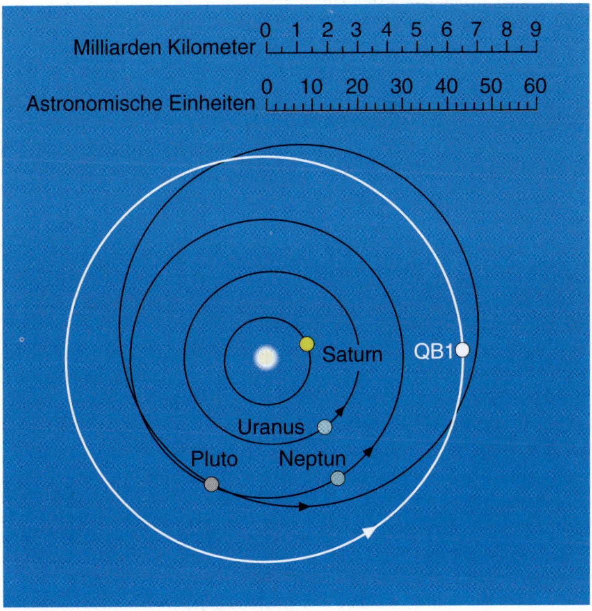

5.5: Das äußere Sonnensystem von der Saturnbahn bis zur Plutobahn. Eingetragen ist ferner die Bahn des Plutinos QB1.

als 200 Jahren Umlaufszeit werden langperiodisch genannt. Ihre Bahnen zeigen beliebige Neigungen zur Erdbahnebene (Ekliptikebene). Umlaufszeiten von vielen tausend, teilweise Millionen Jahren sind keine Seltenheit.

Bei den kurzperiodischen Kometen zeigt sich jedoch, daß ihre Bahnen mit wenigen Ausnahmen nur geringe Neigungen zur Ekliptik aufweisen und außerdem meist in Richtung der Planetenbewegung, also rechtläufig, die Sonne umrunden. Eine Ausnahme bildet der Halleysche Komet, der retrograd (gegen den Umlaufsinn der Planeten) läuft. Früher dachte man, alle kurzperiodischen Kometen seien von Planeten eingefangene langperiodische Schweifsterne. Doch dem scheint nicht so zu sein. Vielmehr liegt die Vermutung nahe, daß es noch eine zweite Vorratskammer, einen zweiten Kühlschrank für Kometenkerne gibt, den sogenannten Kuiper-Gürtel.

Der ebenfalls aus den Niederlanden stammende Astronom Gerard Peter Kuiper hat nur ein Jahr, nachdem Oort seine Kometenwolke postuliert hat, die Hypothese aufgestellt, knapp außerhalb der Neptunbahn gäbe es eine Zone, in der Planetoiden und Kometenkerne die Sonne rechtläufig umkreisen, wobei ihre Bahnen nur relativ geringe Neigungen zur Ekliptik haben. Kuipers Forschungsgebiet war das Planetensystem. Er wurde am 7. Dezember 1905 in Harenkarspel (Holland) geboren und studierte in Leiden Naturwissenschaften. 1933 emigrierte er in die USA und war ab 1936 am Yerkes-Observatorium in Williams Bay (nahe Chicago) tätig. 1944 entdeckte er die Atmosphäre des Saturnmondes Titan, 1948 fand er den fünften Uranusmond Miranda, ein Jahr später die Nereide, den zweiten Neptunmond. 1960 gründete er das Lunar and Planetary Laboratory der Universität von Arizona und regte schließlich den Bau eines Flugzeugobservatoriums an, des sogenannten Kuiper-Airborne Observatory (KAO). Mit dem 92 cm-Spiegelteleskop des KAO wurden im März 1977 die Uranusringe entdeckt. Zu Ehren des großen Astronomen wurde schließlich der erste auf Merkur entdeckte Krater nach ihm benannt. Der Krater „Kuiper“ hat einen Durchmesser von 40 Kilometer und dringt in den 125 Kilometer großen Murasaki-Krater ein. Er ist gleichzeitig ein Strahlenzentrum, das von Mariner 10 bei seiner Passage 1974 entdeckt wurde. Kuiper erlebte diese Ehrung nicht mehr – er starb am 24.12.1973 in Mexico City.

Kuiper äußerte im Jahre 1951 die Vermutung, daß das Sonnensystem nicht abrupt mit den Bahnen von Neptun und Pluto ende. Während Neptun in einer fast kreisförmigen und kaum zur Ekliptik geneigten Bahn um die Sonne läuft, ist die Plutobahn mit 17° die am stärksten geneigte Planetenbahn. Auch hat sie die größte Bahnexzentrizität, was zur Folge hat, daß Pluto der Sonne zeitweise näher als Neptun ist (so zum Beispiel zwischen 1979 und 1999). Kuiper vertrat die Ansicht, jenseits der Neptunbahn gäbe es einen Gürtel von Materie, in dem sowohl Planetoiden als auch Kometenkerne die Sonne umkreisen. Kuipers Hypothese wurde zunächst wenig beachtet – vor allem, weil die instrumentellen Ausrüstungen Mitte der 50er Jahre eine Beobachtung von solch extrem lichtschwachen Objekten jenseits der Neptunbahn kaum zuließen. Daß auch im äußeren Planetensystem Kleinplaneten um die Sonne laufen, wurde durch die Entdeckung von Chiron im Jahre 1977 offensichtlich. Der Planetoid Nr. 2060 Chiron wandert auf einer Bahn um die Sonne, deren sonnennächster Punkt knapp innerhalb der Saturnbahn liegt, während sie in Sonnenferne knapp an die Uranusbahn heranreicht (siehe auch *Himmelsjahr* 198**4**, Seite 118).

Die Entdeckung von Chiron ließ die Diskussion um den Kuiper-Gürtel wieder aufleben, und man begann, nach Kleinplaneten in den äußeren Bezirken des Sonnensystems zu suchen. Tatsächlich fanden sich weitere Objekte, die die Sonne in Bahnen umrunden, deren mittlere Abstände von ihr in die fernen Bezirke des Sonnensystems reichen. Sie gehören zur Gruppe der Zentauren, so benannt nach dem ersten entdeckten Zentauren, nämlich Chiron. Zu den Zentauren zählt auch Planetoid Nr. 5145 Pholus, ein extrem rötliches Objekt. Die Bahnen der Zentauren kreuzen meist die Planetenbahnen, weshalb es öfters zu relativ nahen Begegnungen mit den großen Planeten kommt. Fazit: Die Zentaurenbahnen sind instabil, nur wenige Millionen Jahre können sich die Zentauren-Planetoiden auf ihnen halten. Über kurz oder lang werden sie entweder aus dem Planetensystem katapultiert oder in kleinere und eher kreisähnliche Bahnen gedrängt. In seltenen Fällen können sie aber auch von Planeten eingefangen und zu deren Satelliten degradiert werden. So sind

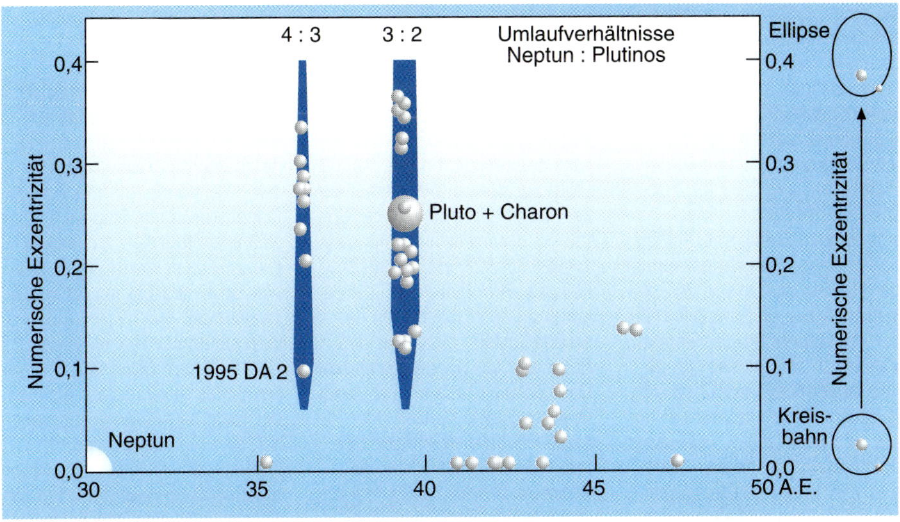

5.6: Die Lage von Pluto mit seinem Mond Charon sowie der Objekte im Kuiper-Gürtel, den sogenannten Plutinos, im Diagramm „Große Halbachse – numerische Exzentrizität". Bei kleinen ganzzahligen Umlaufsverhältnissen zur Neptunumlaufszeit häufen sich die Plutinos, die offensichtlich in „Resonanzbahnen" gezwungen werden.

wahrscheinlich die vier äußersten Jupitermonde (XII Ananke, VIII Carme, XI Pasiphae und IX Sinope), die den Riesenplaneten retrograd, also rückläufig umrunden, eingefangene Kleinplaneten. Auch Triton, der größte Neptunmond, umkreist seinen Mutterplaneten retrograd. Man vermutet, daß Triton von Neptun eingefangen wurde und auch die Bahn von Pluto mit seinem Mond Charon von Neptun beeinflußt wurde. Alle Objekte, die Zentauren sowie die eingefangenen Satelliten der großen Planeten, stammen wohl aus dem Kuiper-Gürtel. Mit Hilfe von lichtempfindlichen CCD-Kameras (siehe *Himmelsjahr* 199**6**, Seite 189, „Zauberformel CCD") gelang es schließlich im August 1992 mit dem 2,20-m-Reflektor der Universitäts-Sternwarte Hawaii auf dem über 4 000 m hohen Vulkan Mauna Kea, erstmals einen Kleinplaneten zu entdecken, dessen Bahn weit außerhalb der Neptunbahn liegt (siehe Abb. 5.5). Der Planetoid erhielt die vorläufige Bezeichnung 1992 QB1. Diese Entdeckung blieb nicht lange eine Sensation, bald wurden weitere Objekte außerhalb der Neptunbahn gefunden. Inzwischen sind mehr als drei Dutzend bekannt, womit die zunächst hypothetische Existenz des Kuiper-Gürtels nachgewiesen ist

UNSCHARFE GRENZEN

Was schwirrt nun in Kuipers Gürtel um die Sonne, Planetoiden oder Kometenkerne? Vermutlich beides! Dabei kann man zwischen beiden nicht scharf trennen, es gibt zahlreiche Übergangsformen. So wurde um (2060) Chiron ein schwacher Halo entdeckt, eine typische Kometenkoma. Chiron zeigt somit Eigenschaften, die Kometen zukommen, wie Entgasungsprozesse, obwohl er mit rund 400 Kilometer Durchmesser wesentlich größer ist als normale Kometenkerne, die durchschnittlich rund zehn bis zwanzig Kilometer Ausdehnung aufweisen. So hat der Kern des Halleyschen Kometen eine maximale Längsausdehnung von sechzehn Kilometer.
Die bisher entdeckten Objekte im Kuiper-Gürtel weisen Durchmesser von hundert bis vierhundert Kilometer auf, wobei ihre Bahnneigungen zur Ekliptik meist unter 5° liegen – sie sind somit eher Planetoiden. Die wesentlich kleineren Kometenkerne sind im Kuiper-Gürtel auch kaum zu beobachten. Die Kuiper-Gürtel-Kleinplaneten laufen in Distanzen zwischen 35 und 50 A.E. um die Sonne, wo-

bei einige fast kreisförmige Bahnen beschreiben, andere sich dagegen auf relativ exzentrischen Bahnen (numerische Exzentrizitäten um e = 0,3) bewegen. Dabei fällt auf, daß Bahnen mit der großen Halbachse der Plutobahn (a = 39,9 A.E.) besonders beliebt sind. Dies scheint kein Zufall. Die Umlaufszeit in diesen Bahnen entspricht der Plutorevolution von 247,7 Jahren. Diese Umlaufszeit steht zur Umlaufperiode des Neptun von 165,5 Jahren ziemlich genau im Verhältnis von 2 : 3. Drei Neptunumläufe entsprechen somit zwei Plutojahren. Man nennt solche Verhältnisse von kleinen ganzen Zahlen bei Umlaufszeiten Resonanzen. Sie sind kein Zufall, sondern himmelsmechanisch begründet. Aufgrund der 2:3-Resonanz der Pluto- und Neptunumlaufszeiten kommt es zwischen beiden Planeten auch langfristig nicht zu gefährlich nahen Begegnungen oder gar zu Zusammenstößen. Die 2-zu-3-Resonanz wird nicht nur von Pluto selbst, sondern von zahlreichen weiteren Objekten des Kuiper-Gürtels erfüllt. Daher liegt der Verdacht nahe, daß Pluto nur das größte (bisher bekannte) Mitglied des Kuiper-Gürtels ist. Charon wäre dann das zweitgrößte Objekt. In diesem Fall gehörten Pluto und Charon somit zu den Planetoiden des Kuiper-Gürtels, die in der 2:3-Resonanz die Sonne umrunden. Deshalb nennt man die anderen Objekte „kleine Plutos" oder Plutinos: Plutinos sind Kleinplaneten, die im Kuiper-Gürtel die Sonne in gleicher Umlaufszeit und damit in Bahnen mit gleicher großer Halbachse wie Pluto umrunden. Allerdings sind ihre Bahnexzentrizitäten unterschiedlich (siehe Abb. 5.6).
Man vermutet, daß es einige Tausend Plutinos mit Durchmessern über hundert Kilometer gibt. Der Verdacht, daß Pluto kein „richtiger" Planet ist, scheint sich damit zu erhärten. Pluto scheint eine Übergangsform zwischen den großen Planeten und den Planetoiden zu sein. Der sonnenfernste große Planet wäre dann Neptun, während Pluto das größte Objekt im Kuiper-Gürtel wäre, dessen Existenz nicht länger zu bezweifeln ist.
Inzwischen wurden im Kuiper-Gürtel weitere Objekte mit anderen Umlaufsresonanzen als die der Plutinos gefunden. So verhält sich die Umlaufszeit des Planetoiden 1995 DA2 zur Neptunumlaufszeit wie 3 : 4. Für die Theoretiker unter den Astronomen bleibt es eine reizvolle Aufgabe, die neuentdeckten Plutinos und ihre Kollegen in anderen Umlaufsresonanzen richtig in die Kosmogonie unseres Sonnensystems einzuordnen.

JUNI 1998

Am 10.6. steht Merkur nahezu gleichzeitig im sonnennächsten Punkt seiner Bahn und in oberer Konjunktion mit der Sonne. Elf Tage später (am 21.) erreicht die Sonne ihren größten nördlichen Abstand zum Himmelsäquator.

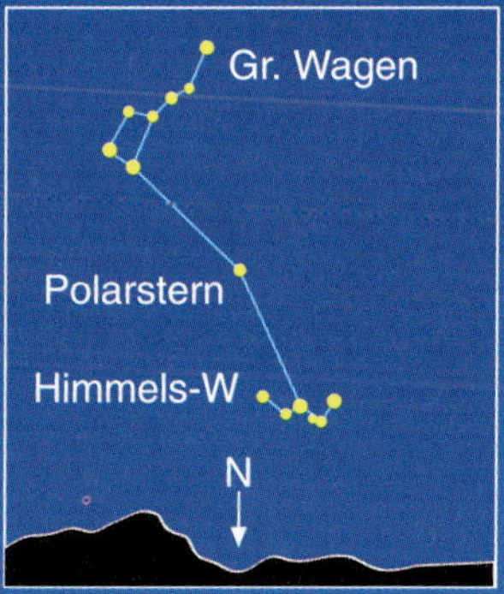

Großer Wagen und Himmels-W Anfang Juni um 22h

6.1: Himmelsanblick am 17. Juni gegen 3h MEZ (= 4h MESZ): Im Osten markieren Venus, Saturn und Jupiter den Verlauf der Ekliptik; daneben der abnehmende Halbmond.

Sonnenlauf

21.6. 15ʰ03ᵐ
Sonne tritt in das Tierkreiszeichen Krebs
21.6. 18ʰ
Sonne tritt in das Sternbild Zwillinge

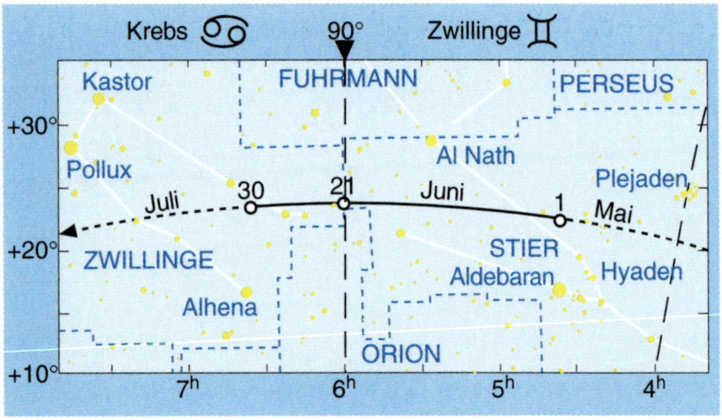

Julianisches Datum
am 1. Juni, 1ʰ MEZ:
2450965,5

Tag	Dämmerg. Anfang	Aufgang MEZ	Kulmination	Untergang MEZ	Dämmerg. Ende	Mittagshöhe	Zeitgleichg.	Rektaszension	Deklination
	h m	h m	h m	h m	h m	°	m	h m	°
1.	2 33	4 16	12 18	20 20	22 04	62,1	+2	4 35	+22,0
5.	2 28	4 13	12 18	20 24	22 10	62,5	+2	4 51	+22,5
10.	2 23	4 11	12 19	20 28	22 16	63,0	+1	5 12	+23,0
15.	2 21	4 10	12 20	20 31	22 21	63,3	0	5 33	+23,3
20.	2 20	4 10	12 21	20 33	22 23	63,4	–1	5 53	+23,4
25.	2 22	4 12	12 23	20 33	22 23	63,4	–3	6 14	+23,4
30.	2 25	4 14	12 24	20 33	22 21	63,2	–4	6 35	+23,2

Tages- und Nachtstunden

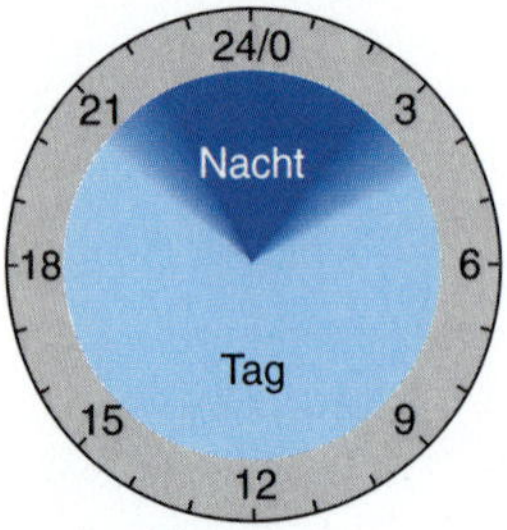

5. Juni

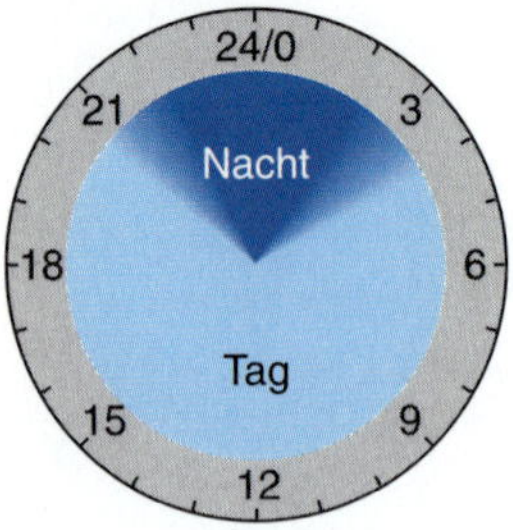

15. Juni

25. Juni

Mondlauf

Datum		Aufg. MEZ	Kulmination	Unterg. MEZ	Rektaszension	Deklination	Sterne und Sternbilder	Phase	MEZ
		h m	h m	h m	h m	°			
Mo	1.	11 15	18 15	0 39	10 01	+11,5	Löwe, Regulus	Aufsteigender Knoten	
Di	2.	12 18	18 59	1 06	10 49	+ 8,1	Löwe	**Erstes Viertel**	**2h46m**
Mi	3.	13 20	19 42	1 30	11 35	+ 4,4	Löwe		
Do	4.	14 22	20 24	1 54	12 20	+ 0,5	* Jungfrau		
Fr	5.	15 23	21 06	2 16	13 04	– 3,3	Jungfrau	Erdferne 405/29,′5	1h
Sa	6.	16 25	21 49	2 40	13 50	– 7,0	Spica		
So	7.	17 28	22 34	3 06	14 36	–10,5	Waage		
Mo	8.	18 30	23 21	3 35	15 24	–13,5	Waage		
Di	9.	19 31	–	4 08	16 13	–16,1	Skorpion	Größte Nordbreite	
Mi	10.	20 29	0 11	4 47	17 05	–17,9	Schlangenträger	**Vollmond**	**5h18m**
Do	11.	21 22	1 02	5 34	17 58	–18,9	Schütze		
Fr	12.	22 10	1 54	6 27	18 53	–18,9	Schütze, Nunki	Libration Ost	
Sa	13.	22 52	2 47	7 28	19 48	–17,9	Schütze	Libration Ost	
So	14.	23 28	3 40	8 34	20 43	–16,0	Steinbock		
Mo	15.	–	4 32	9 44	21 37	–13,1	Steinbock	Absteigender Knoten	
Di	16.	0 01	5 24	10 57	22 31	– 9,5	Wassermann		
Mi	17.	0 30	6 15	12 11	23 25	– 5,3	Wassermann	**Letztes Viertel**	**11h38m**
Do	18.	0 59	7 07	13 27	0 18	– 0,8	Fische		
Fr	19.	1 27	7 59	14 43	1 12	+ 3,8	Fische		
Sa	20.	1 58	8 52	16 00	2 07	+ 8,3	Fische	Erdnähe 367/32,′6	18h
So	21.	2 31	9 48	17 15	3 04	+12,3	Widder		
Mo	22.	3 09	10 44	18 28	4 02	+15,5	Stier, Hyaden	Größte Südbreite	
Di	23.	3 54	11 42	19 35	5 01	+17,8	Aldebaran		
Mi	24.	4 46	12 40	20 34	6 01	+18,9	Orion	**Neumond**	**4h50m**
Do	25.	5 44	13 36	21 23	7 00	+18,9	Alhena		
Fr	26.	6 47	14 30	22 05	7 57	+17,7	Krebs	Libration West	
Sa	27.	7 53	15 21	22 39	8 51	+15,7	Krebs, Krippe		
So	28.	8 58	16 09	23 08	9 43	+12,8	Löwe, Regulus	Aufsteigender Knoten	
Mo	29.	10 03	16 54	23 34	10 32	+ 9,5	Löwe, Regulus		
Di	30.	11 06	17 37	23 58	11 20	+ 5,8	Löwe		

Der zunehmende Mond beginnt den Monat im Sternbild Löwe; der Juni-Vollmond fällt in diesem Jahr mit der größten Nordbreite zusammen, so daß eine Kulminationshöhe von immerhin 24° (auf 50° n. Br.) erreicht wird. Als abnehmender Halbmond passiert er den Jupiter, zwei Tage später den Ringplaneten Saturn.

Planetenlauf

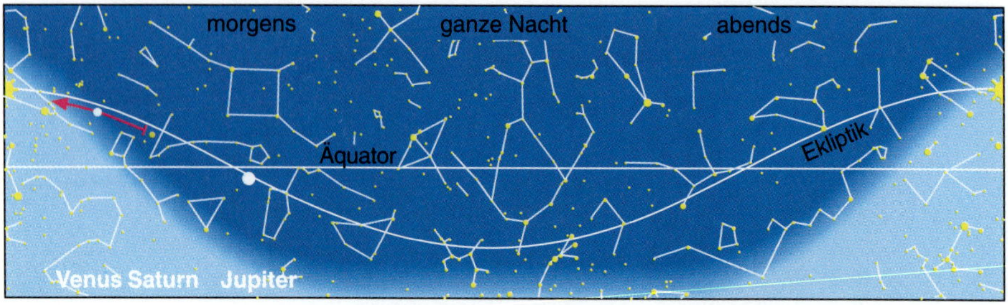

MERKUR läuft der Sonne nach. Am 10. steht er in oberer Konjunktion mit ihr. Der flinke Planet hält sich am Taghimmel auf und bleibt nachts unsichtbar. Bis Monatsende wächst der östliche Winkelabstand von Merkur auf stattliche $21\overset{\circ}{,}1$ an. Unter sehr günstigen Sichtbedingungen und möglichst mit Fernglas (Stativ!) kann man den sonnennahen Planeten vom 25. an tief am Nordwesthorizont aufstöbern; an diesem Tag geht der $-0\overset{m}{,}7$ helle Merkur um $21^{h}48^{m}$ (= $22^{h}48^{m}$ Sommerzeit) unter, also über eine Stunde nach der Sonne.

Am 30. erfolgt der Merkuruntergang um $21^{h}53^{m}$, die Merkurhelligkeit ist allerdings auf $-0\overset{m}{,}3$ deutlich abgesunken (siehe auch Abb. 6.2 unten).

Am 5. passiert Merkur den roten Planeten in nur $0\overset{\circ}{,}3$ südlichem Abstand.

Am Tag der oberen Konjunktion, am 10., geht Merkur durch sein Perihel (Sonnenabstand: 46 Millionen Kilometer = 0,308 A.E.).

VENUS ist am Morgenhimmel zu finden. Sie strebt in immer nördlichere Bezirke des Tierkreises, verläßt zur Monatsmitte das Sternbild Widder und wechselt in den Stier.

Die Venusaufgänge verfrühen sich ein wenig von $2^{h}52^{m}$ (= $3^{h}52^{m}$ Sommerzeit) am 1. auf $2^{h}34^{m}$ am 15. und auf $2^{h}22^{m}$ am 30. Die Venushelligkeit geht leicht von $-4\overset{m}{,}0$ auf $-3\overset{m}{,}9$ zurück.

Am Morgenhimmel stehen nun die drei hellen Planeten Jupiter, Saturn, der sich eben aus den Strahlen der Sonne befreit hat, sowie Venus – ein hübscher Himmelsanblick (siehe Abb. 6.1 auf Seite 101).

Das Venusscheibchen schrumpft um 2″ auf nur noch $12\overset{\prime\prime}{,}3$ zusammen, der Beleuchtungsgrad nimmt von 76% auf 84% zu. Der Morgenstern nähert sich der Phase „Vollvenus“, die mit Eintritt der oberen Konjunktion erreicht wird.

MARS stand Mitte des Vormonats in Konjunktion mit der

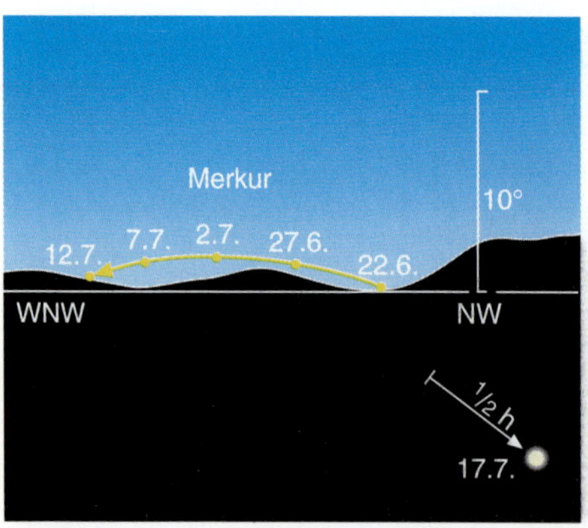

6.2: Stellung von Merkur über dem Westhorizont zu den angegebenen Daten jeweils eine Stunde nach Sonnenuntergang. Die Pfeile geben die Bewegung von Merkur und Sonne während der letzten halben Stunde an.

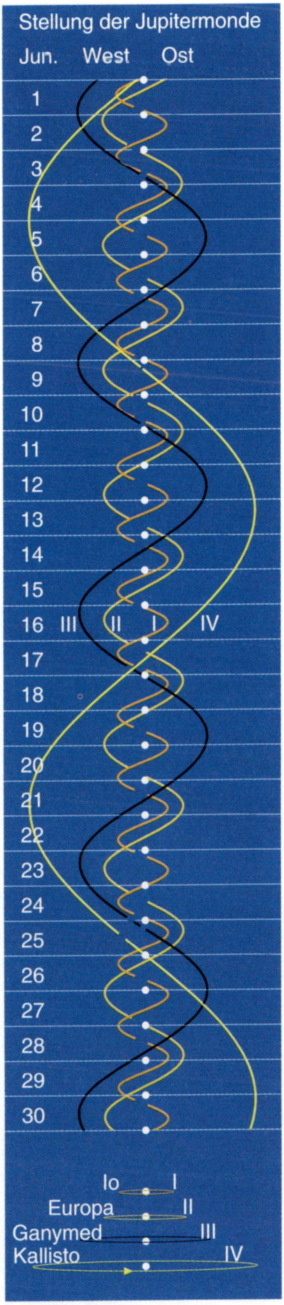

Jupitermond-Erscheinungen

Tag	MEZ	Vorgang	
	h m		
1.	2 33	I	DE
7.	3 44	I	VA
	3 54	III	SE
8.	2 15	I	DA
	3 09	I	SE
9.	1 51	I	BE
10.	1 26	II	VA
12.	2 01	II	DE
15.	2 48	I	SA
17.	0 47	IV	SA
	0 52	I	DE
18.	3 20	III	BE
19.	1 53	II	SE
	1 58	II	DA
23.	2 00	I	VA
24.	0 32	I	DA
	1 25	I	SE
	2 45	I	DE
25.	1 49	III	VE
26.	1 33	IV	BE
	1 45	II	SA
28.	1 21	II	BE

Sonne. Er hält sich weiter am Taghimmel auf und bleibt nachts unbeobachtbar. Die Begegnung mit Merkur am 5. bleibt ebenfalls unsichtbar.

JUPITER baut seine Morgensichtbarkeit aus. Er wandert rechtläufig durch die Fische, wobei er seine Bewegung merklich abbremst – der Stillstand ist nicht mehr fern (siehe Abb. 9.5 auf Seite 149).

Die Aufgänge des Riesenplaneten verschieben sich von 1^h37^m am 1. auf 0^h45^m am 15. und auf 23^h45^m (= 0^h45^m Sommerzeit) am Monatsletzten. Die Jupiterhelligkeit steigt um $0^m,2$ auf $-2^m,5$ an. Damit ist der Riesenplanet nach Mond und Venus das hellste Gestirn am Nachthimmel.

Im Fernrohr zeigt Jupiter ein ovales Scheibchen, dessen scheinbarer Äquatordurchmesser von $38'',4$ auf $42'',1$ anwächst. Die Entfernung von der Erde nimmt von 769 Millionen Kilometer (= 5,14 A.E.) am Monatsbeginn auf 700 Millionen Kilometer (= 4,68 A.E.) zum Monatsende ab.

Am 17. besucht der abnehmende Halbmond den Riesenplaneten (siehe Abb. 6.1 auf Seite 101); abermals wird Jupiter vom Mond bedeckt, ein Vorgang, der bei uns wiederum unbeobachtbar bleibt.

SATURN, rechtläufig in den Fischen, taucht um die Monatsmitte am Morgenhimmel auf. Am 15. geht der $0^m,5$ helle Ringplanet um 1^h55^m (= 2^h55^m Sommerzeit) auf. Bis Monatsende verfrüht sich der Saturnaufgang auf 0^h59^m (= 1^h59^m Sommerzeit). Am Morgenhimmel ist Saturn über dem Osthorizont zwischen den hellen Planeten Jupiter und Venus zu sehen (siehe Abb. 6.1 auf Seite 101). Am Morgen des 20. erhält Saturn Besuch vom abnehmenden Mond. Die Öffnung des Saturnringes ist bis Monatsende auf 16° angewachsen. Zur Zeit blickt man auf die Südseite der Saturnringe.

URANUS, rückläufig im Steinbock, nähert sich seiner Oppositionsstellung zur Sonne, die er aber erst Anfang August erreichen wird. Seine Aufgänge verlegt der $5^m,7$ helle, grünliche Planet in die Stunden vor Mitternacht: Geht Uranus am 1. noch um 0^h09^m (= 1^h09^m Sommerzeit) auf, so erfolgt sein Aufgang am 15. um 23^h10^m und am 30. bereits um 22^h10^m (= 23^h10^m Sommerzeit). Jeweils eine

Konstellationen und Ereignisse

Datum	MEZ	Ereignis
5.	12^h	Merkur bei Mars, Merkur 0°,3 südlich
10.	0	Merkur im Perihel
10.	8	Merkur in oberer Konjunktion mit der Sonne
13.	13	Mond bei Neptun, Mond 2°,4 nördlich
14.	9	Mond bei Uranus, Mond 2°,6 nördlich
17.	12	**Mond bei Jupiter**, Mond 0°,8 südlich, **Abstand 4°,8 um 4^h**, Bedeckung
19.	21	**Mond bei Saturn**, Mond 2°,0 südlich, **Abstand 4°,1 um 2^h am 20.**
21.	15^h03^m	Sonne im Sommerpunkt, Sommersonnenwende
21.	15	Mond bei Venus, Mond 3°,3 südlich
23.	9	Mond bei Mars, Mond 5°,3 südlich
25.	14	Mond bei Merkur, Mond 5°,4 südlich

Stunde nach seinem Aufgang kann man versuchen, Uranus mit einem Fernglas oder Teleskop zu finden (siehe Abb. 7.5 auf Seite 121).
NEPTUN, ebenfalls rückläufig im Steinbock, strebt seiner Opposition entgegen, die er aber erst im nächsten Monat erreicht (siehe auch Aufsuchkarte Abb. 7.5 auf Seite 121).
Der mit $7^m,9$ recht lichtschwache Neptun verlagert seine Aufgänge von 23^h31^m am 1. auf 22^h35^m am 15. und auf 21^h35^m (= 22^h35^m Sommerzeit) am Monatsletzten. Am günstigsten ist Neptun in mondlosen Nächten um die Zeit seiner Kulmination zu beobachten, wenn er eine „Mittagshöhe" von 20°,5 über dem Südpunkt erreicht.

PLANETOIDEN
VESTA (4) steht am 9. in Konjunktion mit der Sonne. Von ihr ist sie an diesem Tag 385 Millionen Kilometer (= 2,57 A.E.) entfernt. Ihre Erddistanz dagegen beträgt 537 Millionen Kilometer (= 3,59 A.E.).

Periodische Sternschnuppenströme

Das schwache Maximum des **Scorpius-Sagittarius**-Stromes ist um den 14. Juni zu erwarten. Der Ausstrahlungspunkt oder Radiant liegt bei γ Sagittarii. Der Strom ist während des ganzen Monats aktiv. Wegen der geringen Höhe des Radianten sind Beobachtungen in unseren Breiten schwierig. Die beste Beobachtungszeit sind die Stunden um Mitternacht. Die Meteore dieses Stromes ziehen langsam dahin (um 26 Kilometer pro Sekunde).
Am 3. Juni erreichen die **Tau-Herkuliden** ihr Maximum. Dieser wenig bekannte und unauffällige Strom ist vom 19. Mai bis 14. Juni aktiv.
Am 8. und 9. Juni kann man nach den **Libriden** Ausschau halten. Der Radiant dieses Stromes liegt in der Waage.
Seit etwa 20 Jahren werden die **Juni-Lyriden** in der Zeit vom 10. bis 20. Juni beobachtet. Ihr Ausstrahlungspunkt liegt in der Leier. Ein Ursprungskomet ist noch nicht bekannt.
Zwischen dem 25. Juni und dem 2. Juli tauchen die **Corviden** auf, deren Radiant im Sternbild Rabe liegt. Am 27. Juni erreicht die Corvidenaktivität ihr Maximum.
Um den 28. Juni sind die **Juni-Draconiden** zu erwarten. Der Radiant liegt im Sternbild des Drachen. Die Draconiden sind ein kometarischer Strom, der seinen Ursprung auf den Kometen 7P/Pons-Winnecke zurückführt.

Der Fixsternhimmel

Nach Einbruch der Dunkelheit – die jetzt erst sehr spät einsetzt – steht Bootes mit dem kräftig leuchtenden Arktur zu unserer Standardbeobachtungszeit um 22^h MEZ (= 23^h Sommerzeit) hoch im Süden. Der Ochsentreiber oder Rinderhirt beherrscht die Himmelsszene.

Der Himmelswagen hat den Meridian längst überquert und befindet sich wieder im Abstieg. Das Himmels-W (die Kassiopeia) und der Große Wagen sind bei uns beide zirkumpolar, das heißt, sie gehen niemals unter.

Der westliche Teil des Firmaments wird von den Frühlingssternbildern geprägt, allen voran vom Löwen. Sein großes Sternentrapez steht schräg zum Horizont, so als ob sich diese Raubkatze auf eine am Horizont versteckte Beute stürzen wollte. Das Feld im Südwesten wird von der Jungfrau besetzt. Darunter macht sich noch der Rabe (lat.: Corvus) bemerkbar.

In der östlichen Himmelshälfte kündigt sich die heiße Jahreszeit an: Das Sommerdreieck ist voll aufgegangen. Es setzt sich aus folgenden drei Sternen zusammen: Wega in der Leier, Deneb im Schwan und Atair im Adler.

Auf der Linie Arktur – Wega findet man die Krone und den Herkules. Beide Bilder sind wegen ihrer recht hohen Stellung nun gut und leicht zu beobachten.

6.3: Das Sternbild der Jagdhunde zusammen mit dem Bootes nach einer Darstellung im Atlas novus coelestis von Johann Gottfried Doppelmaier (Nürnberg, 1742).

Südlich des Herkules macht sich der Schlangenträger breit, der die Schlange in seinen Händen hält, die inzwischen ebenfalls vollständig aufgegangen ist. Tief im Südosten krabbelt gerade der Skorpion über die Horizontlinie. Sein hellster Stern Antares („der Marsähnliche") funkelt in tiefrotem Licht.

Wer in dunkler Gegend und bei guter Durchsicht beobachtet, kann den sommerlichen Teil der Milchstraße erspähen, die allerdings noch recht horizontnah ist. Ihr Lichtband zieht sich vom Südosten ausgehend durch die Sternbilder Adler – Schwan – Kassiopeia – Fuhrmann nach Norden hin. Tief am Nordhorizont blinkt ein gelber Stern erster Größe: Es ist die Kapella im Fuhrmann.

Diesmal sollen die Jagdhunde

Veränderliche Sterne

Algol-Minima	13. 3^h17^m	16. 0^h06^m				
β-Lyrae-Minima	5. 21^h	18. 20^h				
δ-Cephei-Maxima	2. 14^h	7. 23^h	13. 8^h	18. 16^h	24. 1^h	29. 10^h

FIXSTERNE

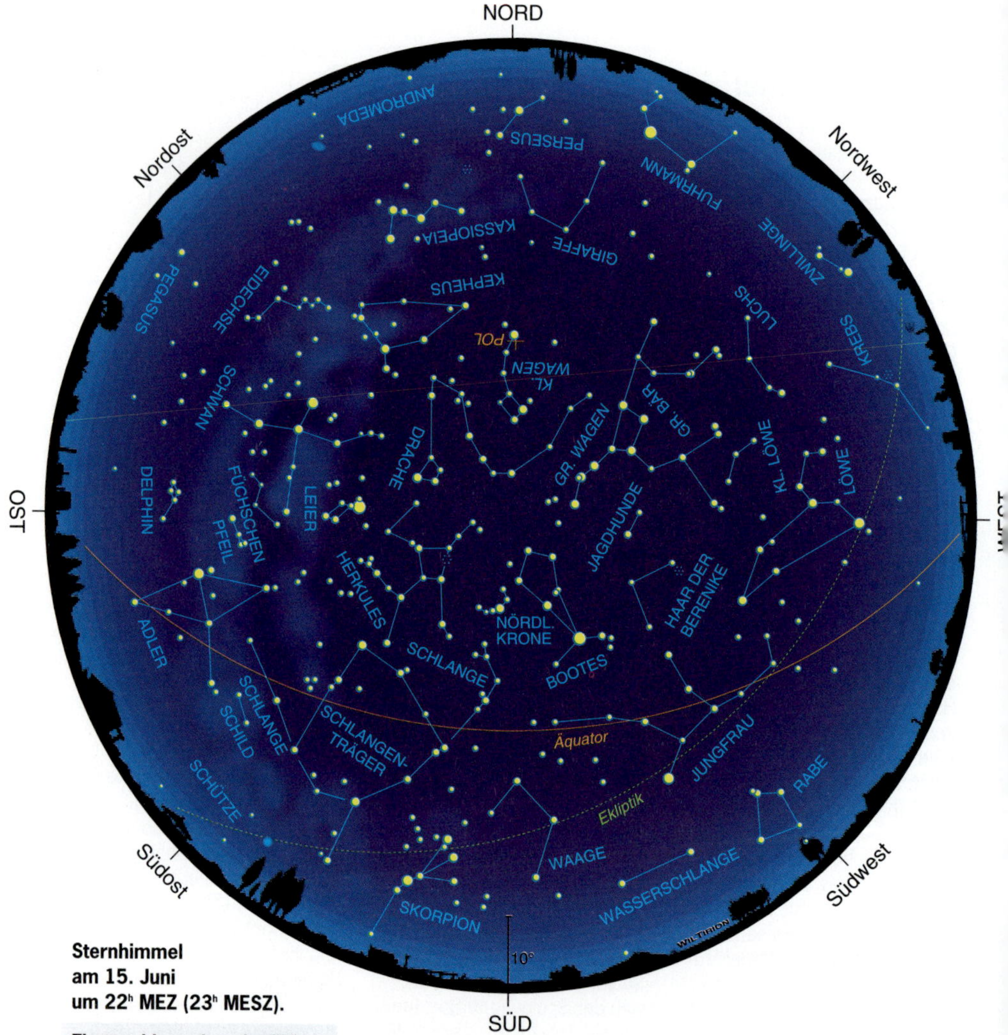

Sternhimmel am 15. Juni um 22h MEZ (23h MESZ).

Fixsternhimmel auch gültig für:	MEZ	MESZ
15. 2.	6h	
1. 3.	5	
15. 3.	4	
1. 4.	3	4h
15. 4.	2	3
1. 5.	1	2
15. 5.	0	1
1. 6.	**23**	**24**
15. 6.	**22**	**23**

(Canes Venatici) einmal etwas ausführlicher beschrieben werden. Die Jagdhunde sind ein neuzeitliches Sternbild, das im Altertum noch unbekannt war. Erstmals werden sie bei Johannes Hevelius (1611 – 1687) in seinem Werk Prodomus Astronomiae erwähnt. Hevelius gibt 23 Sterne an, die mit bloßem Auge sichtbar zu den Jagdhunden gehören, bei Argelander sind es sogar 54 Sterne. Die Jagdhunde dürften schon vor Hevelius bekannt gewesen sein, denn ein Holzschnitt der Planisphäre Imagines Syderum Coelestium von Petrus Apianus (1498 – 1552) zeigt die Jagdhunde mit Halsband, wie sie von Bootes an der Leine geführt werden. Proctor nennt dieses

Sternbild Catuli, die jungen Hunde, die – von Bootes als Jäger geführt – den Großen Bären um den Pol herumtreiben.
Tatsächlich liegt das Sternbild der Jagdhunde knapp südlich der Deichsel des Großen Wagens. Mit Ausnahme von α CVn (= Canum Venaticorum), der mit $2\overset{m}{,}9$ leicht auffällt, setzt sich das ganze Sternbild nur aus lichtschwachen Sternen zusammen. Schon der zweithellste Stern in den Jagdhunden, β CVn, ist nur ein Stern 4. Größe.
Bei den Chinesen hieß die Gruppe von schwächeren Sternen nahe den Köpfen der Jagdhunde San Kung, was soviel wie Wächter der rechtmäßigen Erben heißt. Bei den Arabern wurde diese Sternenfigur Al Karb al Ibl genannt, was die Last des Kamels bedeutet. Jakob Bartsch hat hier in der ersten Hälfte des 17. Jahrhunderts den Ursprung des Jordan-Flusses gesehen – im Zuge der Einführung des christlichen Sternbilderhimmels.
Der hellste Stern in den Jagdhunden (α CVn) wird allgemein Cor Caroli, Herz Karls genannt. Diese Bezeichnung geht zurück auf Edmond Halley (1656 – 1742) und bezieht sich auf König Karl II. von England. Nachdem Karl II. in der Schlacht bei Worcester gegen Cromwell verloren hatte, soll α CVn bei seiner Rückkehr nach London am Abend des 29. Mai 1660 besonders hell geleuchtet haben – so berichtete jedenfalls der Hofarzt Sir Charles Scarborough. Einer anderen Version nach lautet der ursprüngliche, vollständige Name „Cor Caroli Regis Martyris“ zum Gedenken an die Exekution von Karl I. von England.
Eine andere Bezeichnung für α CVn, der die Nr. 12 in Flamsteeds Katalog trägt, lautet Asterion, der Name eines der beiden Jagdhunde, während der andere Hund, Chara, von β CVn, dem mit $4\overset{m}{,}3$ zweithellsten Stern in den Jagdhunden, dargestellt wird. Diese Zuordnung ist nicht ganz eindeutig. Manche Quellen bezeichnen α CVn als Chara und β CVn als Asterion.
Nach Ulug Beg wird α CVn Al Kabid al Asad genannt. Diese arabische Bezeichnung bedeutet soviel wie die Leber des Löwen; man findet diesen Namen auch bei Al Sufi. Die Chinesen nannten α CVn Chang Chen, den Thronsessel.
Cor Caroli ist ein hübscher Doppelstern, der mit 20″ Distanz schon in kleinen Fernrohren getrennt werden kann. Die hellere Komponente ($2\overset{m}{,}9$; α_2 CVn) leuchtet weißlich-blau, die schwächere ($5\overset{m}{,}5$; α_1 CVn) eher gelblich. α_2 CVn ist leicht variabel und gilt als Prototyp einer ganzen Klasse von veränderlichen Sternen, der sogenannten Magnetisch-Variablen oder, modern, der Ap-Stars. Die Entfernung dieses physischen Sternpaares – α_2 und α_1 zeigen die gleiche Eigenbewegung – beträgt rund 120 Lichtjahre.
In den Jagdhunden finden sich zwei weitere für den Sternfreund interessante Beobachtungsobjekte, nämlich der kugelförmige Sternhaufen M 3 und der berühmte Spiralnebel M 51. Schon in einem guten Fernglas ist das 6^m helle und $^1/_3$ Monddurchmesser große Lichtfleckchen von M 3 leicht zu sehen. In größeren Teleskopen bietet er einen prächtigen Anblick, wobei die Randpartien gut in einzelne Lichtpunkte auflösbar sind. M 3 ist etwa 35 000 Lichtjahre von der Erde entfernt, sein Durchmesser liegt bei 250 Lichtjahren. Rund eine halbe Million Sterne gehören zu diesem Kugelhaufen.
Die Galaxie M 51 liegt etwa $3\,^1/_2°$ südwestlich vom letzten Deichselstern (η UMa) des Großen Wagens. Die eindrucksvollen Abbildungen dieses schönen Spiralnebels stammen von großen Teleskopen. In Amateurfernrohren sieht man lediglich ein Lichtfleckchen. Lord Rosse erkannte mit seinem 1,8 Meter Spiegelteleskop erstmals im Jahre 1845 die Spiralnatur von M 51. Wegen seiner Form heißt M 51 auch „Whirlpool Galaxy“ (engl., Strudel-Galaxie), denn man gewinnt den Eindruck eines Wasserstrudels. Die Entfernung von M 51 beträgt rund 22 Millionen Lichtjahre.

Jung, hell und blau: exotische Kugelsternhaufen

Im Fernglas erscheinen sie nur als lichtschwache, kreisrunde, diffuse Fleckchen. In größeren Teleskopen entpuppen sie sich jedoch als eindrucksvolle Objekte – die kugelförmigen Sternhaufen. Meist werden sie kurz und bündig Kugelhaufen genannt.
Wer einmal einen solchen Kugelhaufen mit eigenen Augen in einem leistungsfähigen Teleskop gesehen hat, weiß sofort, warum sie so heißen: Eine riesige Zahl von Sternen bildet einen kugelförmigen Haufen, wobei die Sternenkonzentration zur Mitte hin zunimmt. Im Zentrum stehen die Sterne so dicht, daß man sie nicht mehr als einzelne Lichtpünktchen ausmachen kann – man sieht nur den Lichtschein vieler Sterne gemeinsam. In den Randpartien dagegen lassen sich Tausende von Sternen abzählen.
Kugelhaufen sind recht sternenreiche Gebilde. In einem sphärischen, also kugelförmigen Raum von rund hundert bis zweihundert Lichtjahren Durchmesser drängen sich im Schnitt eine Million Sterne. Damit ist die Sternendichte in einem Kugelhaufen etwa tausendmal höher als in der Sonnenumgebung. Stünde unsere Sonne in einem Kugelhaufen, so wäre unser Nachthimmel nicht von einem Dutzend, sondern von rund zehntausend Sternen erster Größe besetzt! Nahe dem Zentrum eines Kugelhaufens steigt die Dichte sogar auf das über Zehntausendfache der Sternendichte in der Nachbarschaft unserer Sonne an.
Der wohl hellste und bekannteste Kugelhaufen des nördlichen Firmaments steht im Sternbild Herkules und trägt die Katalogbezeichnung M 13. In sehr klaren, dunstfreien Nächten kann M 13 fernab von störenden, irdischen Lichtquellen schon mit bloßen Augen als verschwommenes Lichtfleckchen erkannt werden; in einem guten Fernglas ist M 13 in jedem Falle zu finden. Allerdings erscheint er auch in einem Fernglas nur als matter Lichtfleck. Einen wirklich prächtigen Eindruck gewinnt der Beobachter erst mit einem Teleskop von mindestens 20 Zentimeter freier Öffnung.
Für Sternfreunde sind die helleren Kugelhaufen reizvolle Beobachtungsobjekte. Insgesamt sind bis heute 131 Kugelhaufen katalogisiert, die zu unserer Milchstraße gehören. Man schätzt, daß die tatsächliche Zahl der Kugelhaufen in der Galaxis bei etwa 500 liegt.

„RANDSTEINE" DER MILCHSTRASSE

Kugelhaufen sind die fernsten Objekte, die man in unserer Milchstraße beobachtet. Sie sind zigtausende Lichtjahre weit weg, M 13 beispielsweise 26 000 Lichtjahre, M 15 im Pegasus 33 000 Lichtjahre und der wohl fernste Kugelhaufen, Palomar 3 im Sextanten, 300 000 Lichtjahre.
Die Kugelhaufen unserer Milchstraße sind nicht gleichmäßig über den Himmel verteilt, sondern konzentrieren sich fast alle auf die Himmelshälfte, in der auch das Sternbild Schütze liegt. Aus dieser Asymmetrie der Kugelhaufenverteilung schloß man einst richtig, daß unser Milchstraßensystem wesentlich größer ist als seinerzeit vermutet und daß die Sonne nicht im oder nahe dem Milchstraßenzentrum steht, sondern ziemlich weit außen, rund 28 000 Lichtjahre vom Mittelpunkt der Galaxis entfernt. Die Kugelhaufen nehmen einen sphärischen Raum ein, den sogenannten Milchstraßenhalo.

6.4: Kugelsternhaufen M 13 im Herkules – ein sehr altes Gebilde.

6.5: In der Umgebung der Galaxie NGC 1275 wurden mit dem Hubble-Weltraumteleskop zahlreiche blaue, junge Kugelhaufen gefunden.

Der Schwerpunkt des Systems der Kugelhaufen fällt mit dem Zentrum der Milchstraße zusammen. Daher kommt es, daß von unserer Position mehr am Rande der Galaxis aus die Kugelhaufen in einer Hälfte des Himmels gehäuft auftreten. Häufig werden die Kugelhaufen als „Ahnen des Universums“ tituliert, denn sie enthalten die ältesten Sterne des Universums. Die Kugelhaufen unserer Milchstraße sind mindestens zehn Milliarden Jahre alt, also doppelt so alt wie unsere Sonne. Sie sind damit bald nach dem Urknall während der Galaxienbildung entstanden. Die Sternbevölkerung in den Kugelhaufen unterscheidet sich von der in der Nachbarschaft unserer Sonne oder in der Milchstraßenhauptebene. Man spricht von der Population II, wenn man die Sterngesellschaften in Kugelhaufen meint. Sterne der Population II unterscheiden sich in ihrer chemischen Zusammensetzung von den Sternen der Population I in der Milchstraßenhauptebene: Schwerere Elemente als Helium sind in den alten Sternen der Population II kaum zu finden – Kugelhaufensterne sind metallarm. (In der Astronomie hat es sich eingebürgert, alle Elemente jenseits von Helium als „Metalle“ zu bezeichnen, also auch Kohlenstoff, Sauerstoff, Stickstoff, usw.).

STERNENGREISE

„Metallarmut“ eines Sternes ist ein Hinweis auf sein hohes Alter. Kurz nach dem Urknall, als die ersten Sterne sich bildeten, gab es fast nur Wasserstoff und Helium. Schwerere Elemente wurden erst in Sternen durch Kernfusion erzeugt und anschließend durch Sternexplosionen oder Abblasen ins Weltall transportiert. Dabei wurde die interstellare Materie mit schweren Elementen angereichert. Jüngere Sterne wie etwa unsere Sonne haben bei ihrer Bildung aus interstellarer Materie einige Prozent schwererer Elemente („Metalle“) mitbekommen.

In Kugelhaufen findet man keine Gas- und Staubwolken, sie sind weitgehend frei von interstellarer Materie. Teils wurde sie beim Pendeln der Kugelhaufen durch die galaktische Ebene weggefegt, teils wurde sie vom Sternenwind roter Riesen hinausgeblasen. Die Entstehung neuer Sterne findet daher in Kugelhaufen nicht mehr statt. Darüber hinaus sind die Sterne in Kugelhaufen im Schnitt röter als die in der Milchstraßenebene. Blaue und damit heiße und junge Sterne fehlen fast vollständig in Kugelhaufen. Daher sind die Kugelhaufen relativ „rote“ Objekte. Dies wird deutlich, wenn man das sogenannte Farben-Helligkeits-Diagramm (FHD) von Kugelhaufen betrachtet: Es fehlt ein mehr oder minder großes Stück der oberen Hauptreihe. Die massereicheren Sterne, die normalerweise im oberen Teil der Hauptreihe angesiedelt sind, haben die Hauptreihe längst verlassen und sind zu roten Riesen geworden oder haben gar schon als Sternenleichen (Neutronensterne oder Kollapsare) geendet. Der Abknickpunkt der Hauptreihe läßt direkt das Alter eines Sternhaufens abschätzen (siehe auch *Astrowissen* von H.-U. Keller auf Seite 112).

Aus all diesen Gründen gelten – wie eingangs schon erwähnt – die Kugelhaufen als die ältesten Sterngesellschaften, die man kennt. Dies gilt zumindest für die Kugelhaufen in unserer

6.6: Die Galaxien NGC 4038/4039 – wegen ihres Aussehens werden sie Tentakel- oder Antennengalaxien genannt.

Milchstraße. In den letzten Jahren hat sich nämlich gezeigt, daß es auch „blaue" Kugelhaufen gibt, beispielsweise in den Magellanschen Wolken. Ebenso streut die Metallhäufigkeit bei den extragalaktischen Kugelhaufen über einen verhältnismäßig großen Bereich, was für die Altersbestimmung bedeutsam ist. Offensichtlich sind nicht alle Kugelhaufen aus der ersten Generation der Sterne zusammengesetzt. Es scheint auch jüngere und damit blaue Kugelhaufen zu geben. Dies wurde in jüngster Zeit durch Beobachtungen mit dem Hubble-Space-Telescope zweifelsfrei bestätigt. Das Hubble-Weltraumteleskop mit seiner phantastischen Leistungsfähigkeit ist in der Lage, auch Kugelhaufen in relativ weit entfernten Galaxien zu untersuchen. Dabei hat sich herausgestellt, daß es in ganz speziellen Galaxientypen zahlreiche recht leuchtkräftige, blaue und junge Kugelhaufen gibt – manche sind sogar nur ein Hundertstel so alt wie unsere Sonne.

So konnte John Holtzman von der New Mexico State University mit dem Hubble-Weltraumteleskop in der Galaxie NGC 1275 zahlreiche Kugelhaufen aufspüren, die nicht in das klassische Schema passen, daß Kugelhaufen kaum blaue Sterne, dafür aber rote Riesen, gelbe Hauptreihensterne und rote Zwerge enthalten und zu den ältesten Objekten gehören, die man im Universum kennt. Die von Holtzman entdeckten Kugelhaufen in NGC 1275 hingegen sind blau, sehr hell und – jung. Dies wirft natürlich die Frage auf: Woher kommen die jungen, hellen und blauen Kugelhaufen in NGC 1275? Wodurch unterscheidet sich diese Galaxie von unserem Milchstraßensystem? Dazu muß man wissen, daß NGC 1275 im Zentrum des umfangreichen Perseus-Galaxienhaufens liegt. In großen Galaxienhaufen ist ein Fluß intergalaktischen Gases zum Zentrum hin zu registrieren. Man hat zunächst vermutet, daß dieses Gas neue Sterne und Sternhaufen formt, darunter auch Kugelhaufen. Diese These hat sich allerdings nicht bestätigt. So hat man in anderen Galaxienhaufen (Abell 1795, Abell 2029, Abell 2597 usw.) in den zentralen Galaxien vergeblich nach hellen, blauen und damit jungen Kugelhaufen gesucht. An der zentralen Lage von NGC 1275 im Perseus-Galaxienhaufen kann es also nicht liegen, wenn dort heiße und blaue Kugelhaufen

6.7: Interagierende Galaxien NGC 4435/4438 im Sternbild Jungfrau – Beispiele für „Starburst"-Phänomene.

6.8: Die „Wagenrad"-Galaxie ist das Ergebnis eines Frontalzusamamenstoßes zweier Milchstraßensysteme.

vorhanden sind. Aber NGC 1275 hat noch eine andere Besonderheit: Vor relativ kurzer Zeit ist sie mit einer anderen Galaxie zusammengeprallt. Solche Galaxienkollisionen sind durchaus keine Seltenheit, man beobachtet sie öfters, vor allem in den Zentralbereichen großer Galaxienhaufen. Beim Zusammenstoß beziehungsweise dem Durchdringen zweier Galaxien geschieht den Sternen gar nichts. Sie sind so dünn verteilt, daß es nicht zu Kollisionen von Sternen kommt. Aber die interstellare Materie in den Einzelgalaxien trifft mit hohen Geschwindigkeiten aufeinander. Es entstehen Schockwellen und Verdichtungen, die den Sternentstehungsprozeß stark anregen. Zahlreiche neue Sterne flammen in kurzen Zeitskalen auf, allesamt entstehen sie in Gruppen und Haufen. Für diesen Vorgang hat sich der Begriff „starburst" eingebürgert.

Bei Kollisionen oder Beinahe-Zusammenstößen geschieht zwar den einzelnen Sternen nichts, aber insgesamt ändert sich das Aussehen der Galaxien gewaltig. Die Gezeitenkräfte lassen oft bizarre Formen entstehen – lange Schwänze von Sternen und interstellarer Materie werden aus den Galaxien gezogen. Prominentestes Beispiel ist die Doppelgalaxie NGC 4038/NGC 4039 im Sternbild Rabe, die ihres Aussehens wegen auch Tentakel- oder Antennengalaxie heißt. Auch in ihr wurden zahlreiche blaue und helle Kugelhaufen entdeckt. Mit dem Hubble-Weltraumteleskop wurden bei einer Grenzgröße von 23^m rund 700 blaue, kompakte Sternhaufen mit typischen Durchmessern von im Schnitt sechzig Lichtjahren Durchmesser aufgespürt. Eingebettet sind diese Sternhaufen in Wolken heißen Wasserstoffgases, sogenannte H II-Regionen. Die jüngsten und hellsten Haufen sind aber nur etwa zehn Millionen Jahre alt, gehören somit zu den jüngsten Bewohnern des Kosmos. Allerdings läßt sich nicht immer eindeutig feststellen, ob ein Objekt ein offener oder ein kugelförmiger Sternhaufen ist. Vermutlich gibt es auch Zwischenformen, was der mittlere Durchmesser von sechzig Lichtjahren andeutet: etwas klein für einen rechten Kugelhaufen, aber eher groß für einen offenen Haufen. Auch in anderen jüngst kollidierten Galaxien wie NGC 3597 und NGC 6052 wurden vom Hubble-Weltraumteleskop junge, helle und blaue Kugelhaufen aufgespürt.

FRUCHTBARE KOLLISIONEN

Unabhängig von den Beobachtungen mit dem Hubble-Weltraumteleskop gibt es noch einen weiteren Hinweis auf die Bildung neuer Kugelhaufen in der jüngsten Vergangenheit: Kollidierende Spiralgalaxien lassen elliptische Riesengalaxien entstehen, wie man sie häufig in den Zentren von großen Galaxienhaufen findet. Wenn eine elliptische Galaxie aus der Verschmelzung zweier Spiralgalaxien hervorgeht, sollte das Verhältnis der Zahl der Kugelhaufen zur Gesamthelligkeit konstant bleiben. Ist dies nicht der Fall, so muß der Verschmelzungsprozeß neue und somit junge Kugelhaufen produzieren. Tatsächlich besitzen elliptische Galaxien im Schnitt erheblich mehr Kugelhaufen als Spiralgalaxien vergleichbarer Leuchtkraft. Sie müssen somit junge, helle und blaue Kugelhaufen besitzen – eine Konsequenz aus dem „starburst"-Prozeß.

Wie Untersuchungen zeigen, sind die neuen, jungen Kugelhaufen hinsichtlich ihrer Größe ähnlich den alten Kugelhaufen in unserer Milchstraße, was ihren Durchmesser und den Sternenreichtum betrifft. Auch scheinen die jungen, kompakten Kugelhaufen ähnlich stabil wie ihre alten Brüder zu sein. Nach zehn Milliarden Jahren werden sie deren Eigenschaften angenommen haben – so lange dürften sie auf alle Fälle existieren.

Zwar sind die jungen, hellen und blauen Kugelhaufen in anderen Galaxien den Instrumenten der Amateurastronomen nicht zugänglich, aber wenn man einen so prächtigen „lokalen" Kugelhaufen wie M 13 im Herkules mit lichtstarker Optik betrachtet, sollte man daran denken, daß zwar die Kugelhaufen unserer Galaxis uralte Gebilde sind, in fernen Winkeln des Universums aber heute noch neue Kugelhaufen entstehen, die besetzt sind mit jungen, massereichen, blauen und teils extrem hellen Sternen.

JULI 1998

Die Erde wandert am 4.7. durch das Aphel ihrer Bahn und ist dann rund 5 Millionen km weiter von der Sonne entfernt als Anfang Januar, Jupiter wird am 18.7. rückläufig, und Neptun gelangt am 23.7. in Opposition zur Sonne.

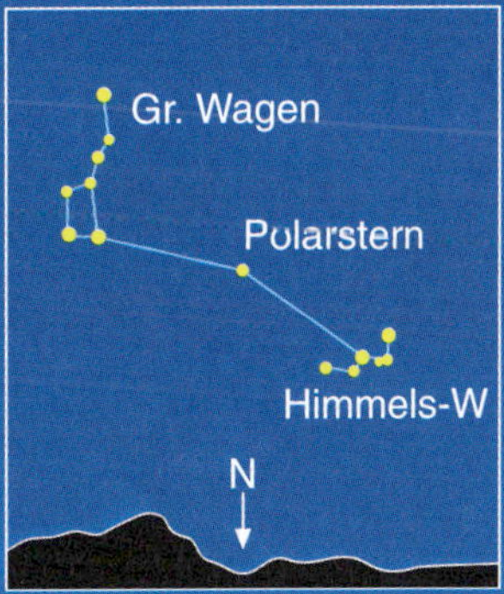

Großer Wagen und Himmels-W Anfang Juli um 22^h

7.1: Anblick des Sternenhimmels am 15. Juli gegen 1^h MEZ (= 2^h MESZ). Über dem Osthorizont sind Jupiter und Saturn zu erkennen. Nahe Jupiter hält sich der abnehmende Mond auf.

Sonnenlauf

20.7. 23h
Sonne tritt in das Sternbild Krebs
23.7. 2h
Sonne tritt in das Tierkreiszeichen Löwe

Julianisches Datum
am 1. Juli, 1h MEZ:
2450995,5

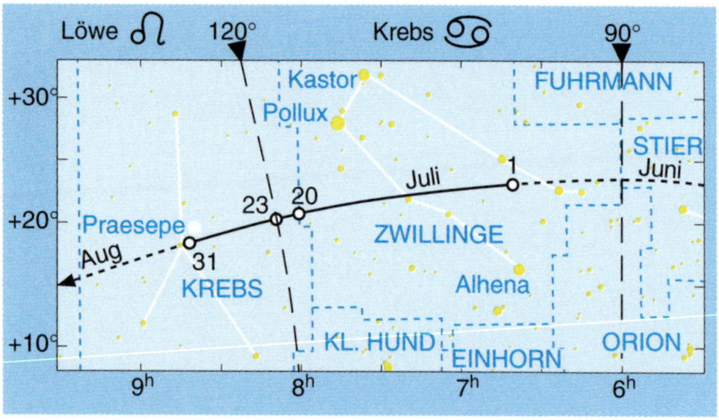

Tag	Dämmerg. Anfang	Aufgang MEZ	Kulmination	Untergang MEZ	Dämmerg. Ende	Mittagshöhe	Zeitgleichg.	Rektaszension	Deklination
	h m	h m	h m	h m	h m	°	m	h m	°
1.	2 26	4 15	12 24	20 33	22 21	63,1	–4	6 39	+23,1
5.	2 31	4 18	12 25	20 31	22 18	62,8	–5	6 56	+22,8
10.	2 38	4 22	12 25	20 28	22 12	62,2	–5	7 16	+22,3
15.	2 46	4 27	12 26	20 24	22 05	61,5	–6	7 36	+21,6
20.	2 55	4 33	12 26	20 19	21 56	60,7	–6	7 57	+20,7
25.	3 05	4 39	12 26	20 13	21 47	59,6	–6	8 16	+19,7
31.	3 17	4 47	12 26	20 04	21 34	58,3	–6	8 40	+18,4

Tages- und Nachtstunden

5. Juli

15. Juli

25. Juli

Mondlauf

Datum	Aufg. MEZ	Kulmination	Unterg. MEZ	Rektaszension	Deklination	Sterne und Sternbilder	Phase	MEZ
	h m	h m	h m	h m	°			
Mi 1.	12 09	18 20	–	12 05	+ 2,0	Jungfrau	**Erstes Viertel**	**19ʰ43ᵐ**
Do 2.	13 11	19 02	0 21	12 50	– 1,9	* Jungfrau	Erdferne 404/29,'6	18ʰ
Fr 3.	14 12	19 45	0 44	13 35	– 5,7	Spica		
Sa 4.	15 14	20 29	1 09	14 21	– 9,2	Jungfrau		
So 5.	16 17	21 15	1 36	15 08	–12,5	Waage		
Mo 6.	17 18	22 03	2 07	15 57	–15,2	* Waage	Größte Nordbreite	
Di 7.	18 18	22 53	2 44	16 48	–17,3	Schlangenträger		
Mi 8.	19 14	23 46	3 27	17 41	–18,6	Schlangenträger		
Do 9.	20 05	–	4 18	18 36	–19,0	Schütze, Nunki	**Vollmond** Libration Ost	**17ʰ01ᵐ**
Fr 10.	20 51	0 40	5 17	19 31	–18,4	Schütze		
Sa 11.	21 30	1 34	6 23	20 28	–16,7	Steinbock		
So 12.	22 04	2 28	7 33	21 24	–14,1	Wassermann	Absteigender Knoten	
Mo 13.	22 35	3 21	8 46	22 19	–10,6	Wassermann		
Di 14.	23 04	4 13	10 01	23 13	– 6,5	Wassermann		
Mi 15.	23 33	5 04	11 16	0 07	– 2,0	Fische		
Do 16.	–	5 56	12 32	1 00	+ 2,6	Walfisch	**Letztes Viertel** Erdnähe 370/32,'3	**16ʰ13ᵐ** 15ʰ
Fr 17.	0 02	6 48	13 47	1 54	+ 7,1	Fische		
Sa 18.	0 33	7 41	15 01	2 49	+11,1	Widder		
So 19.	1 08	8 36	16 14	3 46	+14,5	Stier	Größte Südbreite	
Mo 20.	1 49	9 32	17 21	4 43	+17,1	Aldebaran		
Di 21.	2 37	10 28	18 22	5 41	+18,6	Stier		
Mi 22.	3 31	11 24	19 15	6 39	+19,0	Alhena		
Do 23.	4 31	12 19	20 00	7 37	+18,3	Zwillinge	**Neumond** Libration West	**14ʰ44ᵐ**
Fr 24.	5 35	13 11	20 37	8 32	+16,6	Krebs, Krippe		
Sa 25.	6 41	14 00	21 09	9 25	+14,0	Löwe		
So 26.	7 47	14 47	21 36	10 15	+10,9	Löwe, Regulus	Aufsteigender Knoten	
Mo 27.	8 51	15 32	22 01	11 04	+ 7,3	Löwe		
Di 28.	9 55	16 15	22 25	11 50	+ 3,5	Jungfrau		
Mi 29.	10 57	16 57	22 48	12 36	– 0,4	Jungfrau		
Do 30.	11 59	17 40	23 12	13 21	– 4,3	Spica	Erdferne 404/29,'6	13ʰ
Fr 31.	13 01	18 23	23 38	14 06	– 7,9	Jungfrau	**Erstes Viertel**	**13ʰ05ᵐ**

Gleich zu Beginn steht der Mond im Ersten Viertel; auf seiner Bahn um die Erde erreicht er acht Tage später im Schützen die Vollmondstellung, passiert zwei Tage vor dem Letzten Viertel den Jupiter und drei Tage später den Ringplaneten Saturn. Die anschließenden Begegnungen mit Venus und Mars bleiben unauffällig bis unsichtbar.

Planetenlauf

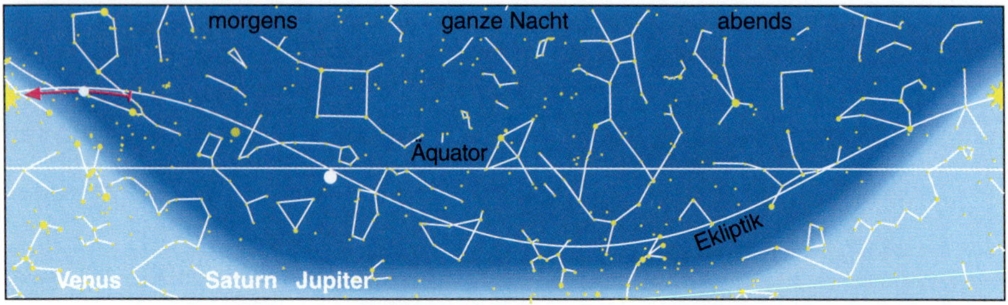

MERKUR erreicht zur Monatsmitte, nämlich am 17., seine größte östliche Elongation von der Sonne. Da er am 24. sein Aphel durchläuft (Sonnenabstand: 69,8 Millionen Kilometer = 0,467 A.E.), fällt die maximale Elongation mit 26°41′ Winkelabstand relativ groß aus. Dennoch kommt es nur in den südlicheren Gegenden Mitteleuropas (etwa bei 47° nördlicher Breite) zu einer bescheidenen Abendsichtbarkeit. Da Merkur rasch südlichere Deklinationen erreicht und außerdem seine Helligkeit von $-0\overset{m}{,}2$ am 1. auf $0\overset{m}{,}4$ zur Monatsmitte absinkt, kann man den flinken Planeten nur im ersten Monatsdrittel unter günstigen Sichtbedingungen am Abendhimmel tief im Nordwesten erspähen (siehe Abb. 6.2 auf Seite 104).
Am 1. geht Merkur um 21^h53^m (= 22^h53^m Sommerzeit) unter. Ab etwa 21^h macht er sich knapp über dem Nordwesthorizont bemerkbar, eine Viertelstunde später verschwindet er im Horizontdunst. Bis zum 9. verfrüht sich der Merkuruntergang nur unwesentlich auf 21^h44^m (= 22^h44^m Sommerzeit). Die Dichotomie tritt am 13. ein, das $7\overset{''}{,}4$ große Merkurscheibchen ist dann halb beleuchtet. Am 30. kommt Merkur zum Stillstand und eilt anschließend rückläufig rasch auf die Sonne zu, die er Mitte August erreichen wird.
VENUS ist nach wie vor am Morgenhimmel zu sehen. Der Morgenstern wandert durch den Stier, die nördlichsten Bezirke des Orion und wechselt am 19. in die Zwillinge. Am gleichen Tag passiert er in $0\overset{\circ}{,}7$ südlichem Abstand den Sommerpunkt, der inzwischen im Stier liegt.
Die Venushelligkeit bleibt konstant bei $-3\overset{m}{,}9$. Die Venusaufgänge verspäten sich während des Monats um rund zwanzig Minuten: Geht Venus am 1. um 2^h22^m auf, so erfolgt ihr Aufgang am 31. erst um 2^h43^m (= 3^h43^m Sommerzeit).
Das Venusscheibchen schrumpft auf 11″ scheinbaren Durchmesser, der Beleuchtungsgrad überschreitet 90% – der Morgenstern erscheint im Teleskop als kleines, fast voll beleuchtetes Scheibchen.
MARS kann sich noch nicht aus den Strahlen der Sonne befreien und bleibt weiterhin unsichtbar.
Am 14. beginnt auf der Marsnordhalbkugel der Frühling.
JUPITER kommt am 18. im Sternbild Fische zum Stillstand und setzt zu seiner Oppositionsschleife an. Von nun an wandert der Riesenplanet rückläufig durch den Tierkreis, was zunächst kaum zu bemerken ist (siehe Abb. 9.5 auf Seite 149). Jupiter verlagert seine Aufgänge in die späten Abendstunden: Am 1. erfolgt der Jupiteraufgang um 23^h41^m, am 15. um 22^h47^m und am 31. schon um 21^h44^m (= 22^h44^m Sommerzeit). Die Helligkeit des Riesenplaneten steigt auf $-2\overset{m}{,}7$ an. Der

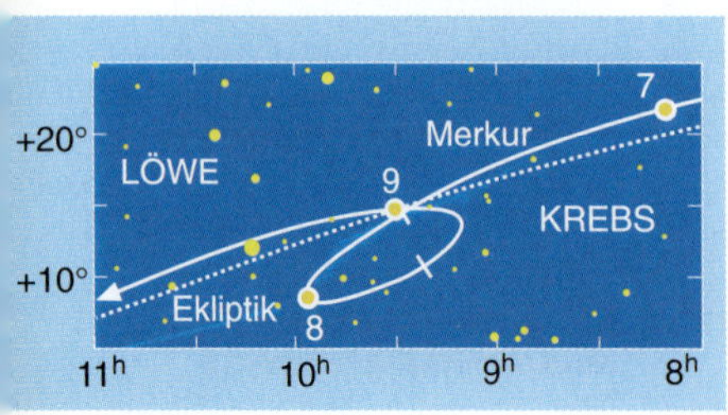

7.2: Merkurschleife im Gebiet der Sternbilder Krebs und Löwe. Die Zahlen geben die Position von Merkur jeweils zum Monatsersten an.

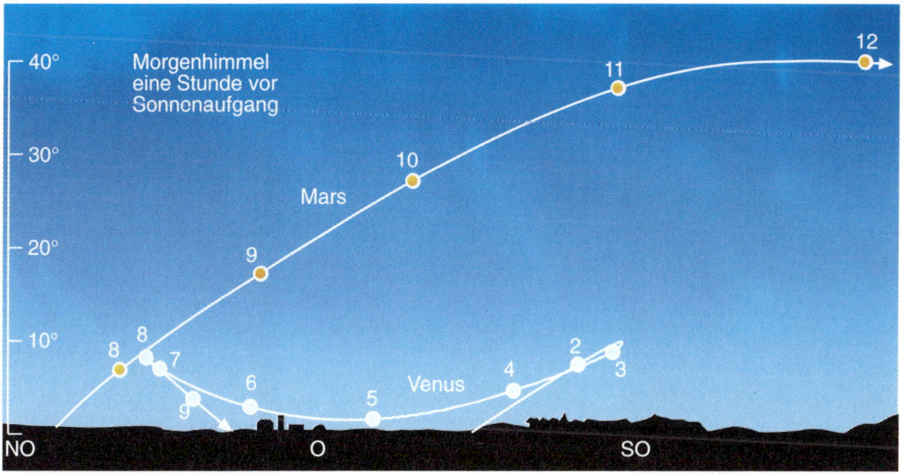

7.3: Stellungen von Mars und Venus über dem Osthorizont jeweils eine Stunde vor Sonnenaufgang. Die Zahlen geben die Positionen zum jeweiligen Monatsanfang an.

scheinbare Äquatordurchmesser des Jupiterscheibchens wächst von $42''\!,1$ auf $46''\!,4$. Am 14. erhält Jupiter Besuch vom abnehmenden Mond (siehe Abb. 7.1 auf Seite 115).

SATURN ist Planet der zweiten Nachthälfte. Seine Aufgänge verlagert der Ringplanet in die Zeit vor Mitternacht. Am 1. erfolgt der Saturnaufgang um 0^h55^m (= 1^h55^m Sommerzeit), am 15. um 0^h02^m und am 31. schon um 22^h57^m (= 23^h57^m Sommerzeit). Die Saturnhelligkeit steigt leicht auf $0\overset{m}{,}4$ an. Saturn bremst seine rechtläufige Bewegung in den Fischen merklich ab (siehe Abb. 10.3 auf Seite 167). Am 17. überschreitet er die Grenze zum Walfisch.

Der Mond wandert am 17. in den Morgenstunden am Ringplaneten vorbei.

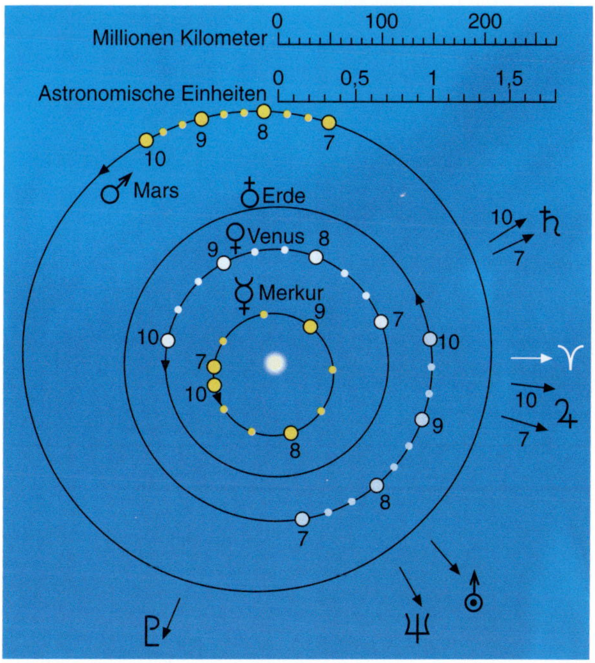

7.4: Das innere Planetensystem im dritten Jahresviertel 1998. Eingezeichnet sind die Positionen der Planeten für den 1. Juli (7), 1. August (8) sowie 1. September (9) und 1. Oktober (10). Die Pfeile deuten die Richtungen zu den ferneren Planeten sowie zum Frühlingspunkt an.

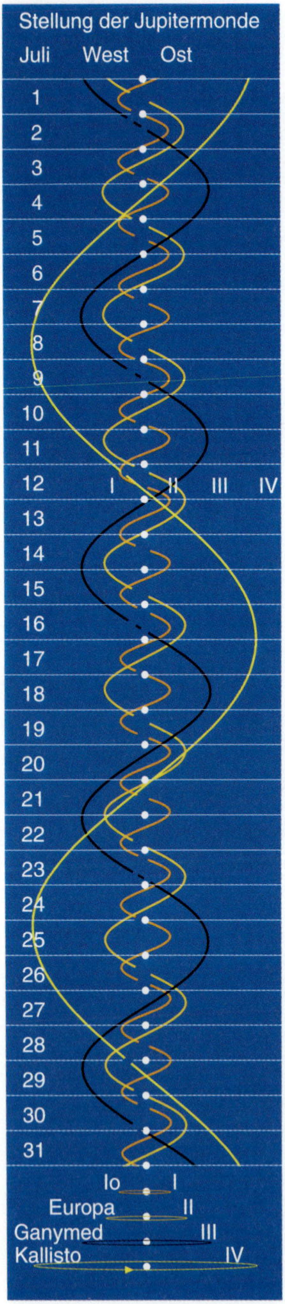

Jupitermond-Erscheinungen

Tag	MEZ h m		Vorgang	
1.	1	04	I	SA
	2	25	I	DA
	3	18	I	SE
2.	2	00	I	BE
	2	24	III	VA
6.	1	09	III	DE
8.	2	58	I	SA
9.	0	17	I	VA
	3	51	I	BE
	23	41	I	SE
10.	0	57	I	DE
12.	1	04	II	VA
	23	54	III	SE
13.	1	51	III	DA
14.	1	28	II	DE
16.	2	11	I	VA
	23	20	I	SA
17.	0	34	I	DA
	1	35	I	SE
	2	47	I	DE
18.	0	09	I	BE
19.	3	40	II	VA
20.	0	33	III	SA
	3	53	III	SE
	22	51	II	SA
21.	1	17	II	DA
	1	35	II	SE
	3	55	II	DE
23.	4	05	I	VA
24.	1	14	I	SA
	2	23	I	DA
	3	28	I	SE
	22	33	I	VA
25.	1	57	I	BE
	23	03	I	DE
28.	1	27	II	SA
	3	42	II	DA
	4	10	II	SE
	22	36	IV	VA
29.	1	41	IV	VE
30.	0	26	II	BE
	22	55	III	BA
31.	1	58	III	BE
	3	08	I	SA
	4	11	I	DA

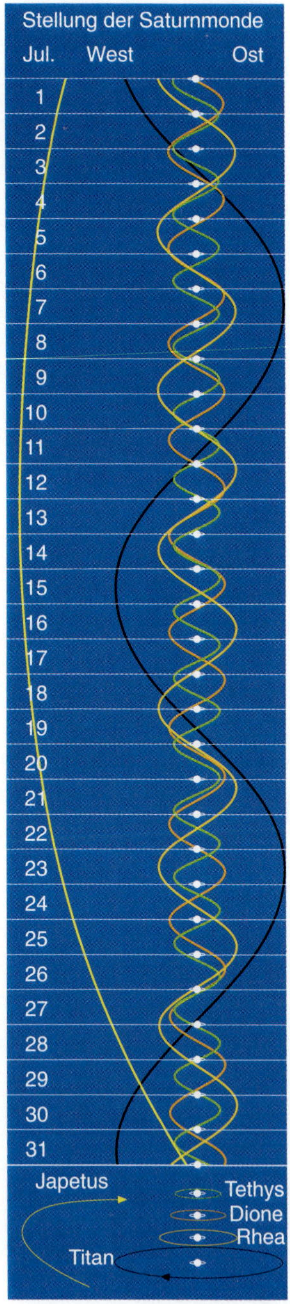

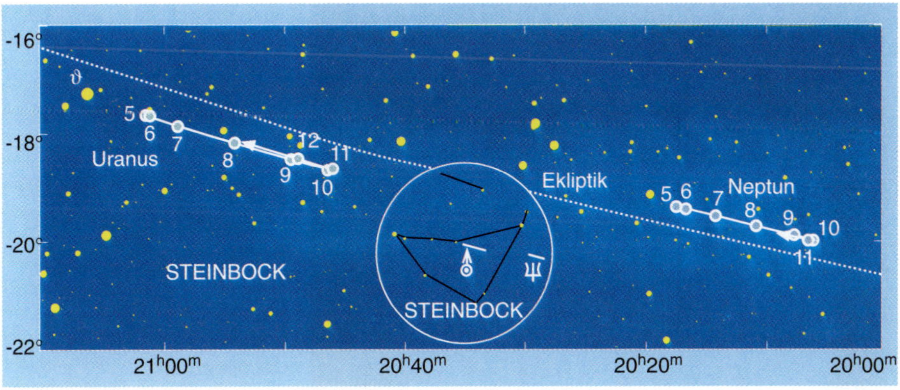

7.5: Die scheinbaren Bahnen der sonnenfernen Planeten Uranus und Neptun im Jahre 1998 im Gebiet des Sternbildes Steinbock. Die Zahlen geben die Planetenpositionen zum jeweiligen Monatsersten an.

URANUS, rückläufig im Steinbock, strebt seiner Opposition zur Sonne entgegen, die er aber erst Anfang nächsten Monats erreicht. Bis zum Monatsende verfrühen sich die Uranusaufgänge so weit, daß der grünliche Planet mit Sonnenuntergang aufgeht und somit die ganze Nacht über dem Horizont ist: Am 1. geht der $5{,}^m7$ helle Uranus um 22^h06^m (= 23^h06^m Sommerzeit) auf, am 15. um 21^h10^m und am 31. bereits um 20^h05^m. Die Kulminationszeiten von Uranus lauten: 2^h43^m am 1., 1^h46^m am 15. und 0^h41^m (= 1^h41^m Sommerzeit) am 31.; die Kulmination ist stets die beste Zeit, um Uranus zu beobachten.

NEPTUN kommt in den Abendstunden des 23. in **Opposition** zur Sonne. Der nur $7{,}^m8$ helle, bläuliche Planet wandert gemächlich rückläufig im Westteil des Steinbocks und steuert auf die Grenze zum Schützen zu, die er Anfang September abermals überschreiten wird (siehe Abb. 7.5 auf dieser Seite).

Am Oppositionstag erfolgt der Neptunaufgang um 20^h03^m (= 21^h03^m Sommerzeit); um 0^h30^m kulminiert Neptun und geht um 4^h52^m unter.

Im Fernrohr zeigt Neptun ein winziges, bläuliches Planetenscheibchen von nur $2{,}''3$ scheinbarem Durchmesser ohne Strukturen oder Details. Solche sind nur in Ausnahmefällen mit sehr großen Teleskopen zu erkennen. Die schönen Bilder von Neptun mit seinen Wolkenstreifen und dem Großen Dunklen Fleck (GDF) stammen alle von der Raumsonde Voyager 2.

Zur Opposition trennen Neptun 4357 Millionen Kilometer von der Erde, dies sind 29,12 A.E. oder vier Stunden und zwei Mi-

Konstellationen und Ereignisse

Datum	MEZ	Ereignis
4.	1^h	Erde im Aphel (Sonnenferne), Abstand Erde – Sonne 152,098 Millionen Kilometer
10.	19	Mond bei Neptun, Mond 2°,3 nördlich
11.	14	Mond bei Uranus, Mond 2°,5 nördlich
14.	20	**Mond bei Jupiter**, Mond 1°,0 südlich, **Abstand 3°,5 um 24^h**, Bedeckung
17.	4	Merkur in größter östlicher Elongation (27°)
17.	6	**Mond bei Saturn**, Mond 2°,2 südlich, **Abstand 3°,6 um 3^h**
18.	19	Jupiter im Stillstand, anschließend rückläufig
21.	13	**Mond bei Venus**, Mond 3°,8 südlich, **Abstand 6°,0 um 4^h**
22.	4	Mond bei Mars, Mond 4°,8 südlich
23.	21	**Neptun in Opposition zur Sonne**
24.	0	Merkur im Aphel
25.	15	Mond bei Merkur, Mond 2°,1 nördlich
30.	6	Merkur im Stillstand, anschließend rückläufig

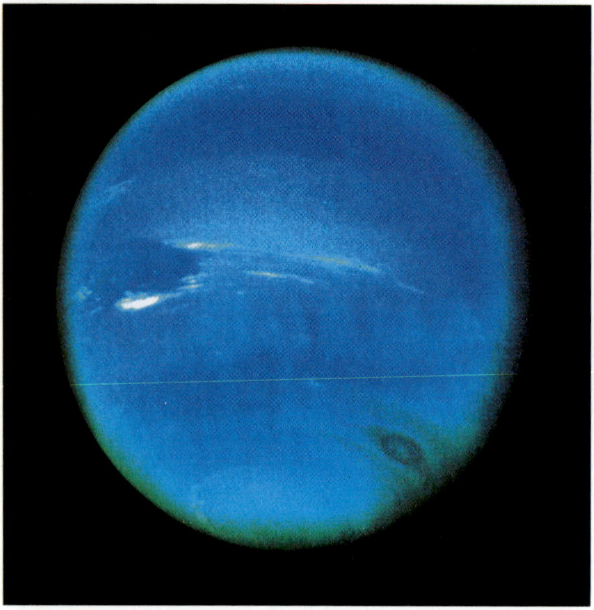

7.6: Der Planet Neptun, aufgenommen im August 1989 von Voyager 2.

nuten Lichtlaufzeit. Plutos Oppositionsdistanz von der Erde beträgt in diesem Jahr 4350 Millionen Kilometer. Somit ist uns zur Zeit Pluto näher als Neptun. Am Tag der Opposition ist Neptun 4509 Kilometer (= 30,14 A.E) von der Sonne entfernt, während Plutos Oppositionsdistanz in diesem Jahr 4498 Millionen Kilometer (= 30,07 A.E.) mißt.

PLANETOIDEN

PALLAS (2) wird am 26. in den Fischen „stationär" und nähert sich anschließend rückläufig ihrer Oppositionsstellung. Das „stationär" bezieht sich allerdings nur auf ihre Bewegung in Rektaszension: In Deklination eilt sie rasch südwärts (siehe Abb. 9.5 auf Seite 149). Zwar steigt ihre Helligkeit von $9^{\text{m}}{,}9$ auf $9^{\text{m}}{,}4$ durchaus beachtlich an, aber für kleinere Teleskope ist sie noch recht schwierig aufzufinden.

Periodische Sternschnuppenströme

Vom 20. bis 30. Juli leuchten die **Delta-Aquariden** auf, die zwischen 3^{m} und 5^{m} hell sind, also nicht besonders auffällig. Sie heißen auch *Juli-Aquariden*. Ihr Radiant liegt etwa 3° westlich von δ Aquarii. Das Maximum ist nicht in jedem Jahr am selben Tag zu erwarten. Für 1998 dürfte es am 28. Juli in den Stunden nach Mitternacht auftreten. Dies zu überprüfen ist sicher eine reizvolle Aufgabe für Amateurastronomen und Sternfreunde. Im Maximum sind etwa 30 Sternschnuppen pro Stunde zu erwarten.

Vom 15. Juli bis 10. August treten die **Alpha-Capricorniden** (Radiant im Steinbock) auf. Sie sind die ganze Nacht über beobachtbar. Der Ursprungskomet ist 45P/Honda-Mrkos-Pajdušáková (früher 1948 XII). Um das Maximum am 30. Juli sind nur etwa zwölf Objekte pro Stunde zu erwarten. Es handelt sich um recht langsame Meteore (im Mittel 23 Kilometer pro Sekunde).

Der Fixsternhimmel

Alle Bilder des Sommers stehen bereits über dem Horizont, wenn wir zu unserer Standardbeobachtungszeit mit unserer Himmelsbeobachtung beginnen. Der Sommerhimmel entfaltet nun seine volle Pracht.
Zunächst ist das Sommerdreieck zu nennen, das unübersehbar den Osthimmel bestimmt: die strahlendhelle, blauweiße Wega (mit Arktur gehört sie zu den beiden hellsten Sternen, die jetzt über dem Horizont stehen), dann Deneb am Ende des Sternenkreuzes, das den Schwan markiert und manchmal auch Kreuz des Nordens genannt wird, sowie Atair im Adler. Das Sternendreieck Wega – Deneb – Atair ist auch für Anfänger leicht zu entdecken und kann auch unter weniger guten Sichtbedingungen relativ leicht erkannt werden. Bootes mit dem orangeroten Arktur und die Jungfrau mit der bläulichen Spica sind die Leitbilder des westlichen Himmelsgewölbes. Tief im Westen geht der Löwe gerade unter.
Auf der Strecke zwischen den beiden hellsten Sternen Arktur – Wega stößt man auf den markanten Sternenhalbkreis der Nördlichen Krone (lat.: Corona Borealis) und das lichtschwache, etwas verstreut wirkende Sternbild Herkules, das gerade den Meridian passiert. In der

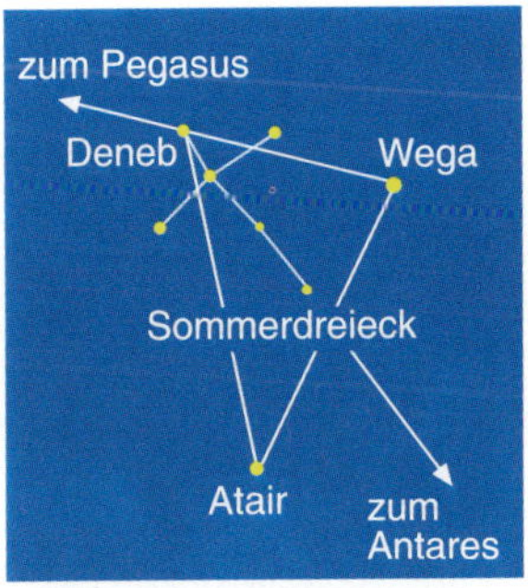

7.7: Das Sommerdreieck wird von den Sternen Wega in der Leier, Deneb im Schwan und Atair im Adler gebildet.

Nördlichen Krone sticht ein Stern heraus, der heller ist als die übrigen: es ist Gemma (α Coronae Borealis), der funkelnde Edelstein im Diadem.
Tief im Süden marschiert gerade der Skorpion durch die Mittagslinie. Auffallend rot leuchtet Antares, ein Stern erster Größenklasse und Hauptstern des Tierkreisbildes Skorpion. Antares heißt soviel wie „marsähnlicher Stern", fälschlicherweise oft als „Gegenmars" gedeutet. Er ist Mars in der Färbung nämlich sehr ähnlich und steht außerdem in der Nähe der scheinbaren Sonnenbahn, der Ekliptik. Zwischen der Jungfrau im Südwesten und dem Skorpion im Süden liegt das Tierkreisbild Waage (lat.: Libra). Die Waage ist nicht besonders auffällig und leicht zu übersehen.
Vom Skorpion zieht sich die Sonnenbahn weiter durch ein kleines Stück des südlichen Schlangenträgers in den Schützen, der tief am Südhorizont auszumachen ist. Mond und Planeten erreichen also am abendlichen Sternenhimmel nur geringe Höhen, da sich die südlichen Teile der Ekliptik über dem Horizont befinden.
Lassen wir den Blick zurück zum Herkules schweifen, dessen nördliche Partien bis zum Zenit reichen. In dieser günstigen Position sollte sich der fortgeschrittene Sternfreund einmal der Mühe unterziehen, die einzelnen Mitgliedssterne des Herkules zu identifizieren und sich in das Gesamtbild „hineinzudenken". Im Herkules findet sich auch der berühmte Kugelhaufen M 13, der bei guten Sichtbedingungen schon mit bloßen Augen als schwaches Lichtfleckchen zu erkennen ist.
Noch schwieriger als der Herkules ist der Schlangenträger zu erkennen, der jetzt ebenfalls im Meridian steht, und zwar südlich vom Herkules. Der Schlangenträger hält außerdem das Ungetüm von Schlange (lat.: Serpens). Der Kopf der Schlange reicht bis an die Nördliche Krone heran. Im Osten erstreckt sich der Schwanz der Schlange bis zum Sternbild Adler – eine Kette schwacher Sterne zielt direkt auf den hellen Atair.
Weil wir gerade bei lichtschwachen Sternbildern sind: Auch

Veränderliche Sterne

Algol-Minima	6. 1^h47^m	8. 22^h35^m	26. 3^h27^m	29. 0^h15^m	31. 21^h04^m	
β-Lyrae-Minima	1. 19^h	14. 17^h	27. 16^h			
δ-Cephei-Maxima	4. 19^h	10. 4^h	15. 12^h	20. 21^h	26. 6^h	31. 15^h
Mira-Helligkeit	10^m, Minimum Ende Juli					

FIXSTERNE

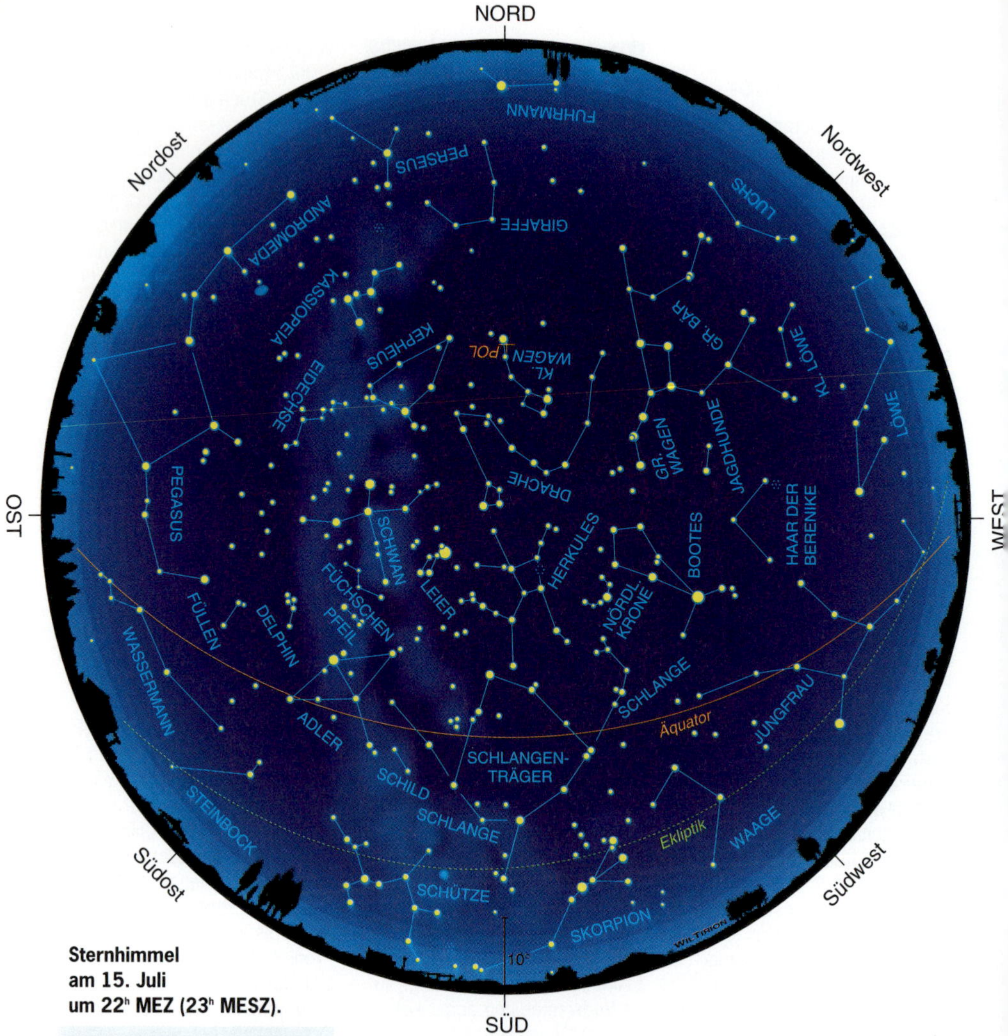

Sternhimmel
am 15. Juli
um 22h MEZ (23h MESZ).

Fixsternhimmel auch gültig für:	MEZ	MESZ
15. 4.	4h	5h
1. 5.	3	4
15. 5.	2	3
1. 6.	1	2
15. 6.	0	1
1. 7.	**23**	**24**
15. 7.	**22**	**23**

den Drachen sollte man einmal gefunden haben! Zwar ist der Drache (lat.: Draco) als Zirkumpolarsternbild das ganze Jahr über sichtbar, aber gegenwärtig steht er – genauer: sein Kopf – fast im Scheitelpunkt. Von hier schlängelt sich der Drache um den Nordpol der Ekliptik zwischen Kleinem und Großem Wagen hindurch. Sein Schwanz deutet auf das wenig bekannte Bild Giraffe.
Die Milchstraße steigt im Süden zwischen Skorpion und Schütze empor in Richtung Adler, sie geht durch Schwan und Kassiopeia zum Nordpunkt am Horizont, wo man noch die helle Kapella im Fuhrmann erspähen kann.

Hale-Bopp, der große Komet von 1997

Helle Kometen sind seltene Erscheinungen. Im Frühjahr 1997 erschien der „Jahrhundertkomet". So wurde er mindestens von den Gazetten genannt. Entsprechend waren auch die Reaktionen. Sektenmitglieder begingen kollektiven Selbstmord, andere verkündeten das Auftauchen eines außeridischen Raumschiffes, das – getarnt durch die gewaltige Staubwolke der Kometenkoma – sich der Erde nähern solle. Auch den Titel „Riesenkomet" erhielt Komet Hale-Bopp, was der Realität schon eher entspricht. Auf alle Fälle sorgte er für einen gewaltigen Medienrummel. Millionen Menschen, die sonst kaum zum gestirnten Himmel blicken, sahen diesen eindrucksvollen Schweifstern. Zahlreiche Bücher wurden gedruckt, wobei freilich weniger die interessante und beobachtenswerte Erscheinung dieses hellen Kometen im Vordergrund stand, sondern mehr auf kosmische Katastrophen und Gefahren aus dem All hingewiesen wurde.

Nach zwanzig mageren Kometenjahren erschien im Frühjahr 1996 recht unerwartet der Komet Hyakutake (C/1996 B2), der mit $0^{m}{,}7$ Maximalhelligkeit recht gut am abendlichen Nordhimmel zu sehen war. Hale-Bopp hingegen war ein echter Renner. Schade nur, daß er über zehnmal weiter von uns entfernt blieb als Hyakutake: Wäre Hale-Bopp uns so nahe gekommen wie Hyakutake, er wäre am irdischen Firmament zehnmal heller als die Venus gewesen. Doch trotz seiner großen Entfernung von der Erde und auch von der Sonne gab er eine imposante Erscheinung ab. Dies lag daran, daß Hale-Bopp ein wahrer Kaventsmann ist. Absolut gesehen ist er der dritthellste Komet, der jemals registriert wurde.

7.8: Komet Hale-Bopp aufgenommen am 31. März 1997 um 21:40 MEZ auf der Sternwarte Welzheim von Gertz/Weishaar, Beobachtergruppe Planetarium Stuttgart (Refraktor Triplett 25 cm Öffnung, f: 5,6). Deutlich erkennbar sind der helle Staubschweif und der bläuliche Gas(Ionen- oder Plasma-)schweif.

Kometen werden gerne als schmutzige Schneebälle bezeichnet. Ihre Kerne sind ein Konglomerat aus Gestein, Geröll, Staub und Eisenteilchen, die von gefrorenen Gasen wie Wassereis, Methan, Ammoniak sowie anderen Kohlenwasserstoff- und Kohlenstickstoffverbindungen zusammengehalten werden. Nicht immer sind die Verhältnisse eindeutig. Manche Astronomen sprechen von vereisten Schmutzbällen, weil Staub und Stein überwiegen. Wie dem auch sei, das eingängige Modell vom schmutzigen Schneeball stammt von dem amerikanischen Astronomen Fred Whipple, dem Nestor der Kometenforschung. Whipple, der am 5. November 1996 bei bester Gesundheit seinen 90. Geburtstag feierte, hat bereits in den 50er Jahren eine sehr genaue Beschreibung über den Aufbau und die Zusammensetzung von Kometenkernen gegeben. Er hat sein Modell aus den damals vorliegenden Daten über Kometen sorgfältig entwickelt. Es war ein grandioser Triumph und eine glänzende Bestätigung seiner Vorstellung vom „schmutzigen Schneeball" als Kometenkern, als die europäische Raumsonde Giotto im März 1986 in knapp 600 Kilometer Distanz den Kern des Halleyschen Kometen passierte und phantastische Nahaufnahmen zur Erde funkte.

Man sah auf den Bildern, wie an

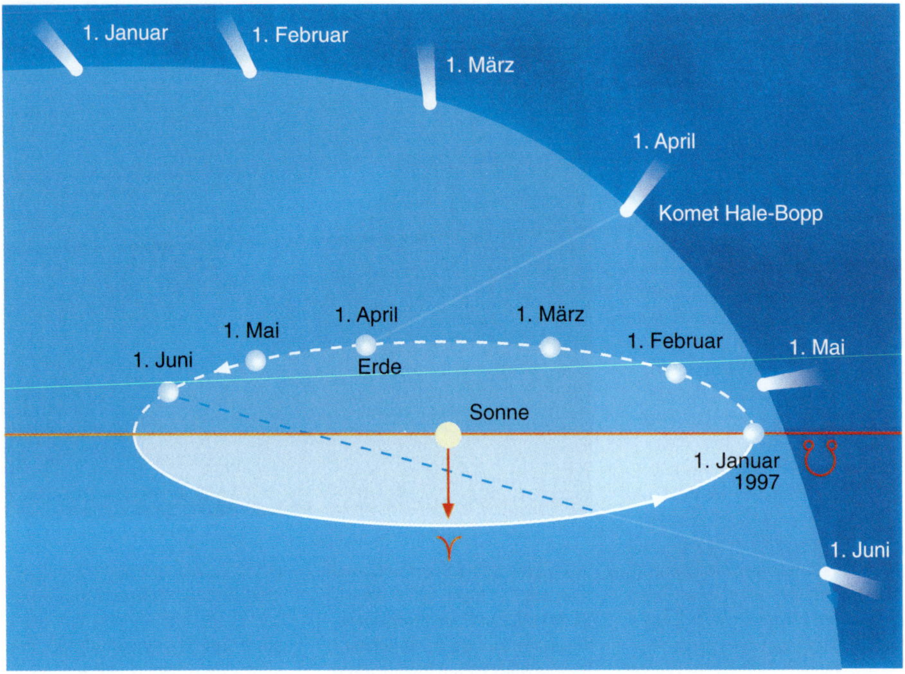

7.9: Räumliche Bahn des Kometen C/1995 01 Hale-Bopp.

einzelnen Stellen des pechschwarzen Kometenkerns (Albedo: 0,04!) Gas- und Staubstrahlen herausschießen.
Die meiste Zeit sind Kometenkerne, die typischerweise rund zehn Kilometer Durchmesser haben und damit, was ihre Größe betrifft, mit kleinen Planetoiden konkurrieren können, inaktiv. Erst wenn sie in die Nähe der Sonne kommen, beginnt durch die zunehmende Erwärmung der Verdampfungsprozeß: Der Kern hüllt sich in eine Wolke aus Gasen und Staub, die im Schnitt um die 100 000 Kilometer Durchmesser hat. Sie wird Koma genannt. Kern und Koma bilden den sogenannten Kometenkopf.
Der von der Sonne ausströmende Sonnenwind (bestehend aus elektrisch geladenen Partikeln, vornehmlich Elektronen, Protonen und Alphateilchen) treibt die Staubkörnchen und Gasmoleküle vom Kopf weg – ein Gas- und Staubschweif bildet sich, der weit über hundert Millionen Kilometer lang werden kann und aus dem winzigen Kometenkern eine imposante Erscheinung werden läßt. Die energiereiche, kurzwellige elektromagnetische Strahlung der Sonne, also das energiereiche Ultraviolettlicht und Röntgenstrahlung, ionisieren die Gasmoleküle in Koma und Schweif. Elektrisch geladene Moleküle und Atome nennt man Ionen, weshalb man auch vom Ionenschweif spricht, gelegentlich ebenso vom Plasmaschweif. Als Plasma bezeichnet man elektrisch leitendes Gas. Plasmaschweif und Staubschweif erscheinen fast immer getrennt, sofern sich überhaupt beide entwickeln. Denn außer dem Druck des Sonnenwindes und des Sonnenlichtes wirken auf die Teilchen im Schweif noch die Gravitationskräfte, die die Teilchen in die Kometenbahn zwingen möchten. Sie sind proportional der Masse der Teilchen und damit der dritten Potenz ihres Durchmessers, während die Wirkung des Sonnenwindes proportional dem Quadrat der Teilchendurchmesser ist, also der wirksamen

Querschnittsfläche. So spüren die Gasatome, -moleküle und Radikale die Gravitation fast überhaupt nicht, der Plasmaschweif ist kerzengerade von der Sonne weggerichtet, während der Staubschweif mehr oder minder stark gebogen ist. In gewissem Sinne ist ein Kometenschweif ein Massenspektrograph.

Als Hale-Bopp im Juli 1995 entdeckt wurde, befand er sich noch außerhalb der Jupiterbahn. Da er damals schon so hell war, daß man ihn in Amateurteleskopen trotz der großen Entfernung sehen konnte, mußte man schließen, daß es sich um ein besonders großes Exemplar handelt, das möglicherweise in Sonnennähe zu einem spektakulären Himmelsobjekt werden würde. „Möglicherweise", denn Kometenerscheinungen vorherzusagen ist eine heikle Sache. Schon oft hatte man sich blamiert. Doch Komet Hale-Bopp hielt seine Versprechungen, er wurde zu einer imposanten Erscheinung.

Wie eingangs betont, wäre er zu einer noch viel aufregenderen Erscheinung geworden, hätte er nur vier Monate früher sein Perihel passiert (siehe auch Abb. 7.9). Mit über 89° Neigung steht die Kometenbahn fast senkrecht auf der Erdbahnebene. Bei seiner geringsten Distanz von der Erde, die am 23. März 1997 erreicht wurde, blieb Hale-Bopp immerhin noch 197 Millionen Kilometer (= 1,315 A.E.) von uns entfernt, also rund 30% weiter weg als die Sonne.

Am 1. April 1997 passierte der Riesenkomet mit 158 000 Kilometer pro Stunde Geschwindigkeit seinen sonnennächsten Bahnpunkt. Seine Periheldistanz blieb mit 137 Millionen Kilometer (= 0,914 A.E.) vergleichsweise recht groß. Andere Kometen pirschten sich wesentlich näher an die Sonne heran. Anfang April erreichte Hale-Bopp mit -1^{m} seine maximale scheinbare Helligkeit. Damit kam er im Glanz fast an Sirius heran. Auch versierte Amateurastronomen hatten Probleme, seine Helligkeit zu schätzen, fehlen doch in diesem Bereich die Vergleichssterne. Da Hale-Bopp trotz der großen Erdentfernung so hell am irdischen Firmament erschien, schloß man auf eine große absolute Helligkeit. Unter „absoluter Helligkeit" eines Kometen versteht man die Helligkeit, die er in einer Normentfernung von 1 A.E. (= 1 Astronomische Einheit = 149,6 Millionen Kilometer) von der Sonne und gleichzeitg von der Erde hat. Mit $-1^{M}\!.3$ absoluter Helligkeit ist Hale-Bopp der dritthellste Komet, der je beobachtet wurde. Nur die Kometen Tycho von 1577 mit $-1^{M}\!.8$ und Sarabat von 1729 mit $-3^{M}\!.0$ wiesen eine noch größere absolute Helligkeit auf. Mit $+4^{M}\!.0$ ist der Halleysche Komet vergleichsweise lichtschwach. Im Durchschnitt liegen die absoluten Helligkeiten von Kometen zwischen 6^{M} und 8^{M}. Wäre Hale-Bopp so nahe an die Erde herangekommen wie ein Jahr zuvor Hyakutake, dann wäre er uns zehnmal heller als die Venus erschienen, und der Medienrummel wäre noch viel spektakulärer ausgefallen. Der Kometenschweif hätte fast den ganzen Himmel überspannt, Hale-Bopp wäre selbst am Tage mit bloßen Augen zu sehen gewesen, und nachts hätten alle Gegenstände in seinem strahlenden Licht sogar Schatten geworfen.

Der Kometenkern von Hale-Bopp ist mit geschätzten rund fünzig Kilometer Durchmesser dreimal so groß wie der von Halley. Bereits jenseits der Jupiterbahn begann der Entgasungsprozeß mit der Entwicklung einer Koma. In großem Umfang setzte die Gasproduktion ab einer Sonnendistanz von 2,9 A.E. und geringer ein. Wasserdampf, Kohlenmonoxid und Kohlendioxid wurden im Verhältnis 5 : 3 : 1 freigesetzt, einem ähnlichen Verhältnis, wie man es in den Bestandteilen von interstellaren Molekülwolken findet. Im Februar 1997 war die Gasproduktion bereits hundertmal höher als bei Halley in gleichem Sonnenabstand. Die Staubfreisetzung übertraf die aller anderen Kometen der letzten Jahre. Die maximale Produktionsrate im Perihel betrug tausend Tonnen Staub und 130 Tonnen Wasserdampf pro Sekunde (!).

Radioastronomisch konnten zahlreiche Moleküle teils neutral, teils einfach oder mehrfach ionisiert, sowie deren Radikale nachgewiesen werden, unter anderem Schwefeldioxid (SO_2), Schwefelkohlenstoff (CS), Blausäure (HCN), Acetylen (C_2H_2), Methylcyanid (CH_3CN), Methanol (CH_3OH) und Ameisensäure (HCOOH).

Im infraroten Spektralbereich konnte die Konsistenz der Staubpartikel näher erforscht werden, wobei vor allem das Infrarot-Weltraumteleskop ISO die wichtigsten Daten lieferte. Deutliche Emissionen im Infraroten aus der Koma belegen das Vorkommen von kristallinem Olivin $(MgFe)_2SiO_4$, das auch im oberen Erdmantel in größeren Mengen vorhanden ist, sowie weiterer Silikate, die auch darauf

schließen lassen, daß der Kometenstaub einst aufgeheizt war, vermutlich in der Frühphase des Sonnensystems vor 4,5 Milliarden Jahren. Auch in Staubscheiben um andere Sterne hat ISO bereits kristallines Olivin entdeckt. Neben kristallinen Partikeln wurden auch submillimetergroße Staubkörnchen mit amorphen Strukturen nachgewiesen.
Auf den meisten Aufnahmen erkennt man zwei Schweife von Hale-Bopp: Einen breiten, hell leuchtenden, leicht gekrümmten Staubschweif sowie einen schwachen, bläulichen und kerzengeraden Gas- bzw. Plasmaschweif. Im April 1997 wurde noch ein dritter Schweif entdeckt, der nur auf speziellen Gelbfilteraufnahmen sichtbar wurde. Es handelte sich dabei um Licht von Natriumatomen (man denke an das orangegelbe Licht von Natriumdampflampen!). Dieser Natriumschweif hatte eine Breite von 800 000 Kilometer und eine beobachtbare Länge von zwölf Millionen Kilometer. Danach wurde er so schwach, daß er nicht mehr nachweisbar war.
Der sichtbare Staubschweif erreichte eine Länge von 19°, der Ionenschweif hat auf den meisten Aufnahmen eine Längsausdehnung von 13°. Das Ende der Schweife war nicht scharf begrenzt, sondern ging allmählich in die interplanetare Materie über. Die nachweisbare Schweiflänge betrug über 100 Millionen Kilometer.
Der Kopf von Hale-Bopp zeigte eine sehr differenzierte Struktur. Bei höherer Vergrößerung sah man im Fernrohr mehrere konzentrische Bögen um den engeren Kopf, die teilweise korkenzieherartige Formen hatten. Wie man von den Nahaufnahmen des Kern vom Halleyschen Kometen weiß, schießen Staubfontänen und Gasstrahlen von einzelnen Aktivitätsgebieten des Kometenkerns ins All. Die Lichtbögen deuteten nichts anderes an als die Ausströmvorgänge an den heißen Stellen des rotierenden Kerns. Wie ein herumwirbelnder Gartenschlauch Wasser verspritzt, so erzeugte der taumelnde Kern von Hale-Bopp gewaltige Staubspiralen. Die Rotationszeit des Kerns wurde zu 1,2 Stunden bestimmt. Überlagert war zusätzlich noch eine Präzessionsbewegung. Mit rund tausend Kilometer pro Stunde Geschwindigkeit schoß an einzelnen Stellen je eine Staubfontäne aus dem torkelnden Kern und bewirkte damit die komplexe Struktur des inneren Kopfes, dessen Durchmesser rund 150 000 Kilometer erreichte.
Zunächst hatten einige Beobachter vermutet, daß der Kern von Hale-Bopp beim Periheldurchgang zerbrechen könnte. Diese Beobachtungen konnten nicht bestätigt werden.
Wahrscheinlich war Hale-Bopp der bestbeobachtete Komet in der Geschichte der Menschheit. Viele Millionen Menschen sahen diesen geschweiften Boten, die meisten von ihnen bekamen wohl erstmals einen Kometen zu Gesicht. Tausende Sternfreunde gewannen unzählige mehr oder minder tolle Fotos oder CCD-Aufnahmen von Hale-Bopp, seine Bilder wurden via Internet über den ganzen Globus verbreitet. Wann wird der Riesenkomet uns wieder begegnen?
Nach den jetzt vorliegenden Bahnelementen ergibt sich eine Umlaufszeit von 2400 Jahren. Daraus zu schließen, Hale-Bopp käme in 2400 Jahren wieder in Erdnähe, ist allerdings etwas leichtfertig. Denn die aus den gegenwärtig vorliegenden Beobachtungen abgeleiteten Bahnelemente sind sogenannte oskulierende Elemente, sie geben eine Kepler-Bahn nach dem momentanen Geschwindigkeitsvektor und der aktuellen Sonnendistanz an. Nicht berücksichtigt sind jedoch die sogenannten Störterme.
Nicht allein die Gravitationskräfte der Planeten verändern die Bahn. Sie sind wegen der starken Bahnneigung von Hale-Bopp eher gering. Aber Entgasungsprozesse bewirken einen zusätzlichen Schub und können die Bahn erheblich verändern. Bei einer numerischen Exzentrizität von e = 0,99**5** ergibt sich eine Umlaufszeit von knapp 2500 Jahren. Wird die Geschwindigkeit von Hale-Bopp nur ein wenig größer, so wird die Bahn langgestreckter. Bei e = 0,99**6** nimmt die Umlaufszeit um rund tausend Jahre zu, für e = 0,99**9** beträgt sie schon fast 28 000 Jahre. Erst wenn Hale-Bopp wieder weiter als Neptun von der Sonne entfernt sein wird, werden genügend astrometrische Daten vorliegen, um wenigstens das Jahrhundert angeben zu können, in welchem Hale-Bopp wieder durch das Perihel rasen wird. Bis dahin werden uns aber noch etliche andere helle Kometen besuchen, die Hale-Bopp sogar die Schau stehlen werden.

AUGUST 1998

Am 3.8. steht Uranus in Opposition zur Sonne, zwei Tage später zieht Venus an Mars vorbei, und eine Woche später erreichen die Perseiden ihr Maximum. Am 16.8. wird Saturn rückläufig, und zum Monatsende taucht Merkur am Morgenhimmel auf.

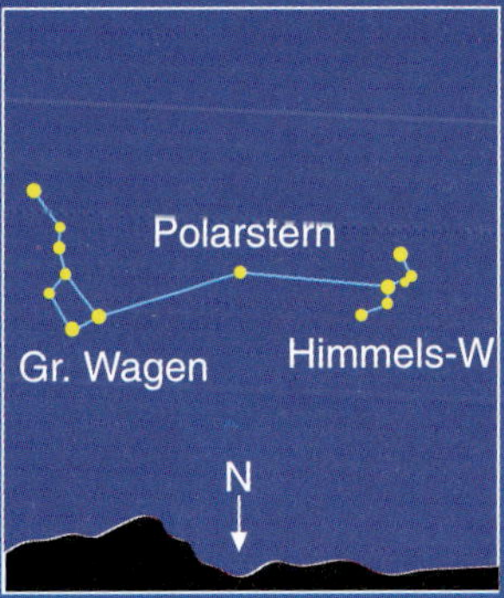

Großer Wagen und Himmels-W Anfang August um 22^h

8.1: Himmelsanblick am 10. August gegen 23^h MEZ (= 0^h MESZ). Tief am Osthimmel stehen Saturn und Jupiter, der Besuch vom abnehmenden Mond bekommt.

Sonnenlauf

10.8. 22^h^
Sonne tritt in das Sternbild Löwe
23.8. 9^h^
Sonne tritt in das Tierkreiszeichen Jungfrau

Julianisches Datum
am 1. August, 1^h^ MEZ: 2451026,5

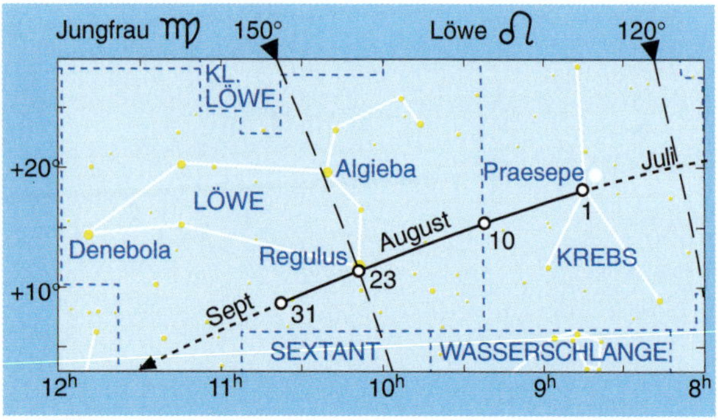

Tag	Dämmerg. Anfang	Aufgang MEZ	Kulmination	Untergang MEZ	Dämmerg. Ende	Mittagshöhe	Zeitgleichg.	Rektaszension	Deklination
	h m	h m	h m	h m	h m	°	m	h m	°
1.	3 19	4 49	12 26	20 03	21 32	58,0	–6	8 44	+18,1
5.	3 27	4 54	12 26	19 57	21 23	57,0	–6	8 59	+17,1
10.	3 37	5 02	12 25	19 48	21 12	55,5	–5	9 18	+15,7
15.	3 47	5 09	12 24	19 39	21 00	54,0	–4	9 37	+14,2
20.	3 57	5 17	12 23	19 29	20 48	52,4	–3	9 56	+12,6
25.	4 07	5 24	12 22	19 19	20 36	50,7	–2	10 14	+10,9
31.	4 18	5 33	12 20	19 07	20 22	48,6	0	10 36	+ 8,8

Tages- und Nachtstunden

5. August

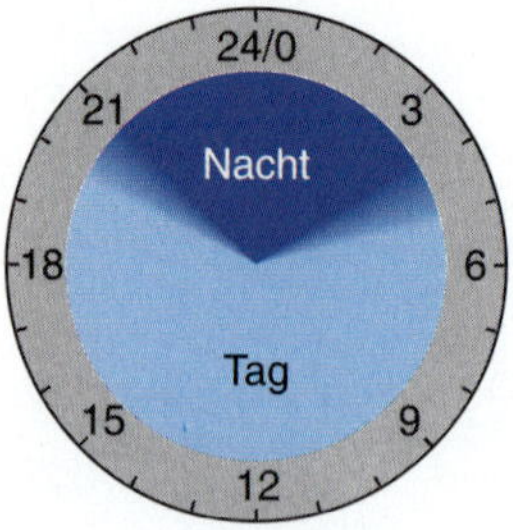

15. August

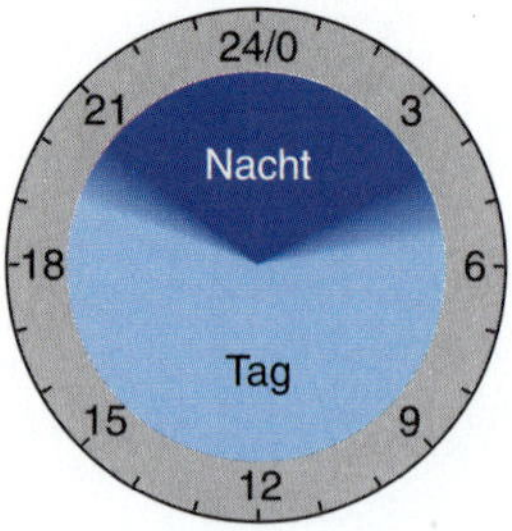

25. August

Mondlauf

Datum	Aufg. MEZ	Kulmination	Unterg. MEZ	Rektaszension	Deklination	Sterne und Sternbilder	Phase	MEZ
	h m	h m	h m	h m	°			
Sa 1.	14 02	19 08	–	14 52	−11,3	* Waage		
So 2.	15 04	19 54	0 06	15 40	−14,2	Waage	Größte Nordbreite	
Mo 3.	16 04	20 43	0 40	16 30	−16,5	Schlangenträger		
Di 4.	17 02	21 35	1 20	17 21	−18,2	Schlangenträger		
Mi 5.	17 55	22 28	2 07	18 15	−18,9	Schütze	Libration Ost	
Do 6.	18 44	23 23	3 02	19 11	−18,7	Schütze, Nunki		
Fr 7.	19 26	–	4 06	20 07	−17,4	Schütze		
Sa 8.	20 04	0 18	5 15	21 04	−15,1	Steinbock	**Vollmond**	**3h10m**
So 9.	20 37	1 12	6 29	22 01	−11,8	Wassermann	Absteigender Knoten	
Mo 10.	21 07	2 06	7 46	22 57	− 7,8	Wassermann		
Di 11.	21 37	2 59	9 03	23 52	− 3,3	Wassermann	Erdnähe 366/32,′6	13h
Mi 12.	22 06	3 52	10 20	0 47	+ 1,4	Walfisch		
Do 13.	22 37	4 45	11 36	1 42	+ 6,0	Fische		
Fr 14.	23 11	5 38	12 52	2 37	+10,2	Walfisch	**Letztes Viertel**	**20h48m**
Sa 15.	23 49	6 32	14 04	3 33	+13,8	Stier	Größte Südbreite	
So 16.	–	7 27	15 13	4 30	+16,5	Stier, Hyaden		
Mo 17.	0 34	8 22	16 15	5 27	+18,3	Stier		
Di 18.	1 25	9 18	17 10	6 24	+18,9	Alhena		
Mi 19.	2 22	10 11	17 56	7 20	+18,6	Zwillinge	Libration West	
Do 20.	3 23	11 04	18 36	8 15	+17,2	Krebs, Krippe		
Fr 21.	4 28	11 53	19 09	9 08	+14,9	Krebs		
Sa 22.	5 33	12 41	19 38	9 59	+11,9	Löwe, Regulus	**Neumond** Aufsteigender Knoten	**3h03m**
So 23.	6 38	13 26	20 04	10 48	+ 8,5	Löwe		
Mo 24.	7 42	14 10	20 28	11 35	+ 4,8	Löwe		
Di 25.	8 45	14 53	20 51	12 21	+ 0,9	Jungfrau		
Mi 26.	9 47	15 35	21 15	13 06	− 3,0	Jungfrau		
Do 27.	10 48	16 18	21 40	13 52	− 6,7	Spica	Erdferne 405/29,′5	7h
Fr 28.	11 50	17 02	22 07	14 37	−10,2	Waage		
Sa 29.	12 50	17 47	22 38	15 24	−13,2	Waage	Größte Nordbreite	
So 30.	13 50	18 34	23 14	16 12	−15,8	Skorpion	**Erstes Viertel**	**6h06m**
Mo 31.	14 48	19 23	23 57	17 03	−17,6	Schlangenträger		

Der Mond, der anfangs als zunehmender Halbmond erscheint, streift in der Vollmondphase den Halbschatten der Erde, was diesmal jedoch absolut unauffällig bleibt. Noch vor dem Letzten Viertel wandert er an Jupiter und Saturn vorbei und schiebt sich als Neumond vor die Sonne; die resultierende, ringförmige Sonnenfinsternis ist bei uns leider nicht zu sehen.

Planetenlauf

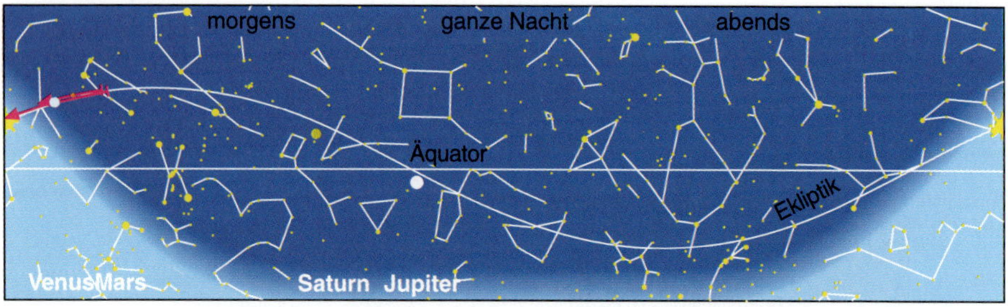

MERKUR eilt rückläufig auf die Sonne zu. Am 14. steht er in unterer Konjunktion mit ihr. Da er am gleichen Tag seine größte heliozentrische Südbreite erreicht, wandert er weit südlich der Sonnenscheibe vorbei. Am 23. beendet der flinke Planet seine Rückläufigkeit und wird wieder rechtläufig. Bereits zum Monatsende wird die größte westliche Elongation mit 18°11′ Winkelabstand von der Sonne erreicht. Der Abstand fällt relativ bescheiden aus, da Merkur Anfang September sein Perihel passiert. Trotzdem kommt es zu einer respektablen Morgensichtbarkeit. Vom 28. an lohnt es sich, am Morgenhimmel etwa eine halbe Stunde vor Sonnenaufgang nach dem flinken Planeten Ausschau zu halten. An diesem Tag erfolgt der Aufgang des $0\overset{m}{,}5$ hellen Merkur um 3^h56^m. Bis zur größten westlichen Elongation am 31. steigt die Merkurhelligkeit kräftig auf $-0\overset{m}{,}1$ an, der Merkuraufgang verlagert sich unwesentlich auf 3^h53^m (= 4^h53^m Sommerzeit). Auch im ersten Septemberdrittel ist Merkur noch am Morgenhimmel zu finden (siehe auch Abb. 9.2 und 9.3 auf Seite 148).
Am 26. begegnet Merkur dem Morgenstern. In den folgenden Tagen zieht er eine Schleife um ihn, und am 11. September kommt es dann zu einer engen Begegnung (siehe Abb. 8.2 unten).
Am Tag der größten westlichen Elongation ist Merkur 140 Millionen Kilometer (= 0,936 A.E.) von uns entfernt. Im Fernrohr zeigt sich das 7″,2 große Planetenscheibchen fast zur Hälfte beleuchtet.

VENUS kann am Morgenhimmel noch tief im Osten gesehen werden. Ihre Sichtbarkeitszeit verkürzt sich jedoch drastisch: Am 1. geht der Morgenstern um 2^h45^m (= 3^h45^m Sommerzeit) auf, am 15. um 3^h17^m und am 31. erst um 4^h02^m.

Die Venushelligkeit bleibt konstant bei $-3\overset{m}{,}9$. Im Teleskop zeigt sich das am Monatsende nur noch 10″,3 große Venusscheibchen fast voll beleuchtet – der Beleuchtungsgrad erreicht 96%. Der erfahrene Beobachter weiß damit, daß die obere Konjunktion nicht mehr weit ist.
Am 5. wandert Venus in 0°,8 südlichem Abstand an Mars vorbei, der allerdings nur unter hervorragenden Sichtbedingungen erkannt werden kann.
Am 26. kommt es zu einer Begegnung mit Merkur (siehe auch unter Merkur sowie Abb. 8.2 unten).

MARS gewinnt nur langsam an westlichem Winkelabstand von

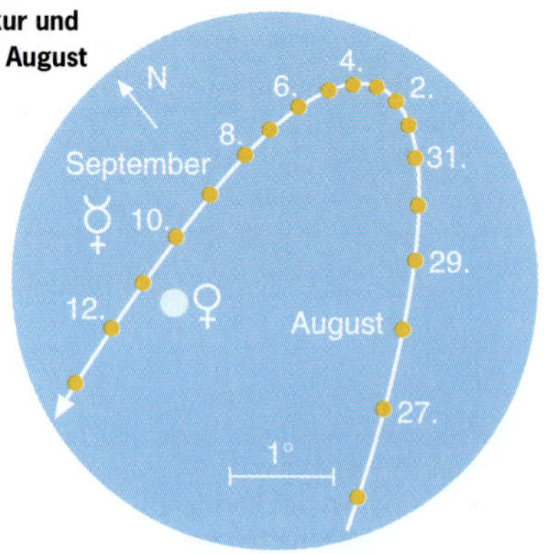

8.2: Begegnung von Merkur und Venus in der Zeit vom 26. August bis 13. September 1998 jeweils gegen 5^h MEZ (= 6^h MESZ). Fernglasanblick mit einem Gesichtsfelddurchmesser von rund 5°.

der Sonne, da sich beide Gestirne fast mit gleicher Geschwindigkeit scheinbar durch den Zodiakus (Tierkreis) bewegen. Bis Monatsende wächst seine westliche Elongation auf gut 31° an. Von der Monatsmitte an taucht der rote Planet tief am Nordosthorizont am Morgenhimmel auf (siehe auch Abb. 7.3 auf Seite 119).
Am 15. geht der $1^{m}{,}7$ helle Mars um 2^h43^m (= 3^h43^m Sommerzeit) auf. Etwa eine halbe Stunde später kann man ihn mit Aussicht auf Erfolg suchen, er hat sich dann über die ärgsten Dunstschichten am Horizont erhoben. Gegen 4^h30^m verblaßt Mars in der Morgendämmerung. Bis Monatsende verfrühen sich die Marsaufgänge auf 2^h36^m (= 3^h36^m Sommerzeit).
Für Fernrohrbeobachter gibt das nur 4″ große Marsscheibchen noch kaum Oberflächendetails zu erkennen.

JUPITER, rückläufig in den Fischen, wird zum Planeten fast der ganzen Nacht. Die Opposition ist nicht mehr fern, was man auch an der auf $-2^{m}{,}9$ ansteigenden Maximalhelligkeit bemerkt.
Der Riesenplanet verlagert seine Aufgänge in die frühen Abendstunden: Am 1. erscheint er um 21^h40^m (= 22^h40^m Sommerzeit) über der Horizontlinie, am 15. um 20^h44^m und am 30. schon um 19^h38^m. Die Sonne geht nur eine halbe Stunde vorher unter.
Am 11. begegnet der noch fast volle Mond dem Riesenplaneten (siehe Abb. 8.1 auf Seite 129). Auch diesmal wird Jupiter wieder vom Mond bedeckt, doch von unseren Gegenden bleibt das Ereignis abermals unbeobachtbar.
Die Entfernung von der Erde verringert sich im Laufe des Monats von 636 Millionen Kilometer (= 4,25 A.E.) auf 598 Millionen Kilometer (= 4,00 A.E.)

SATURN im Walfisch wird am 16. stationär. Er leitet damit seine Oppositionsperiode ein. Nach dem 16. wandert er rückläufig durch den Tierkreis. Bis zum Monatsende ist von der Rückläufigkeit allerdings nicht viel zu beobachten. Saturn tritt fast auf der Stelle (siehe Abb. 10.3 auf Seite 167).
Allmählich macht sich die nahende Opposition bemerkbar. Die Saturnhelligkeit steigt um $0^{m}{,}2$ an, die Aufgänge verschieben sich in die Abendstunden: Am Monatsende geht Saturn bereits etwa eine halbe Stunde nach Einbruch der Dunkelheit auf.
Am 1. erfolgt der Aufgang des Ringplaneten um 22^h54^m, am 15. um 21^h59^m und am 31. schon um 20^h56^m (= 21^h56^m Sommerzeit).
Am 31. beträgt die Saturnentfernung von der Erde 1300 Millionen Kilometer (= 8,69 A.E.).

URANUS steht in den Morgenstunden des 3. in **Opposition** zur Sonne. Die Zeit um die Opposition bietet die günstigsten Beobachtungsbedingungen für den mit $5^{m}{,}7$ nicht gerade auffälligen Planeten. Der grünliche Planet wandert rückläufig im Steinbock (siehe Abb. 7.5 auf Seite 121).
In der Nacht der Opposition geht Uranus um 19^h53^m (= 20^h53^m Sommerzeit) auf, passiert um 0^h28^m den Meridian und geht um 4^h59^m wieder un-

Konstellationen und Ereignisse

Datum	MEZ	Ereignis
3.	8^h	**Uranus in Opposition zur Sonne**
5.	4	**Venus bei Mars**, Venus 0°,8 südlich, **Abstand 0°,8 um 4^h**
7.	2	Mond bei Neptun, Mond 2°,4 nördlich
7.	20	Mond bei Uranus, Mond 2°,6 nördlich
8.	3	**Halbschattenfinsternis des Mondes** (siehe Seite 27)
11.	1	**Mond bei Jupiter**, Mond 0°,9 südlich, **Abstand 1°,8 um 1^h**, Bedeckung
13.	13	**Mond bei Saturn**, Mond 2°,2 südlich, **Abstand 4°,6 um 5^h**
14.	1	Merkur in unterer Konjunktion mit der Sonne
16.	17	Saturn im Stillstand, anschließend rückläufig
18.	20	Pluto stationär, anschließend rechtläufig
19.	21	Mond bei Mars, Mond 3°,8 südlich
20.	15	Mond bei Venus, Mond 2°,7 südlich
21.	3	Mond bei Merkur, Mond 1°,9 nördlich
22.	2	Ringförmige Sonnenfinsternis, von Mitteleuropa aus unbeobachtbar (siehe Seite 28)
23.	6	Merkur im Stillstand, anschließend rechtläufig
26.	0	Merkur bei Venus, Merkur 2°,7 südlich, Abstand 2°,6 um 5^h
31.	10	Merkur in größter westlicher Elongation (18°)

ter. Bis zum Monatsende verfrühen sich die Uranusuntergänge auf 3^h03^m (= 4^h03^m Sommerzeit).
Zur Opposition ist Uranus 2821 Millionen Kilometer von der Erde entfernt, das sind 18,86 A.E. Das Licht braucht somit zwei Stunden und 37 Minuten, um zur Erde zu gelangen.
Von der Sonne beträgt die Oppositionsdistanz des Uranus 2972 Millionen Kilometer (= 19,87 A.E.).
Bei starker Vergrößerung zeigt Uranus im Teleskop ein kleines, grünliches Scheibchen mit einem $3''.7$ großen, scheinbaren Durchmesser. Einzelheiten auf der wolkenverhangenen Uranuskugel sind selbst mit großen Fernrohren nicht zu erkennen.

NEPTUN, rückläufig im Gebiet Steinbock/Schütze, hat seine Opposition gerade hinter sich. Nach Beginn der vollständigen Nachtdunkelheit kann man den $7^m.9$ lichtschwachen Planeten mit leistungsstarkem Fernglas oder Teleskop schon in Meridiannähe aufspüren. Am 1. geht Neptun um 23^h49^m durch den Meridian, am 15. um 22^h53^m; am 31. schließlich kulminiert Neptun bereits um 21^h48^m (= 22^h48^m Sommerzeit). Vom Morgenhimmel zieht sich Neptun entsprechend zurück. Geht der sonnenferne Planet am 1. noch um 4^h16^m unter, so erfolgt sein Untergang am 31. bereits um 2^h14^m (= 3^h14^m Sommerzeit). Die Kulminationshöhe beträgt bescheidene 20°.

PLUTO beendet am 18. seine Rückläufigkeit in Rektaszension und wird wieder rechtläufig (siehe auch Abb. 5.3 auf Seite 91).

Jupitermond-Erscheinungen

Tag	MEZ h	MEZ m	Vorgang	
1.	0	28	I	VA
	3	45	I	BE
	22	38	I	DA
	23	51	I	SE
2.	0	51	I	DE
	22	12	I	BE
4.	4	03	II	SA
5.	22	10	II	VA

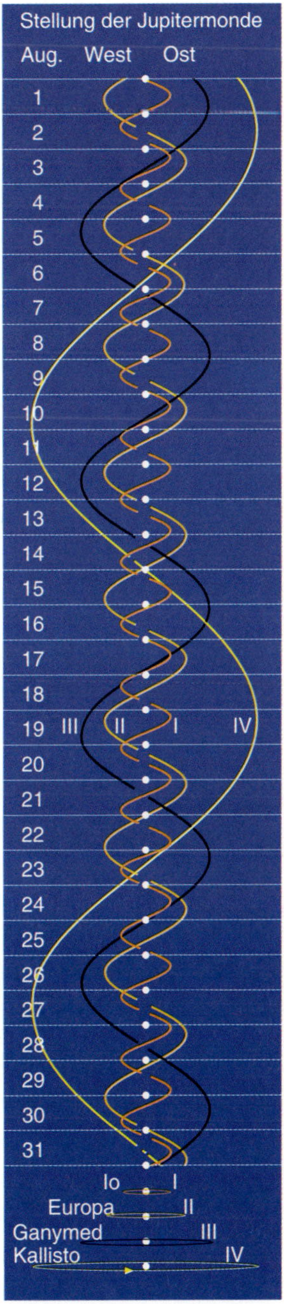

6.	2	48	II	BE
	22	28	III	VA
7.	1	49	III	VE
	2	26	III	BA
	21	51	II	DE
8.	2	22	I	VA
	23	30	I	SA
9.	0	25	I	DA
	1	45	I	SE
	2	38	I	DE
	23	58	I	BE
13.	0	46	II	VA
14.	2	29	III	VA
	21	33	II	DA
	22	39	II	SE
15.	0	10	II	DE
	4	16	I	VA
16.	1	24	I	SA
	2	11	I	DA
	3	40	I	SE
	22	44	I	VA
17.	1	43	I	BE
	22	08	I	SE
	22	42	III	DE
	22	51	I	DE
20.	3	23	II	VA
21.	22	32	II	SA
	23	50	II	DA
22.	1	14	II	SE
	2	27	II	DE
23.	2	02	IV	SA
	3	19	I	SA
	3	56	I	DA
	4	43	IV	SE
24.	0	39	I	VA
	3	28	I	BE
	20	37	III	SA
	21	47	I	SA
	22	22	I	DA
	23	02	III	DA
	23	55	III	SE
25.	0	03	I	SE
	0	36	I	DE
	2	03	III	DE
	21	54	I	BE
29.	1	07	II	SA
	2	05	II	DA
	3	50	II	SE
30.	22	51	II	BE
31.	2	33	I	VA
	23	42	I	SA

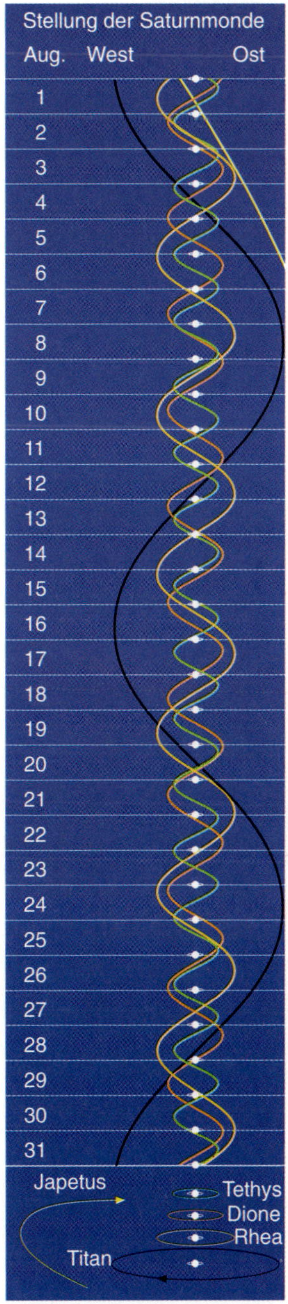

PLANETOIDEN

CERES (1) eilt durch den Stier und dringt mitten in die Hyaden ein (siehe Abb. 10.5 auf Seite 170). Noch ist Ceres recht unscheinbar – ihre Helligkeit steigt lediglich leicht von $9\overset{m}{,}0$ auf $8\overset{m}{,}8$ an. Am 1. geht Ceres um 0^h29^m (= 1^h29^m Sommerzeit) auf und kulminiert um 7^h42^m, am 31. erfolgt der Ceresaufgang schon um 22^h51^m und die Kulmination um 6^h16^m (= 7^h16^m Sommerzeit).

PALLAS (2) wandert rückläufig in den Fischen ihrer Opposition entgegen, wobei sie schnell nach Süden strebt (siehe Abb. 9.5 auf Seite 149). Sie steuert dabei auf Jupiter zu, der als erste Orientierung beim Aufsuchen von Pallas dienlich sein kann. Allerdings ist Pallas noch recht lichtschwach. Im Laufe des Monats nimmt ihre Helligkeit von $9\overset{m}{,}4$ auf $8\overset{m}{,}8$ merklich zu, so daß auch kleinere Instrumente den 2. Planetoiden zeigen können.

Am 1. kulminiert Pallas um 3^h40^m (= 4^h40^m Sommerzeit), am 15. um 2^h41^m und am 31. schon um 1^h30^m. Die Aufgänge von Pallas verfrühen sich im Laufe des Monats von 21^h06^m am 1. auf 19^h19^m (= 20^h19^m Sommerzeit) am 31.

EUNOMIA, Planetoid Nr. 15, kommt Mitte November in Opposition zur Sonne, wobei sie dann mit einer Oppositionshelligkeit von $7\overset{m}{,}9$ auch kleineren Instrumenten zugänglich ist. Zur Zeit ist Eunomia noch recht lichtschwach. Während des Monats steigt ihre Helligkeit von $9\overset{m}{,}6$ auf $9\overset{m}{,}1$ an. Sie läuft zwischen Widder und (nördlichem) Dreieck rechtläufig hindurch und strebt immer nördlicheren Gefilden zu (siehe auch Abb. 10.4 auf Seite 170). Am 1. erfolgt die Kulmination von Eunomia um 6^h00^m (= 7^h00^m Sommerzeit), am 15. um 5^h23^m und am 31. schon um 4^h37^m.

Periodische Sternschnuppenströme

Der wohl aktivste Sternschnuppenmonat ist der August. In seinen lauen Sommernächten sind besonders viele Meteore zu sehen. Die Ursache liegt in den **Perseiden**, deren maximale Tätigkeit zwischen dem 10. und 14. August liegt. Helle Objekte (um 0^m und heller, sogenannte Feuerkugeln oder Boliden) sind keine Seltenheit. Als schönster und reichster Strom des Jahres bescheren die Perseiden bis zu 70 Sternschnuppen pro Stunde. Ihren Ursprung führen die Perseiden auf den Kometen 109P/Swift-Tuttle (früher: 1862 III) zurück. Die beste Beobachtungszeit liegt zwischen 22^h und 4^h morgens. Die Perseiden-Sternschnuppen sind mit 60 Kilometer pro Sekunde recht schnelle Objekte. Im Volksmund heißen sie auch Laurentius-Tränen nach dem Märtyrer Laurentius (gest. 258 n. Chr.).

Zu erwähnen sind noch die **Kappa-Cygniden**, deren Radiant im Sternbild Schwan liegt. Sie sind vom 9. August bis 6. Oktober aktiv, bilden allerdings keinen besonders reichen Strom. Zur Zeit des Maximums um den 18. August ist nur mit etwa fünf bis zehn Meteoren pro Stunde zu rechnen. Mit 25 Kilometer pro Sekunde mittlerer Geschwindigkeit zählen die Cygniden zu den langsamen Sternschnuppen. Die Umlaufszeit dieses Stromes beträgt sieben Jahre; der Ursprungskomet dürfte sich aufgelöst haben.

Der wenig bekannte Strom der **Cepheiden** macht sich um den 18. August herum bemerkbar. Die Frequenz ist gering, nämlich nur zehn Objekte pro Stunde. Vermutlich sind die Cepheiden ein Zweigstrom der Cygniden.

Der Fixsternhimmel

Der sommerliche Charakter des Sternenzelts hat sich kaum verändert, wenn auch im Vergleich zum Vormonat Arktur schon tiefer im Westen zu finden ist, während im Osten das Pegasusquadrat aufgegangen ist, das – wie sein Beiname Herbstviereck erkennen läßt – die kommende Jahreszeit andeutet.
Hoch im Süden nimmt das Sommerdreieck mit Wega, Deneb und Atair seine Position ein. Die Wega steht nun fast senkrecht über unseren Köpfen. Herkules, Krone und Schlangenträger mit der Schlange sind in der westlichen Hemisphäre zu sehen. Der Skorpion mit dem roten Antares neigt sich tief im Südwesten bereits dem Untergang zu. Auch der Große Wagen verliert an Höhe und befindet sich im absteigenden Teil seiner Bahn um den Polarstern, während diametral gegenüber die Kassiopeia, das Himmels-W, emporsteigt. Tief im Norden leuchtet horizontnah die Kapella.
Im Südosten sieht es recht düster aus – hier fehlen helle Sterne ganz. Nur die schwachen Sterne der Tierkreisbilder Steinbock und Wassermann nehmen gegenwärtig dieses Areal ein. Tief im Süden kulminiert gerade der Schütze. Im Bereich des Schützen und des Schildes ist die sommerliche Milchstraße besonders hell.
Überhaupt ist das Lichtband der Milchstraße jetzt günstig zu beobachten, spannt es sich doch in hohem Bogen über das Firmament: Ausgehend vom Südhorizont steigt die Milchstraße durch Schütze, Adler und Schwan empor und geht über Kepheus und Kassiopeia zum Nordhorizont hinunter.
Das Sternbild Schild (lat.: Scutum), das zwischen Schütze und Adler liegt, ist ein neuzeitliches Sternbild. Es wurde erst im 17. Jahrhundert von Hevelius zur Erinnerung an die Befreiung Wiens von der türkischen Belagerung im Jahre 1683 eingeführt. Es soll das Wappenschild des Polenkönigs Sobieski darstellen.

OBJEKTE FÜR FELDSTECHER UND FERNROHR

Einer der schönsten Doppelsterne, die schon im Fernglas leicht zu trennen sind, ist Albireo, der Kopfstern des Schwans (β Cygni). Er liegt etwa im Schwerpunkt des Sommerdreiecks und zeigt einen eindrucksvollen Farbkontrast. Die $3\overset{m}{,}1$ helle, rötliche Komponente hat in $34\overset{''}{,}6$ Distanz einen $5\overset{m}{,}1$ hellen blauweißen Begleiter.
Ebenfalls schon im Fernglas zu trennen, theoretisch sogar mit bloßen Augen, ist ε Lyrae, der berühmte Vierfachstern in der Leier knapp neben der gleißend hellen Wega. ε_1 und ε_2 sind jeweils Doppelsterne mit $2\overset{''}{,}7$ bzw. $2\overset{''}{,}3$ Distanz. Jeder einwandfreie Dreizöller sollte diese beiden Paare trennen.
Ein weiterer Leckerbissen für den Feldstecherbeobachter ist der Dreifachstern $o_{1,2}$ im Schwan, der auch einen schönen Farbkontrast zeigt. $o_{1,2}$ Cygni liegt etwa in der Mitte der Verbindungslinie Deneb – δ Cygni.
Im Schwan findet sich auch der berühmte Doppelstern Nr. 61, der erste Stern, dessen Entfernung exakt gemessen wurde. Der Königsberger Astronom F. W. Bessel bestimmte im Jahre 1838 die Entfernung von 61 Cygni zu 11 Lichtjahren. Schon im Feldstecher ist 61 Cygni zu sehen und auch zu trennen. Die Komponenten sind $5\overset{m}{,}4$ und $6\overset{m}{,}0$ hell und stehen in 29″ Distanz. Beide Sterne leuchten rötlich.
Zwischen β und γ Lyrae liegt M 57, als Ringnebel in der Leier bekannt. Im Zweizöller sieht man aber nur ein schwaches Lichtfleckchen, die Ringstruktur wird erst in größeren Instrumenten sichtbar.
Ein leicht zu findender Kugelhaufen ist M 15 im Pegasus. Er wurde von J. D. Maraldi im Jahre 1746 entdeckt. M 15 liegt zwischen ε Peg und β Equ. Seine Entfernung wurde zu 30 000 Lichtjahren bestimmt.
Im Zentrum des Schlangenträgers (Ophiuchus) liegt M 10, ein weiterer Kugelhaufen, der schon im Fernglas gesehen werden kann. Im Teleskop ab zehn Zentimeter Öffnung sind

Veränderliche Sterne

Algol-Minima	15. 5^h07^m	18. 1^h55^m	20. 22^h44^m	23. 19^h32^m	
β-Lyrae-Minima	9. 14^h	22. 13^h			
δ-Cephei-Maxima	5. 24^h	11. 8^h	16. 17^h	22. 2^h	27. 11^h
Mira-Helligkeit	10^m – 9^m, steigend				

FIXSTERNE

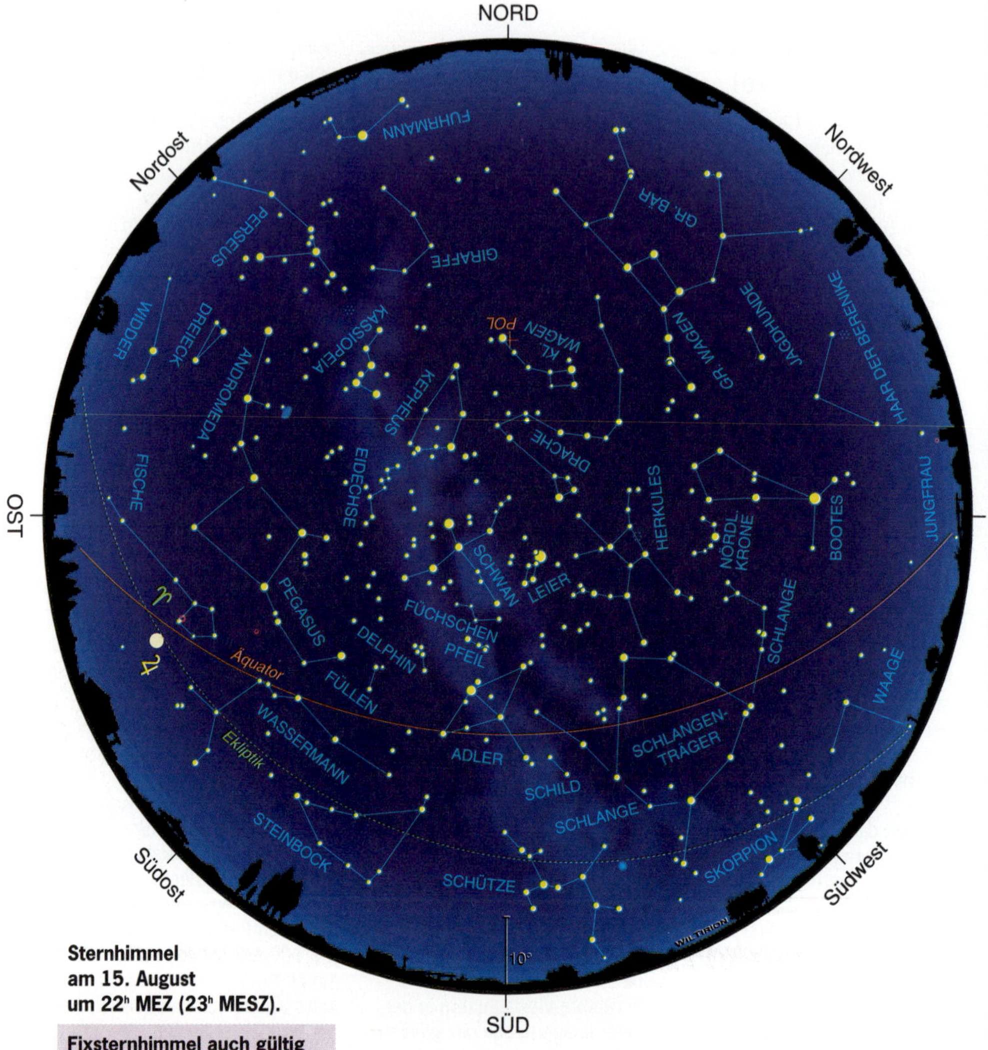

Sternhimmel am 15. August um 22^h MEZ (23^h MESZ).

Fixsternhimmel auch gültig für:	MEZ	MESZ
15. 6.	2^h	3^h
1. 7.	1	2
15. 7.	0	1
1. 8.	**23**	**24**
15. 8.	**22**	**23**
31. 8.	**21**	**22**
15. 9.	20	21
30. 9.	19	20

einzelne Sterne in den Randpartien auszumachen.
Etwa $3^1/_2°$ nordwestlich von M 10 findet man M 12, einen ähnlichen Kugelhaufen, was die Ausdehnung und Helligkeit betrifft. M 12 ist nur wenig lichtschwächer als M 10.
Besonders lohnenswert für Feldstecher- und Fernrohrbesitzer ist die Milchstaßengegend in den Sternbildern Adler, Pfeil, Schild und Schütze. Hier wimmelt es nur so von Sternhaufen und Gasnebeln. Um nur einige Beispiele zu nennen: Offene Haufen sind M 18, M 21, M 23, M 24, M 25, Kugelhaufen sind M 22, M 28, M 54, M 60, M 70, Gasnebel sind M 8 (Lagunen-Nebel), M 16 (Adler-Nebel), M 17 und M 20 (Trifid-Nebel).

Vorschau auf die totale Sonnenfinsternis vom 11. August 1999

In einem Jahr ist es soweit: Am 11. August 1999 findet in Deutschland und Österreich die erste und einzige totale Sonnenfinsternis in diesem Jahrhundert statt, ein wahrhaft astronomisches Spitzenereignis, das auf große Resonanz in der Bevölkerung stoßen wird. Nicht nur die Bewohner Mitteleuropas werden von hier aus dieses kosmische Schattenspiel verfolgen wollen. Schon jetzt haben sich zahlreiche Reisegruppen aus Nordamerika und Japan angemeldet, um die totale Verfinsterung der Sonne zu erleben. Einzelne Hotels sind schon ausgebucht. International wird diese Finsternis als „Great European Eclipse" bezeichnet, als „große Europäische Finsternis". Sie ist die letzte totale Sonnenfinsternis in diesem Jahrhundert, denn im Jahre 2000 ereignet sich keine. Letztmals zog der Kernschatten des Mondes am 15. Februar 1961 über Europa hinweg. Damals verlief die Totalitätszone über Norditalien, die Adria und die nördlichen Gebiete des ehemaligen Jugoslawiens. Im deutschsprachigen Raum wurde die Sonne zwar zu über neunzig Prozent vom Mond bedeckt, aber die Finsternis war eben nicht total. Die letzte von Deutschland aus zu sehende totale Sonnenfinsternis fand am 19. August 1887 statt. Damals erstreckte sich die Totalitätszone beginnend bei Leipzig und Magdeburg über Berlin und Frankfurt an der Oder, das damals fast genau auf der Zentrallinie lag, weiter über Polen und

8.3: Serienaufnahme der totalen Sonnenfinsternis vom 24. Oktober 1995 aufgenommen von Ottó Faragó, Sternwarte Stuttgart.

Ostpreußen, knapp südlich an Königsberg vorbei. In Berlin begann die Finsternis kurz nach Sonnenaufgang. Leider verhinderten dichte Wolkenbänke eine Beobachtung der verdunkelten Sonne.

Sollte die totale Sonnenfinsternis vom 11. August 1999 wegen Bewölkung bei uns nicht beobachtbar sein, muß man lange warten, bis die nächste totale Sonnenfinsternis eintritt, bei der die Totalitätszone Deutschland überstreicht: Erst am 7. Okto-

8.4: Verlauf der totalen Sonnenfinsternis vom 11. August 1999 in Europa.

ber 2135 wird die Kernschattenspitze des Mondes über Hamburg und Berlin ziehen und nördlich von Prag und Budapest vorbeilaufen. Im 21. Jahrhundert gibt es gar keine totalen Sonnenfinsternisse in Deutschland zu sehen, lediglich eine ringförmige am 23. Juli 2093, wobei die Zone der ringförmigen Phase über Nord- und Mitteldeutschland geht. Bei der totalen Finsternis vom 3. September 2081 streift die Totalitätszone die Schweiz, Deutschland wird von ihr allerdings nicht berührt.

FASZINIERENDES SCHAUSPIEL

Totale Sonnenfinsternisse sind faszinierende Himmelsschauspiele. Wer je eine erlebt hat, wird dieses wahrhaft kosmische Ereignis nicht so schnell vergessen. Mitten am Tag wird es plötzlich dunkel, Vögel verstummen, Tiere legen sich schlafen, die Luft kühlt merklich ab, rundum glimmt der Horizont in einem fahlen, gelblichen Licht. Die helleren Sterne und Planeten leuchten plötzlich am blauschwarzen Firmament auf, und um die Sonne erscheint ein Strahlenkranz aus einem blassen, unwirklich erscheinenden Licht, die sogenannte Korona. Die Korona ist die äußerste Atmosphärenschicht der Sonne, eine äußerst dünne, aber Millionen Grad heiße Gashülle. Im Fernglas oder Teleskop erkennt man am dunklen Mondrand feine, pinkfarbene Flammenzungen hervorbrechen, die sogenannten Protuberanzen, gewaltige Materieeruptionen auf der Sonnenoberfläche. Nur wenige Minuten hält die Totalität an, dann ist sie schon wieder vorbei, der Mond beginnt nach und nach die Sonnenscheibe wieder freizugeben. Die meisten Menschen werden von einer totalen Sonnenfinsternis emotional berührt. Von ehrfürchtigem Staunen bis zu ängstlichen, depressiven Gefühlen wird berichtet. Selbst nüchterne Astronomen wurden gelegentlich von dem Gesehenen so überwältigt, daß sie vergaßen, ihre Beobachtungsprogramme durchzuführen. Deshalb empfiehlt es sich, möglichst vollautomatische Beobachtungsprogramme ablaufen zu lassen, um sich ganz dem faszinierenden Staunen hingeben zu können, die Finsternis schlicht zu erleben. In dürren Worten lassen sich die Eindrücke einer totalen Sonnenfinsternis auf die Beobachter kaum beschreiben. Am besten ist dies noch Adalbert Stifter gelungen. Als Dichter und Maler ist er berühmt geworden. In jungen Jahren hat er an der Universität Wien Naturwissenschaften studiert. Seine Beschreibung der totalen Sonnenfinsternis vom 8. Juli 1842 über Wien ist ein literarisches Kleinod und dürfte der enthusiastischste Bericht in deutscher Sprache über eine totale Sonnenfinsternis sein, der in die Literatur eingegangen ist.

Nur wenige Menschen erleben in ihrem kurzen Erdendasein eine totale Sonnenfinsternis. Zwar findet fast jedes Jahr eine totale und/oder ringförmige Sonnenfinsternis statt. Da jedoch der Durchmesser des Kernschattenkegels vom Mond auf der Erdoberfläche maximal 273 Kilometer beträgt, ist die Totalitätszone recht schmal, wenn auch einige tausend Kilometer lang. Durch schräge Projektion des Kernschattens auf die Erdoberfläche kann die Totalitätszone auch etwas breiter als 273 Kilometer ausfallen. Meist ist sie jedoch erheblich schmaler.

Zu einer Sonnenfinsternis kommt es, wenn der kleine dunkle, nur knapp 3 500 km im Durchmesser große Mond den glühend heißen, 1 400 000 km großen Gasball der Sonne abdeckt. Eine Laune der Natur bewirkt, daß Sonne und Mond uns am Himmel gleich groß erscheinen, nämlich unter einem Winkel von einem halben Grad. Dies liegt daran, daß die Sonne zwar 400mal größer als der Mond, aber auch 400mal weiter als er entfernt ist.

Um die Sonne zu bedecken, muß der Mond zwischen sie und die Erde treten. Dies ist nur bei Neumond möglich, wenn der Mond gleichzeitig in oder nahe der Ekliptik (= Erdbahnebene) steht. Da die Mondbahn um 5° zur Ekliptik geneigt ist, läuft der Mond in Neumondphase meistens nördlich oder südlich der Sonnenscheibe vorbei. Er bedeckt sie nur dann ganz oder teilweise, wenn er in Neumondposition in oder nahe einem der beiden Schnittpunkte der Mondbahn mit der Ekliptik steht. Diese Schnittpunkte heißen Knoten oder auch Drachenpunkte; Drachenpunkte deshalb, weil die Chinesen früher glaubten, bei einer Sonnenfinsternis würde ein Drache die Sonne verschlingen.

Da die Mondscheibe im günstigsten Fall nur wenig größer als die Sonnenscheibe erscheint, erreicht nur die äußerste Kernschattenspitze die Erdoberfläche, weshalb das Totalitätsgebiet nur knapp 300 km groß ist. Der Mondschatten rast dabei mit über 2 000 Kilometer pro Stunde Geschwindigkeit über die Erdoberfläche. Nur in dem schmalen, aber viele tausend Kilometer langen Korridor des wandernden Kernschattens ist die Finsternis total – und dies auch nur für kurze Zeit: Maximal kann die Totalität 7^m31^s dauern. Dies tritt ein, wenn die Erde im Aphel (Sonnenferne) steht, der Mond sich jedoch im Perigäum (Erdnähe) befindet und die Totalität vom Erdäquator aus in den Mittagsstunden zu beobachten ist. Diese Maximaldauer wird die totale Sonnenfinsternis vom 16. Juli 2186 mit 7^m29^s fast erreichen. Die längste totale Sonnenfinsternis in diesem Jahrhundert fand am 20. Juni 1955 im Südchinesischen Meer statt, wobei die Totalität 7^m08^s dauerte. Die zweitlängste totale Sonnenfinsternis dieses Jahrhunderts war am 30. Juni 1973 (7^m04^s) zu beobachten, die drittlängste am 11. Juli 1991 mit 6^m54^s Totalitätsdauer.

Außerhalb der schmalen Zone der Totalität sieht man nur eine teilweise Bedeckung der Sonnenscheibe durch den Mond. Beobachter im Gebiet der partiellen Phase befinden sich gewissermaßen im Halbschatten des Mondes. Die Breite des Halbschattengebietes kann bis zu 7 000 Kilometer erreichen.

KNAPP VORBEI

Manchmal trifft der Kernschattenkegel des Mondes die Erde überhaupt nicht, sondern streicht knapp an unserem Globus vorbei. In einem solchen Fall wird ein Teil der Erde vom Halbschatten des Mondes überstrichen. Man spricht dann von einer partiellen Sonnenfinsternis, wenn von keinem Punkt der Erde eine totale oder ringförmige Phase beobachtbar ist. Von einer zentralen Finsternis spricht man, wenn die Achse des Mondschattens die Erdoberfläche kreuzt. Ob es dabei zu einer totalen oder einer ringförmigen Sonnenfinsternis kommt, hängt von den scheinbaren Durchmessern der Sonnen- und der Mondscheibe am irdischen Firmament ab. Da sowohl die Erde um die Sonne als auch der Mond um die Erde in einer elliptischen Bahn laufen, variieren die Größen von Sonne und Mond ein wenig. In Erdnähe bei 356 400 km Distanz erscheint der Mond unter einem Winkel von 33′32″, in Erdferne bei 406 700 km Distanz hat die Mondscheibe dagegen einen scheinbaren Durchmesser von nur 29′14″. Durchläuft die Erde das Perihel ihrer Bahn (Sonnendistanz 147,1 Millionen Kilometer), dann erscheint uns der Sonnenball unter einem Winkel von 32′32″. Im Aphel (Sonnendistanz 152,1 Millionen Kilometer) hat die Sonne hingegen 31′28″ scheinbaren Durchmesser. Steht der Mond im Perigäum und die Erde gleichzeitig im Aphel, so ist die Mondscheibe 2′ größer als die Sonnenscheibe. Bei Neumond und Knotenstellung des Mondes kommt es dann zu einer totalen Sonnenfinsternis. Steht aber die Erde bei einer Finsterniskonstellation im Perihel und der Mond im Aphel, dann ist die Neumondscheibe 3′ kleiner als die Sonnenscheibe, und es kommt nur zu einer ringförmigen Sonnenfinsternis. Eine zentrale Finsternis kann also entweder total oder ringförmig sein. In seltenen Fällen kommt es zu einem Übergang von einer ringförmigen zu einer totalen Finsternis und umgekehrt, aus einer zu Beginn totalen wird eine ringförmige.

Aus all diesem ergibt sich, daß man an einem vorgegebenen Ort zwar relativ häufig eine partielle Sonnenfinsternis erleben kann, aber nur sehr selten eine totale. Oft vergehen mehrere hundert Jahre, bis der Kernschatten des Mondes wieder den gleichen Ort überstreicht. So fand die letzte totale Sonnenfinsternis in Stuttgart am 12. Mai 1706 statt. Nach dem 11. August 1999 wird sich die Sonne in Stuttgart erst am 14. Juni 2151 wieder total verfinstert präsentieren. Deshalb plant die Landeshauptstadt Stuttgart, das seltene Schauspiel am 11. August 1999 mit einem großen Sonnenfestival zu begehen, mit zahlreichen kulturellen und wissenschaftlichen Veranstaltungen: Die Zentrallinie dieser totalen Sonnenfinsternis verläuft nämlich genau durch Stuttgart, knapp südlich am Fernsehturm vorbei. Astronomen, Sternfreunde und Naturbeobachter unternehmen oft weite Reisen in ferne Kontinente, um wenigstens einmal im Leben eine totale Sonnenfinsternis zu sehen. Bei der letzten im ausgehenden 20. Jahrhundert kann fast jeder Europäer in relativ kurzen Distanzen die Totalitätszone erreichen.

WANN UND WO?

Die Sonnenfinsternis vom 11. August 1999 nimmt folgenden Verlauf: Erstmals berührt der Kernschatten des Mondes die Erde um 10^h30^m MEZ (auch alle folgenden Zeiten in MEZ!) im Atlantik östlich von New York und südlich von Neuschottland und Neufundland (bei 65°05′ westlicher Länge und 41°02′ nördlicher Breite). Nach der Überquerung des Atlantiks streift die Kernschattenspitze den südwestlichsten Teil der britischen Insel (Cornwall), wobei Falmouth und die Hafenstadt Plymouth im Totalitätsbereich liegen. Die Totalitätszone zieht über den Ärmelkanal und erreicht Frankreich bei Le Havre und Dieppe. Die französischen Städte Amiens, Reims, Verdun, Metz liegen in der Totalitätszone, Nancy am südlichen Rand von ihr. Paris liegt knapp südlich, die Sonne wird dort zu 99% verdeckt.

Bei Saarbrücken und Strasbourg beginnt die Wanderung des Kernschattens über deutschsprachiges Gebiet. Karlsruhe und Stuttgart liegen in der Totalitätszone, wobei die Zentrallinie mitten durch Stuttgart verläuft, knapp südlich am Fernsehturm vorbei. In Stuttgart beginnt die Finsternis (1. Kontakt) um 10^h13^m (= 11^h13^m Sommerzeit) und endet um 12^h57^m (4. Kontakt). Die Totalität (Mitte) ist um 11^h34^m zu beobachten; sie dauert in Stuttgart 2^m17^s bei einer Sonnenhöhe von 55°. Die Breite der Totalitätszone beträgt dabei 109 Kilometer. Weiter läuft der Kernschatten über Ulm, Augsburg und München. In München beginnt der Mond die Sonne um 10^h16^m zu bedecken (1. Kontakt), die Totalität wird um 11^h37^m (= 12^h37^m Sommerzeit) eintreten. Sie dauert hier 2^m07^s, da München ein wenig südlich der Zentrallinie liegt. Der Kernschatten überschreitet anschließend die Grenze nach Österreich. Salzburg, Wels und Linz (Donau) werden von ihm überstrichen. In Salzburg beginnt die Finsternis um 10^h18^m (= 11^h18^m Sommerzeit), um 11^h41^m wird der Höhepunkt erreicht, wobei die Totalität 2^m02^s dauert bei einer Sonnenhöhe von 57°. Um 13^h04^m ist für die Salzburger dann dieses kosmische Schattenspiel beendet. Linz liegt am nördlichen Rand der Totalitätszone, deshalb dauert hier die Totalität um 11^h43^m nur dreißig Sekunden.

Der Schatten rast weiter über Steyr, Kapfenberg, Graz und Eisenerz. Während Kapfenberg und Eisenerz nahe der Zentrallinie liegen, ist Graz am südlichen Rand des Kernschattenkorridors angesiedelt. Hier startet das kosmische Schattenspiel mit der ersten Berührung des Sonnenrandes durch den Neumond um 10^h22^m (= 11^h22^m Sommerzeit). Die totale Phase um 11^h45^m dauert in Graz 1^m04^s, wobei die Sonne 58° hoch steht. Um 13^h09^m ist auch für Graz die Sonnenfinsternis vorbei. Wien liegt nördlich der Totalitätszone. Hier werden um 11^h55^m 99% des Sonnenscheibendurchmessers vom Mond abgedeckt, die Wiener sehen eine extrem schmale Sonnensichel.

Anschließend überstreicht der Kernschatten des Mondes Ungarn, Rumänien, das Schwarze Meer, die Türkei, den Irak und den Iran. Die ungarische Stadt Szombathely sowie Bukarest liegen fast exakt auf der Zentrallinie, also in der Mitte der Kernschattenzone. Kurz vor Bukarest wird in Rumänien die **maximale Totalitätsdauer** von 2^m23^s erreicht, und zwar um 12^h03^m am Ort 24°18′ östlicher Länge und 45°04′ nördlicher Breite. Die größte Breite der Totalitätszone schließlich beträgt 112 Kilometer.

Vom Iran verläuft die Totalitätszone über Pakistan, wobei Karachi nur knapp nördlich der Zentrallinie liegt, und den indischen Subkontinent. Sie endet östlich der indischen Küste im Golf von Bengalen am Ort 87°17′ östlicher Länge und 17°33′ nördlicher Breite mit Sonnenuntergang um 13^h36^m MEZ. Für Insider sei erwähnt, daß obige

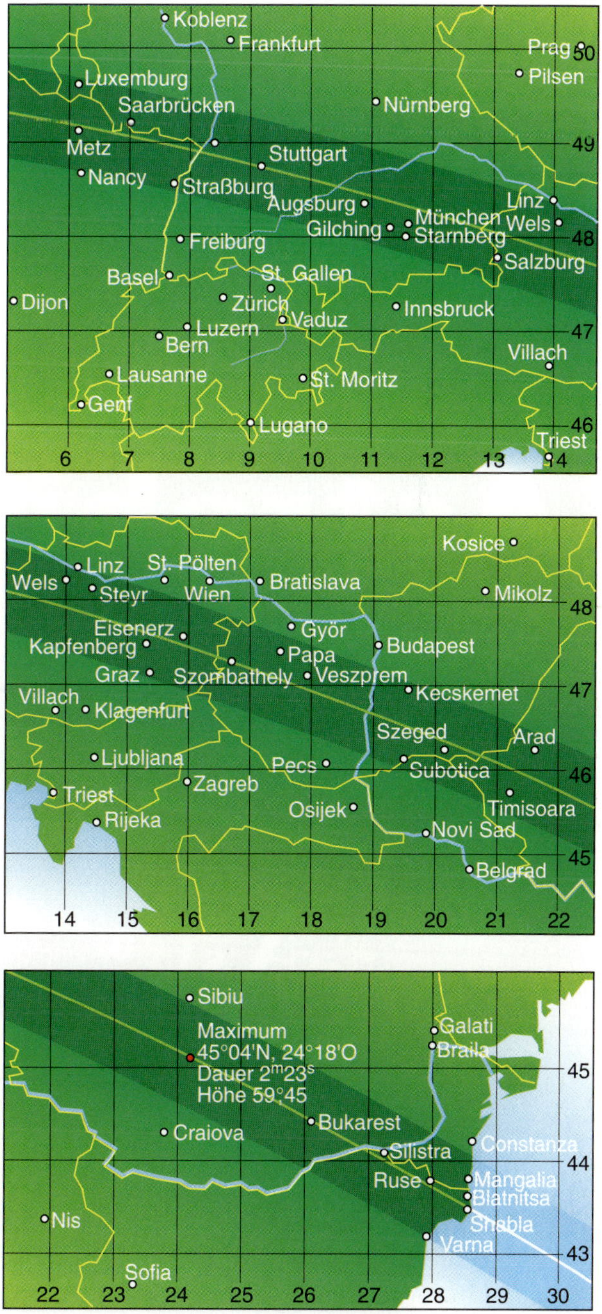

8.5: Verlauf der Totalitätszone der Sonnenfinsternis vom 11. August 1999 in Mitteleuropa.

Zeitangaben in MEZ mit einem $\Delta T = 64^s$ kalkuliert wurden (siehe Seite 17, Rubrik „Dynamische Zeit").

Die totale Sonnenfinsternis vom 11. August 1999 gehört zum Saros-Zyklus Nr. 145, der 77 Finsternisse umfaßt. Die erste Sonnenfinsternis dieses Zyklus fand am 4. Januar 1639 statt, die letzte wird sich am 17. April 3009 ereignen.

Bleibt nur zu hoffen, daß das Wetter mitspielt und auch von Mitteleuropa aus einen Blick auf die verfinsterte Sonne erlaubt. Leider ist die Wetterlage in Mitteleuropa im August wenig stabil. Häufig ist der Himmel in unseren Gegenden bewölkt. Die Sonnenscheinmessungen des Deutschen Wetterdienstes lassen die Wahrscheinlichkeit erkennen, ob die Sonne zu sehen sein wird. Erst höchstens zwei bis drei Tage vorher wird man eine realistische Wetterprognose erstellen können. Die Angaben schwanken je nach Region und Höhenlage zwischen 35% bis knapp 70% Wahrscheinlichkeit für Sonnenschein. Im Oberrheingraben beträgt sie 65%, während sie im Schwarzwald und auf der Fränkischen Alb nur 35% erreicht. Die mittlere Bewölkungswahrscheinlichkeit lautet für Stuttgart 51%, für München 53% und für Salzburg 51% im August. Besser sind die Witterungsbedingungen in der Türkei. Eine Reise nach Ostanatolien birgt aber mitunter andere Gefahren…

SEPTEMBER 1998

Die beiden inneren Planeten ziehen kurz nacheinander durch den jeweils sonnennächsten Punkt ihrer Bahn: Merkur am 6.9., Venus einen Tag später. Am 11.9. rücken beide Planeten eng zusammen, und am 16.9. steht Jupiter in Opposition zur Sonne.

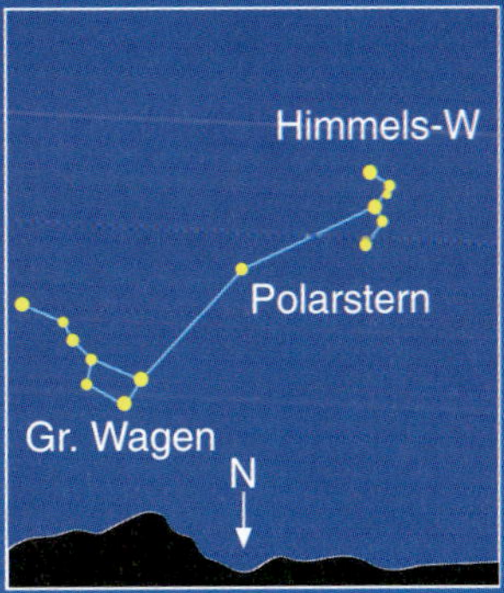

Großer Wagen und Himmels-W Anfang September um 22^h

9.1: Himmelsanblick am 7. September gegen 0^h MEZ (= 1^h MESZ): In südöstlicher Richtung leuchten die Riesenplaneten Saturn und Jupiter neben dem hellen Vollmond.

Sonnenlauf

16.9. 23ʰ
Sonne tritt in das Sternbild Jungfrau
23.9. 6ʰ37ᵐ
Sonne tritt in das Tierkreiszeichen Waage

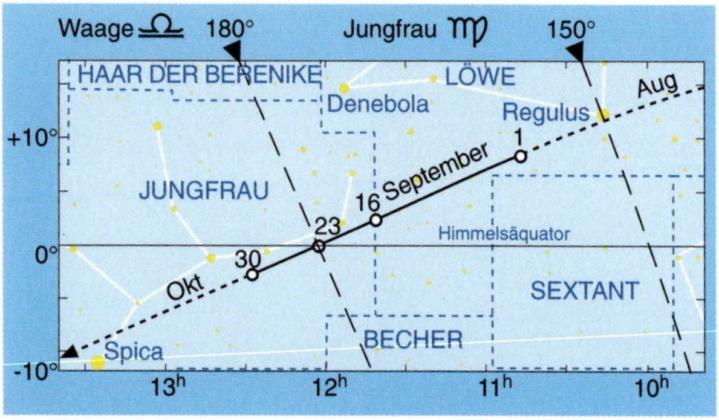

Julianisches Datum
am 1. September, 1ʰ MEZ:
2451057,5

Tag	Dämmerg. Anfang	Aufgang MEZ	Kulmination	Untergang MEZ	Dämmerg. Ende	Mittagshöhe	Zeitgleichg.	Rektaszension	Deklination
	h m	h m	h m	h m	h m	°	m	h m	°
1.	4 19	5 34	12 20	19 05	20 19	48,3	0	10 40	+8,4
5.	4 27	5 40	12 19	18 56	20 09	46,8	+ 1	10 54	+7,0
10.	4 35	5 48	12 17	18 45	19 57	44,9	+ 3	11 12	+5,1
15.	4 44	5 55	12 15	18 34	19 45	43,0	+ 5	11 30	+3,2
20.	4 52	6 03	12 13	18 23	19 34	41,1	+ 7	11 48	+1,3
25.	5 00	6 10	12 12	18 12	19 22	39,1	+ 8	12 06	–0,7
30.	5 08	6 18	12 10	18 01	19 11	37,2	+10	12 24	–2,6

Tages- und Nachtstunden

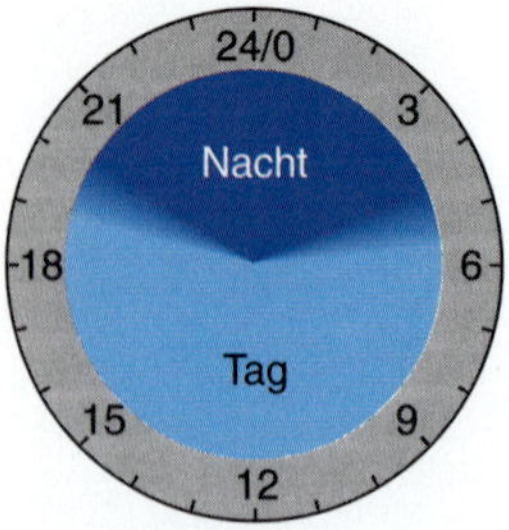

5. September

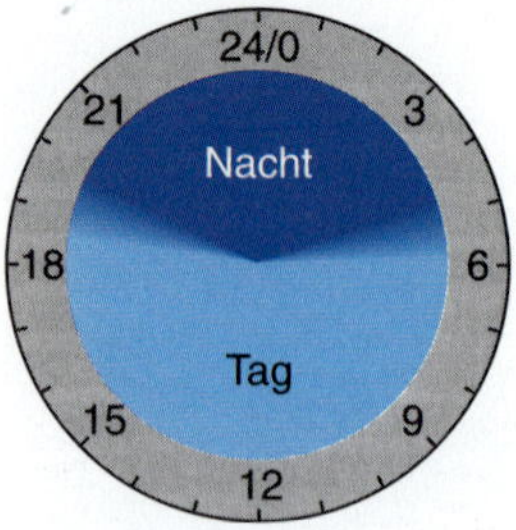

15. September

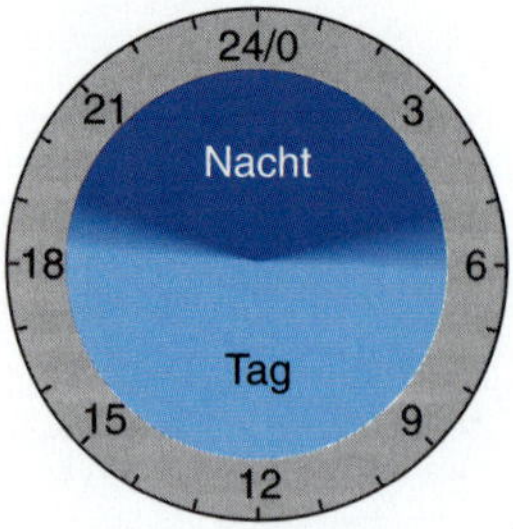

25. September

Mondlauf

Datum	Aufg. MEZ	Kulmi- nation	Unterg. MEZ	Rektas- zension	Dekli- nation	Sterne und Sternbilder	Phase	MEZ
	h m	h m	h m	h m	°			
Di 1.	15 43	20 15	–	17 55	–18,7	Schütze		
Mi 2.	16 33	21 08	0 47	18 49	–18,9	Schütze, Nunki	Libration Ost	
Do 3.	17 18	22 03	1 46	19 44	–18,1	Schütze		
Fr 4.	17 58	22 58	2 53	20 41	–16,2	Steinbock		
Sa 5.	18 33	23 53	4 05	21 38	–13,3	Steinbock	Absteigender Knoten	
So 6.	19 06	–	5 22	22 35	– 9,5	Wassermann	**Vollmond**	**12h21m**
Mo 7.	19 36	0 47	6 40	23 31	– 5,1	Wassermann		
Di 8.	20 06	1 42	8 00	0 28	– 0,3	Walfisch	Erdnähe 361/33,'1	7h
Mi 9.	20 37	2 36	9 20	1 24	+ 4,5	Fische		
Do 10.	21 11	3 31	10 38	2 21	+ 9,0	Walfisch		
Fr 11.	21 49	4 27	11 54	3 18	+12,9	Widder	Größte Südbreite	
Sa 12.	22 32	5 22	13 05	4 16	+16,0	* Stier, Hyaden		
So 13.	23 21	6 18	14 10	5 14	+18,0	Stier	**Letztes Viertel**	**2h58m**
Mo 14.	–	7 14	15 07	6 11	+18,9	Alhena		
Di 15.	0 16	8 08	15 55	7 07	+18,8	Alhena	Libration West	
Mi 16.	1 16	9 00	16 36	8 02	+17,6	Krebs		
Do 17.	2 19	9 50	17 11	8 55	+15,5	Krebs, Krippe		
Fr 18.	3 23	10 37	17 41	9 46	+12,8	Löwe, Regulus	Aufsteigender Knoten	
Sa 19.	4 27	11 23	18 07	10 35	+ 9,5	Löwe, Regulus		
So 20.	5 31	12 07	18 32	11 22	+ 5,8	Löwe	**Neumond**	**18h02m**
Mo 21.	6 34	12 50	18 55	12 08	+ 2,0	Jungfrau		
Di 22.	7 37	13 32	19 18	12 53	– 1,9	Jungfrau		
Mi 23.	8 39	14 15	19 42	13 38	– 5,7	Spica	Erdferne 406/29,'4	23h
Do 24.	9 40	14 58	20 09	14 24	– 9,3	Waage		
Fr 25.	10 41	15 42	20 38	15 10	–12,5	Waage		
Sa 26.	11 41	16 28	21 11	15 58	–15,2	Waage	Größte Nordbreite	
So 27.	12 38	17 16	21 50	16 47	–17,2	Schlangenträger		
Mo 28.	13 33	18 05	22 36	17 37	–18,6	Schlangenträger	**Erstes Viertel**	**22h11m**
Di 29.	14 24	18 56	23 30	18 30	–19,1	Schütze		
Mi 30.	15 10	19 49	–	19 23	–18,6	Schütze	Libration Ost	

Zum dritten Mal in diesem Jahr wandert der Vollmond am 8. September – für uns unsichtbar – durch den Halbschatten der Erde. Tags darauf steht er bereits bei Jupiter und zwei Tage später bei Saturn. Die Begegnung mit Mars am 17. – drei Tage vor Neumond – ist diesmal schon etwas besser zu verfolgen. Im letzten Drittel taucht der Mond dann am Abendhimmel auf.

Planetenlauf

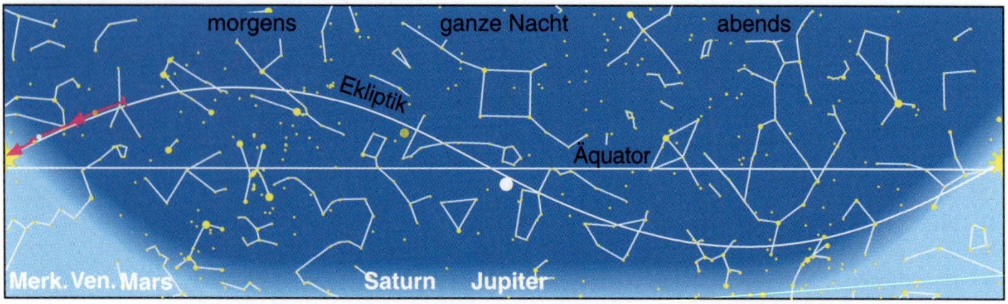

MERKUR stand am letzten Tag des Vormonats in größter westlicher Elongation von der Sonne (18°). Der sonnennahe Planet kann daher auch im ersten Monatsdrittel am Morgenhimmel knapp über dem Osthorizont eine halbe Stunde vor Sonnenaufgang gesehen werden (siehe auch Abb. 9.2 und Abb. 9.3 unten).

Am 1. geht der $-0{,}^{m}3$ helle Merkur um $3^{h}54^{m}$ (= $4^{h}54^{m}$ Sommerzeit) auf. An diesem Tag zeigt sich im Fernrohr das $7{,}''0$ große Merkurscheibchen halb beleuchtet, die Dichotomie tritt ein. Danach wird das Planetenscheibchen kleiner und rundlicher, denn Merkur entfernt sich von der Erde und strebt seiner oberen Konjunktion mit der Sonne zu, bei der die Phase „Vollmerkur" erreicht wird.

Bis zum 10. steigt die Merkurhelligkeit kräftig auf $-1{,}^{m}1$ an, die Aufgänge verspäten sich allerdings auf $4^{h}28^{m}$ (= $5^{h}28^{m}$ Sommerzeit), was teilweise durch die immer später erfolgenden Sonnenaufgänge wettgemacht wird.

Am 11. kommt es zu einer engen Begegnung mit Venus, Merkur zieht nur $0{,}^{\circ}4$ nördlich an ihr vorbei (siehe Abb. 8.2 auf Seite 132). Beide inneren Planeten gruppieren sich am 7. um Regulus im Löwen (siehe Abb. 9.4 auf Seite 149).

Am 6. geht Merkur durch das Perihel, wobei er 46,0 Millionen

9.2: Stellung von Merkur über dem Osthorizont zu den angegebenen Daten jeweils eine Stunde vor Sonnenaufgang. Die Pfeile deuten die Bewegungen von Merkur und Sonne in der folgenden halben Stunde an.

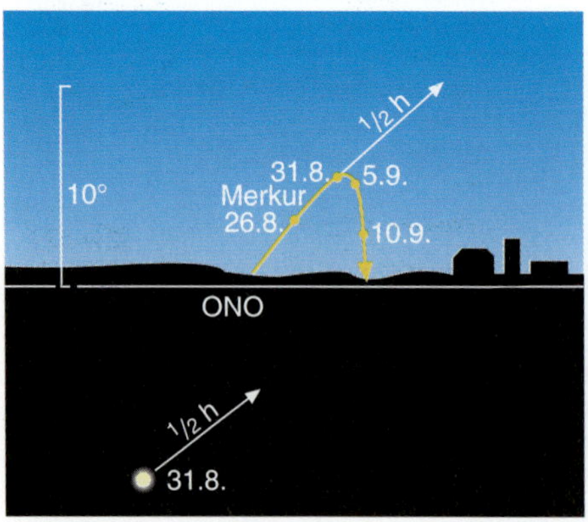

9.3: Sichtbarkeitsdiagramm für Merkur. Es gilt genau für 50° n.Br. und 10° östl. L.. Dunkelgelbe Fläche: Merkur ist unter günstigen Sichtbedingungen sichtbar; hellgelb: Merkur ist gut zu sehen.

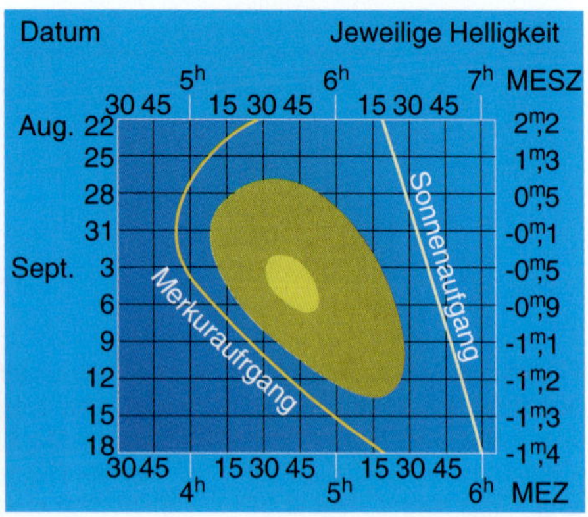

9.4: Merkur und Venus geben sich am 7. September 1997 im Sternbild Löwe nahe Regulus ein Stelldichein. Fernglasanblick gegen 5^h MEZ (= 6^h MESZ) mit einem Gesichtsfelddurchmesser von rund 5°.

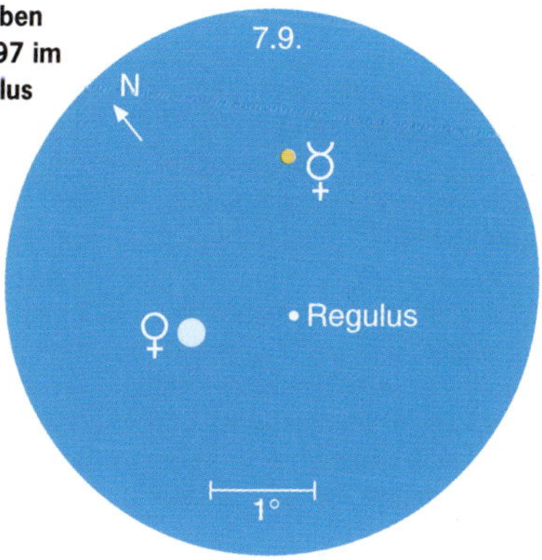

Kilometer (= 0,307 A.E.) von der Sonne entfernt ist.
VENUS beginnt sich allmählich vom Morgenhimmel zurückzuziehen. Die Aufgänge des $-3{,}^{m}9$ hellen Morgensterns verspäten sich im Laufe des Monats um fast eineinhalb Stunden. Venus wandert durch den Löwen und wechselt am 25. in das Sternbild Jungfrau. Die Venusdeklinationen nehmen damit immer mehr ab, die Tagbögen werden kleiner.
Am 1. erfolgt der Venusaufgang um 4^h05^m, am 15. um 4^h47^m und am 30. um 5^h32^m (= 6^h32^m Sommerzeit). Im letzten Monatsdrittel ist Venus kein auffallendes Gestirn am Morgenhimmel mehr. Im Teleskop zeigt

9.5: Scheinbare Bahnen von Jupiter und dem Kleinplaneten Pallas (2) im Gebiet des Sternbildes Fische im Jahre 1998. Die Zahlen geben die Positionen jeweils zum Monatsersten an.

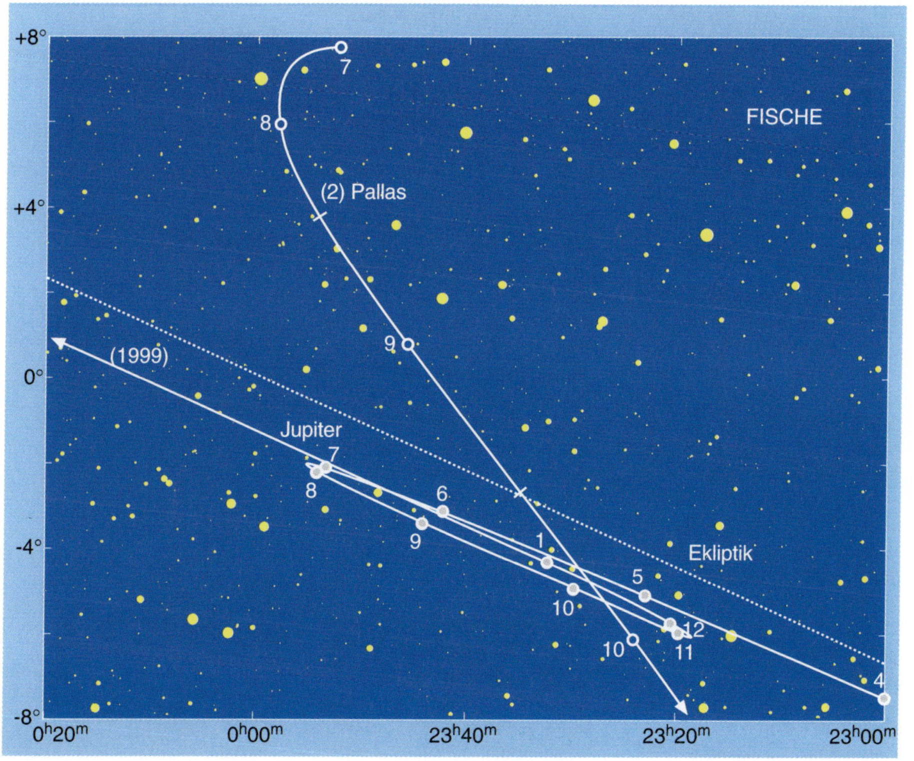

sich das 10″ große Venusscheibchen praktisch voll beleuchtet (Beleuchtungsgrad 96% am 1., 99% am 30.).
Am 11. kommt es zu einer engen Begegnung mit Merkur, am 7. stehen beide inneren Planeten nahe Regulus im Löwen (siehe Abb. 8.2 auf Seite 132 und Abb. 9.4 auf Seite 149).
Das Perihel ihrer fast kreisförmigen Bahn durchläuft Venus am 7., wobei sie bis auf 107 Millionen Kilometer, das sind 0,715 A.E., an die Sonne herankommt.
MARS kann am Morgenhimmel aufgefunden werden. Der rote Planet verläßt zur Monatsmitte das Sternbild Krebs und wechselt in den Löwen, wo er auf Regulus zusteuert.
Die Aufgänge des $1\overset{m}{.}7$ hellen Mars verlagern sich von 2^h36^m zu Monatsbeginn auf 2^h24^m (= 3^h24^m Sommerzeit) zum Monatsende.
Am 17. erhält Mars Besuch vom abnehmenden Mond, der $2\overset{\circ}{.}5$ südlich an ihm vorbeizieht. Um 5^h morgens beträgt der Abstand Mars-Mond allerdings noch gut 4°.
Das winzige Scheibchen von nur 4″ scheinbarem Durchmesser macht Mars noch nicht zu einem attraktiven Objekt für Fernrohrbeobachter.
JUPITER kommt am 16. in **Opposition** zur Sonne. Damit hat der Riesenplanet seine günstigste Beobachtungsposition erreicht: Er ist die ganze Nacht hindurch über dem Horizont und somit sichtbar, erreicht seine geringste Entfernung zur Erde und damit maximale Helligkeit und größten scheinbaren Durchmesser.
Der Riesenplanet wandert rückläufig durch den Wassermann (siehe Abb. 9.5 auf Seite 149). Am Tag der Opposition geht er um 18^h31^m (= 19^h31^m Sommerzeit) auf, erreicht um 0^h18^m seine höchste Stellung über dem Südpunkt (= Kulmination bzw. Meridiandurchgang) und geht um 6^h01^m morgens wieder unter.
Mit $-2\overset{m}{.}9$ Oppositionshelligkeit ist Jupiter das weitaus hellste Gestirn am Nachthimmel – vom Mond abgesehen natürlich und von Venus, die sich aber vom Morgenhimmel ohnehin zurückzieht.
Seine geringste Distanz von der Erde erreicht Jupiter am 15. um 18^h mit 593 Millionen Kilometer (= 3,962 A.E.). Dies ist eine der geringsten Oppositionsdistanzen. Noch näher wird uns Jupiter erst am 20. September 2010 kommen (591 Millionen Kilometer). Das Licht benötigt knapp 33 Minuten, um von Jupiter zur Erde zu gelangen.
Von der Sonne ist Jupiter zur Opposition 743 Millionen Kilometer oder 4,97 A.E. entfernt.
Im Fernrohr zeigt Jupiter ein ovales Planetenscheibchen. Wegen seiner schnellen Rotation ist der Riesenplanet stark abgeplattet. Der scheinbare Äquatordurchmesser beträgt am Oppositionstag $49\overset{''}{.}8$, der Poldurchmesser jedoch nur $46\overset{''}{.}5$. Schon in kleinen Teleskopen lassen sich die Wolkenstreifen in der Jupiteratmosphäre sowie die vier hellen, großen Jupitermonde beobachten.
Bis Monatsende verfrüht sich der Jupiteruntergang um gut eine Stunde auf 4^h56^m (= 5^h56^m Sommerzeit).
In der Nacht vom 6. auf 7. wandert der Vollmond nur $0\overset{\circ}{.}5$ südlich an Jupiter vorbei (siehe Abb. 9.1 auf Seite 145). Wieder bedeckt der Erdtrabant den Riesenplaneten, abermals bleibt dieses Schauspiel den Mitteleuropäern vorenthalten.
SATURN überschreitet bei seiner rückläufigen Bewegung am 13. wieder die Grenze zwischen den Sternbildern Walfisch und Fische. Der Ringplanet strebt seiner Oppositionsstellung entgegen, die er aber erst im nächsten Monat erreicht.
Die Aufgänge verfrühen sich, Saturn wird zum Planeten der gesamten Nacht: Am 1. geht der Ringplanet um 20^h52^m auf, am 15. um 19^h56^m und am 30. bereits um 18^h56^m (= 19^h56^m Sommerzeit). Die Helligkeit von Saturn steigt weiter leicht auf $0\overset{m}{.}1$ an. Damit wird der Ringplanet mit den hellsten Sternen vergleichbar und ist etwa so hell

Jupitermond-Erscheinungen

Tag	MEZ		Vorgang	
	h	m		
1.	0	06	I	DA
	0	38	III	SA
	1	57	I	SE
	2	20	I	DE
	2	20	III	DA
	3	55	III	SE
	21	02	I	VA
	23	38	I	BE
2.	20	26	I	SE
	20	46	I	DE
5.	3	43	II	SA
	4	19	II	DA
6.	21	56	II	VA
7.	1	07	II	BE
	4	27	I	VA
8.	1	37	I	SA
	1	50	I	DA
	3	52	I	SE
	4	04	I	DE
	4	39	III	SA
	19	43	II	SE
	20	03	II	DE

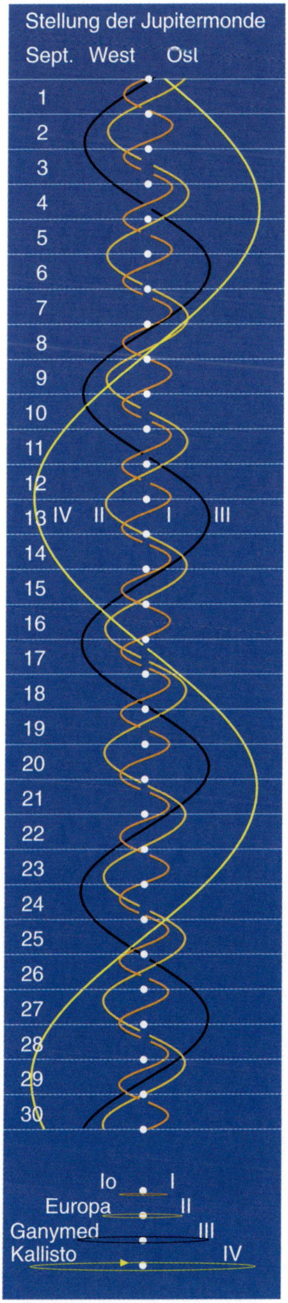

8.	20	24	IV	SA
	22	50	IV	SE
	22	56	I	VA
9.	1	22	I	BE
	20	05	I	SA
	20	16	I	DA
	22	21	I	SE
	22	30	I	DE
10.	19	47	I	BE
11.	22	11	III	BE
14.	0	33	II	VA
	3	22	II	BE
15.	3	32	I	SA
	3	34	I	DA
	19	36	II	SA
	19	39	II	DA
	22	16	II	DE
	22	18	II	SE
16.	0	51	I	VA
	3	05	I	VE
	21	59	I	DA
	22	00	I	SA
17.	0	14	I	DE
	0	16	I	SE
	19	17	I	BA
	21	34	I	VE
18.	22	22	III	BA
19.	1	51	III	VE
21.	2	57	II	BA
22.	21	52	II	DA
	22	12	II	SA
23.	0	30	II	DE
	0	53	II	SE
	2	35	I	BA
	5	00	I	VE
	23	43	I	DA
	23	55	I	SA
24.	1	58	I	DE
	2	11	I	SE
	19	14	II	VE
	21	01	I	BA
	23	29	I	VE
25.	20	24	I	DE
	20	40	I	SE
26.	1	37	III	BA
29.	19	58	III	SE
30.	0	06	II	DA
	0	48	II	SA
	2	44	II	DE
	3	28	II	SE
	4	19	I	BA

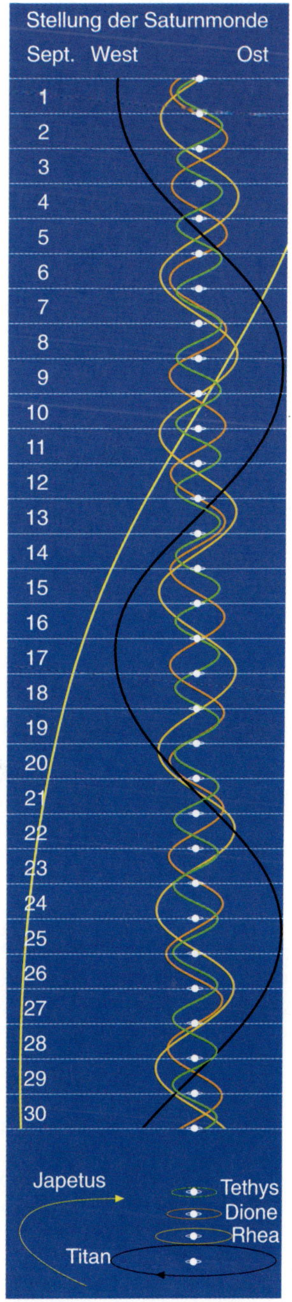

wie Wega und Kapella. Nur noch Jupiter übertrifft Saturn am Abendhimmel deutlich an Glanz.

URANUS stand Anfang des Vormonats in Opposition zur Sonne. Der grünliche Planet bewegt sich rückläufig im Sternbild Steinbock (siehe Abb. 7.5 auf Seite 121). Seine scheinbare Helligkeit bleibt bei $5\overset{m}{,}7$. Aus der zweiten Nachthälfte zieht Uranus sich zurück. Er verlagert seine Untergänge von 2^h59^m (= 3^h59^m Sommerzeit) am 1. auf 2^h02^m am 15. und auf 1^h01^m am 30. Jeweils eine Stunde vor dem Untergangstermin ist Uranus vom Beobachtungsprogramm zu streichen, da er dann schon zu horizontnah steht, um noch aufgefunden zu werden.

NEPTUN überschreitet bei seiner rückläufigen Wanderung am 6. die Grenze vom Steinbock und tritt in den Schützen. Der sonnenferne Planet kann nach Einbruch der Dunkelheit in der ersten Nachthälfte beobachtet werden (siehe auch Aufsuchkärtchen Abb. 7.5 auf Seite 121).

Neptun verlagert seine Untergänge von 2^h10^m (= 3^h10^m Sommerzeit) am Monatsbeginn auf 0^h14^m am Monatsende. Wenn es so dunkel geworden ist, daß man Neptun beobachten kann, hält er sich schon in Meridiannähe auf. Die Kulminationszeiten lauten: 21^h44^m am 1., 20^h48^m am 15. und 19^h49^m (= 20^h49^m Sommerzeit) am Monatsletzten. Am 30. ist Neptun 4450 Millionen Kilometer (= 29,75 A.E.) von der Erde entfernt.

Konstellationen und Ereignisse

Datum	MEZ	Ereignis
3.	11^h	Mond bei Neptun, Mond $2\overset{\circ}{,}5$ nördlich
4.	4	Mond bei Uranus, Mond $2\overset{\circ}{,}7$ nördlich
6.	0	Merkur im Perihel
6.	12	Halbschattenfinsternis des Mondes (siehe Seite 28)
7.	5	**Mond bei Jupiter**, Mond $0\overset{\circ}{,}5$ südlich, **Abstand $1\overset{\circ}{,}6$ um 5^h**, Bedeckung
7.	13	Venus im Perihel
9.	19	**Mond bei Saturn**, Mond $2\overset{\circ}{,}0$ südlich, **Abstand $3\overset{\circ}{,}2$ um 21^h**
11.	1	**Merkur bei Venus**, Merkur $0\overset{\circ}{,}4$ nördlich, **Abstand $0\overset{\circ}{,}3$ um 5^h**
16.	4	**Jupiter in Opposition zur Sonne**
17.	13	**Mond bei Mars**, Mond $2\overset{\circ}{,}5$ südlich, **Abstand $4\overset{\circ}{,}0$ um 5^h**
19.	19	**Mond bei Venus**, Mond $0\overset{\circ}{,}1$ südlich, **Abstand $5\overset{\circ}{,}0$ um 6^h**, Bedeckung
20.	8	Mond bei Merkur, Mond $0\overset{\circ}{,}1$ nördlich
23.	6^h37^m	Sonne im Herbstpunkt, Tagundnachtgleiche
25.	21	Merkur in oberer Konjunktion mit der Sonne
30.	20	Mond bei Neptun, Mond $2\overset{\circ}{,}4$ nördlich

PLANETOIDEN

CERES (1) wandert rechtläufig durch den Stier und passiert im ersten Monatsdrittel Aldebaran etwa ein halbes Grad südlich (siehe Abb. 10.5 auf Seite 170). In der zweiten Monatshälfte bremst sie ihre Bewegung deutlich ab. Im nächsten Monat wird sie zur Oppositionsschleife ansetzen. Die Helligkeit steigt deutlich um $0\overset{m}{,}5$ auf $8\overset{m}{,}3$ an. Die Kulminationen verlagern sich von 6^h13^m (= 7^h13^m Sommerzeit) am 1. auf 5^h28^m am 15. auf zuletzt 4^h35^m. Am 1. erfolgt der Ceresaufgang um 22^h48^m (= 23^h48^m Sommerzeit), am 30. schon um 21^h06^m.

PALLAS (2) kommt am 16. in **Opposition** zur Sonne. Sie eilt rückläufig und schnell nach Süden strebend durch die Fische, wobei sie bis auf knapp zwei Grad an Jupiter herankommt, der somit als erste Aufsuchhilfe dienen kann (siehe Abb. 9.5 auf Seite 149). Mit $8\overset{m}{,}2$ Oppositionshelligkeit ist Pallas auch für lichtstarke Ferngläser zugänglich. Allerdings erreicht sie nur für kurze Zeit ihre Oppositionshelligkeit. Zu Monatsbeginn ist sie erst $8\overset{m}{,}7$ hell und hat am Monatsende schon wieder nur noch $8\overset{m}{,}6$.

Am Tag der Opposition geht Pallas um 18^h22^m auf, kulminiert um 0^h16^m (= 1^h16^m Sommerzeit) und geht um 6^h06^m unter. Ihre Oppositionsentfernung von der Erde beträgt 311 Millionen Kilometer (= 2,08 A.E.), und von der Sonne ist sie 462 Millionen Kilometer (= 3,09 A.E.) entfernt.

VESTA (4) eilt rechtläufig in den Krebs und steuert auf den offenen Sternhaufen Krippe im Krebs (M 44) zu (siehe Aufsuchkärtchen Abb. 9.6 auf Seite 153). Die Vestahelligkeit steigt

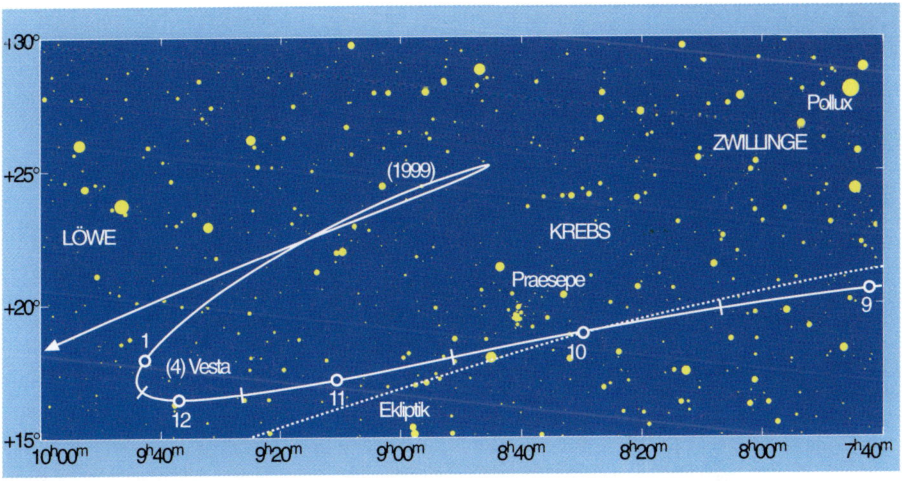

9.6: Die scheinbare Bahn des Kleinplaneten Vesta (4) im Gebiet der Sternbilder Zwillinge, Krebs und Löwe von September 1998 bis Januar 1999. Die Zahlen geben die Vestaposition zum jeweiligen Monatsersten an.

leicht um $0^m,2$ auf $8^m,2$ an. Am 1. geht Vesta um 1^h31^m (= 2^h31^m Sommerzeit) auf und kulminiert um 9^h22^m. Am 30. erfolgt der Vestaaufgang bereits um 0^h33^m und die Kulmination um 8^h14^m (= 9^h14^m Sommerzeit).

EUNOMIA (15) wandert auf den Perseus zu, wobei sich ihre Bewegung in Rektaszension umkehrt: Am 27. wird Eunomia rückläufig (siehe Abb. 10.4 auf Seite 170). Ihre Helligkeit steigt im Laufe des Monats von $9^m,1$ auf $8^m,5$ an. Am 1. passiert sie um 4^h34^m (= 5^h34^m Sommerzeit) den Meridian, am 15. um 3^h47^m und am 30. bereits um 2^h51^m.

Periodische Sternschnuppenströme

Die **Pisciden** sind in der ersten Septemberhälfte zu erwarten. Ihr Ausstrahlungspunkt liegt in den Fischen. Die Beobachtungszeit liegt zwischen 21^h und 4^h morgens. Das Maximum tritt um den 20. September auf, wobei etwa 15 Meteore pro Stunde auftauchen. Die Geschwindigkeit der Meteore liegt um 30 Kilometer pro Sekunde. In den letzten Jahren hatte man den Eindruck, daß die Pisciden in mehrere Teilströme zerfallen, von denen einer bis Mitte Oktober tätig ist.

Die **Tauriden** tauchen vom letzten Septemberdrittel bis Anfang Dezember auf. Ihr Radiant liegt im Stier. Der Tauriden-Strom geht wahrscheinlich auf den Kometen 2P/Encke zurück. Das wenig ausgeprägte Maximum fällt auf den 13. November. Die Objekte sind um 30 Kilometer pro Sekunde schnell, haben also mittlere Geschwindigkeiten.

Ein relativ neuer Strom sind die **Delta-Aurigiden**, deren Radiant im Fuhrmann nahe δ Aurigae zu finden ist. Es sind schnelle, aber seltene Objekte. Ihre Geschwindigkeit liegt bei 60 Kilometer pro Sekunde. Nur zwei bis drei Meteore sind pro Stunde zu erwarten.

Der Fixsternhimmel

Noch vermittelt der abendliche Sternenhimmel einen sommerlichen Eindruck. Allerdings hat sich die Szenerie der Sommersternbilder inzwischen nach Westen verschoben. Der Skorpion mit dem hellen, tiefroten Antares ist gar schon untergegangen, während im Osten der Aufmarsch der Herbststernbilder beginnt.

Der Große Wagen ist nach Nordwesten herabgesunken, das Himmels-W, die Kassiopeia, dafür emporgestiegen. Den Helligkeitsschwerpunkt bestimmt nach wie vor das Sommerdreick mit Wega, Deneb und Atair. Der Schwan mit dem schönen Sternenhintergrund der Milchstraße steht fast im Zenit. Neben dem Adler stößt man im Meridian auf das kleine, aber einprägsame Sternbild Delphin.

Tief im Süden kulminiert gerade der Steinbock, ein nicht sehr auffälliges Tierkreisbild. Flankiert wird der Steinbock von seinen ausgedehnten und lichtschwachen „Tierkreiskollegen" Schütze im Westen und Wassermann im Osten. Tief im Osten sind bereits die Fische aufgegangen. Schon hoch im Osten erblickt man das Pegasusquadrat, an das sich die Sternenkette der Andromeda anschließt. Knapp über dem Südhorizont blinkt ein heller Stern, der allerdings durch den Horizontdunst gedämpft wird und nicht voll zur Geltung kommt: es ist Fomalhaut im Sternbild Südlicher Fisch (lat.: Piscis Austrinus).

Im Westen steht Herkules, südlich von ihm der Schlangenträger mit der Schlange. Tief am westlichen Horizont ist gerade noch Arktur im Bootes auszumachen.

Ein Sternbild wollen wir in diesem Monat etwas ausführlicher kennenlernen: die Leier (Lyra). Die Leier ist ein kleines, aber sehr markantes sowie leicht zu findendes Sternbild, gehört doch ihr Hauptstern Wega (α Lyrae) mit Sirius, Kanopus, Toliman und Arktur zu den hellsten Fixsternen des Himmels. Die strahlende, bläulich-weiß funkelnde Wega steht am abendlichen Sommerhimmel bei uns hoch über unseren Köpfen und bildet mit Deneb im Schwan sowie Atair im Adler das bekannte Sommerdreieck.

Neben der strahlenden Wega findet sich ein kleiner Sternenrhombus, der der Leier ihre charakteristische, leicht einprägsame Figur verleiht. Außerdem ist noch ε Lyr zu sehen, den sehr gute Augen als Doppelstern erkennen, zumindest erscheint er ihnen länglich.

Nach der klassischen griechischen Sage ist die Leier das Musikinstrument Apollos. Erfunden wurde sie von Hermes, dem flinken Götterboten und Beschützer der Diebe; er war Sohn des Göttervaters Zeus und seiner heimlichen Geliebten, der schöngelockten Nymphe Maja, die einst in den Wäldern Arkadiens lebte und nach der ein Stern im Sternhaufen der Plejaden benannt ist.

Hermes wurde eines frühen Morgens in einer Höhle des Kyllenen-Gebirges geboren. Wie bei Göttern üblich, wächst er schnell heran und verläßt bereits gegen Mittag die Höhle, um von der Weide Apollos Rinder zu stehlen. Vor der Höhle trifft Hermes jedoch auf eine Schildkröte. Er tötet sie und nimmt sie aus, reinigt den Panzer und spannt sieben Saiten aus Schafsdarm darüber. Bald schlägt er mit einem Stäbchen gegen die Saiten, und das neugeschaffene Instrument erfüllt die Höhle mit lieblichen Tönen. Dann aber macht sich Hermes endgültig auf den Weg und entwendet 50 Rinder, die seinem Halbbruder Apollo gehören. Als dieser ihn zur Rede stellt, versucht Hermes ihn zu besänftigen, indem er ihm sein eben erfundenes Saiteninstrument schenkt. Apollo ist hell begeistert von diesem Instrument, mit dem er die Welt durch frohe Klänge beglückt. Später vermacht er die Leier seinem Sohn Orpheus, der die Zahl der Saiten auf neun erhöht, entsprechend der Zahl der Musen.

Die Sage berichtet dann weiter über die Heldentaten des Sängers Orpheus, über seine Teil-

Veränderliche Sterne

Algol-Minima	7. 3^h35^m	10. 0^h24^m	12. 21^h12^m	15. 18^h01^m	27. 5^h15^m	30. 2^h04^m
β-Lyrae-Minima	4. 11^h	17. 10^h	30. 8^h			
δ-Cephei-Maxima	1. 20^h	7. 4^h	12. 13^h	17. 22^h	23. 7^h	28. 15^h
Mira-Helligkeit	9^m – 8^m, steigend					

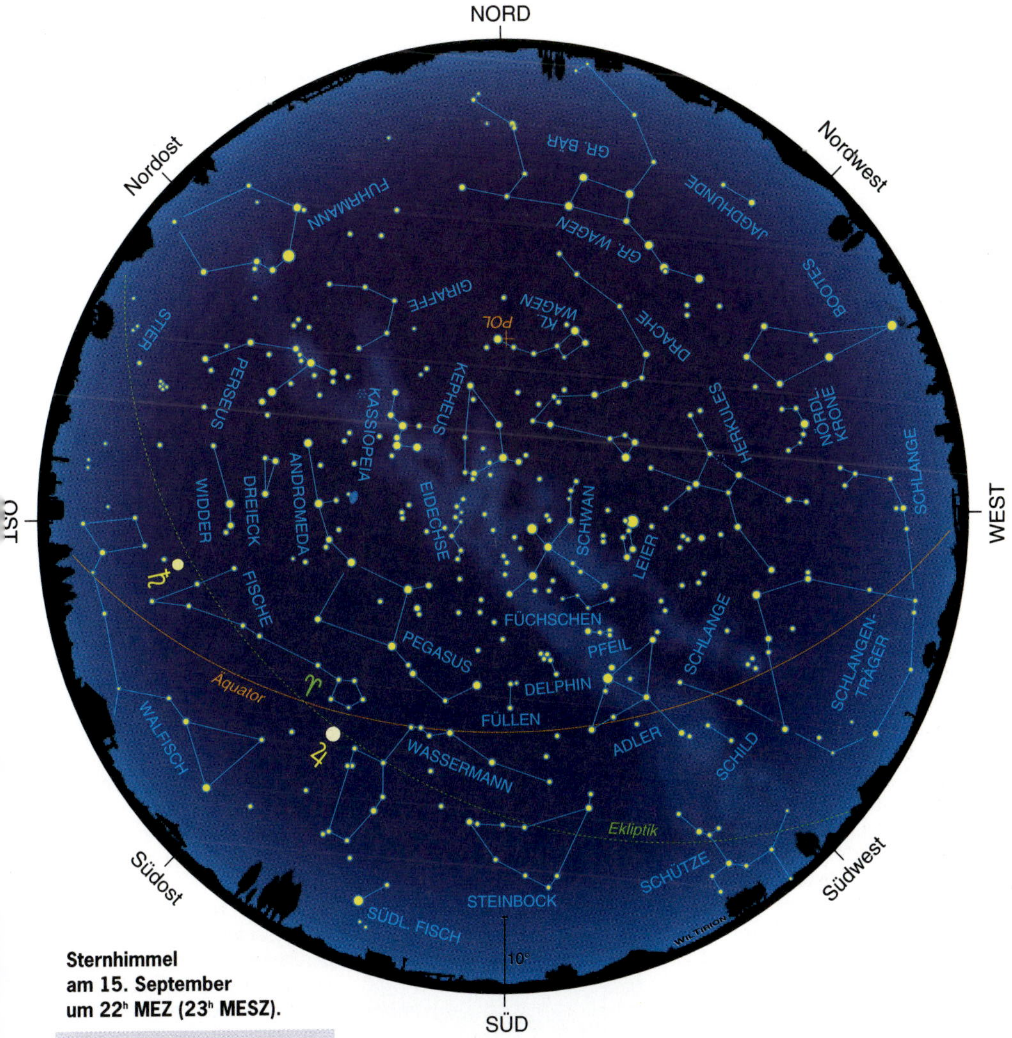

Sternhimmel am 15. September um 22h MEZ (23h MESZ).

Fixsternhimmel auch gültig für:	MEZ	MESZ
15. 7.	2h	3h
1. 8.	1	2
15. 8.	0	1
1. 9.	**23**	**24**
15. 9.	**22**	**23**
30. 9.	**21**	**22**
15.10.	20	21
31.10.	19	
15.11.	18	

nahme am Argonautenzug und seinen Besuch in der Unterwelt, wo er sogar Persephone, die Gattin des Pluto, mit seiner Musik bezaubert. Nach dem Tode von Orpheus wird die Leier zur ewigen Erinnerung unter die Sterne versetzt, wo sie noch heute bewundert werden kann. Bei Cicero findet man die Bezeichnung Lyra Mercurialis. Der Beiname bezieht sich auf Hermes (römisch: Mercurius). In griechischen Quellen findet man die Bezeichnungen Κιθάρα und Φόρμιγξ. Der zweite Name ist älter und steht für das erste Saiteninstrument der hellenischen Barden.

Die Perser nannten dieses

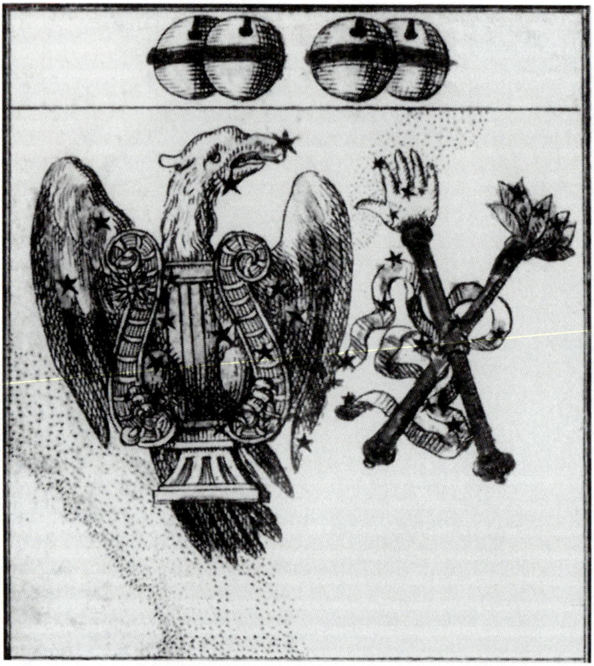

9.7: Das Sternbild Leier als figürliche Darstellung in einem Sternbilderatlas.

Sternbild Sanj Rumi, was ebenfalls Leier heißt. Bei den Teutonen sprach man von Harapha (die Harfe), und die Juden sahen hier die Harfe König Davids. Im christlichen Sternbilderhimmel glaubte man hier die Wiege des Heilands (Praesepe Salvatoris) zu erkennen. Bei den Arabern findet man verschiedene Bezeichnungen für die Leier: Albegala von Al Baghl, das Maultier sowie Al Jwazz, die Gans (nach Al Sufi's Sternverzeichnis). Al Nasr al Waki heißt der zupackende, herabstürzende Steinadler im Gegensatz zum fliegenden Adler (Sternbild Aquila), Al Nasr al Tair. Auch indische Quellen sprechen von einem Adler.
Das arabische Wort Waki ist auf den hellsten Stern der Leier übergegangen, der nun Wega (weniger korrekt: Vega) heißt. Die Wega strahlt als Stern 0. Größe ein intensiv-bläuliches Licht aus (Spektraltyp A0 V) und ist 26 Lichtjahre von uns entfernt. Bei den Babyloniern hieß sie Dilgan, was Botschafter des Lichtes bedeutet. Die alten Ägypter nannten sie Maat (der Geier), schon zu einer Zeit, als sie noch nahe dem Himmelsnordpol stand, also 12 000 bis 11 000 Jahre vor unserer Zeitrechnung. Bei den Chinesen hieß α Lyr Shih Ching, das Buch der Lieder.
Der Stern β Lyrae trägt die Bezeichnung Sheliak, was sich vom Arabischen Al Shilyak ableitet und soviel wie Leier heißt. John Goodricke entdeckte 1783 die Veränderlichkeit von β Lyr (siehe auch „John Goodricke – das vergessene Genie" im *Himmelsjahr* 199**7**, Seite 151). Heute stellt dieser Stern den Prototyp einer eigenen Klasse von Bedeckungsveränderlichen (β Lyrae-Sterne) dar, deren Komponenten einander recht nahe umkreisen und in eine gemeinsame Gashülle eingebettet sind.
Die Leier beherbergt eine Reihe interessanter Objekte: den berühmten Vierfachstern $\varepsilon_{1,2}$ Lyrae, den bekannten Ringnebel M 57 (zwischen den Sternen β und γ Lyr), den kugelförmigen Sternhaufen M 56 und RR Lyrae, den Prototyp einer Klasse von Pulsationsvariablen, die bei der Entfernungsbestimmung von Kugelhaufen eine wichtige Rolle spielen.

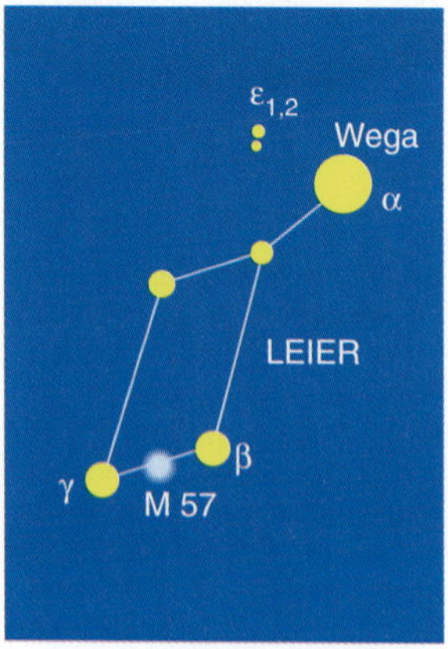

9.8: Skelettkarte des Sternbildes Leier.

Galileo erforscht Jupiter

Nach Mond und Venus ist Jupiter das hellste Gestirn am irdischen Nachthimmel; nur in seltenen Fällen wird er von Mars an Glanz übertroffen. Mit 142.800 Kilometer Äquatordurchmesser und 318facher Erdmasse ist Jupiter mit Abstand der größte und massereichste Planet unseres Sonnensystems. In fünffachem Erdabstand wandert der Riesenplanet um die Sonne. Für eine volle Umrundung braucht er dabei fast zwölf Jahre.
Bereits in einem Fernglas sind vier Lichtpunkte zu erkennen, die Jupiter auf seinem Weg um die Sonne begleiten. Es sind die hellsten und größten Monde des Riesenplaneten. Sie wurden erstmals von dem berühmten Physiker Galileo Galilei im Jahre 1610 gesehen, als er sein kleines, selbstgefertigtes Teleskop auf Jupiter richtete. Ihm zu Ehren spricht man heute noch von den Galileischen Monden. In ihrem Abstand von Jupiter aufgezählt heißen sie Io, Europa, Ganymed und Kallisto. Insgesamt wurden bis heute sechzehn Trabanten des Jupiter gefunden.
Jupiter, der in diesem Jahr im Sternbild Wassermann zu finden und am besten in den Monaten August bis Oktober zu beobachten ist, zeigt schon in bescheidenen Fernrohren ein abgeplattetes Planetenscheibchen mit zahlreichen Bändern und Streifen. Der Riesenplanet wird von einer dichten Wolkenhülle umschlossen, in der orkanartige Winde wehen. Man sieht nicht auf eine feste Oberfläche, sondern auf die obersten Wolkenschichten, die in äquatorparallelen Streifen und Bändern zu erkennen sind, eine Folge der schnellen Rotation des Jupiterglobus, der sich in weniger als zehn Stunden einmal um seine Achse dreht. Seit vier Jahrhunderten beobachtet man ferner einen ovalen, rötlich-gelben Fleck, an dem die schnelle Rotation des Jupiter besonders deutlich erkennbar wird. Dieser Große Rote Fleck (GRF) stellt einen gewaltigen Wirbelsturm dar, wie Raumsondenvorbeiflüge erkennen ließen.

9.9: Der Große Rote Fleck, aufgenommen von Galileo am 26.6.1996

ERSTE VORBOTEN

Viermal flogen Raumsonden in mehr oder minder geringen Abständen an Jupiter vorbei und sandten neben großen Mengen an Meßdaten auch phantastische Bilder der Wolkenstrukturen des Riesenplaneten sowie der Oberflächen der hellen Jupitermonde zur Erde.
Anfang Dezember 1973 passierte die Raumsonde Pioneer 10 den Riesenplaneten, genau ein Jahr später folgte Pioneer 11. Fünf Jahre später folgten in wenigen Monaten Abstand Voyager 1 und Voyager 2. Alle vier Raumsonden schossen an Jupiter vorbei und lieferten daher nur Momentaufnahmen des Riesenplaneten und seines Mondharems.
Bald darauf plante man eine neue, wesentlich verbesserte Jupitermission, die zu Ehren des italienischen Physikers den Namen Galileo erhielt – in Amerika benutzt man eben gerne den Vornamen. Die Mission Galileo sah vor, eine permanente Raumstation um Jupiter kreisen zu lassen und ihn und

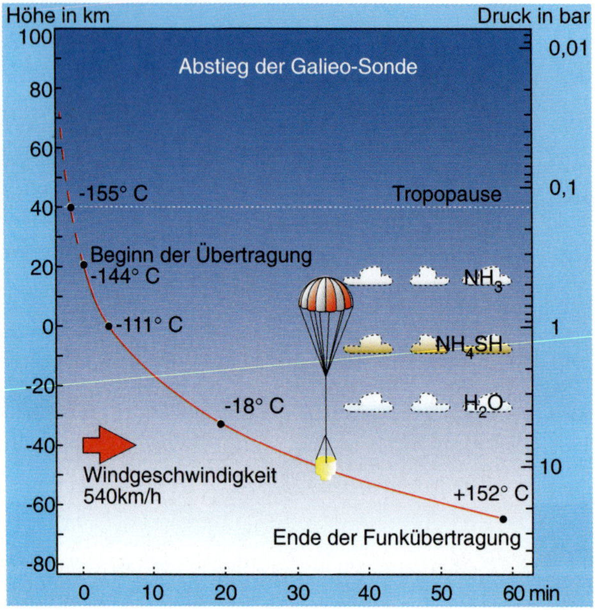

9.10: Abstieg der Galileo-Sonde in die Jupiteratmosphäre.

seine hellen Monde ständig zu beobachten. Kurz vor dem Eintreffen der Galileo-Sonde beim Riesenplaneten sollte eine Tochtersonde abgelöst werden, die in die Jupiteratmosphäre eindringen und Daten über Druck, Temperatur, Windgeschwindigkeit, Bewölkungsgrad sowie chemische Zusammensetzung via Muttersonde als Relaisstation zur Erde funken sollte.

Die ehrgeizigen Pläne wurden von den Wissenschaftlern bis ins letzte Detail ausgearbeitet. Die größte Hürde, die es zu überwinden galt, war die Finanzierung. Erst nach langem Hin und Her konnte diese gesichert werden.

Am 18. Oktober 1989 wurde Galileo schließlich mit der Raumfähre Atlantis in einen Erdorbit gehievt und dort nach dem Aussetzen mit dem in Deutschland entwickelten Haupttriebwerk auf den Weg zum Riesenplaneten gebracht.

Um Treibstoff zu sparen, flog Galileo nicht auf direktem Wege zu Jupiter, sondern nutzte in drei Swing-by-Manövern die Anziehungskräfte von Venus und Erde, um Schwung zu holen für das ferne Ziel Jupiter. Im Februar 1990 flog Galileo in 16 000 km Distanz an der Venus vorbei, Anfang Dezember 1990 passierte sie erstmals die Erde, genau zwei Jahre später dann ein zweites Mal unseren Planeten, bevor sie endgültig auf die Bahn zu Jupiter einschwenkte. Bei ihren Planetenpassagen sandte sie auch eindrucksvolle Bilder von Venus und Erde zu den Bodenstationen.

Noch lange bevor Galileo den Riesenplaneten erreichte, gelangen ihr sensationelle Fotos: Am 29. Oktober 1991 passierte sie Gaspra, den Planetoiden Nr. 951, in nur 1 600 Kilometer Di-

9.11: Bildmosaik der Io-Oberfläche, zusammengesetzt aus Galileo-Bildern von Juli und September 1996

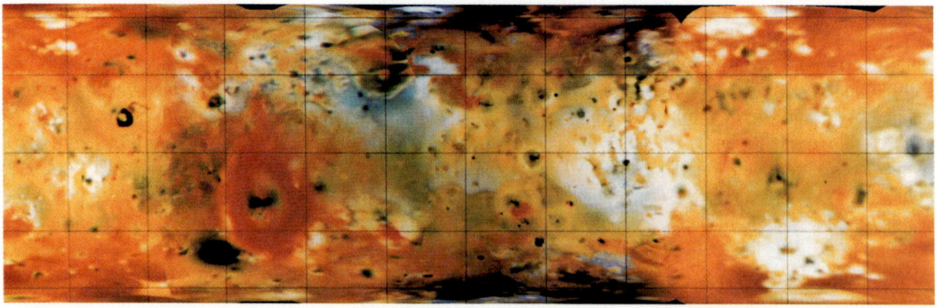

stanz und funkte Aufnahmen seiner pockennarbigen Oberfläche zur Erde. Ende August 1993 begegnete sie Ida (Planetoid Nr. 243), wobei sie nicht nur seine kraterübersäte Oberfläche ablichtete, sondern noch einen Begleiter entdeckte, der später Dactyl getauft wurde. Die Entdeckung eines Planetoidenmondes war eine echte Sensation (siehe auch *Himmelsjahr* 199**6**, Seite 42).

Ein knappes Jahr später kam es zu einem dramatischen Ereignis: Im Juli 1994 stürzte die Trümmerwolke des zerborstenen Kometen Shoemaker-Levy 9 in die Jupiteratmosphäre und löste gigantische Explosionen aus. Zu jener Zeit war Galileo noch rund 238 Millionen Kilometer, also die eineinhalbfache Entfernung Erde – Sonne, vom Riesenplaneten entfernt. Da die Einschläge auf der erdabgewandten Nachtseite des Jupiter erfolgten, war Galileo wegen seiner anderen Perspektive die einzige Beobachtungsstation, die die Einschläge direkt verfolgen konnte. Trotz der riesigen Entfernung lieferte Galileo beeindruckende Bilder zur Erde.

Leider trat schon in der Frühphase der Mission eine folgenschwere Panne auf, die das ganze Projekt ernsthaft gefährdete und sich als gewaltiges Handicap für den gesamten Verlauf der Beobachtungen erwies. Während des Starts und in den ersten Monaten des Fluges war die schüsselförmige Parabolantenne wie ein Regenschirm gefaltet in der Raumsonde verstaut.

Als man Mitte April 1991 von der irdischen Bodenstation per Funk den Befehl an Galileo erteilte, die 4,80 Meter große Parabolantenne aufzuklappen und zur Erde zu richten, gelang dies nur zum Teil. Die Antenne ließ sich nicht vollständig auseinanderfalten. Damit war die Möglichkeit ausgefallen, Bilder und Daten mit einer hohen Übertragungsrate von mehr als 130 kbit/s zu übermitteln. Einige tausend Mal wiederholte man den Versuch, die Parabolantenne doch noch vollständig aufzuklappen. Doch vergeblich, nichts ging mehr. Um zu retten, was zu retten war, mußte man die Datenübertragung mit der sehr viel leistungsschwächeren Rundantenne vornehmen, was eine Umprogrammierung der Arbeitsweise von Galileo erforderlich machte und dank hervorragender Leistung der Softwareingenieure schließlich gelang. Die mit hohem Informationsgehalt empfangenen Bilder wurden sowohl im Zentralrechner als auch auf einem Bandrekorder zwischengespeichert und dann sukzessive in stunden- und tagelangen Prozeduren mit niedriger Übertragungsrate zur Erde gefunkt. Dabei traten neue Probleme auf. Der Umspulmechanismus blieb öfters stecken, das Band ließ sich nicht bewegen. Doch es gelang glücklicherweise immer wieder, das festgefahrene Band zu lösen und wieder zum Laufen zu bringen.

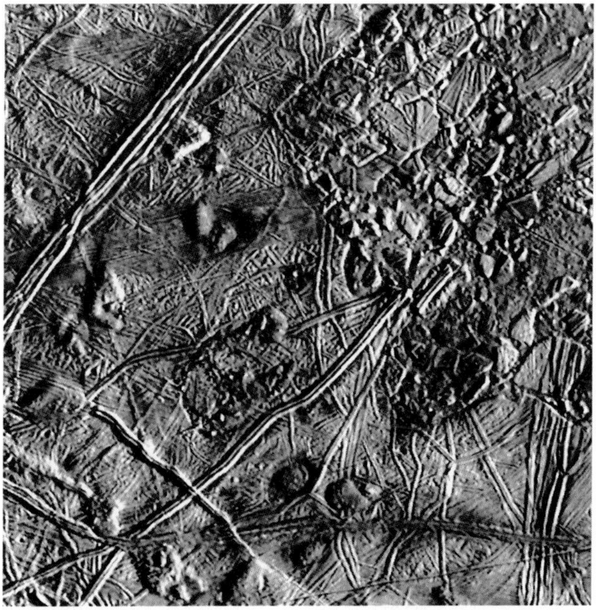

9.12: Ausschnitt der Europa-Oberfläche mit zerbrochenen und auseinandergedrifteten „Eisschollen"

Mitte Juli 1995, als Galileo noch 82 Millionen Kilometer von Jupiter entfernt war, trennte sich die Tochtersonde vom Mutterschiff. Die Tochtersonde war zum Kamikazeflug in die Atmosphäre des Riesenplaneten bestimmt, während das Mutterschiff in

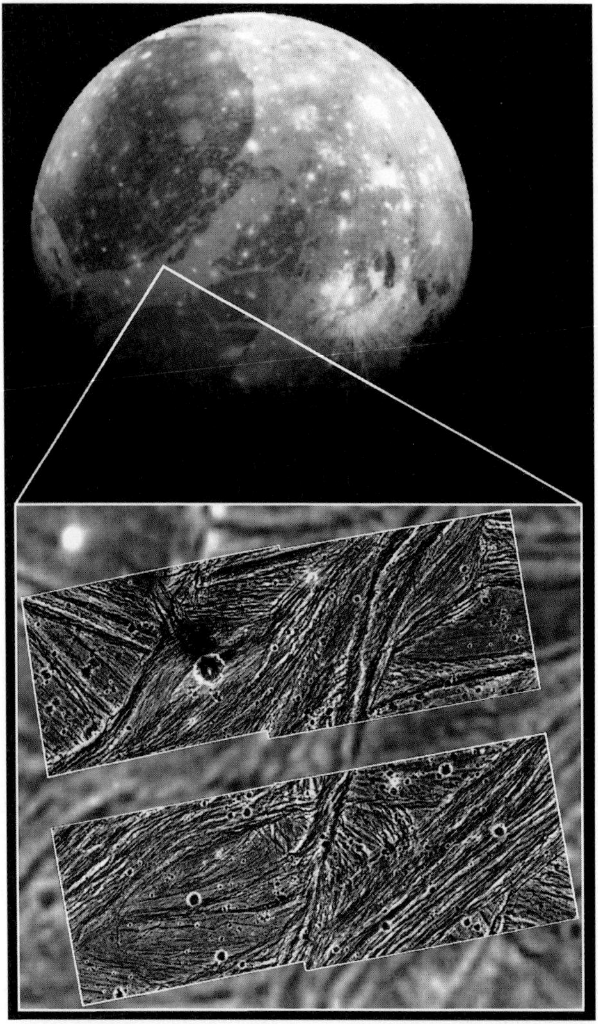

9.13: Die hellen Gebiete des Jupitermondes Ganymed sind von zahlreichen parallel verlaufenden Bergrücken und Tälern durchzogen.

eine Umlaufbahn um Jupiter einschwenken sollte

EINGETAUCHT

Am 7. Dezember 1995 war es schließlich soweit, die beiden Galileo-Teilsonden, Orbiter und Atmosphärensonde, trafen am Jupiter ein. Mit einer Geschwindigkeit von 173 000 Kilometer pro Stunde tauchte die Tochtersonde unter einem Winkel von knapp 9° in die Lufthülle des Riesenplaneten ein. Der Eintritt erfolgte in 6,°5 jovigraphischer Nordbreite zwischen der Äquatorzone und dem nördlichen Äquatorwolkenband (NEB). Innerhalb von nur zwei Minuten wurde die Geschwindigkeit auf 3 000 Kilometer pro Stunde reduziert. Dabei traten Verzögerungswerte vom 230fachen der Schwerebeschleunigung der Erde auf. Diese Tortur hätten Menschen niemals überlebt, die Instrumente an Bord überstanden das Bremsmanöver jedoch schadlos. Das Hitzeschutzschild brannte zum Großteil ab, wobei Spitzentemperaturen von 16 000° auftraten. Anschließend öffnete sich der Bremsfallschirm mit knapp einer Minute Verspätung in rund 40 Kilometer Höhe bei einem Druckniveau von 0,35 bar.

Ein Wort zum Begriff „Höhe“: Da Jupiter keine feste, definierte Oberfläche hat, wählt man als Nullniveau die Zone, in der der Atmosphärendruck 1 bar beträgt, dies entspricht in etwa dem Luftdruck auf der Erde in Meereshöhe (1 bar = 750 mm Quecksilbersäule, also etwas weniger als der irdische Atmosphärennormaldruck von 760 mm Hg).

Nach dem Absprengen des Restes des Hitzeschildes und dem anschließenden Öffnen des Bremsfallschirms begann die Atmosphärensonde mit ihrem Meßprogramm, wobei die Daten zunächst zum Jupiterorbiter gefunkt wurden. Die Muttersonde speicherte die Meßdaten an Bord, um sie nach und nach zur Erde zu senden.

In der Jupiteratmosphäre geht es recht stürmisch zu, selbst in tieferen Schichten: In rund 50 Kilometer Tiefe unter dem Nullniveau bläst ein orkanartiger

9.14: Die Oberfläche von Kallisto ist auffallend stark von Kratern zernarbt.

Wind mit über 500 Kilometer pro Stunde. Dabei stürmt es nicht nur horizontal. Auch gewaltige senkrechte Strömungen, Fallwinde und Turbulenzen registrierte die Sonde.
Wie erwartet, setzt sich die Jupiterluft ähnlich wie die Sonnenatmosphäre überwiegend aus Wasserstoff und Helium zusammen, den Urstoffen des Kosmos. Auf zwölf Wasserstoffatome kommt dabei ein Heliumatom, dies entspricht einem Massenverhältnis von 3:1. Damit besteht die Jupiteratmosphäre zu 75% aus Wasserstoffgas und zu knapp 24% aus Helium.
Andere Elemente und weitere chemische Verbindungen kommen nur in Promilleanteilen vor. Das zunächst vermutete Heliumdefizit (es wurden nur zehn Prozent registriert) stellte sich bald als Meß- bzw. Interpretationsfehler heraus.
Noch am häufigsten (außer Wasserstoff und Helium) sind Methan (CH_4) vorhanden, nämlich etwa ein Promille, sowie Ammoniak (NH_3) mit zwei Promille. Ammoniakeiskristalle bilden auch die oberste Wolkenschicht in zwanzig Kilometer Höhe, wo die Temperatur bei –145° Celsius liegt.
Die tieferliegende Wolkenschicht im Bereich des Nullniveaus wird von Ammoniumhydrogensulfidtröpfchen und -eiskristallen gebildet, bei Temperaturen um –110° Celsius. Die dritte und am tiefsten liegende Wolkenschicht wurde

nicht registriert. Hier vermutete man Wolken aus Wassereiskristallen bei –50° Celsius. Überhaupt ist die Jupiteratmosphäre viel trockener als angenommen. Der sehr geringe Wasserdampfgehalt (weniger als ein Prozent) überraschte viele Astronomen und Planetologen.
In Spuren wurden ferner Schwefelwasserstoff (H_2S), Phosphin (PH_3), das der Jupiterluft den bekannten Knoblauchduft verleiht, sowie die Edelgase Neon und Argon, außerdem in sehr geringen Mengen noch Krypton und Xenon festgestellt. Von den ursprünglich vermuteten organischen Molekülen wurde nichts entdeckt – bis auf winzige Spuren von Äthan (C_2H_6); jedenfalls sind zur Enttäuschung mancher Forscher keine komplexen Moleküle als Vorstufen einer biologischen Evolution entdeckt worden.
Das Nephelometer („Nebelmesser") ließ ein sehr klares Wetter erkennen, keinesweges eine dichte Wolkensuppe. Allerdings ging die Sonde offensichtlich in einem „Schönwettergebiet" mit einem gewaltigen Wolkenloch nieder. Blitze wurden in Sondennähe keine gesichtet, allerdings in großer Entfernung (über 10 000 Kilometer Distanz) registriert.
Die bis in große Tiefen starken Luftbewegungen beruhen in ihrer Dynamik nicht auf der Sonneneinstrahlung, sondern sind die Folge eines erheblichen, permanenten Wärmestroms aus dem Jupiterinneren. Die innere Wärmequelle des Riesenplaneten ist offensichtlich der Motor für das turbulente Wettergeschehen in der Jupiteratmosphäre.
Knapp eine Stunde nach dem Eintauchen der Sonde in die Jupiteratmosphäre riß die Funkverbindung ab. Die Sonde befand sich zu diesem Zeitpunkt in 160 Kilometer Tiefe. Der Atmosphärendruck war auf 22 bar angestiegen, was einem Wasserdruck in 230 Meter Meerestiefe entspricht. Die zuletzt registrierte Temperatur betrug 152° Celsius. Das gelungene Eintauchen der Sonde in die Jupiteratmosphäre war eine Meisterleistung der Raumfahrtingenieure: Wäre der Eintrittswinkel nur ein wenig flacher ausgefallen, so wäre die Sonde ins All zurückgeschleudert worden; bei einem etwas steileren Einflugswinkel dagegen wäre sie unweigerlich verglüht, ohne die begehrten Daten zu liefern.

DER JUPITERSATELLIT

Die Muttersonde erreichte derweil nach einer fast 50 Minuten währenden Zündung des Haupttriebwerks einen langgestreckten Jupiterorbit. Das Perijovium (jupiternächster Bahnpunkt) war nur 185 000 km vom Riesenplaneten entfernt, während das Apojovium (jupiterfernster Bahnpunkt) für die erste Umrundung bei 19,3 Millionen Kilometer Jupiterdistanz lag. Es wurde Anfang März 1996 durchflogen. Kurz darauf erfolgte eine Bahnkorrektur durch ein 24 Minuten langes Brennen der Triebwerke, die das Perijovium auf 786 000 Kilometer anhob. Dieser Punkt liegt bereits außerhalb der Bahn von Europa. Der Grund war einfach: Man wollte vermeiden, daß die Sonde durch die intensive Strahlungszone im Bereich der Io-Bahn beschädigt wurde – vor allem die empfindliche Bordelektronik schien gefährdet. Die weiteren Umläufe geschahen und geschehen in ständig wechselnden Bahnen, denn durch die gewollten nahen Begegnungen mit den großen Jupitermonden ändern sich die Bahnelemente immer wieder neu.
Außer phantastischen Nahaufnahmen von Jupiter selbst lieferte Galileo gestochen scharfe und außerordentlich detailreiche Bilder der Oberfläche der galileischen Monde. Schwefel- und Stickstofferuptionen auf Io wurden ebenso entdeckt wie flüssiges Wasser unter einer Eiskruste auf Europa. Bizarre Gräben und Bergrücken auf Ganymed, dem größten Mond unseres Sonnensystems, sowie Einschlagkrater jeden Kalibers lassen sich auf den Bildern erkennen. Ganymed scheint sogar eine innere Wärmequelle zu besitzen, die anderer Natur ist als die von Io, der ständig durch die wechselnden Gezeitenkräfte durchgeknetet wird. Sowohl Io als auch Ganymed besitzen ein eigenes Magnetfeld, wie Galileos Magnetometer feststellten. Bei der ersten nahen Begegnung (nur 900 Kilometer Distanz!) der Sonde mit Io wurde eine erheblich stärkere Bahnabweichung registriert als zuvor kalkuliert war. Dies läßt den Schluß zu, daß Io möglicherweise einen großen Eisenkern besitzt – man schätzt rund 1 800 Kilometer im Durchmesser. Dies würde auch das relativ starke Magnetfeld erklären.
Das Missionsende von Galileo ist für Dezember 1997 geplant. Wenn dann die Raumsonde noch funktioniert und Finanzmittel aufgetrieben werden können, wird man weiterhin beobachten und Daten sammeln. Auf alle Fälle liegen inzwischen so viele Meßwerte und Bilder vor, daß ihre Auswertung gut ein Dutzend Wissenschaftlergruppen noch Jahre beschäftigen wird.

OKTOBER 1998

Der sonnenferne Neptun kehrt seine Bewegungsrichtung am 11.10. um und läuft fortan wieder rechtläufig entlang der Ekliptik; sein innerer Nachbar Uranus folgt ihm am 19.10., und am 23.10. steht Saturn in Opposition zur Sonne.

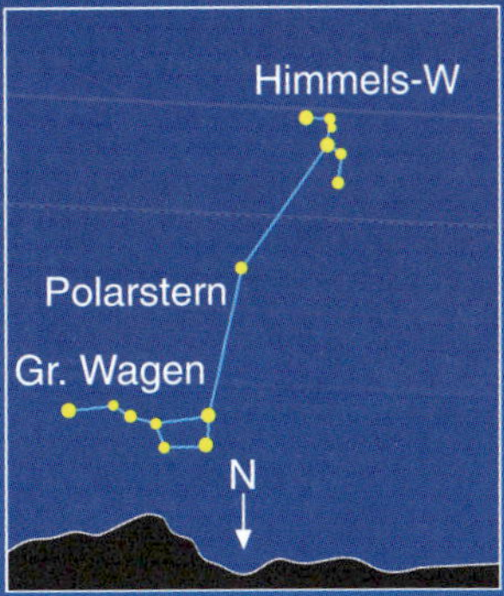

Großer Wagen und Himmels-W Anfang Oktober um 22^h

10.1: Himmelsanblick am 31. Oktober gegen 19^h MEZ: Saturn und Jupiter stehen über dem Südosthorizont, wobei der elf Tage alte Mond gerade den Riesenplaneten passiert.

Sonnenlauf

23.10. 16h
Sonne tritt in das Tierkreiszeichen Skorpion
31.10. 11h
Sonne tritt in das Sternbild Waage

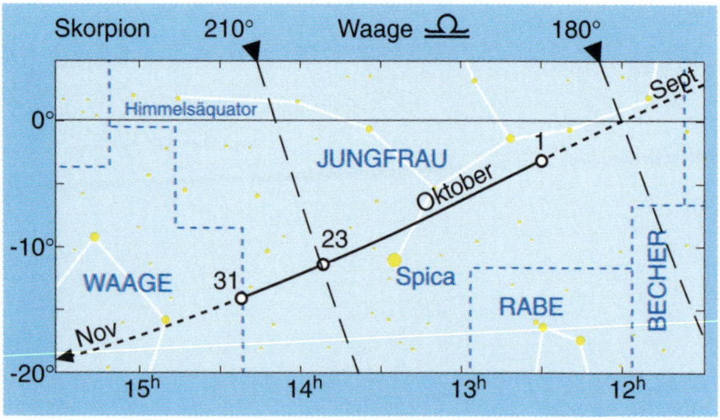

Julianisches Datum
am 1. Oktober, 1h MEZ:
2451087,5

Tag	Dämmerg. Anfang	Aufgang MEZ	Kulmination	Untergang MEZ	Dämmerg. Ende	Mittagshöhe	Zeitgleichg.	Rektaszension	Deklination
	h m	h m	h m	h m	h m	°	m	h m	°
1.	5 10	6 19	12 10	17 59	19 09	36,8	+10	12 28	– 3,0
5.	5 16	6 26	12 08	17 50	19 00	35,3	+12	12 42	– 4,6
10.	5 24	6 33	12 07	17 40	18 49	33,3	+13	13 01	– 6,5
15.	5 31	6 41	12 06	17 29	18 39	31,5	+14	13 19	– 8,4
20.	5 39	6 49	12 05	17 19	18 30	29,7	+15	13 38	–10,2
25.	5 46	6 58	12 04	17 10	18 21	27,9	+16	13 57	–11,9
31.	5 56	7 07	12 04	16 59	18 11	25,9	+16	14 20	–14,0

Sonntag, 25.10.: Ende der Sommerzeit

Tages- und Nachtstunden

5. Oktober

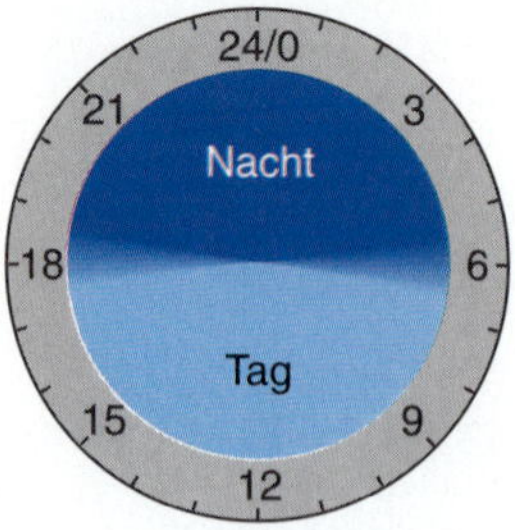

15. Oktober

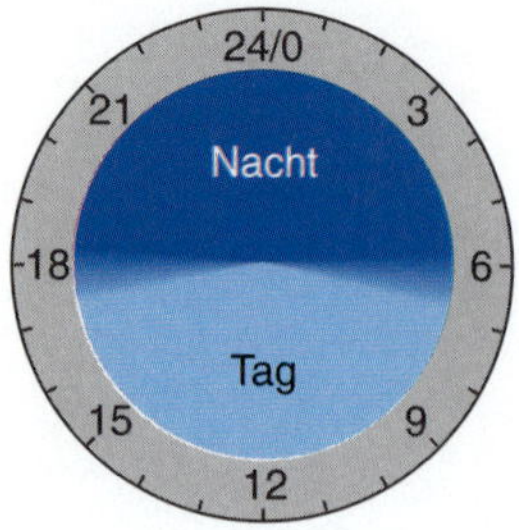

25. Oktober

Mondlauf

Datum	Aufg. MEZ	Kulmination	Unterg. MEZ	Rektaszension	Deklination	Sterne und Sternbilder	Phase	MEZ
	h m	h m	h m	h m	°			
Do 1.	15 51	20 42	0 32	20 18	–17,1	Steinbock		
Fr 2.	16 28	21 36	1 40	21 14	–14,7	Steinbock		
Sa 3.	17 01	22 31	2 53	22 10	–11,3	Wassermann	Absteigender Knoten	
So 4.	17 32	23 25	4 11	23 06	– 7,1	Wassermann		
Mo 5.	18 03	–	5 31	0 03	– 2,4	Fische	**Vollmond**	**21^h12^m**
Di 6.	18 34	0 21	6 52	1 00	+ 2,5	Walfisch	Erdnähe 358/33′,4	14^h
Mi 7.	19 07	1 17	8 14	1 58	+ 7,3	Fische		
Do 8.	19 44	2 14	9 34	2 57	+11,6	Widder		
Fr 9.	20 26	3 12	10 50	3 56	+15,2	Stier, Hyaden	Größte Südbreite	
Sa 10.	21 15	4 10	12 00	4 56	+17,6	Aldebaran		
So 11.	22 09	5 07	13 02	5 56	+18,9	Orion		
Mo 12.	23 09	6 03	13 54	6 54	+19,0	Alhena	**Letztes Viertel** Libration West	**12^h11^m**
Di 13.	–	6 57	14 38	7 50	+18,1	Zwillinge		
Mi 14.	0 11	7 47	15 14	8 43	+16,2	Krebs, Krippe		
Do 15.	1 15	8 36	15 45	9 34	+13,6	Löwe	Aufsteigender Knoten	
Fr 16.	2 20	9 21	16 12	10 23	+10,4	* Löwe, Regulus		
Sa 17.	3 23	10 05	16 37	11 10	+ 6,8	Löwe		
So 18.	4 26	10 48	17 00	11 56	+ 3,0	Jungfrau		
Mo 19.	5 29	11 30	17 23	12 42	– 0,9	Jungfrau		
Di 20.	6 31	12 13	17 46	13 27	– 4,8	Spica	**Neumond**	**11^h09^m**
Mi 21.	7 32	12 56	18 11	14 12	– 8,4	Jungfrau	Erdferne 407/29′,4	6^h
Do 22.	8 34	13 40	18 39	14 58	–11,8	Waage		
Fr 23.	9 34	14 25	19 11	15 45	–14,6	Waage	Größte Nordbreite	
Sa 24.	10 33	15 12	19 48	16 34	–16,9	Schlangenträger		
So 25.	11 28	16 00	20 31	17 24	–18,5	Schlangenträger		
Mo 26.	12 20	16 50	21 21	18 15	–19,2	Schütze		
Di 27.	13 07	17 41	22 18	19 07	–19,1	Schütze, Nunki		
Mi 28.	13 48	18 32	23 21	20 00	–17,9	Schütze	**Erstes Viertel**	**12^h46^m**
Do 29.	14 25	19 24	–	20 54	–15,9	* Steinbock	Libration Ost	
Fr 30.	14 58	20 16	0 30	21 48	–12,9	* Steinbock	Absteigender Knoten	
Sa 31.	15 29	21 09	1 43	22 43	– 9,1	Wassermann		

Gleich zweimal – am 4. und 31. – passiert der zunehmende Mond in diesem Monat den Jupiter; zwar kommt es in beiden Fällen zu einer Bedeckung, die uns allerdings – wie alle übrigen Planetenbedeckungen des Jahres – entgehen. Am 7. steht der Mond bei Saturn, am 16. bei Mars. Die Erdferne am 21. fällt diesmal besonders groß aus.

Planetenlauf

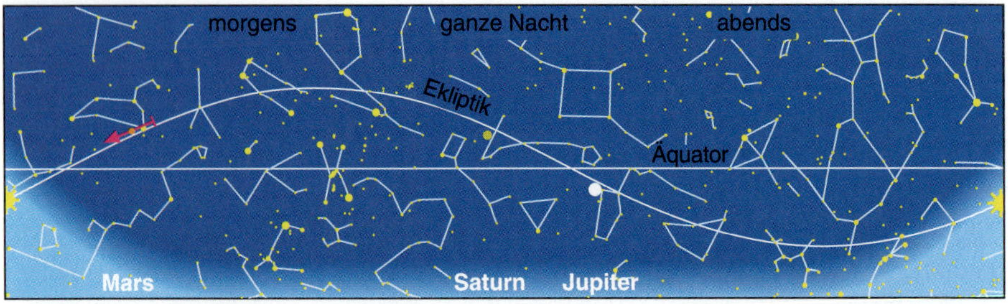

MERKUR stand gegen Ende des Vormonats in oberer Konjunktion mit der Sonne. Bis zum Monatsende wächst seine östliche Elongation von der Sonne immerhin bis auf knapp 21° an. Dennoch kommt es nicht zu einer Abendsichtbarkeit, denn die abendliche Ekliptik verläuft recht flach zum Westhorizont und Merkur steht erheblich südlicher als die Sonne, was einen kleineren Tagbogen und entsprechend frühere Untergänge zur Folge hat. Kurzum, Merkur bleibt den ganzen Monat hindurch unbeobachtbar.

Am 19. zieht Merkur durch das Aphel seiner Bahn. An diesem Tag trennen ihn 70 Millionen Kilometer (= 0,468 A.E.) von der Sonne.

VENUS hat sich vom Morgenhimmel zurückgezogen. Sie strebt ihrer oberen Konjunktion mit der Sonne entgegen, die sie am 30. schließlich erreicht. Von der Erde aus betrachtet steht sie damit hinter der Sonne, allerdings nicht genau, denn sie wird nicht von der Sonne bedeckt, sondern zieht rund 1° nördlich von ihr vorbei.

Am Tag der oberen Konjunktion ist Venus am weitesten von der Erde entfernt, nämlich 257,0 Millionen Kilometer, das sind 1,718 A.E.

MARS ist Planet am Morgenhimmel. Er wandert durch den Löwen und passiert am 6. Regulus in 0°,9 nördlichem Abstand.

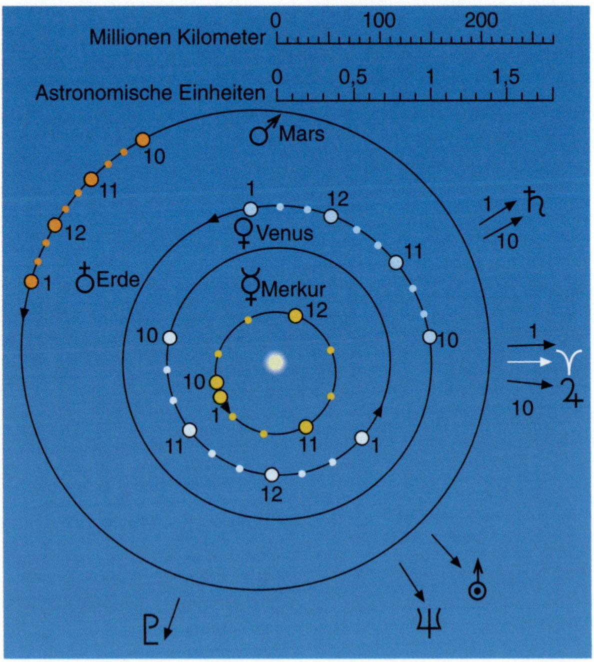

10.2: Das innere Planetensystem im letzten Jahresviertel 1998. Eingezeichnet sind die Positionen der Planeten für den 1. Oktober (10), 1. November (11) sowie 1. Dezember (12) und 1. Januar 1999 (1). Die Pfeile deuten die Richtungen zu den ferneren Planeten sowie zum Frühlingspunkt an.

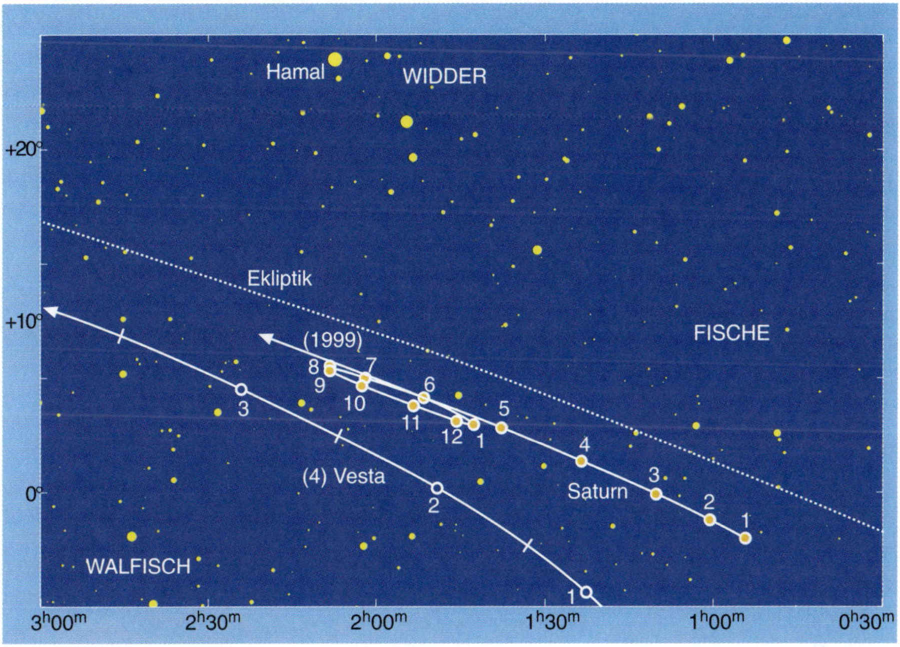

10.3: Die scheinbaren Bahnen von Saturn und dem Kleinplaneten Vesta (4) im Gebiet der Sternbilder Fische und Walfisch im Jahre 1998. Die Zahlen geben die Positionen zum jeweiligen Monatsersten an.

Der rote Planet verfrüht seine Aufgänge von 2^h23^m (= 3^h23^m Sommerzeit) am Monatsbeginn auf 2^h07^m am Monatsende. Die Marshelligkeit nimmt leicht zu und beträgt am Monatsende $1^m,6$.

Am 16. zieht der abnehmende Mond $1^\circ,0$ südlich an Mars vorbei. Es kommt zu einer Marsbedeckung durch den Mond, die aber von Mitteleuropa aus unbeobachtbar bleibt.

JUPITER stand Mitte des Vormonats in Opposition zur Sonne. Er ist ein auffälliges Objekt am Nachthimmel. Der Riesenplanet wandert rückläufig durch den Wassermann, wobei er seine Geschwindigkeit deutlich verringert. Mitte nächsten Monats wird er dann stationär (siehe Abb. 9.5 auf Seite 149). Die Jupiterhelligkeit sinkt während des Monats von $-2^m,9$ auf $-2^m,7$. Vom Morgenhimmel zieht sich Jupiter zurück: Am 1. geht Jupiter um 4^h51^m (= 5^h51^m Sommerzeit) unter, am 15. um 3^h48^m und am 31. schon um 2^h38^m. Der Riesenplanet verkürzt damit seine Sichtbarkeit in der zweiten Nachthälfte um mehr als zwei Stunden. Durch die immer früher einsetzende Dunkelheit gewinnt er aber in der ersten Nacht eine Stunde an Sichtbarkeit.

Zweimal in diesem Monat, am 4. und am 31., passiert der Mond den Riesenplaneten (siehe Abb. 10.1 auf Seite 163). Wieder wird Jupiter bei jeder Passage vom Mond bedeckt. Wie alle Jupiterbedeckungen sind auch diese beiden von Mitteleuropa aus nicht beobachtbar.

Am Monatsende ist Jupiter 638 Millionen Kilometer (= 4,26 A.E.) von der Erde entfernt.

SATURN, rückläufig in den Fischen, steht am 23. in **Opposition** zur Sonne. Am Oppositionstag geht der $0^m,0$ helle Ringplanet um 17^h22^m (= 18^h22^m Sommerzeit) auf, kulminiert um 0^h12^m und geht am nächsten Morgen um 6^h53^m unter. Seine Kulminationshöhe erreicht auf 50° nördlicher Breite immerhin fast 49°, was die Beobachtung mit einem Teleskop begünstigt. Vorbei sind die Jahre, in denen Saturn nur bescheidene Höhen über dem Horizont erreichte (siehe Abb. 10.3 oben).

Am Tag der Opposition erreicht Saturn seine kleinste Entfernung von der Erde. Die Saturndistanz beträgt dann 1241 Millionen Kilometer, das sind 8,30 A.E. Das Licht legt diese Strecke in einer Stunde und neun Minuten zurück.
Von der Sonne ist Saturn zur Opposition 1389 Millionen Kilometer (= 9,28 A.E.) entfernt, dies entspricht einer Lichtlaufzeit von einer Stunde und siebzehn Minuten.
Im Fernrohr zeigt sich die stark abgeplattete Saturnkugel (1:10) mit einem scheinbaren Äquatordurchmesser von 20″ und einem Poldurchmesser von 18″. Der Ring ist 15° geöffnet, man blickt auf die Südseite. Die Längsachse hat eine Ausdehnung von $45\overset{\prime\prime}{,}5$, der Querdurchmesser (senkrecht zur Längsachse) weist $12\overset{\prime\prime}{,}0$ auf. Damit macht der Ringplanet bei etwa zweihundertfacher Vergrößerung einen wirklich majestätischen Eindruck.
Am 7. wandert der Mond an Saturn vorbei. Am Monatsende geht Saturn um 6^h23^m unter, während er schon um 16^h49^m aufgeht.
URANUS kann noch am Abendhimmel aufgefunden werden. Der grünliche Planet, der fast auf der Stelle tritt, beendet am 19. seine rückläufige Bewegung und wird stationär. Damit ist auch die günstige Beobachtungszeit der Opposition vorbei (siehe Abb. 7.5 auf Seite 121). Uranus verlegt seine Untergänge in die späten Abendstunden. Am 1. sinkt der $5\overset{m}{,}7$ helle Planet um 0^h57^m (= 1^h57^m Sommerzeit) unter die Horizontlinie, am 15. geht Uranus um 0^h02^m unter, und am 31. erfolgt der Untergang des inzwischen $5\overset{m}{,}8$ hellen Uranus um 22^h55^m. Die Kulminationen verfrühen sich von 20^h25^m (= 21^h25^m Sommerzeit) zum Monatsbeginn auf 18^h27^m am Monatsende.
NEPTUN im Schützen beendet seine Oppositionsperiode mit dem Stillstand am 11.; anschließend wandert er wieder rechtläufig durch den Tierkreis, wobei seine Bewegung zunächst kaum bemerkbar ist (siehe Abb. 7.5 auf Seite 121).
Der $7\overset{m}{,}9$ lichtschwache, bläuliche Planet läßt sich noch am Abendhimmel aufsuchen. Die Sichtbarkeitszeit verkürzt sich aber drastisch. Wenn es dunkel genug geworden ist, um Neptun finden zu können, hat er seinen Meridiandurchgang schon hinter sich. Am 1. kulminiert Neptun um 19^h45^m (= 20^h45^m Sommerzeit) und geht um 0^h10^m unter. Am Monatsende erfolgt sein Meridiandurchgang schon um 17^h47^m, der Untergang um 22^h08^m.

PLANETOIDEN
CERES (1) wird am 10. im Stier stationär und setzt zu ihrer Oppositionsschleife an. Anschließend steuert sie rückläufig wieder auf Aldebaran zu (siehe Abb. 10.5 auf Seite 170). Im Laufe des Monats steigt die Cereshelligkeit auf $7\overset{m}{,}7$ an, was den ersten Planetoiden auch für kleinere Teleskope interessant werden läßt. Die Cereskulminationen verlagern sich von 4^h32^m (= 5^h32^m Sommerzeit) am 1. auf 3^h37^m am 15. und auf 2^h29^m am 31.
PALLAS (2), rückläufig in den Fischen, stand Mitte des Vormonats in Opposition zur Sonne. Die Pallashelligkeit sinkt deutlich von $8\overset{m}{,}7$ auf $9\overset{m}{,}2$ ab, so daß eine weitere Verfolgung von Pallas für die meisten Sternfreunde recht schwierig wird (siehe auch Aufsuchkärtchen Abb. 9.5 auf Seite 149).
Am 1. geht Pallas um 17^h29^m (= 18^h29^m Sommerzeit) auf und kulminiert um 23^h01^m. Am 15.

Jupitermond-Erscheinungen

Tag	MEZ		Vorgang	
	h	m		
1.	1	28	I	DA
	1	51	I	SA
	3	42	I	DE
	4	06	I	SE
	21	52	II	VE
	22	45	I	BA
2.	1	23	I	VE
	19	54	I	DA
	20	20	I	SA
	22	08	I	DE
	22	35	I	SE
3.	19	52	I	VE
	20	07	IV	BA
	21	12	IV	BE
	23	51	IV	VA
4.	2	01	IV	VE
6.	18	41	III	DA
	20	48	III	SA
	21	49	III	DE
7.	0	00	III	SE
	2	21	II	DA
	3	23	II	SA
8.	3	13	I	DA
	3	46	I	SA
	20	37	II	BA
9.	0	29	I	BA
	0	31	II	VE
	3	18	I	VE
	21	39	I	DA
	22	15	I	SA
	23	54	I	DE
10.	0	30	I	SE
	18	07	II	DE
	18	55	I	BA
	19	21	II	SE
	21	47	I	VE

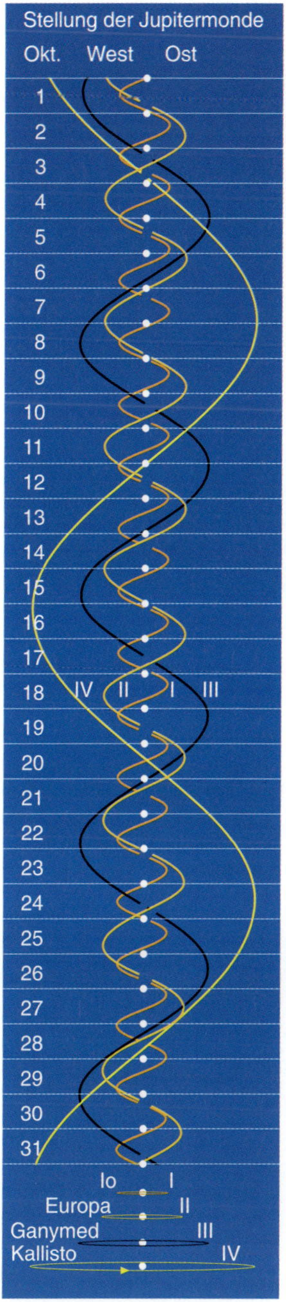

11.	18	20	I	DE
	18	59	I	SE
12.	3	17	IV	DA
13.	22	02	III	DA
14.	0	50	III	SA
	1	11	III	DE
15.	22	56	II	BA
16.	2	15	I	BA
	3	09	II	VE
	23	25	I	DA
17.	0	11	I	SA
	1	40	I	DE
	2	25	I	SE
	17	54	III	VE
	19	17	II	SA
	20	24	II	DE
	20	41	I	BA
	21	57	II	SE
	23	42	I	VE
18.	17	52	I	DA
	18	40	I	SA
	20	06	I	DE
	20	54	I	SE
19.	18	10	I	VE
20.	18	14	IV	VA
	20	05	IV	VE
21.	1	27	III	DA
23.	1	17	II	BA
24.	1	12	I	DA
	2	06	I	SA
	18	14	III	BE
	18	44	III	VA
	20	05	II	DA
	21	53	II	SA
	21	55	III	VE
	22	28	I	BA
	22	44	II	DE
25.	0	32	II	SE
	1	37	I	VE
	19	39	I	DA
	20	35	I	SA
	21	54	I	DE
	22	50	I	SE
26.	19	06	II	VE
	20	05	I	VE
28.	18	03	IV	DA
	19	53	IV	DE
31.	18	34	III	BA
	21	48	III	BE
	22	26	II	DA
	22	47	III	VA

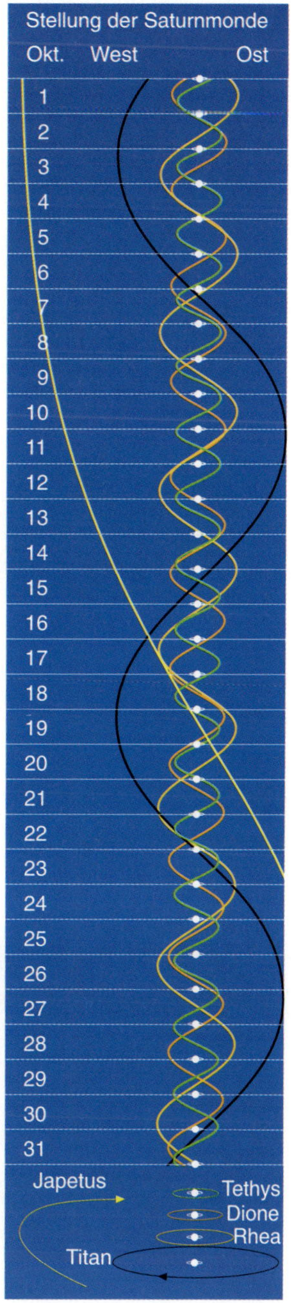

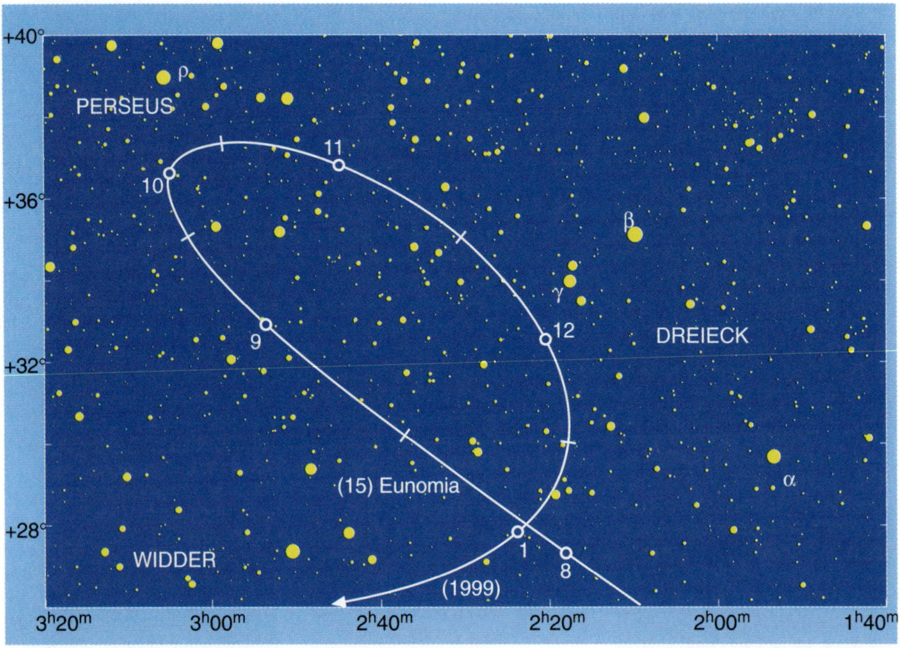

10.4: Scheinbare Bahn des Kleinplaneten Eunomia (15) von August 1998 bis Januar 1999 im Gebiet der Sternbilder Dreieck, Perseus und Widder. Die Zahlen geben die Eunomiaposition zum jeweiligen Monatsersten an.

erfolgt die Kulmination um 21^h58^m, am 31. bereits um 20^h50^m.

JUNO (3) kommt am 28. in Konjunktion mit der Sonne. An diesem Tag ist sie 636 Millionen Kilometer (= 4,25 A.E.) von der Erde und 489 Millionen Kilome-

10.5: Scheinbare Bahn des Kleinplaneten Ceres (1) im Sternbild Stier von August 1998 bis Januar 1999. Die Zahlen geben die Ceresposition zum jeweiligen Monatsersten an.

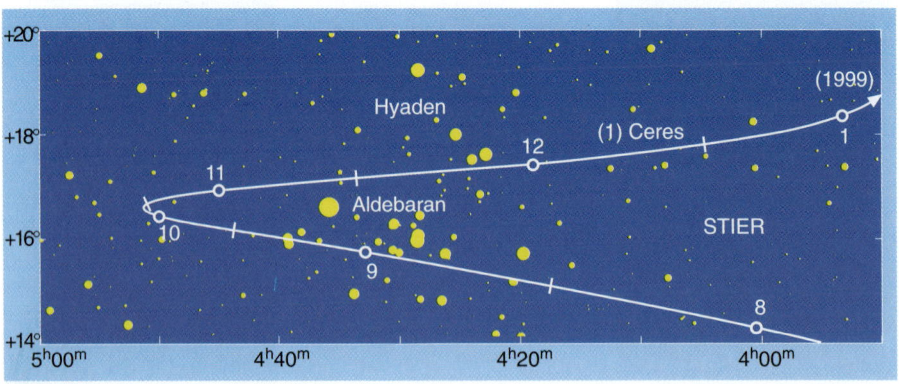

ter (= 3,27 A.E.) von der Sonne entfernt.

VESTA (4) passiert rechtläufig den offenen Sternhaufen Krippe (M 44) im Krebs und geht knapp nördlich an δ Cancri (Asellus Australis), dem südlichen Eselchen vorbei (siehe Abb. 9.6 auf Seite 153). Die Vestahelligkeit steigt weiter leicht an und beträgt am Monatsende $7^{m}9$.
Die Aufgänge verlagert Vesta von $0^{h}31^{m}$ am Monatsanfang auf $23^{h}19^{m}$ zum Monatsende. Die Kulminationszeiten lauten: 1.: $8^{h}11^{m}$ (= $9^{h}11^{m}$ Sommerzeit), 15.: $7^{h}36^{m}$ und 31.: $6^{h}53^{m}$.

EUNOMIA (15) wandert rückläufig durch den Perseus, wobei sie mit über 37° nördlicher Deklination zur Kulminationszeit eine recht große Höhe über dem Horizont erreicht (siehe auch Abb. 10.4 auf Seite 170). Ihre Helligkeit steigt deutlich von $8^{m}5$ auf $7^{m}9$ an, so daß sie auch in lichtstarken Ferngläsern beobachtbar wird. Am 1. passiert Eunomia den Meridian um $2^{h}47^{m}$, am 15. um $1^{h}46^{m}$ und am 31. schon um $0^{h}30^{m}$ (= $1^{h}30^{m}$ Sommerzeit).

Periodische Sternschnuppenströme

Die **Delta-Draconiden**, auch *Oktober-Draconiden* genannt, sind ein temporärer Strom, deren Radiant im Sternbild des Drachen, etwa 3° östlich von γ Draconis liegt. Die Oktober-Draconiden führen ihren Ursprung auf den Kometen 21P/Giacobini-Zinner (alte Bezeichnung: 1900 III) zurück, weshalb dieser Meteorstrom auch *Giacobiniden* heißt. Vom 7. bis 11. Oktober passiert die Erde relativ nahe den absteigenden Knoten der Bahn des Kometen 21P. Seine Umlaufszeit beträgt 6,5 Jahre. Alle 13 Jahre trifft die Erde auf die recht breit gestreute Trümmerwolke der Auflösungsprodukte des Kometen Giacobini-Zinner. Dann hagelt es nur so Sternschnuppen. Am 8. Oktober 1985 konnten 400 Meteore pro Stunde registriert werden. Der nächste Schauer ist für 1998 zu erwarten. Da die Trümmerwolke schon recht langgezogen ist und die Meteoroide sich entlang der Bahn verteilt haben, ist mit Überraschungen auch in anderen Jahren zu rechnen.

Vom 14. bis 28. Oktober sind die **Orioniden** aktiv, deren Ursprung auf den Halleyschen Komet deutet. Mit dem Maximum ist am 21. Oktober zu rechnen, wobei etwa dreißig bis vierzig Meteore pro Stunde zu erwarten sind. Die Frequenz ist von Jahr zu Jahr verschieden. Die beste Beobachtungszeit: Mitternacht bis 5^{h} morgens. Der Radiant liegt etwa 10° nordöstlich von Beteigeuze. Es handelt sich bei den Orioniden um sehr schnelle Objekte (über 60 Kilometer pro Sekunde).

Konstellationen und Ereignisse

Datum	MEZ	Ereignis
1.	13^{h}	Mond bei Uranus, Mond 2°7 nördlich
4.	10	**Mond bei Jupiter**, Mond 0°2 südlich, **Abstand 5°2 um 4^{h}**, Bedeckung
7.	2	**Mond bei Saturn**, Mond 1°8 südlich, **Abstand 2°2 um 5^{h}**
11.	12	Neptun im Stillstand, anschließend rechtläufig
16.	5	**Mond bei Mars**, Mond 1°0 südlich, **Abstand 1°5 um 3^{h}**, Bedeckung
19.	2	Uranus im Stillstand, anschließend rechtläufig
19.	23	Merkur im Aphel
20.	3	Mond bei Venus, Mond 3°1 nördlich
21.	19	Mond bei Merkur, Mond 6°5 nördlich
23.	20	**Saturn in Opposition zur Sonne**
28.	4	Mond bei Neptun, Mond 2°2 nördlich
28.	21	**Mond bei Uranus**, Mond 2°4 nördlich, **Abstand 1°6 um 21^{h}**
30.	5	Venus in oberer Konjunktion mit der Sonne
31.	17	**Mond bei Jupiter**, Mond 0°2 südlich, **Abstand 1°6 um 18^{h}**, Bedeckung

Der Fixsternhimmel

Der Herbst hat nun am Himmel seinen Einzug gehalten, wenn man auch den Eindruck gewinnt, daß die Sommersternbilder nicht weichen wollen.
Zum einen liegt dies sicher daran, daß bei jetzt früher einsetzender Dämmerung und Dunkelheit der Sternfreund auch eher zu beobachten beginnt.
Um die Änderung des Himmelsanblickes im Vergleich zum Vormonat zu bemerken, muß man stets die gleiche Beobachtungszeit wählen, nämlich am Monatsbeginn 23^h bzw. in der Monatsmitte 22^h (= 0^h bzw. 23^h Sommerzeit).
Zum anderen steht das Sommerdreieck mit Wega – Deneb – Atair noch hoch im Westen. Diese drei Sterne fallen stark auf, vor allem, wenn man bedenkt, daß sich die Herbstbilder nur aus Sternen zweiter Größenklasse und schwächer zusammensetzen. Andererseits sind typische Sommerbilder wie der Skorpion mit dem hellen, roten Antares und der Schütze bereits unter dem Horizont verschwunden. Auch Arktur ist schon untergegangen.
Der Große Wagen ist tief im Norden, nahe dem Horizont, zu entdecken. Das Himmels-W, die Kassiopeia, hingegen springt hoch im Nordosten förmlich ins Auge. Die mittlere Spitze des Sternen-Ws deutet bekanntlich ungefähr auf den Polarstern, der am Ende der Deichsel des Kleinen Wagens steht. Der Kleine Wagen ist viel schwerer zu erkennen als der Große, nicht etwa, weil er kleiner ist, sondern weil seine Sterne weit weniger hell sind als die des Großen Wagens.
Das Pegasus-Quadrat hat den Meridian erreicht. Dieses markante Sternenviereck ist kaum zu übersehen. Man nennt es auch Herbstviereck analog zum Sommerdreieck oder Wintersechseck. Der Pegasus gehört zu den „einfachsten“ Sternbildern, die man auf Anhieb erkennt. Der Sage nach ist Pegasus das geflügelte Pferd, das den Dichtern zu ihren Gedankenflügen verhilft. Die vier Sterne des Herbstvierecks heißen Markab, Scheat, Algenib und Sirrah, wobei Sirrah selbst nicht mehr zum Pegasus gehört, sondern schon der erste Stern der Andromeda (α Andromedae) ist, die aus einer Kette von vier Sternen gebildet wird.
Gute Beobachtungsbedingungen vorausgesetzt kann man in der Andromeda ein wenig nördlich des Sterns Mirach (β And) den berühmten Andromeda-Nebel, unsere Nachbarmilchstraße, sehen. Die Katalogbezeichnung des Andromeda-Nebels lautet: M 31. Das Licht der Sterne des Andromeda-Nebels ist rund 2,5 Millionen Jahre bis zur Erde unterwegs. Er ist praktisch das fernste Himmelsobjekt, das mit bloßen Augen zu sehen ist.
Südlich der Andromeda stößt man auf das kleine Sternbild Widder, das aber als markantes, stumpfwinkeliges Sternendreieck leicht zu erkennen ist. Zwischen Widder und Andromeda hat das winzige Sternbild Dreieck (lat.: Triangulum) seinen Platz.
Östlich der Andromeda ist ihr Retter zu finden, der strahlende Held Perseus. Im Perseus ist Algol (β Persei) beheimatet, ein Bedeckungsveränderlicher, der als ideales Übungsobjekt für Sternfreunde dient, die sich der Beobachtung veränderlicher Sterne widmen wollen.
Noch ein Veränderlicher, nämlich Mira Ceti (o Ceti) kann nun beobachtet werden. Der ausgedehnte Walfisch (lat.: Cetus) nimmt den Südosten ein. Sowohl Algol aus auch Mira sind im *Himmelsjahr* in der monatlichen Rubrik „Veränderliche Sterne“ verzeichnet.
Tief im Osten ist bereits der Stier mit dem hellen, roten Aldebaran und dem Siebengestirn, den Plejaden, aufgegangen – ein erster Vorbote des kommenden Winters. Relativ hoch im Südosten, unterhalb des Herbstvierecks, sind die lichtschwachen Sterne der Fische angesiedelt. Ein helles Gestirn, nämlich der Planet Saturn, zieht nun dort die Blicke auf sich.

Veränderliche Sterne

Algol-Minima	2. 22^h53^m	5. 19^h41^m	20. 3^h45^m	23. 0^h34^m	25. 21^h23^m	28. 18^h12^m
β-Lyrae-Minima	13. 7^h	26. 5^h				
δ-Cephei-Maxima	4. 0^h	9. 9^h	14. 18^h	20. 3^h	25. 11^h	30. 20^h
Mira-Helligkeit	8^m – 5^m, schnell steigend					

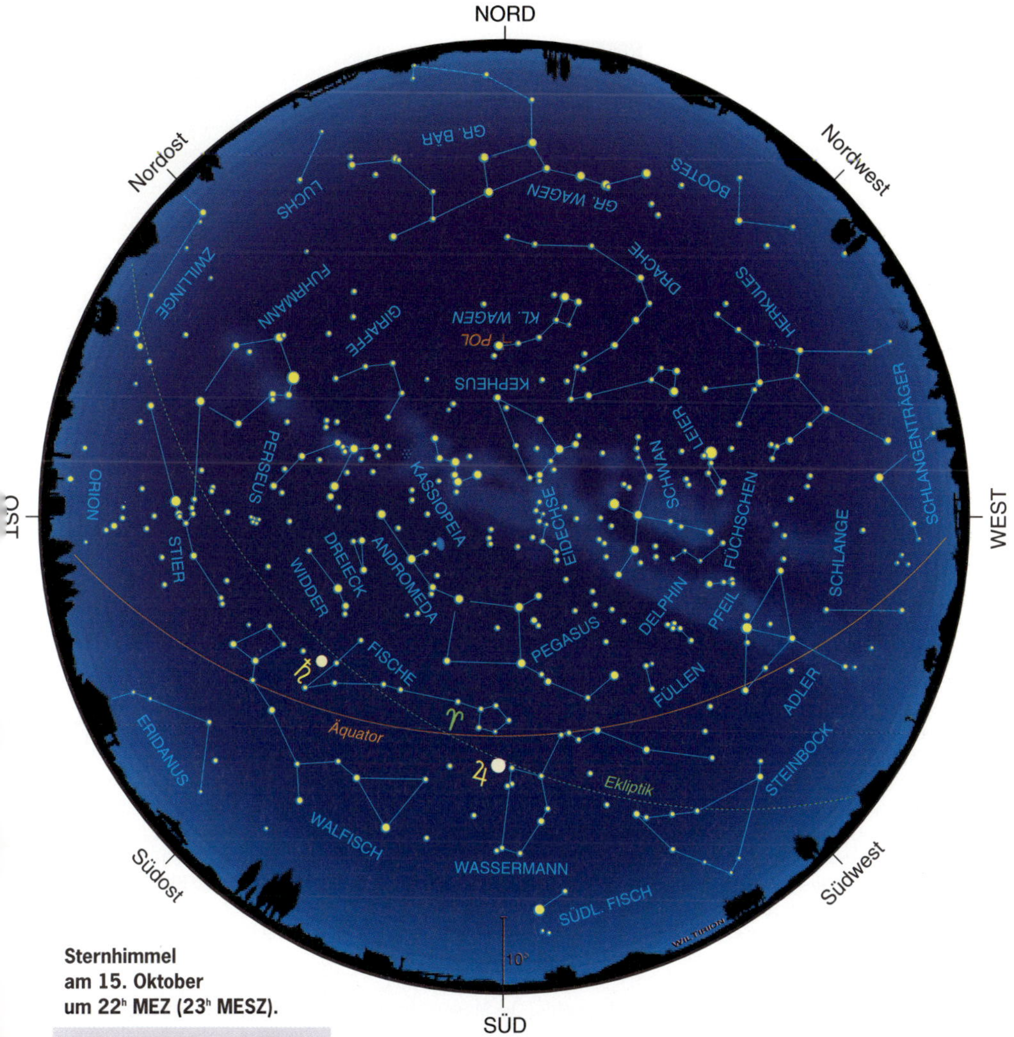

Sternhimmel am 15. Oktober um 22^h MEZ (23^h MESZ).

Fixsternhimmel auch gültig für:	MEZ	MESZ
1. 8.	3^h	4^h
15. 8.	2	3
1. 9.	1	2
15. 9.	0	1
1.10.	**23**	**0**
15.10.	**22**	**23**
31.10.	**21**	
15.11.	20	
30.11.	19	
15.12.	18	

Als kulminierendes Tierkreisbild ist der Wassermann (lat.: Aquarius) zu nennen. Ebenfalls durch den Meridian wandert tief im Süden der Südliche Fisch (lat.: Piscis Austrinus). Von seinen Sternen ist nur Fomalhaut gut zu sehen, während die anderen meist vom Horizontdunst verschluckt werden. Als unscheinbares Sternbild sei die Eidechse (lat.: Lacerta) genannt. Sie steht nun im Zenit und damit beobachtungsgünstig.

Die Trabanten des Ringplaneten

Während die vier hellen, galileischen Monde des Jupiter von Sternfreunden häufig und gerne beobachtet werden – die übrigen zwölf Jupitermonde sind nur großen Teleskopen zugänglich –, werden die Monde des Saturn etwas stiefmütterlich behandelt. Abgesehen vom Riesenmond Titan, der wie die vier hellen Jupitertrabanten auch bereits in einem guten Fernglas (mit Stativ!) beobachtbar ist, sind vier weitere Saturnsatelliten schon mit relativ kleinen Instrumenten von 10 cm Öffnung zu erspähen. Um das Aufsuchen zu erleichtern, sind die Stellungen der fünf helleren Saturnmonde relativ zum Ringplaneten in den Monaten, in denen Saturn einigermaßen gut zu beobachten ist, im *Himmelsjahr* in einer kleinen Graphik dargestellt.

Insgesamt sind heute 23 Saturnmonde bekannt, wobei aber zwei nur auf wenigen Raumsondenaufnahmen bemerkt wurden. Von der Erde aus wurden mit Teleskopen zehn Trabanten entdeckt, die übrigen sehr kleinen und lichtschwachen Minimonde wurden von den Raumsonden Pioneer 11, Voyager 1 und Voyager 2 bei ihren Vorbeiflügen in den Jahren 1979, 1980 und 1981 entdeckt. Allerdings sind nur von 18 Saturnsatelliten gesicherte Bahnelemente vorhanden. Diese 18 Saturnmonde haben auch inzwischen alle einen Namen und eine Ordnungsnummer erhalten (siehe auch Tabelle „Die Monde des Saturn" auf Seite 179).

Außer dem Riesenmond Titan – mit 5150 Kilometer Durchmesser der zweitgrößte Mond im Sonnensystem – umkreisen vier größere Monde den Saturn mit Durchmessern von 1 000 bis 1 500 Kilometern. Nach ihrem Abstand von Saturn aufgezählt heißen sie Tethys, Dione, Rhea und Japetus. Die Monde Mimas und Enceladus haben 390 und 500 Kilometer Durchmesser, der weit außen laufende Hyperion ist unregelmäßig geformt: Sein längster Durchmesser beträgt 410, sein kürzester Querdurchmesser 220 Kilometer.

Die übrigen Satelliten sind Minimonde zwischen 20 und 200 Kilometer Größe.

Alle Saturnmonde mit Ausnahme des äußersten Mondes Phoebe laufen in fast kreisförmigen Bahnen um ihren Zentralplaneten, und ihre Bahnen liegen alle ziemlich genau in der Äquator- und damit auch in der Ringebene des Saturn – mit Ausnahme der beiden fernsten Monde Japetus und Phoebe.

Die Bahn von Japetus ist knapp um 15°, die von Phoebe sogar um 150° zur Saturnäquatorebene geneigt. Das bedeutet, daß Phoebe als einziger der 23 Saturnsatelliten den Ringplaneten retrograd umrundet, also entgegengesetzt dem allgemeinen Drehsinn im Sonnensystem. Vermutlich ist Phoebe ein von Saturn eingefangener Planetoid.

10.6: Im Jahre 2004 soll die europäische Raumsonde Huygens die Atmosphäre des Saturnmondes des Titan erkunden.

FRÜHE ENTDECKUNGEN

Christian Huygens, der Entdecker des Saturnrings, fand bereits im Jahre 1655 den größten Saturnmond, der schließlich Titan getauft wurde. Wenige Jahre später entdeckte Domenico Cassini, Direktor der

Pariser Sternwarte, vier weitere Saturntrabanten: 1671 Japetus, 1672 Rhea und 1684 Tethys und Dione. Diese fünf Monde sind hell genug, um mit Amateurfernrohren gesehen zu werden.

Über hundert Jahre später, nämlich 1789, wurden von Wilhelm Herschel die Monde Mimas und Enceladus gefunden. William C. Bond entdeckte 1848 Hyperion, William Pickering 1898 die Phoebe. 1905 glaubte Pickering einen zehnten Saturnmond gefunden zu haben. Er wird Themis getauft. Doch die Beobachtung Pickerings konnte nicht bestätigt werden. Themis wurde wieder aus der Liste der Saturnmonde gestrichen.

Den „echten" zehnten Saturnmond fotografierte Audouin Dollfus im Dezember 1966 auf dem Pyrenäen-Observatorium Pic du Midi. Janus, wie er genannt wurde, kreist knapp außerhalb des Ringes um Saturn. Er wurde entdeckt, als der Saturnring der Erde gerade seine Kante zuneigte und deshalb unsichtbar war, so daß die Aufnahmen nicht überstrahlt wurden.

Zu Beginn der 80er Jahre, als die Raumsonden Pioneer 11, Voyager 1 und 2 an Saturn und seinen Monden vorbeiflogen, wurden zahlreiche neue Satelliten entdeckt, die meist knapp außerhalb der äußeren Ringkante um Saturn laufen und recht kleine Objekte mit Durchmessern zwischen zwanzig und zweihundert Kilometer sind. Überraschenderweise gibt es dabei Saturnmonde, die in koorbitalen Bahnen kreisen, das heißt, zwei oder mehrere Trabanten laufen auf gleicher Bahn um den Saturn. Früher hielt man dies nicht für möglich, doch die Natur beweist das Gegenteil. So läuft in gleichem Abstand wie Dione auch das Möndchen Helene um Saturn. Auch Janus und Epimetheus teilen sich eine Bahn. Tethys hat sogar zwei koorbitale Trabanten, nämlich Telesto und Calypso. Insgesamt wurden auf den Raumsondenaufnahmen dreizehn weitere Saturnsatelliten entdeckt, so daß die Zahl der Saturnmonde auf 23 hochschnellte. Zwei Exemplare sind dabei nicht gesichert, möglicherweise sind sie Doppelsichtungen anderer Möndchen. Acht neue Trabanten wurden benannt und damit gewissermaßen „offiziell" anerkannt, bei den restlichen fünf gibt es noch Unsicherheiten bezüglich ihrer Bahnelemente. Sie sind deshalb in der Tabelle „Die Monde des Saturn" am Ende nicht aufgeführt. Die von den Raumsonden aufgespürten Minimonde bleiben jedoch den Instrumenten der Amateurastronomen verborgen.

10.7: Saturnmond Dione, aufgenommen von Voyager 1 am 12.11.1980.

Wer noch keine Erfahrung im Beobachten von Saturnmonden hat, beginne mit Titan. Der Riesenmond ist mit $8^{m}_{,}3$ Oppositionshelligkeit relativ leicht zu finden, im Prinzip genügt ein Fernglas. Jedoch sollte man sich klar machen, was zu erwarten ist: In maximaler Elongation ist

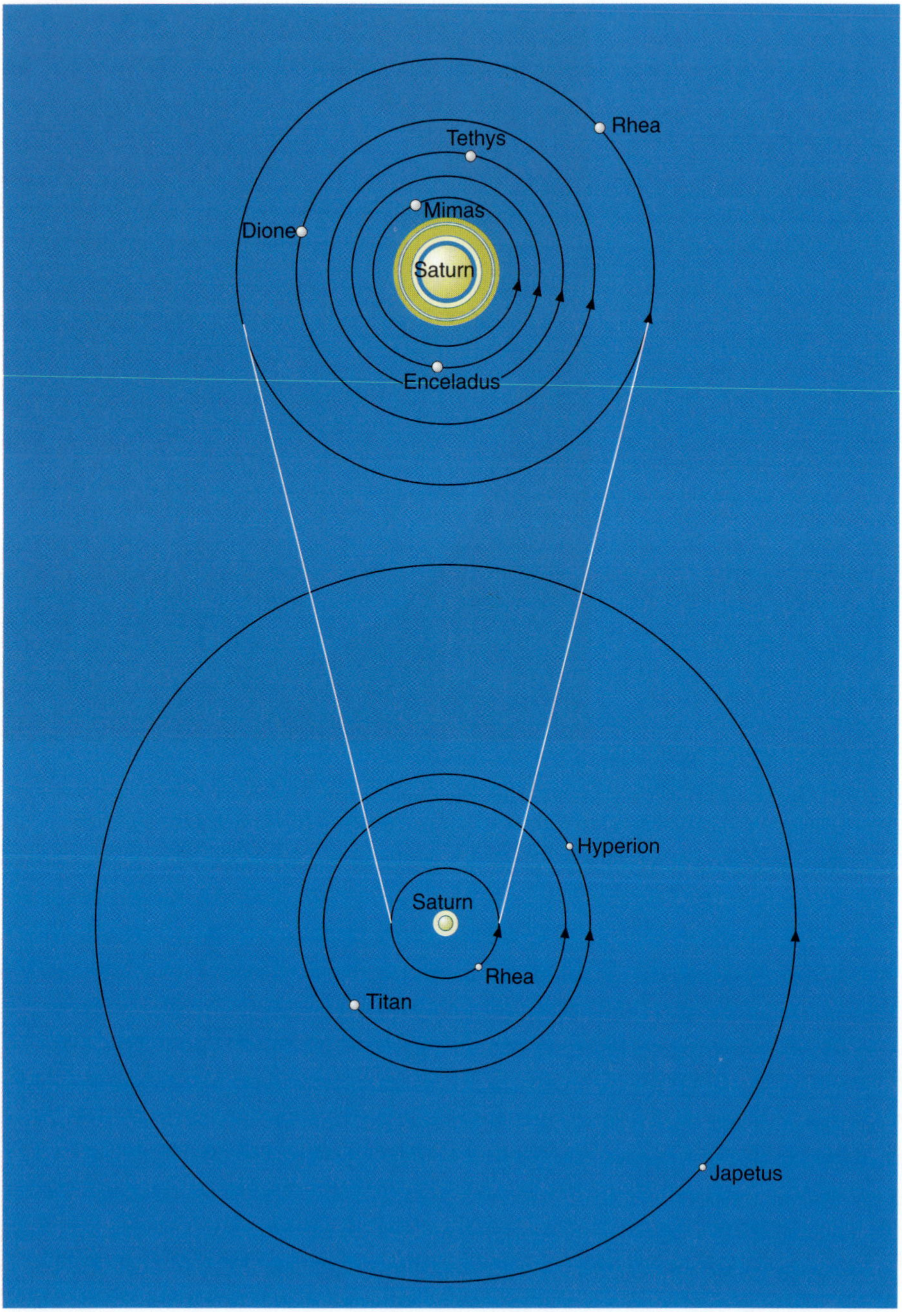
Rhea
Tethys
Mimas
Dione
Saturn
Enceladus
Hyperion
Saturn
Rhea
Titan
Japetus

10.8: Inneres und äußeres Saturnmondsystem.

Titan 3′17″ von Saturn entfernt. Der helle Saturn überstrahlt in seiner Umgebung vieles. So betrachtet ist $8^m_{,}3$ nicht besonders hell. Das Fernglas sollte schon über eine Mindestvergrößerung von 15fach verfügen und über eine Mindestöffnung von sechs Zentimeter. Ideal ist eine 20fache Vergrößerung bei acht Zentimeter Objektivdurchmesser. Wenn Titan nahe bei Saturn steht, wird man auch mit einem leistungsstarken Fernglas oft vergeblich nach Titan Ausschau halten. Da Titan in knapp sechzehn Tagen Saturn umkreist, steht er praktisch in jeder Woche einmal entweder in östlicher oder westlicher Elongation. Damit man nicht lange rechnen muß, gibt es in jedem Monat, in dem Saturn einigermaßen gut beobachtbar ist, eine Graphik „Stellungen der Saturnmonde". Aus ihr ist sofort die Position von Titan relativ zu Saturn ersichtlich. **Achtung:** Die Graphik zeigt die Situation im **astronomischen** (also **umkehrenden**) Teleskop. Wer ein Fernglas oder terrestrisches Fernrohr benutzt, muß die Graphik auf den Kopf stellen (oder im Kopf „umdrehen")!

EXOTISCHER TITAN

In einem größeren, lichtstarken Teleskop macht Titan einen leicht rötlichen Eindruck – eine Folge seiner stark mit molekularem Stickstoff angereicherten Atmosphäre. Titan ist der einzige Mond im Sonnensystem, der von einer dichten Gashülle umgeben ist. Nur noch der Neptunmond Triton verfügt über eine – allerdings sehr dünne – Atmosphäre. Die Oberflächentemperatur auf Titan beträgt –178°C, der Druck entspricht dem Eineinhalbfachen des irdischen Normaldruckes in Meereshöhe.

Bereits im Jahre 1908 schloß der katalanische Astronom José Comas Sola aus der von ihm beobachteten Randverdunkelung, daß Titan von einer Atmosphäre umgeben sein müsse. Gerard Kuiper gelang dann im Jahre 1944 der spektroskopische Nachweis: Er fand Methan-Banden im Titanspektrum. Dies war nicht allzu überraschend, wurde das Grubengas doch schon vorher in den Atmosphären von Jupiter, Saturn, Uranus und Neptun gefunden. Hauptbestandteil der Titanlufthülle mit 80% ist jedoch molekularer Stickstoff. Außer dem erwähnten Methan kommen ein hoher Anteil, schätzungsweise 12%, des Edelgases Argon hinzu sowie eine Reihe von Kohlenwasserstoffen und Kohlenstoffstickstoffverbindungen wie Äthan, Propan, Acetylen, Blausäure (Cyanwasserstoff), Cyanoacetylen, Diacetylen, Methylacetylen u. a.. Für die rötliche Färbung der Titanatmosphäre ist in erster Linie der Stickstoff verantwortlich.

In 250 bis 300 Kilometer Höhe verhindert eine starke Dunstschicht den Blick auf die eigentliche Titanoberfläche. Knapp darunter liegt eine weitere Schicht von Aerosolen (Schwebeteilchen), die das einfallende Sonnenlicht streuen. Beide Schichten erklären, warum von

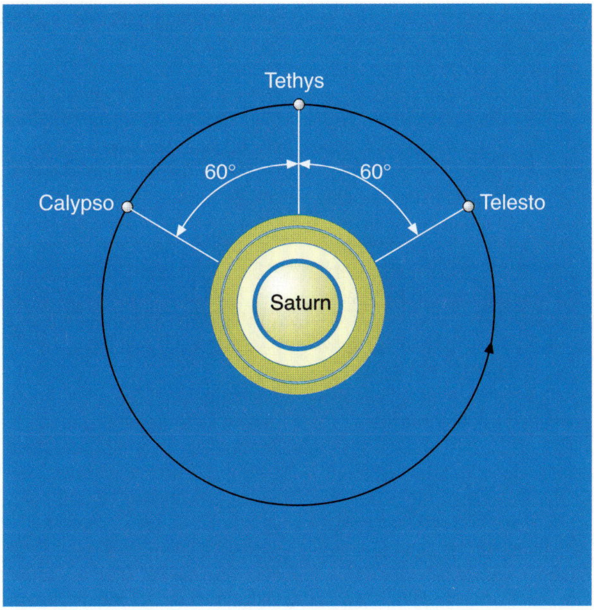

10.9: Die koorbitalen Monde Tethys, Calypso und Telesto. Alle drei Saturnmonde laufen in gleichem Abstand um Saturn.

10.10: Saturnmond Enceladus.

der Erde aus Titan größer erscheint, als er tatsächlich ist: Man maß stets den oberen Rand der Dunstschicht mit und nicht die eigentliche Titankugel allein. Lange Zeit wurde daher Titan als größter Mond im Sonnensystem angesehen. Inzwischen hat ihm der Jupitermond Ganymed mit 5276 Kilometer Durchmesser diesen Rang abgelaufen.

In etwa 200 Kilometer Höhe existiert in der Titanatmosphäre eine Inversionsschicht: Die Temperatur steigt hier bis auf –70°C an, während die Bodentemperatur zwischen –180°C (in der Nähe der Pole) und –178°C liegt. Vermutlich wird Titan von einem riesigen Methanozean umschlossen. Da die Oberflächentemperatur nahe des Tripelpunktes von Methan liegt, kommt das Grubengas wahrscheinlich dort in allen drei Aggregatzuständen vor: fest, flüssig und gasförmig. Möglicherweise schwimmen auf dem Methanozean gewaltige Methaneisschollen. Auch wird angenommen, daß aus den Ozeanen riesige Kontinente aus Wassereis hervorragen. Die mittlere Dichte von Titan beträgt nur 1,88 Gramm pro Kubikzentimeter. Zu 50% besteht Titan offensichtlich aus Wassereis mit einem relativ kleinen, felsigen Kern.

Die übrigen größeren Saturntrabanten sind rechte Eismonde. Ihre mittleren Dichten sind noch geringer als die von Titan: Sie liegen zwischen 1,16 und 1,43 g/cm³, so daß sie zu jeweils rund 60% aus Wassereis bestehen. Wer einmal Titan in seinem Instrument sicher identifizieren kann, sollte sich daran machen, auch die anderen vier hellen Saturnmonde aufs Korn zu nehmen. Als nächstes bietet sich Rhea an. Mit $9^{m}\!\!.7$ Oppositionshelligkeit ist sie nach Titan der zweithellste Saturnmond. In maximaler Elongation entfernt sie sich 1′25″ vom Ringplaneten. Alle viereinhalb Tage steht sie in größter östlicher Elongation. Rhea ist der größte atmosphärelose Mond des Saturn mit eineinhalbtausend Kilometer Durchmesser. Die mittlere Dichte beträgt 1,33 g/cm³, was auf einen gewaltigen Panzer aus Wassereis um einen recht kleinen, felsigen Kern schließen läßt. Die Oberflächentemperatur wurde im subsolaren Punkt zu –175°C gemessen. Von der Erde aus nur als winziger Lichtpunkt erkennbar, zeigte Rhea den Kameras der Voyager-Sonden ihre bizarre Oberfläche: übersät von Einschlagkratern, zerfurcht von langen Rillen und bedeckt von großen Becken. Zwei verschiedenartige Gebiete zeigten sich den Raumsonden. Eines ist gespickt mit relativ großen Ringwällen und Kratern zwischen 40 und 130 Kilometer Durchmesser. Dieses Areal zieht sich vom Nordpol bis zum Äquator in einem Bereich von 0° bis 150° Länge. Im Vergleich zu Mond oder Merkur gibt es hier ein Defizit von kleineren Kratern mit Durchmessern unter 20 Kilometer.

Das andere Gebiet zeigt zahlreiche kleine, frische Krater. Kein Krater ist dabei größer als 40 Kilometer im Durchmesser. Diese Zone erstreckt sich südlich der Nordpolarregion bis 60° südlicher Breite und bedeckt die östliche Hälfte der dem Saturn stets zugekehrten Hälfte. Wie der Erdmond hat

auch Rhea eine gebundene Rotation. Gebundene Rotation bedeutet, daß Rotationsperiode und Revolutionsdauer (Umlaufszeit) gleich groß sind.
Ein komplexes Muster von hellen Streifen überlagert das dunkelfarbige Terrain. Ferner wurden drei von mehreren Ringwällen umschlossene große Becken von 275 Kilometer, 450 Kilometer und 700 Kilometer Durchmesser ausgemacht. Sicher eine bizarre Landschaft für Raumfahrer in einer ferneren Zukunft.
Etwas schwieriger als Rhea sind Dione und Tethys zu finden. Sie sind rund eine halbe Größenklasse lichtschwächer als Rhea und näher am Saturn: Dione entfernt sich in größter Elongation 1′10″, Tethys gar nur 48″ vom Ringplanetenzentrum. Bei weiter Ringöffnung kann es problematisch werden, Tethys noch zu erkennen. Mit 1120 beziehungsweise 1060 Kilometer Durchmesser sind beide Monde ähnlich groß. Dione umrundet Saturn in gut zweieinhalb Tagen, Tethys rast in nur knapp zwei Tagen um den Ringplaneten.
Dione sieht auf den Voyager-Aufnahmen dem Erdmond noch am ähnlichsten. Die meisten großen Ringwälle besitzen gut ausgebildete Zentralberge. Der größte Krater mit 240 Kilometer Durchmesser wurde Amanda getauft. Mit 1,43 g/cm³ hat Dione noch die größte mittlere Dichte der Eismonde des Saturn. Die Umlaufszeit von Dione ist zweimal so groß wie die von Enceladus. Diese 2:1-Resonanz ruft Gezeitenkräfte hervor, die zur Erwärmung des Inneren von Dione führen.
Tethys ist bedeckt mit zahlreichen tiefen Einschlagkratern. Der größte Ringwall hat 400 Kilometer Durchmesser und eine Tiefe von 15 Kilometer. Er heißt Odysseus und verfügt über einen gut erhaltenen Zentralberg. Lange Grabenbrüche und Rillen

Die Monde des Saturn

Nr.	Name	Mittl. Abst. von Saturn km	Umlaufszeit d/h/m	e	i °	Opp. Hell. m	Durchmesser km	Masse in 10^{20}kg	Mittl. Dichte g/cm³
XVIII	Pan	133 583	13 48	–	–	–	20		
XV	Atlas	137 670	14 27	0,000	0,3	18:	40 x 20		
XVI	Prometheus	139 353	14 43	0,003	0,0	16:	140 x 80		
XVII	Pandora	141 700	15 05	0,004	0,0	16:	110 x 70		
X	Janus	151 472	16 40	0,007	0,1	14:	200 x 220 x 160		
XI	Epimetheus	151 422	16 40	0,009	0,3	15:	140 x 120		
I	Mimas	185 520	22 37	0,020	1,5	12,9	390	0,376	1,21
II	Enceladus	238 020	1 08 53	0,004	0,0	11,7	500	0,740	1,16
III	Tethys	294 660	1 21 19	0,000	1,1	10,2	1060	6,26	1,21
III	Telesto	294 660	1 21 18	–	–	18,5:	34 x 26		
XIV	Calypso	294 660	1 21 18	–	–	18,7:	34 x 22		
IV	Dione	377 400	2 17 41	0,002	0,0	10,4	1120	10,5	1,43
XII	Helene	377 400	2 17 41	0,005	0,0	18:	36 x 30		
V	Rhea	527 040	4 12 25	0,001	0,4	9,7	1530	22,8	1,33
VI	Titan	1 221 830	15 22 41	0,029	0,3	8,3	5150	1360	1,88
VII	Hyperion	1 481 100	21 06 38	0,104	0,4	14,2	410 x 260 x 220	1,1	
VIII	Japetus	3 561 300	79 07 56	0,028	14,7	10,3 W 12,1 O	1460	19,3	1,16
IX	Phoebe	12 952 000	550 11 31	0,163 R	150	16,5	220		

„:" Wert wurde auf Grund der Raumsondenbeobachtungen für den terrestrischen Anblick kalkuliert und nicht direkt gemessen. R = rückläufig

zerschneiden die eine Globushälfte von Tethys. Das größte Grabensystem, Ithaca Chasma genannt, weist ein Tal von 2 000 Kilometer (!) Länge und 100 Kilometer Breite auf. Die Länge entspricht damit drei Viertel des Umfangs!
Zahlreiche Vorgänge haben zur Bildung der bizarren und eigenartigen Oberflächenformen der Eismonde des Saturn geführt. In der warmen Frühphase kurz nach ihrer Entstehung waren die Monde vollständig aufgeschmolzen und besaßen eine Oberfläche aus flüssigem Wasser. Der anschließende Gefriervorgang führte zu einer Ausdehnung der Oberfläche, in deren Gefolge es zur Entstehung von Rissen, Brüchen, Gräben und Rillen kam. Es folgte eine Phase intensiven kosmischen Bombardements durch meteoritisches Material, das zahlreiche Krater und Ringwälle entstehen ließ. Große Einschläge führten zu erneutem Aufschmelzen der Einschlagstellen mit anschließendem Gefriervorgang. Ausgeworfenes Material ließ seine Spuren als Streifen zurück. Eine kurze tektonische Phase von wenigen hundert Millionen Jahren bewirkte eine zusätzliche Oberflächenumformung. Längst sind jedoch noch nicht alle geologischen (besser: planetologischen) Prozesse geklärt, die die Oberflächengestaltung der Saturnmonde bewirkt haben.
Ein besonderer Fall ist Japetus, der janusköpfige Saturnmond. Schon sein Entdecker Cassini hatte bemerkt, daß er in westlicher Elongation gut, in östlicher aber kaum zu sehen ist. Mit 9′35″ entfernt sich Japetus in maximaler Elongation recht weit von Saturn, eine Überstrahlung durch die Saturnkugel und den Ring ist bei Japetus nicht zu befürchten. Allerdings zeigt er extreme Helligkeitsschwankungen: In westlicher Elongation ist er fast zwei Größenklassen heller als in östlicher! Mit $10\overset{m}{.}3$ Helligkeit ist er westlich von Saturn Amateurinstrumenten recht gut zugänglich, während es schwierig wird, ihn östlich von Saturn aufzustöbern, wo er nur noch $12\overset{m}{.}1$ aufweist. Bereits Cassini vermutete richtig, daß die Oberfläche von Japetus unterschiedliche Reflexionsgrade besitzt. Tatsächlich hat die eine Hälfte von Japetus eine Albedo von 0,5 (etwa wie helles Wassereis oder Schnee), die andere aber nur 0,05 (vergleichbar mit Kohlenstaub). Voyager-2-Aufnahmen bestätigten die Vermutung, eine Japetushälfte sei sehr dunkel. Auf ihnen ist zu erkennen, daß die eine Hemisphäre von Japetus einen enorm großen, dunklen Fleck zeigt, während die andere schneeweiß erscheint. Das dunkle Gebiet wurde zu Ehren des Japetusentdeckers Cassini-Region getauft (siehe auch „Japetus, ein mysteriöser Saturnmond“ im *Himmelsjahr* 199**4**, Seite 153).

Ein besonderer himmelsmechanischer Leckerbissen sind die bereits erwähnten koorbitalen Monde. So tauschen die Möndchen Janus und Epimetheus ihre nahezu identischen Bahnen regelmäßig durch Überholungseffekte. Prometheus und Pandora dagegen fokussieren durch ihre Gravitationskräfte den F-Ring. Man nennt sie daher auch Hirten- oder Schäferhundmonde, weil sie die Ringpartikel zusammenhalten wie Hirtenhunde. Andere koorbitale Möndchen laufen in den Lagrange-Punkten L_4 und L_5 größerer Monde um Saturn, ähnlich wie die Trojaner in der Jupiterbahn. Die Punkte L_4 und L_5 liegen jeweils 60° vor und 60° hinter dem umlaufenden Körper in der Bahn. Der Winkel wird dabei vom Zentralkörper aus gemessen (siehe Abb. 10.9 auf Seite 177). So läuft Calypso 60° vor Tethys in der gleichen Bahn, Telesto folgt in 60° Abstand. Ähnlich verhält es sich bei Dione, wo Helene 60° vor Dione um Saturn läuft.
Mehr über Saturn, seinen Ring und seine Monde werden wir erfahren, wenn die Raumsondenmission Cassini ihr Ziel erreicht. Neben einem Saturnorbiter ist das Eintauchen einer Tochtersonde in die dichte Titanatmosphäre vorgesehen, um diesen geheimnisvollen Trabanten näher zu erforschen und den vermuteten Methanozean aufzuspüren.

NOVEMBER 1998

Der Riesenplanet Jupiter beendet am 14.11. seine Oppositionsschleife im Sternbild Wassermann und beginnt mit der Verfolgungsjagd auf Saturn; um den 17./18.11. sollte man nach Sternschnuppen des Leonidenstroms Ausschau halten.

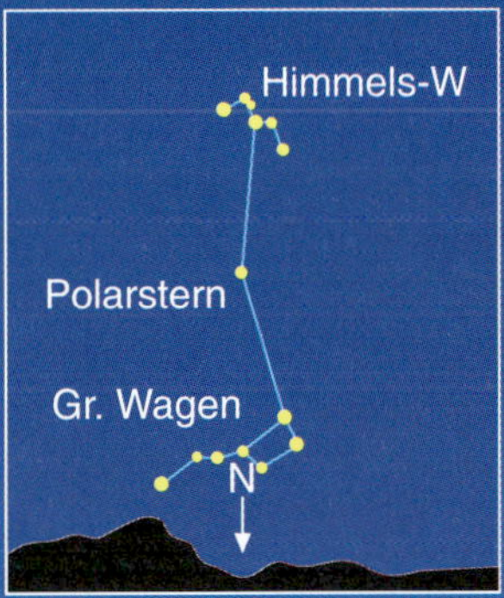

Großer Wagen und Himmels-W Anfang November um 22^h

11.1: Himmelsanblick am 30. November gegen 18^h MEZ: Saturn und Jupiter sind in südöstlicher Richtung zu sehen; der zunehmende Mond zieht gerade am Ringplaneten vorbei.

Sonnenlauf

22.11. 14h
Sonne tritt in das Tierkreiszeichen Schütze
23.11. 14h
Sonne tritt in das Sternbild Skorpion
30.11. 2h
Sonne tritt in das Sternbild Schlangenträger

Julianisches Datum
am 1. November, 1h MEZ:
2451118,5

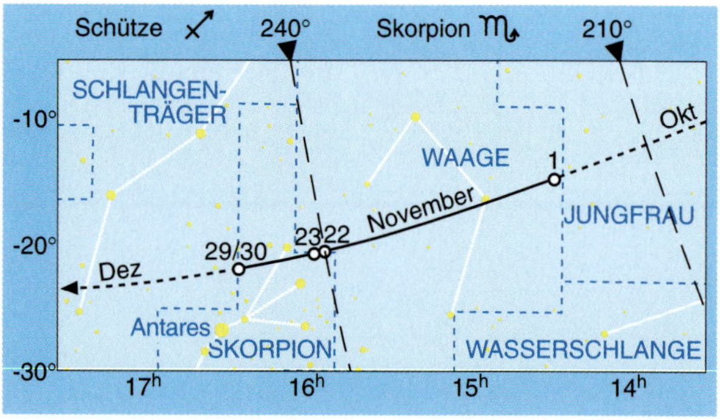

Tag	Dämmerg. Anfang	Aufgang MEZ	Kulmination	Untergang MEZ	Dämmerg. Ende	Mittagshöhe	Zeitgleichg.	Rektaszension	Deklination
	h m	h m	h m	h m	h m	°	m	h m	°
1.	5 57	7 09	12 04	16 57	18 09	25,6	+16	14 24	–14,3
5.	6 03	7 16	12 04	16 51	18 04	24,3	+16	14 40	–15,5
10.	6 10	7 24	12 04	16 43	17 57	22,9	+16	15 00	–17,0
15.	6 17	7 32	12 05	16 36	17 51	21,5	+15	15 20	–18,4
20.	6 24	7 40	12 06	16 30	17 46	20,3	+14	15 41	–19,6
25.	6 31	7 48	12 07	16 26	17 43	19,2	+13	16 02	–20,7
30.	6 37	7 55	12 09	16 22	17 40	18,4	+11	16 23	–21,6

Tages- und Nachtstunden

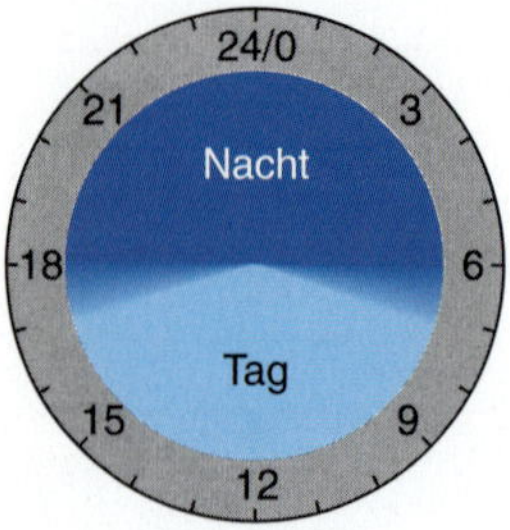

5. November

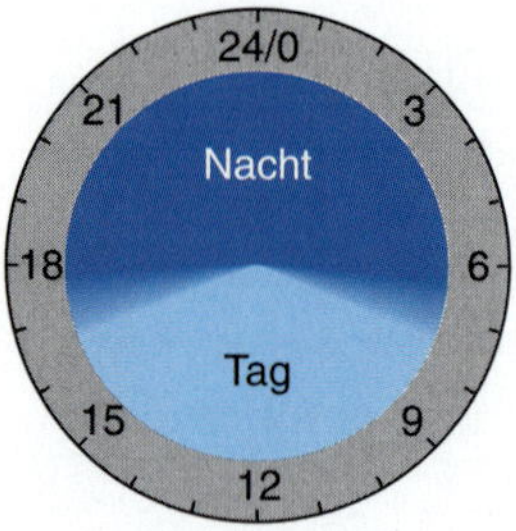

15. November

25. November

Mondlauf

Datum	Aufg. MEZ	Kulmination	Unterg. MEZ	Rektaszension	Deklination	Sterne und Sternbilder	Phase	MEZ
	h m	h m	h m	h m	°			
So 1.	15 59	22 03	3 00	23 38	– 4,7	Wassermann		
Mo 2.	16 28	22 59	4 20	0 34	+ 0,2	Walfisch		
Di 3.	17 00	23 55	5 41	1 31	+ 5,1	Fische		
Mi 4.	17 35	–	7 03	2 29	+ 9,8	Walfisch	**Vollmond**	**6^h18^m**
							Erdnähe 357/33′,5	2^h
Do 5.	18 15	0 53	8 24	3 30	+13,8	* Stier	Größte Südbreite	
Fr 6.	19 02	1 53	9 40	4 31	+16,9	* Stier, Hyaden		
Sa 7.	19 56	2 53	10 49	5 33	+18,8	Stier		
So 8.	20 56	3 52	11 48	6 34	+19,4	Alhena		
Mo 9.	22 00	4 49	12 37	7 32	+18,7	Zwillinge	Libration West	
Di 10.	23 05	5 42	13 16	8 28	+17,1	Krebs, Krippe		
Mi 11.	–	6 32	13 50	9 21	+14,6	Krebs	**Letztes Viertel**	**1^h28^m**
							Aufsteigender Knoten	
Do 12.	0 10	7 20	14 18	10 11	+11,5	Löwe, Regulus		
Fr 13.	1 15	8 04	14 43	10 59	+ 7,9	Löwe		
Sa 14.	2 18	8 47	15 06	11 45	+ 4,1	Jungfrau		
So 15.	3 21	9 30	15 29	12 31	+ 0,2	* Jungfrau		
Mo 16.	4 23	10 12	15 51	13 15	– 3,7	Spica		
Di 17.	5 25	10 54	16 16	14 00	– 7,5	Jungfrau	Erdferne 406/29′,4	7^h
Mi 18.	6 26	11 38	16 42	14 46	–11,0	Waage		
Do 19.	7 28	12 23	17 12	15 33	–14,0	Waage	**Neumond**	**5^h27^m**
							Größte Nordbreite	
Fr 20.	8 27	13 09	17 47	16 22	–16,5	Skorpion		
Sa 21.	9 25	13 58	18 28	17 11	–18,3	Schlangenträger		
So 22.	10 18	14 47	19 16	18 03	–19,3	Schütze		
Mo 23.	11 07	15 37	20 10	18 55	–19,4	Schütze, Nunki		
Di 24.	11 50	16 28	21 11	19 48	–18,5	* Schütze		
Mi 25.	12 27	17 19	22 16	20 40	–16,8	Steinbock		
Do 26.	13 01	18 09	23 26	21 33	–14,1	Steinbock	Absteigender Knoten	
							Libration Ost	
Fr 27.	13 31	19 00	–	22 26	–10,6	Wassermann	**Erstes Viertel**	**1^h23^m**
Sa 28.	13 59	19 51	0 39	23 19	– 6,5	Wassermann		
So 29.	14 27	20 43	1 54	0 12	– 1,9	Fische		
Mo 30.	14 56	21 37	3 12	1 07	+ 2,9	Fische		

Im November wandert der Mond zweimal an Saturn vorbei: am 3. und am 30. Zwischen beiden Terminen liegen der erdnächste – und damit größte – Vollmond des Jahres am 4. (Entfernung zur Erde 356 700 km, scheinbarer Durchmesser 33′,5), die Begegnung mit Mars am 13. und das Treffen mit Jupiter am 28., einen Tag nach dem Ersten Viertel.

Planetenlauf

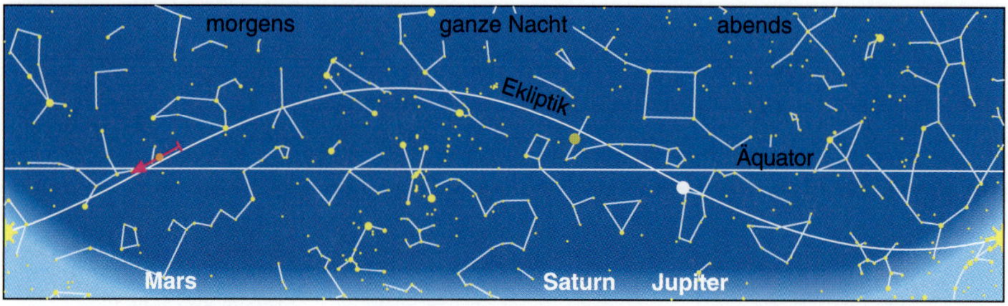

MERKUR erreicht am 11. mit 22°57′ Winkelabstand seine größte östliche Elongation von der Sonne. Das reicht diesmal leider nicht für eine Abendsichtbarkeit, denn die abendliche Ekliptik verläuft flach zum Westhorizont. Am 11. geht der $-0^{m}_{,}2$ helle Merkur um $17^{h}28^{m}$ unter. Noch bevor die Dunkelheit weit genug fortgeschritten ist, um Merkur sichtbar werden zu lassen, ist dieser schon im horizontnahen Dunst verschwunden. Der flinke Planet bleibt im November unsichtbar. Seine Wanderung durch den Skorpion ist nur in Abb. 11.2 auf dieser Seite unten zu erkennen.

Am 21. kommt Merkur zum Stillstand und wird rückläufig. Er eilt auf die Sonne zu, die ihm im Tierkreis entgegenkommt. Am 1. des nächsten Monats steht er dann in unterer Konjunktion mit der Sonne am Taghimmel.

Die enge Begegnung von Merkur mit Venus am 28. bleibt unbeobachtbar.

VENUS stand Ende des Vormonats in oberer Konjunktion mit der Sonne. Ihr östlicher Winkelabstand von der Sonne wächst nur langsam an, da beide Gestirne rechtläufig durch den Tierkreis wandern. Im Laufe des November nimmt die östliche Elongation der Venus auf knapp 8° zu. Bei der flachen Lage der abendlichen Ekliptik zum Westhorizont reicht dies nicht für eine Abendsichtbarkeit. Venus bleibt somit unbeobachtbar.

MARS taucht in der zweiten Nachthälfte am Osthimmel auf. Mitte des Monats verläßt er den Löwen und wechselt in das Sternbild Jungfrau, wobei er sich immer mehr dem Himmelsäquator nähert, ihn aber in diesem Monat noch nicht ganz erreicht. Am 27. geht der rote Planet 1°,7 nördlich am Herbstpunkt vorbei. Bereits am 9. erreicht er seine größte heliozentrische Nordbreite, steht also von der Sonne aus gesehen maximal nördlich der Ekliptikebene. Am 13. begegnet der Mond dem roten Planeten; dabei kommt es abermals zu einer Bedeckung, die aber wiederum von Mitteleuropa aus unbeobachtbar bleibt.

Während des Monats nimmt die Marshelligkeit merklich um $0^{m}_{,}2$ auf $1^{m}_{,}4$ zu. Die Aufgänge verfrühen sich von $2^{h}07^{m}$ am Monatsanfang auf $1^{h}45^{m}$ am Monatsende.

Für Fernrohrbeobachter ist Mars immer noch kein interessantes Objekt: Bis Monatsende ist der Planetenscheibendurchmesser erst auf bescheidene 5″,2 angewachsen.

JUPITER ist Planet der ersten Nachthälfte. Der Riesenplanet wird zur Monatsmitte stationär: Am 14. beendet er seine rückläufige Bewegung im Wassermann und wird wieder rechtläufig. Freilich ist seine Wandergeschwindigkeit noch recht bescheiden, er kommt kaum vom Fleck (siehe auch Abb. 9.5 auf Seite 149).

Aus der zweiten Nachthälfte zieht Jupiter sich zurück. Er ver-

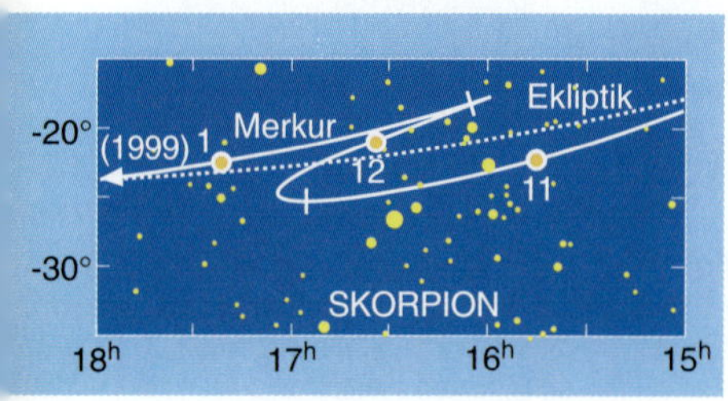

11.2: Merkurschleife im Sternbild Skorpion. Die Zahlen geben die Merkurposition zum jeweiligen Monatsersten an.

lagert seine Untergänge von 2^h34^m am 1. auf 1^h38^m am 15. und auf 0^h42^m am 31. Bald nach Mitternacht wird der Riesenplanet in den nahen Dunstschichten am Horizont zu einem unscheinbaren Lichtpünktchen. Die Jupiterhelligkeit sinkt während des Monats um $0^m\!,2$ auf $-2^m\!,5$ ab. Damit ist Jupiter das hellste Gestirn (außer dem Mond) am Nachthimmel, nachdem sich Venus zur Zeit am Taghimmel aufhält.
Mit seinem zweiten Stillstand in diesem Jahr beendet der Riesenplanet seine diesjährige Oppositionsperiode. Erde und Jupiter entfernen sich wieder voneinander. Am Monatsende ist Jupiter 702 Millionen Kilometer (= 4,69 A.E.) von uns entfernt. Der scheinbare Äquatordurchmesser des Jupiterscheibchens schrumpft von $46''\!,2$ auf $42''\!,0$ ein wenig. Die Jupiterbedeckung durch den Mond am 28. ist wiederum nicht von Mitteleuropa aus beobachtbar.
SATURN, rückläufig in den Fischen, hat seine Opposition gerade hinter sich. Nach Einbruch der Dunkelheit kann man den Ringplaneten schon über dem Südosthorizont sehen. Im Laufe des Monats nimmt die Saturnhelligkeit von $0^m\!,0$ auf $0^m\!,2$ ein wenig ab. Vom Morgenhimmel zieht sich Saturn allmählich zurück: Geht der Ringplanet am 1. um 6^h18^m unter, so erfolgt sein Untergang am 15. um 5^h18^m und am 30. schon um 4^h14^m.
Zweimal wandert der Mond im November an Saturn vorbei: Am 3. und am 30. (siehe auch Abb. 11.1 auf Seite 181).
URANUS, wieder rechtläufig im Steinbock, hält sich durch die immer früher einsetzende Dunkelheit noch am Abendhimmel.

11.3: In den frühen Morgenstunden des 6. 11. wird Aldebaran vom Mond bedeckt (genaue Zeiten siehe Tabelle Sternbedeckungen durch den Mond auf Seite 220).

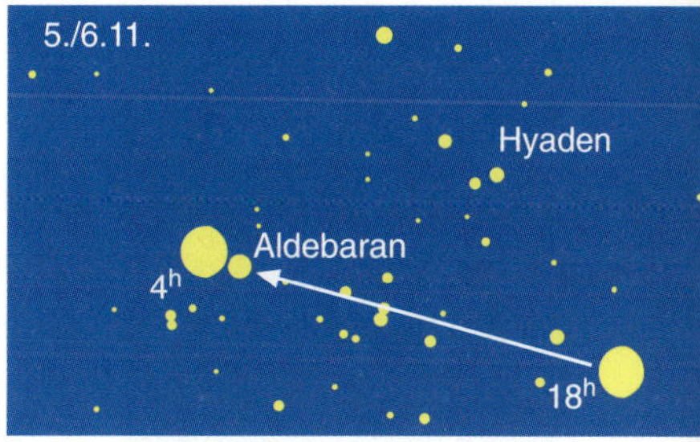

Gegen 17^h30^m wird Uranus mit Fernglas oder Teleskop auffindbar und kann dann bis jeweils etwa eine Stunde vor seinem Untergang beobachtet werden, ehe er in den horizontnahen, dichten Luftschichten unsichtbar wird.
Der Untergang des $5^m\!,8$ hellen Planeten erfolgt am 1. um 22^h51^m, am 15. um 21^h58^m und am 30. bereits um 21^h01^m.
Am 30. trennen Uranus 3043 Millionen Kilometer (= 20,34 A.E.) von der Erde.

NEPTUN, der sich wieder – wenn auch zögerlich – rechtläufig durch den Tierkreis bewegt, wechselt am 14. aus dem Schützen in den Steinbock. Der lichtschwache und sonnenferne Planet zieht sich vom Abendhimmel zurück. Nach der Monatsmitte lohnt es sich nicht mehr, mit Fernrohr oder Fernglas nach dem nur $8^m\!,0$ hellen, bläulichen Planeten zu sehen.
Am 1. erfolgt der Neptununtergang um 22^h04^m, am 15. um 21^h10^m und am 30. um 20^h13^m.

Konstellationen und Ereignisse

Datum	MEZ	Ereignis
3.	10^h	**Mond bei Saturn**, Mond $1^\circ\!,7$ südlich, **Abstand $5^\circ\!,4$ um 5^h**
11.	10	Merkur in größter östlicher Elongation (23°)
13.	19	**Mond bei Mars**, Mond $0^\circ\!,5$ nördlich, Bedeckung **Abstand $5^\circ\!,5$ um 6^h, Abstand $5^\circ\!,2$ um 4^h am 14.**
14.	2	Jupiter im Stillstand, anschließend rechtläufig
19.	15	Mond bei Venus, Mond $4^\circ\!,9$ nördlich
20.	22	Mond bei Merkur, Mond $6^\circ\!,7$ nördlich
21.	16	Merkur im Stillstand, anschließend rückläufig
24.	10	Mond bei Neptun, Mond $1^\circ\!,9$ nördlich
25.	4	Mond bei Uranus, Mond $2^\circ\!,1$ nördlich
28.	2	**Mond bei Jupiter**, Mond $0^\circ\!,6$ südlich, **Abstand $2^\circ\!,3$ um 0^h**, Bedeckung
28.	13	Merkur bei Venus, Merkur $0^\circ\!,3$ nördlich
30.	9	Pluto in Konjunktion mit der Sonne
30.	18	**Mond bei Saturn**, Mond $1^\circ\!,8$ südlich, **Abstand $2^\circ\!,7$ um 18^h**

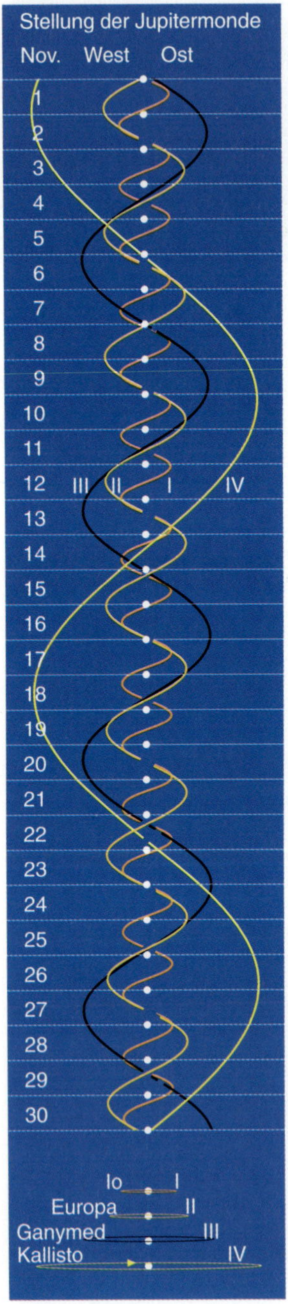

Jupitermond-Erscheinungen

Tag	MEZ	Vorgang
	h m	
1.	0 16	I BA
	0 29	II SA
	1 05	II DE
	1 57	III VE
	21 28	I DA
	22 31	I SA
	23 43	I DE
2.	0 45	I SE
	18 43	I BA
	21 45	II VE
	22 01	I VE
3.	18 10	I DE
	19 14	I SE
6.	1 53	IV BA
7.	22 10	III BA
8.	0 50	II DA
	1 25	III BE
	23 18	I DA
9.	0 27	I SA
	1 33	I DE
	19 18	II BA
	20 32	I BA
	23 56	I VE
10.	0 24	II VE
	17 46	I DA
	18 56	I SA
	20 00	I DE
	21 10	I SE
11.	17 00	III SA
	18 25	I VE
	19 01	II SE
	20 07	III SE
14.	22 20	IV SA
	23 08	IV SE
16.	1 09	I DA
	21 48	II BA
	22 23	I BA
17.	19 37	I DA
	20 52	I SA
	21 52	I DE
	23 06	I SE
18.	18 58	II SA
	19 08	III DE
	19 10	II DE
	20 20	I VE

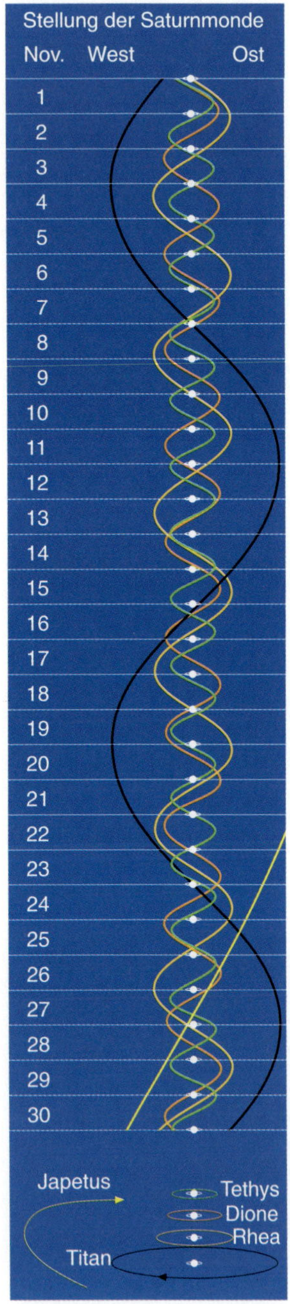

18.	21 03	III	SA
	21 36	II	SE
19.	0 08	III	SE
	17 35	I	SE
22.	18 23	IV	BA
	20 54	IV	BE
24.	0 15	I	BA
	0 20	II	BA
	21 30	I	DA
	22 48	I	SA
	23 45	I	DE
25.	18 43	I	BA
	19 00	II	DA
	19 45	III	DA
	21 35	II	SA
	21 40	II	DE
	22 15	I	VE
	22 59	III	DE
26.	0 12	II	SE
	17 17	I	SA
	18 13	I	DE
	19 31	I	SE
27.	19 02	II	VE
29.	18 02	III	VE

Schon lange vor dem eigentlichen Untergang wird Neptun in den horizontnahen Dunstschichten unbeobachtbar.
PLUTO steht am 30. in Konjunktion mit der Sonne. Am Tag der Konjunktion trennen ihn 4649 Millionen Kilometer (= 31,08 A.E.) von der Erde.

PLANETOIDEN
CERES (1) kommt am 28. in **Opposition**. Sie eilt rückläufig durch den Stier, passiert kurz vor Monatsmitte Aldebaran etwa ein halbes Grad nördlich und wandert zum Monatsende allmählich aus den Hyaden hinaus. Mit $7\overset{m}{,}0$ Oppositionshelligkeit ist Ceres leicht im Fernglas auszumachen, zumal sie relativ weit nördlich und damit zur Kulminationszeit hoch am Himmel steht. Am Tag der Opposition geht Ceres um 16^h41^m auf, kulminiert um 0^h16^m und geht um 7^h46^m unter.
Zur Opposition ist Ceres 263 Millionen Kilometer (= 1,76 A.E.) von der Erde und 410 Millionen Kilometer (= 2,74 A.E.) von der Sonne entfernt.
VESTA (4) bremst ihre rechtläufige Bewegung im Grenzgebiet Krebs/Löwe merklich ab. Ihre Helligkeit nimmt während des Monats von $7\overset{m}{,}9$ auf $7\overset{m}{,}5$ deutlich zu. Die Vestaaufgänge verfrühen sich von 23^h17^m am Monatsanfang auf 21^h52^m zum Monatsende. Am 1. kulminiert Vesta um 6^h50^m, am 15. um 6^h09^m und am 30. bereits um 5^h21^m. Die frühen Morgenstunden bieten die beste Beobachtungszeit, um Vesta mit lichtstarker Optik zu sehen oder eine Aufnahme von ihr zu gewinnen.
EUNOMIA (15) kommt am **10.** in **Opposition** zur Sonne. Mit $7\overset{m}{,}9$ Oppositionshelligkeit ist sie durchaus als Beobachtungsobjekt auch für Sternfreunde mit kleineren Instrumenten interessant. Eunomia wandert rückläufig aus dem Perseus in das Dreieck und passiert gegen Monatsende γ Trianguli (siehe Abb. 10.4 auf Seite 170). Wegen ihrer stark elliptischen Bahn erreicht sie ihre geringste Entfernung von der Erde mit 181 Millionen Kilometer (= 1,21 A.E.) bereits in der Nacht vom 7. auf den 8. November. Am Oppositionstag geht Eunomia um 13^h32^m auf, kulminiert um 23^h36^m und geht um 9^h45^m wieder unter. Wegen ihrer nördlichen Deklination von 36° beschreibt sie einen großen Tagbogen. Bis zum Monatsende verfrüht sich Eunomias Meridiandurchgang auf 22^h03^m, und ihre Helligkeit sinkt bis Monatsende leicht auf $8\overset{m}{,}1$ ab.

Periodische Sternschnuppenströme

Die **Leoniden** treten Mitte November am Morgenhimmel in Aktion. Ihr Radiant liegt im Löwen rund 10° nordöstlich von Regulus. Das spitze Maximum ist in der Nacht vom 17. auf den 18. November zu erwarten. Die Sternschnuppen sind außerordentlich schnell (um 70 Kilometer pro Sekunde). Einst waren die Leoniden wesentlich aktiver als heute die Perseiden im August. Im vergangenen Jahrhundert galt daher der November als „der Sternschnuppenmonat“ schlechthin. Das Erscheinen der Leoniden geht auf den Kometen 55P/Tempel-Tuttle (alte Bezeichnung: 1866 I) zurück (siehe auch Monatsthema „Die Leoniden …“ auf Seite 190).
Auf die **Tauriden**, deren Maximum auf den 13. November fällt, wurde schon im September hingewiesen. Zwischen 20^h und 4^h morgens ist mit etwa zehn bis zwanzig Meteoren pro Stunde zu rechnen. In den letzten Jahren hat sich gezeigt, daß die Tauriden eigentlich in zwei Teilströme zerfallen. Die *N-Tauriden* haben ihr Maximum am 13. November, die *S-Tauriden* sind etwas früher dran, ihr Höhepunkt fällt auf den 3. November.

Der Fixsternhimmel

Blickt man zunächst steil nach oben, so erkennt man sofort die einprägsame Gestalt des Himmels-Ws. Die Kassiopeia hat nun ihre höchste Position erreicht und steht zwischen Zenit und Polarstern. Manchmal hat man eher den Eindruck eines Sternen-Ms statt eines Ws. Die Amerikaner bezeichnen die Kassiopeia daher auch als Himmels-M.
Der Große Wagen kreuzt zwischen Polarstern und Nordpunkt den Meridian. Er befindet sich also in „unterer“ Kulmination. Bei Zirkumpolarsternbildern wie dem Großen Wagen oder der Kassiopeia findet sowohl die obere als auch die untere Kulmination über dem Horizont – und somit beobachtbar – statt.
Im Westen kann immer noch das Sommerdreieck mit Wega, Deneb und Atair gesehen werden. Hoch im Süden erspäht man die Sternbildergruppe Pegasus – Andromeda – Widder – Perseus. Die Fische, in denen sich derzeit der Ringplanet Saturn aufhält, ziehen gerade durch den Meridian. Saturn sollte Anlaß geben, einmal zu versuchen, die Fische auszumachen, die als ausgesprochen schwieriges Sternbild gelten. Man beginnt am besten mit der einen Fischellipse, einer Sterngruppe südlich des leicht erkennbaren Pegasusquadrats. Den Südwestquadranten beherrscht der Wassermann. Tief im Südwesten kann man noch Fomalhaut, den Hauptstern des Südlichen Fisches, aufflackern sehen. Der Südostquadrant ist auch nicht sehr eindrucksvoll. Walfisch und Fluß Eridanus füllen ihn aus – beides lichtschwache Sternbilder. Im Osten hingegen wird es lebendig: die Wintersternbilder drängen auf die Himmelsbühne: Fuhrmann, Stier, Orion und Zwillinge sorgen für helle Sterne am Osthimmel. Vom Wintersechseck fehlen allerdings noch Sirius im Großen Hund und Prokyon im Kleinen Hund. Nur noch wenige Wochen trennen uns von der Wintersonnenwende.

OBJEKTE FÜR FELDSTECHER UND FERNROHR

Zu den prachtvollsten offenen Sternhaufen gehören h und χ im Perseus. Nach Plejaden und Hyaden, die schon im Februarkapitel auf Seite 52 besprochen wurden, sind sie ein unbedingtes Muß bei jeder Sternführung am Teleskop. Da sie wesentlich weiter entfernt sind als Hyaden und Plejaden, h rund 7 000 und χ etwa 8 000 Lichtjahre, erscheinen sie uns wesentlich lichtschwächer und kleiner, obwohl es sich um relativ große Sternhaufen handelt.
Die nahe benachbarten Haufen h und χ – manchmal auch als „Doppelhaufen“ benannt – sind schon mit bloßen Augen, auf alle Fälle aber im Fernglas erkennbar. Sie liegen zwischen dem Himmels-W und der Gestalt des Perseus. Ihre wahre Schönheit zeigt sich erst im Fernrohr, ein Fernglas reicht da nicht aus.
Zwischen α Persei (Mirfak) und δ Persei findet man eine Reihe hellerer, blauweißer Sterne, die etwa ein Areal von 5° Durchmesser einnehmen. Man hat nicht den Eindruck eines offenen Sternhaufens, aber die Dichte der Sterne scheint größer als in der Umgebung zu sein. Die Astronomen nennen diese Ansammlung von jungen, heißen Sternen die Perseus-III-Assoziation. Vor etwa vier Millionen Jahren standen die Sterne von Per III noch wesentlich näher beisammen. Damals hätte man sicher den Eindruck eines offenen Sternhaufens ähnlich den Plejaden gehabt.
Lohnenswerte Objekte für das Fernglas sind die beiden Milchstraßensysteme M 31 und M 33. M 31, unsere Nachbarmilchstraße und unter dem Namen Andromeda-Nebel gut bekannt, steht jetzt fast im Zenit. Ebenfalls recht hoch, etwas südlich von M 31, stößt man auf den Spiralnebel M 33 im Dreieck, gelegentlich auch Triangulum-Nebel genannt.
Für versierte Sternfreunde seien noch folgende offene Sternhaufen empfohlen: M 34, ein etwas locker gestreuter Haufen, der schon im Fernglas zwischen β Persei (Algol) und γ Andromedae, ein bißchen näher bei β Per, zu erkennen ist. Weniger bekannt, aber recht gut zu be-

Veränderliche Sterne

Algol-Minima	9.	5^h27^m	12.	2^h16^m	14.	23^h05^m	17.	19^h54^m	29.	7^h09^m
β-Lyrae-Minima	8.	4^h	21.	3^h						
δ-Cephei-Maxima	5.	5^h	10.	14^h	15.	23^h	21.	7^h	26.	16^h
Mira-Helligkeit	4^m – 3^m, Maximum Ende November									

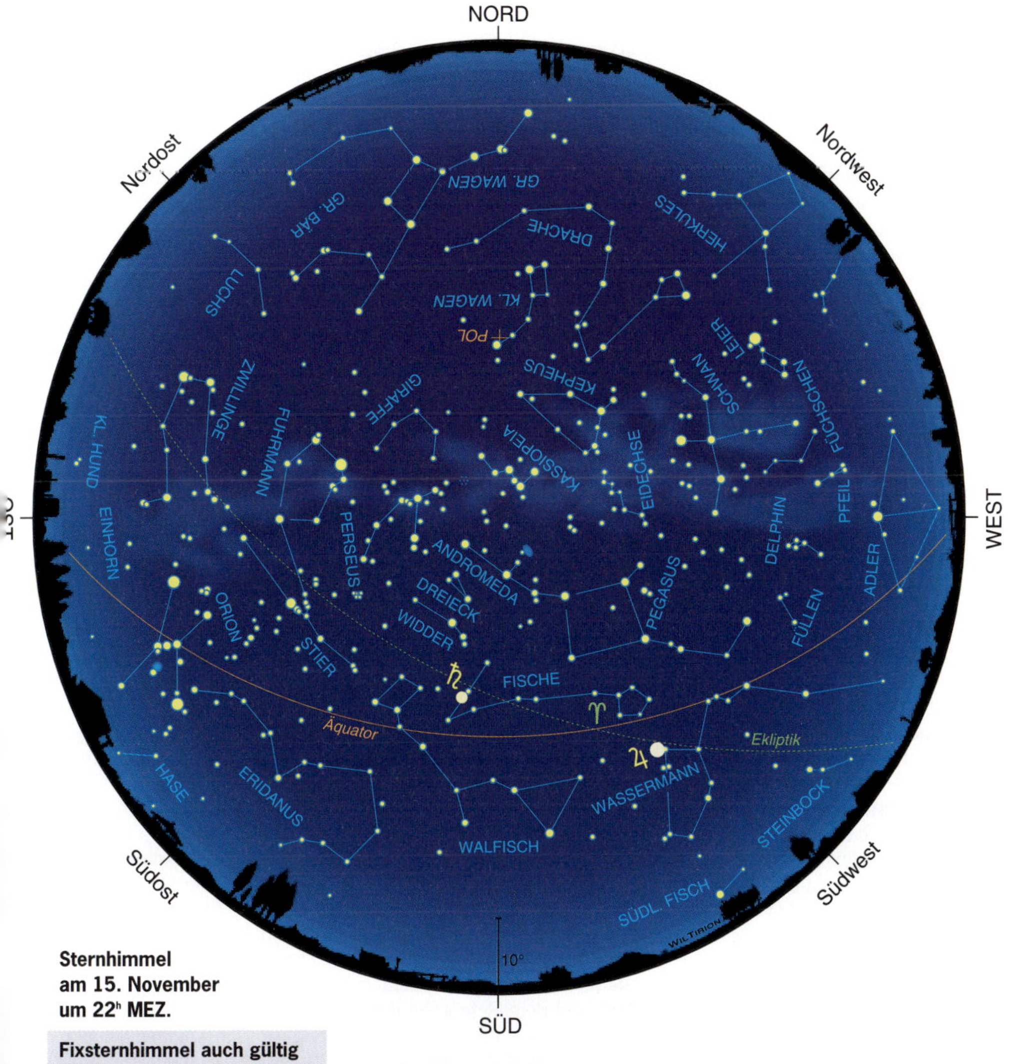

Sternhimmel am 15. November um 22ʰ MEZ.

Fixsternhimmel auch gültig für:	MEZ	MESZ
1. 9.	3ʰ	4ʰ
15. 9.	2	3
1.10.	1	2
15.10.	0	1
1.11.	**23**	
15.11.	**22**	
30.11.	**21**	
15.12.	20	
31.12.	19	
15. 1.	18	

obachten, sind die drei offenen Haufen M 36, M 37 und M 38 im Fuhrmann. Schon in einem Dreizöller sind sie recht eindrucksvolle Objekte.

Beliebte Doppelsterne sind γ in der Andromeda (Alamak) und γ im Widder. Bei γ And sind die Komponenten 2ᵐ,3 und 5ᵐ,1 hell. Der hellere Stern leuchtet gelblich, der Begleiter in 10″ Distanz hingegen bläulich. Der Begleiter hat seinerseits eine weitere Komponente in nur 0″,4 Entfernung mit 6ᵐ. Bei γ Arietis lauten die Daten: A = 4ᵐ,7; B = 4ᵐ,8; Abstand = 7″,9. Ein weiterer interessanter Doppelstern ist η Cassiopeiae. Der gelbe, 3ᵐ,5 helle Hauptstern hat in 12″,2 Distanz einen tiefroten Begleiter mit 7ᵐ,5.

Die Leoniden – ein spektakulärer Meteorstrom

Wer in einer sternklaren Nacht zum Firmament emporschaut, sieht dann und wann eine Sternschnuppe über das Himmelszelt huschen. Zu manchen Zeiten häufen sich die Meteorerscheinungen. Neben sporadischen Meteoren tauchen zu bestimmten Jahreszeiten Sternschnuppen gehäuft auf. Sie sind meist Mitglieder eines sogenannten Meteorstromes. Meteorerscheinungen werden durch meist sehr kleine Partikel hervorgerufen, die mit hohen Geschwindigkeiten von zehn bis siebzig Kilometer pro Sekunde von außen in die Erdatmosphäre eindringen und in Höhen von 120 bis 70 Kilometer verglühen.

Größere Brocken dieses kosmischen „Kleinschrotts" treffen gelegentlich die Erdoberfläche. Solche vom Himmel gefallenen Steine oder Eisenbrocken werden **Meteorite** genannt. Die Partikel, die im interplanetaren Raum die Sonne auf Kepler-Bahnen umrunden, heißen **Meteoroide**, während man unter **Meteor** die Leuchterscheinung selbst, also die Sternschnuppe mit ihrem glimmenden Pfad, versteht.

Die meisten Meteoroide sind nur wenige Millimeter groß. Tennisballgroße Objekte rufen schon gewaltige Leuchterscheinungen hervor. Solch auffallend helle Meteore, deren Lichtstrom Gegenstände Schatten werfen läßt, werden Feuerkugeln oder Boliden genannt.

Am morgendlichen Sternenhimmel sind mehr Sternschnuppen zu sehen als am Abendhimmel. Dies ist leicht einzusehen: Am Morgen halten wir uns auf derjenigen Erdseite auf, die frontal in Bewegungsrichtung beim Lauf um die Sonne liegt. Wir fliegen den kosmischen Staubkörnern dabei mit 30 Kilometer pro Sekunde entgegen, während wir am Abend im „Windschatten" der Erde durchs Weltall reisen und gewissermaßen „nach hinten", entgegen der Fahrtrichtung, ins Weltall blicken.

Zu bestimmten Daten kreuzt die Erde einen Strom von Meteoroiden, es kommt zu zahlreichen Kollisionen, Sternschnuppen tauchen gehäuft auf. So ist in weiten Kreisen der Bevölkerung der August als „Sternschnuppenmonat" wohl bekannt. Vornehmlich zwischen dem 10. und 14. August tauchen zahlreiche Meteore auf, die dem Sternbild Perseus zu entströmen scheinen. Dies wird durch einen rein perspektivischen Effekt bewirkt. Tausende von Meteoroiden laufen auf parallelen Bahnen um die Sonne. Wie aber parallele Eisenbahnschienen in der Ferne zu einem Punkt zusammenzulaufen scheinen, so hat man den Eindruck, daß – wenn man die Leuchtspuren der Meteore nach rückwärts verlängert – sie von einem Fluchtpunkt oder Radiant auszugehen scheinen. Das Sternbild, in dem der Radiant liegt, gibt dem Meteorstrom seinem Namen. Die Perseiden heißen so, weil ihr Fluchtpunkt im Sternbild Perseus liegt.

Unsere Urgroßeltern kannten den November als den Sternschnuppenmonat. Um den 12. November tauchen die Leoniden auf. Sie scheinen aus dem Sternbild Löwe zu kommen. Der Leoniden-Radiant liegt nahe dem Halsstern des Löwen namens Algieba.

Schon Alexander von Humboldt (1769-1859) fiel auf, daß in bestimmten Nächten des Jahres ungewöhnlich viele Meteore aufflammen. Er selbst beobachtete in der Nacht vom 11. auf 12. November 1799 einen außerordentlichen Meteorfall. Von seinem Beobachtungsplatz in Cumane (Venezuela) sah er extrem viele Sternschnuppen der Leoniden. Er selbst berichtete: „... kein Teil des Himmels, etwa des doppelten Vollmonddurchmessers, war nicht mit ständig aufleuchtenden Meteoren erfüllt". Zeitweise kam der Eindruck auf, am Himmel gäbe es mehr Sternschnuppen als Sterne. Humboldt notierte auch, daß die Eingeborenen von Südamerika im Jahre 1766 einen „Regen von Sternen" sahen – offensichtlich die Leoniden-Meteore.

Ein wahrer Meteorsturm wurde am 13. November 1833 beobachtet, nachdem schon am 12. November 1832 eine erhöhte Leonidenaktiviät registriert worden war. Der Leonidensturm in den Morgenstunden des 13. Novembers 1833 war jedoch unübertroffen. Augenzeugen berichteten, daß es unmöglich war, die Zahl der Meteore zu ermitteln. Die Sterne fielen scheinbar vom Himmel, religiöse Menschen vermuteten, der jüngste Tag sei angebrochen, andere erwarteten schlicht den Weltuntergang. Schätzungen zufolge gingen damals mehr als 10 000 helle Meteore pro Stunde nieder, darunter zahlreiche Feuerkugeln heller als der Vollmond.

Bereits 1837 hatte der Bremer Arzt und Planetoidenentdecker Wilhelm Heinrich Olbers (1758-1840) vermutet, daß die Leonidenmeteore in einem 33-jährigen Zyklus wiederkehren. Tatsächlich tauchten 1866 wieder besonders viele Leoniden-

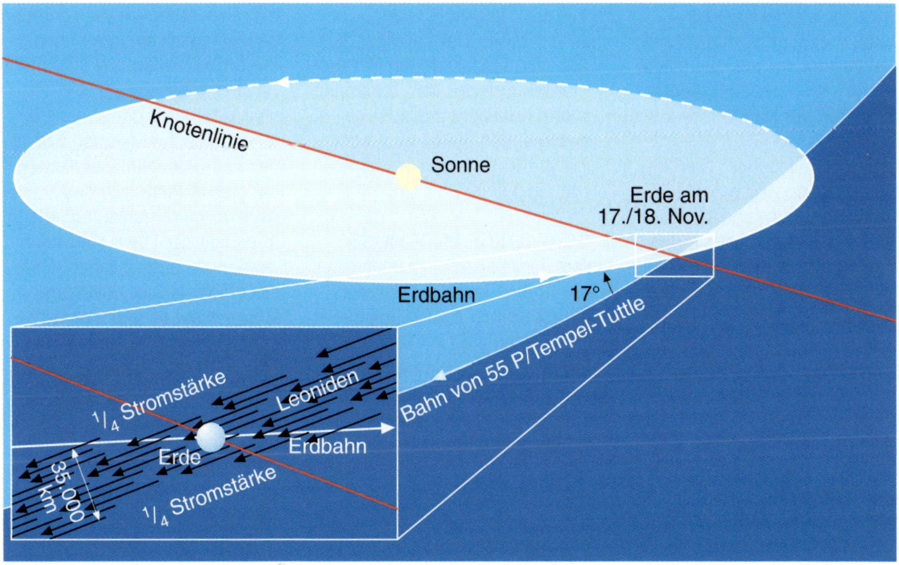

11.4: Bahnen der Erde und des Kometen 55 P/Tempel-Tuttle, des Ursprungskometen der Leonidenmeteore.

Meteore auf, wenn auch kein so spektakulärer Meteorsturm wie 1833 zu verzeichnen war. Aber immerhin, in der Nacht vom 13. auf den 14. November 1866 wurden bis 5 000 Sternschnuppen pro Stunde gezählt!

Der Direktor der Mailänder Sternwarte, Giovanni V. Schiaparelli (1835-1910), bekannt als Entdecker der Marskanäle, gab erstmals die richtige Erklärung für das periodische Auftreten von Meteorschauern. Schiaparelli erklärte, Sternschnuppen kämen aus dem interplanetaren Raum. Meteoroide sind Auflösungsprodukte von Kometen, die ihre Trümmer entlang ihrer Bahn verstreut haben. Kreuzt die Erde die Bahn einer solchen Trümmerwolke, dann kollidiert sie mit den Meteoroiden, und es kommt zum Aufleuchten mehr oder minder vieler Meteore. Die Trümmerwolke läuft dabei im wesentlichen auf der gleichen Bahn um die Sonne wie der Ursprungskomet. Für den Leonidenstrom identifizierte Schiaparelli den Kometen 55 P/Tempel-Tuttle (alte Bezeichnung: 1866 I) als Ursprungskometen, während er für die Perseiden den Kometen 109 P/Swift-Tuttle (1862 III) als Quelle ausmachte. Bald wurden weitere Ursprungskometen von Meteorströmen entdeckt.

Die Beziehungen zwischen Ursprungskomet und Meteorstrom sind leicht verständlich: Die vom Kometen 55 P/Tempel-Tuttle freigesetzten Brocken und Staubpartikel folgen dem Kometenkern in verschieden dichten Meteoroidenwolken nach. Die Umlaufszeit des Kometen 55 P beträgt 33 Jahre. Die Erde kreuzt Mitte November die Bahn dieses Kometen. Alle 33 Jahre gerät sie dabei in besonders dichte Trümmerwolken, womit verständlich wird, weshalb Mitte November 1766, 1799, 1833 und 1866 besonders viele Leoniden auftauchten.

Aufgrund dieser Erkenntnisse sagte Schiaparelli für das Jahr 1899 einen besonders starken Leonidenschauer voraus. Unabhängig von ihm prophezeiten auch der österreichische Sonnenfinsterniskalkulator Theodor von Oppolzer und der französische Himmelsmechaniker und Neptunberechner Urbain J. J. Leverrier eine gewaltige Leonidenaktivität für November 1899. Doch nichts geschah, die Leonidenaktivität blieb 1899 bescheiden wie in den Vorjahren. Die Blamage war dafür umso größer, die groß hinausposaunte Wiederkehr des Leonidenschauers blieb schlicht aus. Das Vertrauen des Publikums in die Kunst der Astrono-

men, Himmelsereignisse äußerst präzise vorherberechnen zu können, war nachhaltig gestört. Man begann, an der Seriosität der Himmelskunde zu zweifeln.
Was war geschehen? Die Leonidentrümmerwolke zog 1870 knapp an Saturn und 1898 an Jupiter vorbei. Durch die Anziehungskräfte beider Riesenplaneten wurde die Leonidenwolke gestört. Die Folge war ein verspätetes Eintreffen des Leonidenschauers: In der Nacht vom 15. auf 16. November 1900 wurden mehr als tausend Leoniden pro Stunde gezählt, ein Jahr später sogar über 2 000 pro Stunde. Aber nur wenige Zeugen registrierten diese beiden Leonidenstürme, denn sie waren nicht vorausgesagt worden. Zu groß war außerdem die Enttäuschung über das Debakel von 1899.
In den dreißiger Jahren unseres Jahrhunderts blieb ein großer Leonidenschauer aus. Allerdings wurde 1931 und 1932 eine deutlich erhöhte Leonidenaktivität registriert. Während gewöhnlich um den 17. November 15 bis 30 Leonidenmeteore pro Stunde gezählt werden, stieg diese Zahl 1931 auf 190 und 1932 sogar auf 240 an. Danach ließ das Interesse an den Leoniden in den vierziger und fünfziger Jahren nach. Und so war die Überraschung groß, als es am 17. November 1966 erneut zu einem riesigen Leonidenfall kam. Leider gingen die Europäer leer aus. Denn der Sternschnuppenregen von bis zu 40 Objekten pro Sekunde (!), das sind über 140 000 pro Stunde, dauerte nur eine Stunde, nämlich von $11^h 30^m$ bis $12^h 30^m$ Weltzeit (UT) am 17.11.1966. Der Leonidenregen war deshalb in den Morgenstunden Ortszeit vom amerikanischen Kontinent aus zu registrieren. Das spitze Maximum mit 2.400 Objekten pro Minute trat um $11^h 55^m$ UT ein.

SCHWIERIGE PROGNOSE

Aus der Aktivitätszeit von nur einer Stunde und der Lage der Leonidenbahn zur Ekliptik (i = 163°) kann auf eine Breite des Leonidenmeteoroidenstromes von nur 35 000 Kilometer geschlossen werden. Die große Bahnneigung von fast 180° wieder bedeutet, daß uns die Leoniden fast direkt entgegenkommen – sie prallen frontal auf die entgegenkommende Erde (Abb. 11.4). Die Leonidenmeteore haben daher auch sehr hohe Geschwindigkeiten von knapp über 70 Kilometer pro Sekunde. Sie sind damit die schnellsten Objekte aller bekannten Sternschnuppenschwärme.
Wann werden wir wieder mit einem Leonidenschauer rechnen können? Nun, Meteorhäufigkeiten vorherzusagen, gleicht fast einer Wetterprophezeiung. Man kann Meteorschauer nur mit einer mehr oder minder großen Wahrscheinlichkeit kalkulieren, exakte Vorhersagen sind nicht möglich. Ende Februar 1998 passiert der Leonidenursprungskomet 55 P/Tempel-Tuttle sein Perihel. Statistische Untersuchungen haben erkennen lassen, daß der große Pulk der kometarischen Staubwolke dem Kometenkern in einer etwas sonnenferneren Bahn nachfolgt, also außerhalb der Hauptbahn des Kometen. In den Jahren 1998 bis 1999 ist daher mit einer erheblich verstärkten Leonidenaktivität zu rechnen. Die Erde passiert am 17. November 1998 um $19^h 45^m$ UT, also kurz vor 9 Uhr abends Mitteleuropäischer Zeit, die Ebene der Kometenbahn. Der Komet hat diesen Punkt allerdings 257 Tage vorher durchlaufen. Am Abend ist der Löwe aber noch lange nicht aufgegangen, Mitte November ist der Löwe am Morgenhimmel zu finden. Das spitze Maximum könnte daher eher in Ostasien und Japan zu beobachten sein. Mit einer erhöhten Leonidenakivität ist dennoch zu rechnen. Erfreulicherweise stört kein Mondlicht, am 19. November 1998 tritt die Neumondphase ein.
Im Jahre 1999 passiert die Erde am 18. November um $2^h 50^m$ MEZ die Kometenbahnebene. Zu diesem Zeitpunkt ist der zunehmende Halbmond bereits untergegangen, der Löwe aber längst im Osten erschienen. Diesmal bekommen auch die Europäer ihre Chance, das Maximum zu beobachten. Mit Überraschungen ist aber auf jeden Fall zu rechnen – so oder so. Vielleicht kommt es wieder zu einem gewaltigen Leonidenschauer – vielleicht bleibt er auch aus. Meteorsturm oder nicht – auf alle Fälle ist Wachsamkeit angesagt. Die International Meteor Organization (IMO) hat bereits ein weltweites Leonidenüberwachungsprogramm seit 1991 initiiert. Leonidenbeobachtungen sind eine dankbare Aufgabe für die Frühaufsteher unter den Amateurastronomen. Vielleicht werden sie durch einen Superschauer der Leoniden für ihren Eifer belohnt.

DEZEMBER 1998

Während die Erde sich dem sonnennächsten Punkt ihrer Bahn nähert, wandern Mars (am 16.12.) und Venus (am 28.12.) durch die sonnenfernsten Punkte ihrer Bahnen; genau dazwischen – am 22.12. – durchläuft die Sonne den Winterpunkt.

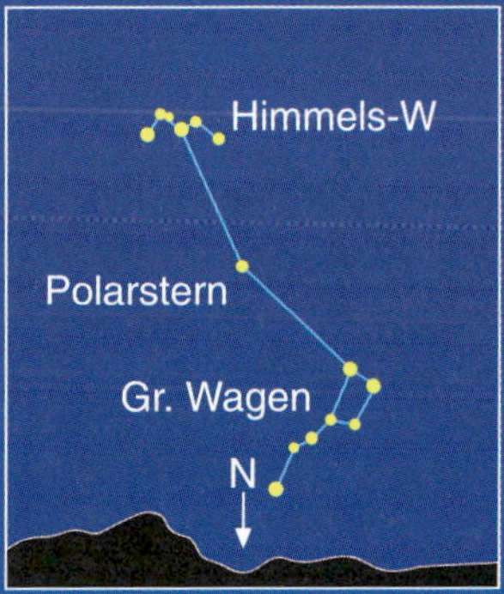

Großer Wagen und Himmels-W Anfang Dezember um 22h

12.1: Himmelsanblick am ersten Weihnachtstag (25. Dezember) gegen 18h MEZ: Über dem Südhorizont stehen Jupiter und Saturn; dabei gesellt sich der zunehmende Halbmond zum Riesenplaneten.

Sonnenlauf

18.12. 10^h
Sonne tritt in das Sternbild Schütze
22.12. 12^h56^m
Sonne tritt in das Tierkreiszeichen Steinbock

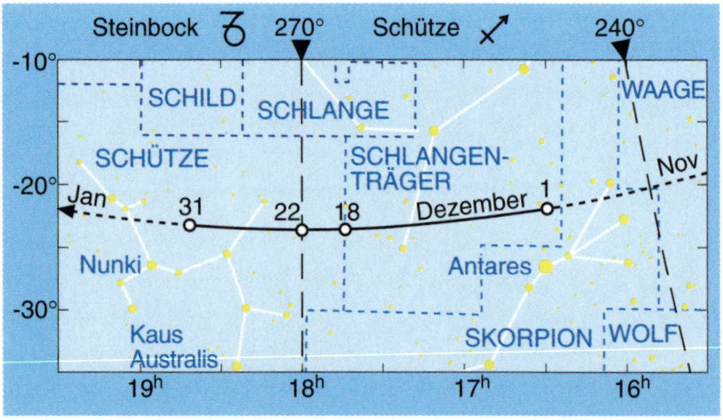

Julianisches Datum
am 1. Dezember, 1^h MEZ:
2451148,5

Tag	Dämmerg. Anfang	Aufgang MEZ	Kulmination	Untergang MEZ	Dämmerg. Ende	Mittagshöhe	Zeitgleichg.	Rektaszension	Deklination
	h m	h m	h m	h m	h m	°	m	h m	°
1.	6 38	7 56	12 09	16 21	17 39	18,2	+11	16 27	–21,7
5.	6 43	8 01	12 11	16 19	17 38	17,6	+ 9	16 45	–22,3
10.	6 48	8 07	12 13	16 18	17 38	17,1	+ 7	17 07	–22,9
15.	6 52	8 12	12 15	16 18	17 38	16,7	+ 5	17 29	–23,2
20.	6 55	8 15	12 18	16 20	17 40	16,6	+ 2	17 51	–23,4
25.	6 57	8 18	12 20	16 22	17 43	16,6	0	18 13	–23,4
31.	6 59	8 19	12 23	16 27	17 47	16,9	– 3	18 40	–23,1

Tages- und Nachtstunden

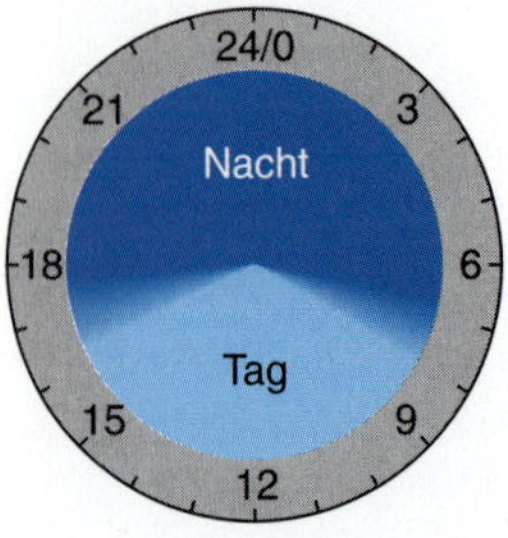

5. Dezember

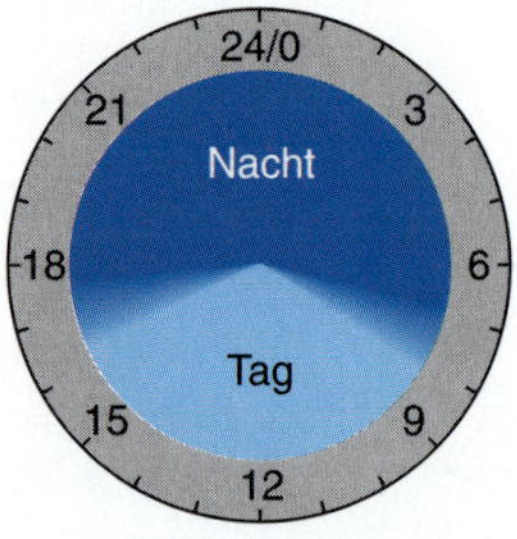

15. Dezember

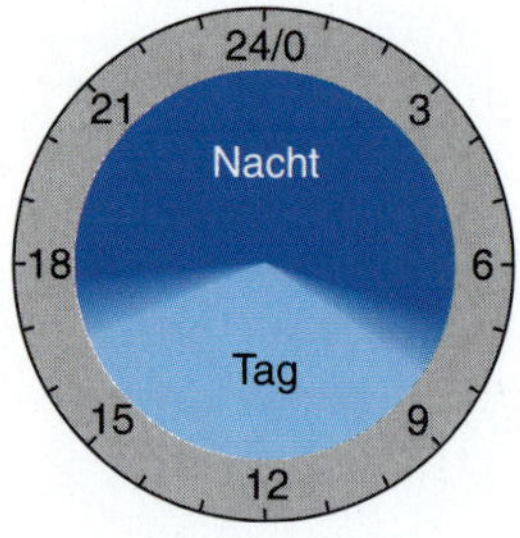

25. Dezember

Mondlauf

Datum	Aufg. MEZ	Kulmination	Unterg. MEZ	Rektaszension	Deklination	Sterne und Sternbilder	Phase	MEZ
	h m	h m	h m	h m	°			
Di 1.	15 28	22 33	4 31	2 03	+ 7,6	* Fische		
Mi 2.	16 04	23 32	5 52	3 02	+12,0	Widder	Erdnähe 359/33,′3	13^h
							Größte Südbreite	
Do 3.	16 47	–	7 11	4 02	+15,6	Stier, Hyaden	**Vollmond**	**16^h19^m**
Fr 4.	17 38	0 33	8 26	5 04	+18,1	Aldebaran		
Sa 5.	18 36	1 34	9 32	6 07	+19,4	Alhena		
So 6.	19 40	2 33	10 27	7 08	+19,3	Alhena		
Mo 7.	20 47	3 30	11 13	8 07	+18,1	Krebs		
Di 8.	21 55	4 24	11 50	9 03	+15,8	Krebs, Krippe	Aufsteigender Knoten	
							Libration West	
Mi 9.	23 02	5 14	12 21	9 56	+12,8	Löwe, Regulus		
Do 10.	–	6 00	12 48	10 45	+ 9,3	Löwe	**Letztes Viertel**	**18^h53^m**
Fr 11.	0 07	6 45	13 12	11 33	+ 5,5	Löwe		
Sa 12.	1 10	7 28	13 35	12 18	+ 1,5	Jungfrau		
So 13.	2 13	8 10	13 57	13 03	– 2,5	Jungfrau		
Mo 14.	3 15	8 52	14 20	13 48	– 6,3	Spica	Erdferne 406/29,′5	18^h
Di 15.	4 17	9 35	14 46	14 34	– 9,9	Waage		
Mi 16.	5 18	10 19	15 14	15 20	–13,2	Waage	Größte Nordbreite	
Do 17.	6 19	11 06	15 47	16 08	–15,9	Skorpion		
Fr 18.	7 18	11 54	16 26	16 58	–17,9	Schlangenträger	**Neumond**	**23^h42^m**
Sa 19.	8 14	12 43	17 12	17 49	–19,2	Schütze		
So 20.	9 05	13 34	18 04	18 42	–19,6	Schütze, Nunki		
Mo 21.	9 51	14 25	19 04	19 35	–19,0	Schütze		
Di 22.	10 30	15 16	20 08	20 29	–17,4	Steinbock		
Mi 23.	11 05	16 07	21 16	21 22	–15,0	Steinbock	Absteigender Knoten	
							Libration Ost	
Do 24.	11 36	16 57	22 27	22 14	–11,7	Wassermann		
Fr 25.	12 04	17 47	23 40	23 06	– 7,8	Wassermann		
Sa 26.	12 31	18 37	–	23 58	– 3,4	Fische	**Erstes Viertel**	**11^h46^m**
So 27.	12 58	19 28	0 54	0 51	+ 1,2	Walfisch		
Mo 28.	13 27	20 21	2 10	1 44	+ 5,9	* Fische		
Di 29.	14 00	21 16	3 27	2 40	+10,3	* Walfisch	Größte Südbreite	
Mi 30.	14 37	22 14	4 45	3 38	+14,1	* Stier	Erdnähe 364/32,′8	19^h
Do 31.	15 23	23 14	6 00	4 37	+17,1	* Aldebaran		

Der frühe Dezembervollmond (am 3.) erreicht in diesem Jahr nur eine Kulminationshöhe von knapp 56° (angegeben für 50° n.Br.). Am 12. passiert der abnehmende Erdtrabant den Mars und steht am 17., einen Tag vor Neumond, als schmale Sichel beim Merkur. Im letzten Monatsdrittel taucht der Mond am Abendhimmel auf, wo er an Jupiter und Saturn vorbeizieht.

Planetenlauf

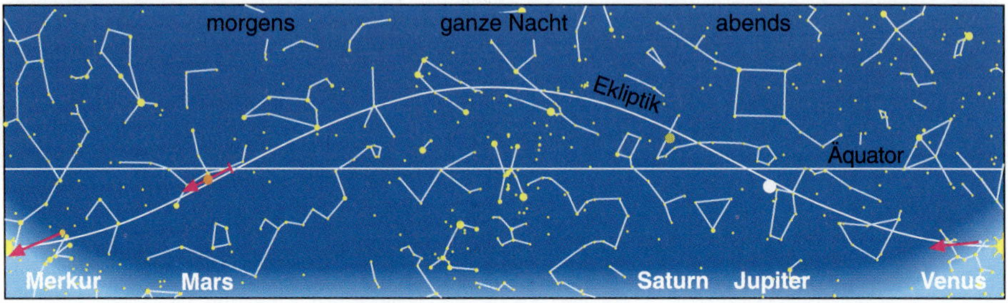

MERKUR beschert uns zum Jahresausklang noch eine Morgensichtbarkeitsperiode. Am 1. steht er zunächst in unterer Konjunktion mit der Sonne und ist somit an den Taghimmel verbannt. Nach der unteren Konjunktion wächst der westliche Winkelabstand zur Sonne rasch an, da sich Merkur rückläufig durch den Tierkreis bewegt, die Sonne aber wie immer rechtläufig. Am 11. wird Merkur dann stationär und ist anschließend wieder rechtläufig. Schließlich erreicht er am 20. mit 21°38′ Winkelabstand seine größte westliche Elongation von der Sonne.
Unter sehr günstigen Sichtbedingungen kann man Merkur bereits vom 10. an am Morgenhimmel tief im Südosten etwa eine halbe Stunde vor Sonnenaufgang erkennen; an diesem Tag geht der $0^{m},6$ helle Merkur um 6^h30^m auf. Die Verhältnisse werden rasch günstiger. Die Merkurhelligkeit steigt schnell an, bereits am 15. beträgt sie $-0^{m},2$; der Merkuraufgang erfolgt an diesem Tag um 6^h17^m. Am Tag der größten Elongation geht der inzwischen $-0^{m},4$ helle Merkur um 6^h21^m auf. Bis zum Jahresende verspäten sich die Aufgänge auf 6^h53^m, die Helligkeit bleibt konstant bei $-0^{m},4$. Nach dem 28. wird es schwierig, den flinken Planeten noch am Morgenhimmel aufzustöbern (siehe Abb. 12.2 und 12.3).

12.2: Stellung von Merkur über dem Osthorizont zu den angegebenen Daten jeweils eine Stunde vor Sonnenaufgang. Die Pfeile deuten die Bewegungen von Merkur und Sonne in der folgenden halben Stunde an.

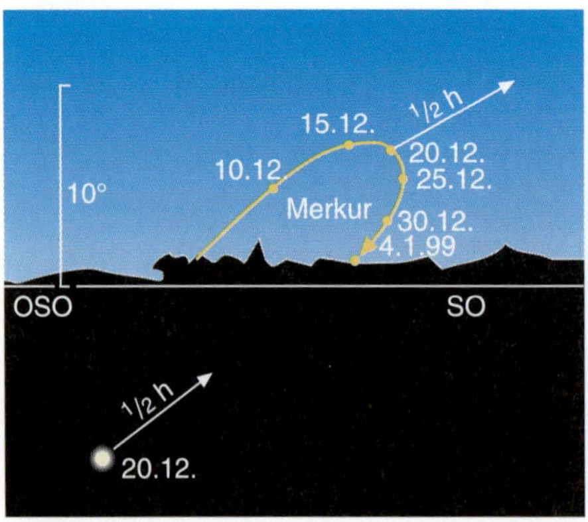

12.3: Sichtbarkeitsdiagramm für Merkur. Es gilt genau für 50° n.Br. und 10° östl. L.. Dunkelgelbe Fläche: Merkur ist unter günstigen Sichtbedingungen sichtbar; hellgelb: Merkur ist gut zu sehen.

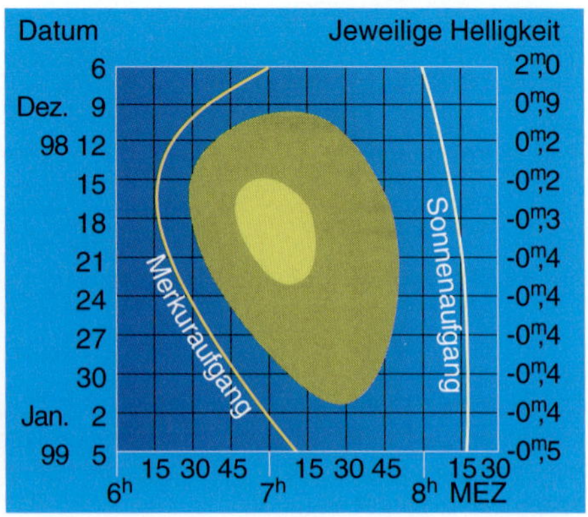

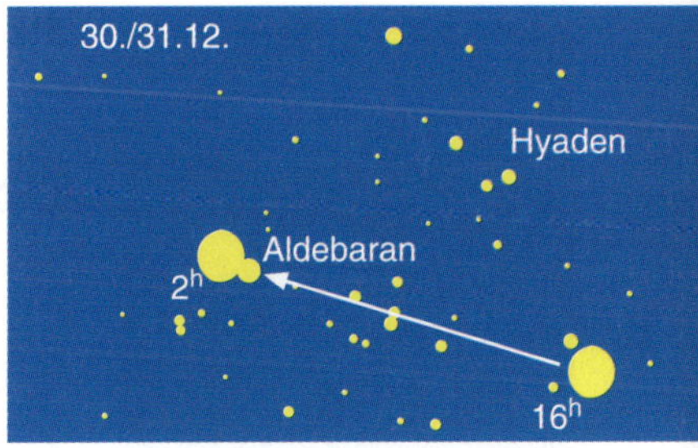

12.4 Der fast volle Mond passiert in der Nacht vom 30. auf 31. Dezember 1998 abermals die Hyaden im Stier. Kurz nach Mitternacht wird wieder Aldebaran von ihm bedeckt (siehe auch Tabelle *Sternbedeckungen durch den Mond*).

Die Dichotomie tritt am 16. ein, das 7",3 große Merkurscheibchen zeigt sich halb beleuchtet. Bis zum Jahresende schrumpft der scheinbare Merkurdurchmesser auf 5",5, der Beleuchtungsgrad erreicht 84%.
Am 2. geht Merkur durch sein Perihel und ist dann 46 Millionen Kilometer oder 0,307 A.E. von der Sonne entfernt.
VENUS taucht kurz vor Jahresende allmählich am Abendhimmel auf. Bei freier Horizontsicht kann man Venus erstmals um den 20. tief am Südwesthorizont erspähen. An diesem Tag geht die $-3^m{,}9$ helle Venus eine halbe Stunde nach der Sonne unter, nämlich um 17^h10^m. Die Venusuntergänge verspäten sich bis zum 31. auf 17^h36^m. Im Fernrohr zeigt sich das nur 10" große Venusscheibchen fast voll beleuchtet.
Venus wandert aus dem Schlangenträger kommend durch den Schützen. Ihre größte östliche Elongation wird sie am 11. Juni 199**9** erreichen.
Am 28. passiert Venus das Aphel ihrer Bahn. An diesem Tag trennen sie 109 Millionen Kilometer (= 0,729 A.E.) von der Sonne.
MARS ist Planet der zweiten Nachthälfte. Seine Helligkeit steigt im Laufe des Monats deutlich von $1^m{,}4$ auf $1^m{,}0$ an. Der rote Planet wandert durch die Jungfrau und wechselt zu Monatsbeginn von der Nord- auf die Südhemisphäre des Firmaments.
Die Marsaufgänge verlagern sich von 1^h44^m am 1. auf 1^h31^m am 15. und auf 1^h14^m am letzten Tag des Jahres.
Am 16. passiert Mars das Aphel seiner vergleichsweise elliptischen Bahn. An diesem Tag ist er 249,2 Millionen Kilometer, das sind 1,666 A.E., von der Sonne entfernt.
JUPITER, wieder rechtläufig im Wassermann, ist strahlender Planet am Abendhimmel. Erst im kommenden Monat wird Venus ihn am abendlichen Firmament Konkurrenz machen. Jupiter verlagert seine Untergänge in die späten Abendstunden: Am 1. geht der Riesenplanet um 0^h38^m, am 15. um 23^h46^m und am letzten Tag des Jahres bereits um 22^h45^m unter. Die Helligkeit von Jupiter sinkt weiter um $0^m{,}2$ auf $-2^m{,}3$, der scheinbare Äquatordurchmesser von 42",0 auf 38",1. Am Jahresende ist Jupiter von der Erde 774 Millionen Kilometer, das sind 5,17 A.E., entfernt.
Am Mittag des 25. passiert der zunehmende Halbmond den Riesenplaneten 1°,2 südlich. Am frühen Abend ergibt sich ein netter Himmelsanblick, wenn

Konstellationen und Ereignisse

Datum	MEZ	Ereignis
1.	16^h	Merkur in unterer Konjunktion mit der Sonne
2.	23	Merkur im Perihel
11.	7	Merkur im Stillstand, anschließend rechtläufig
12.	9	**Mond bei Mars**, Mond 1°,8 nördlich, **Abstand 1°,5 um 7^h**
16.	23	Mars im Aphel, Abstand Mars – Sonne 249,2 Millionen Kilometer
17.	1	**Mond bei Merkur**, Mond 2°,5 nördlich, **Abstand 3°,7 um 7^h**
20.	3	Mond bei Venus, Mond 4°,4 nördlich
20.	5	Merkur in größter westlicher Elongation (22°)
21.	17	Mond bei Neptun, Mond 1°,7 nördlich
22.	2^h56^m	Sonne im Winterpunkt, Wintersonnenwende
22.	12	Mond bei Uranus, Mond 1°,8 nördlich
25.	12	**Mond bei Jupiter**, Mond 1°,2 südlich, **Abstand 3°,5 um 17^h**, Bedeckung
28.	0	**Mond bei Saturn**, Mond 2°,2 südlich, **Abstand 2°,6 um 2^h**
28.	20	Venus im Aphel
30.	17	Saturn im Stillstand, anschließend rechtläufig

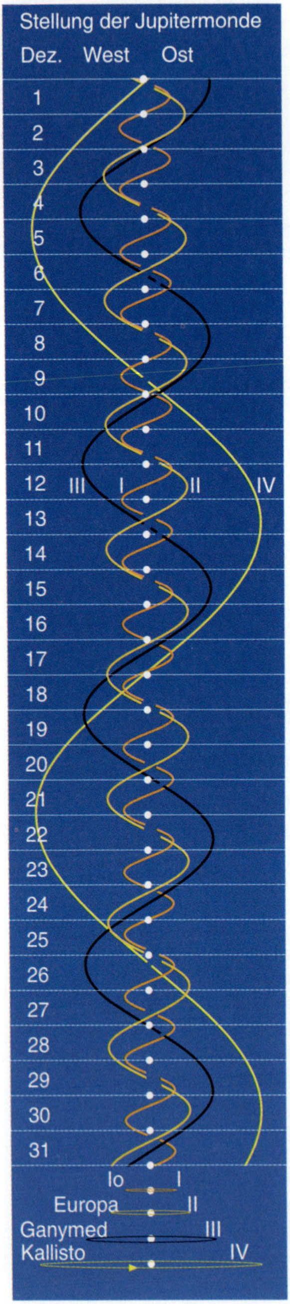

Jupitermond-Erscheinungen

Tag	MEZ		Vorgang	
	h	m		
1.	23	24	I	DA
2.	20	37	I	BA
	21	32	II	DA
	23	39	III	DA
3.	0	11	I	VE
	0	11	II	SA
	0	12	II	DE
	17	53	I	DA
	19	13	I	SA
	20	07	I	DE
	21	27	I	SE
4.	18	39	I	VE
	18	57	II	BE
	18	59	II	VA
	21	40	II	VE
6.	18	59	III	VA
	22	04	III	VE
9.	22	31	I	BA
10.	19	48	I	DA
	21	10	I	SA
	22	03	I	DE
	23	23	I	SE
11.	17	00	I	BA
	18	51	II	BA
	20	35	I	VE
	21	35	II	BE
	21	38	II	VA
12.	17	52	I	SE
13.	17	27	III	BA
	18	42	II	SE
	20	45	III	BE
	23	01	III	VA
17.	21	09	IV	DA
	21	45	I	DA
	23	06	I	SA
18.	18	56	I	BA
	21	31	II	BA
	22	30	I	VE
19.	17	35	I	SA
	18	29	I	DE
	19	48	I	SE
20.	16	59	I	VE
	18	41	II	SA
	18	43	II	DE
	21	18	II	SE

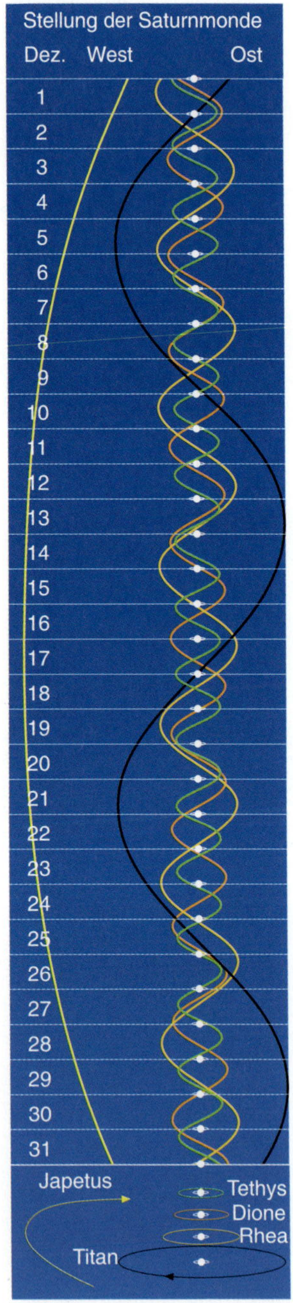

20.	21 33	III	BA
24.	17 18	III	SA
	20 17	III	SE
25.	20 53	I	BA
26.	18 12	I	DA
	19 31	I	SA
	20 26	I	DE
	21 44	I	SE
27.	18 42	II	DA
	18 54	I	VE
	21 18	II	SA
	21 23	II	DE
29.	18 55	II	VE
31.	19 17	III	DE
	21 21	III	SA

der Halbmond neben Jupiter steht und sich auch noch Saturn zu der Szene hinzugesellt (siehe Abb. 12.1 auf Seite 193). Auch die letzte Jupiterbedeckung in diesem Jahr ist nicht von Mitteleuropa aus sichtbar.
Jupiter steuert auf den langsameren Saturn zu. Am 31. Mai 2000 wird er ihn einholen, es kommt zu einer „großen Konjunktion".
Die dreifache große Konjunktion von Jupiter und Saturn im Jahre –6 könnte damalige babylonische Gelehrte, sogenannte Magier, veranlaßt haben, nach Jerusalem zu ziehen, um den neugeborenen König der Juden zu suchen. Sie fanden ihn jedoch nicht am Königshof, sondern schließlich in der Krippe zu Bethlehem. Um die Weihnachtszeit wird der „Stern von Bethlehem" in vielen Planetarien vorgeführt.
SATURN bremst seine rückläufige Bewegung in den Fischen merklich ab und kommt am 30. zum Stillstand (siehe Abb. 10.3 auf Seite 167). Damit beendet der Ringplanet seine Oppositionsperiode. Anschließend wandert er wieder rechtläufig durch den Tierkreis. Daß die Oppositionszeit zu Ende geht, merkt man auch an der leicht auf $0^{m}{,}4$ abnehmenden Helligkeit und dem beginnenden Rückzug aus der zweiten Nachthälfte. Der Ringplanet verlagert seine Untergänge von $4^{h}09^{m}$ am 1. auf $3^{h}12^{m}$ am 15. und auf $2^{h}08^{m}$ am letzten Tag des Jahres.
Am 1. ist Saturn 1273 Millionen Kilometer von der Erde entfernt (= 8,51 A.E.). Dies entspricht einer Lichtlaufzeit von einer Stunde und elf Minuten. Im Fernrohr zeigt der Ringplanet ein Scheibchen mit $19''{,}5$ scheinbarem Äquatordurchmesser. Die scheinbare Längsachse des Ringes mißt $44''{,}3$ die dazu senkrechte Querachse $11''{,}0$. Die Ringöffnung beträgt $14''{,}3$.
URANUS im Steinbock verabschiedet sich vom Abendhimmel. Es wird nun immer schwieriger, den nur $5^{m}{,}9$ noch am Abendhimmel mit Fernglas oder Teleskop aufzufinden.
Im letzten Monatsdrittel wird man den grünlichen Planeten vergeblich suchen: Am 1. geht Uranus um $20^{h}57^{m}$ unter, am 15. um $20^{h}05^{m}$ und am 31. um $19^{h}07^{m}$, doch schon etwa eine Stunde vorher wird Uranus unbeobachtbar. Zum Jahresende beträgt die östliche Elongation von Uranus noch knapp 31°.
Die Sonne läuft ihm nach. Am 2. Februar 199**9** wird sie ihn dann einholen und in Konjunktion mit ihm stehen.
NEPTUN, rechtläufig im Steinbock, hat sich vom Abendhimmel zurückgezogen und ist als Beobachtungsobjekt zu streichen. Am 22. Januar 199**9** wird er in Konjunktion mit der Sonne stehen.

PLANETOIDEN
CERES (1), rückläufig im Stier, stand Ende des Vormonats in Opposition zur Sonne und ist noch ein ausgesprochen leichtes Fernglasobjekt, wenn auch ihre Helligkeit von $7^{m}{,}0$ auf $7^{m}{,}7$ erheblich absinkt (siehe Abb. 10.4 auf Seite 170). Die Cereskulminationen verfrühen sich von $0^{h}01^{m}$ am 1. auf $22^{h}48^{m}$ am 15. und auf $21^{h}34^{m}$ am letzten Tag des Jahres, an dem Ceres 282 Millionen Kilometer (= 1,89 A.E.) von der Erde entfernt ist.
VESTA (4) wird am 23. im Westteil des Löwen stationär und setzt zu ihrer Oppositionsschleife an. Dabei zieht sie in einer Steilkurve nach Norden (siehe Abb. 9.6 auf Seite 153). Ihre Helligkeit steigt zum Jahresende um mehr als eine halbe Größenklasse auf $6^{m}{,}9$ an. Damit wird Vesta zum leichten Fernglasobjekt, zumal sie recht hohe Deklinationen erreicht. Wer noch nie einen Kleinplaneten gefunden hat, für den bietet Vesta jetzt eine gute Chance. Ihre Aufgänge verfrühen sich von $21^{h}48^{m}$ am Monatsanfang auf $19^{h}47^{m}$ zum Monatsende. Am 1. kulminiert Vesta um $5^{h}18^{m}$, am 15. um $4^{h}29^{m}$ und am 31. bereits um $3^{h}26^{m}$.
EUNOMIA (15) stand im Vormonat in Opposition zur Sonne. Der Kleinplanet Nr. 15 eilt zwischen Dreieck und Widder hindurch, wobei er rasch nach Süden strebt. Am 13. kehrt Eunomia ihre Bewegungsrichtung in Rektaszension wieder um und wird rechtläufig. Damit geht ihre Oppositionszeit zu Ende, was man auch an der stark fallenden Helligkeit bemerkt: Sie sinkt im Laufe des Dezember von $8^{m}{,}2$ auf $8^{m}{,}9$ ab, was manche vielleicht zu Jahresende abhalten wird, noch nach Eunomia zu

fahnden (siehe auch Abb. 10.4 auf Seite 170). Ihre Kulminationszeiten verfrühen sich von 21^h58^m am 1. auf 21^h01^m am 15. und auf 20^h04^m am letzten Tag des Jahres, an dem ihr Untergang um 4^h48^m erfolgt. Die beste Beobachtungszeit liegt jetzt in den frühen Abendstunden.

Periodische Sternschnuppenströme

Vom 6. bis 17. Dezember macht sich der ekliptikale Strom der **Geminiden** bemerkbar. Ihr Ausstrahlungspunkt liegt in den Zwillingen, rund 1° südwestlich von Kastor. Das Maximum tritt in den Abendstunden des 14. Dezember ein, wenn stündlich bis zu sechzig Meteore, mitunter auch sehr helle Objekte, über den Himmel huschen. Die Geschwindigkeiten liegen um 40 Kilometer pro Sekunde, Beobachtungszeit: 21^h bis 6^h.

Vom 17. bis 24. Dezember tauchen die **Ursiden** auf, deren Radiant im Sternbild Kleiner Bär zu finden ist. Ihr scharfes Maximum erreichen die Ursiden-Meteore in der Nacht vom 22. auf den 23. Dezember gegen Mitternacht. Da der Radiant zirkumpolar ist, können die Ursiden die ganze Nacht beobachtet werden. Der Ursprung der Ursiden wird auf den Kometen 8P/Tuttle (früher 1858 I) zurückgeführt. Die Sternschnuppen haben mittlere Geschwindigkeiten von 35 Kilometer pro Sekunde. In den letzten Jahren wurden rund 20 Objekte pro Stunde im Maximum registriert. Die Tendenz ist steigend.

Wenig bekannt noch ist der Strom mit dem Namen **Coma Bereniciden**, dessen Radiant im Haar der Berenike liegt und die um die Jahreswende auftreten – etwa von Mitte Dezember bis Mitte Januar. Es handelt sich um sehr schnelle Objekte (um 65 Kilometer pro Sekunde). Über Häufigkeit und Maximumszeit gibt es noch kaum Angaben – ein dankbares Feld für ernsthafte Amateurastronomen.

Der Fixsternhimmel

Der Jahreskreis am Sternbilderhimmel beginnt sich langsam zu schließen. Das Firmament nimmt eindeutig winterliche Züge an. Die Herbstbilder bereiten ihren Abschied vor. Sie sind alle schon in die westliche Himmelshälfte gerückt. Nur der zenitnahe Perseus steht noch im Meridian. Tief im Nordwesten leuchtet die bei uns fast zirkumpolare Wega. Auch der Schwan mit Deneb ist noch in dieser Gegend zu finden. Wega und Deneb sind gewissermaßen Relikte des Sommerhimmels.

Der Süden bietet jetzt wenig, sehen wir einmal vom hellen Saturn in den Fischen ab. Ausgedehnte, aber lichtschwache Sternbilder bevölkern die südliche Region. Vom Westen her gesehen sind dies der Wassermann, die Fische, der Walfisch und der Fluß Eridanus. Fomalhaut im Südlichen Fisch hat sich schon von der Himmelsbühne verabschiedet und ist im Südwesten untergegangen.

Tief im Süden geht gerade das bei uns kaum bekannte Sternbild Fornax (lat., Chemischer Ofen) durch den Meridian. Dieses neuzeitliche Sternbild, das Mitte des 18. Jahrhunderts von Lacaille an den Himmel versetzt wurde, hat nur Sterne 4. Größe und schwächer.

Im Unterschied zum gegenwärtig wenig attraktiven Südhimmel funkelt der Osthimmel nur so von hellen Sternen. Alle prominenten Wintersternbilder sind bereits über den Horizont gestiegen. Das komplette Wintersechseck mit Kapella – Pollux – Prokyon – Sirius – Rigel – Aldebaran ist nun sichtbar. Auch der Anfänger kann die dominante Figur des Orion kaum übersehen, wenn er seinen Blick nach Südosten richtet. Ein wenig östlich von Orion ist Sirius, der hellste Stern im Großen Hund, knapp über dem Horizont erschienen. Mit –1,5 Größenklassen ist er der hellste Fixstern am Himmel überhaupt. Sein bläulichweißes Licht ist knapp neun Jahre zur Erde unterwegs. Sirius ist also knapp neun Lichtjahre entfernt. Er gehört damit zu den sonnennächsten Sternen. Die meisten Sterne des Großen Hundes sind allerdings noch nicht aufgegangen.

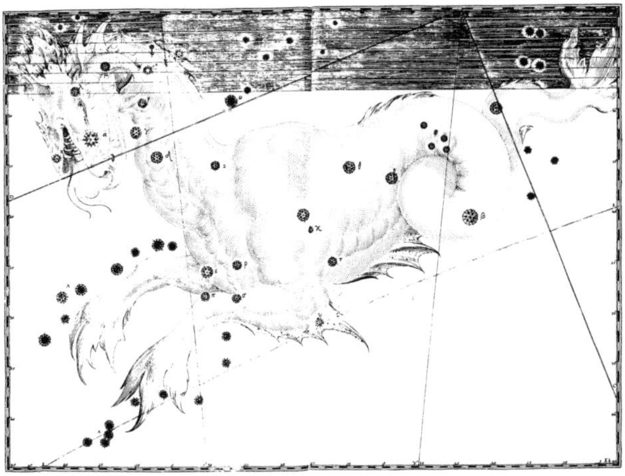

12.5: Figürliche Darstellung des Meeresungeheuers Cetus (Walfisch) im Sternbilderatlas von Johannes Bayer aus dem Jahre 1603.

Diesmal sei der Walfisch (Cetus) ausführlich beschrieben. Das Sternbild Walfisch ist nicht besonders auffällig, gehören doch nur zwei hellere Sterne (zweiter und dritter Größe) zu den weit verstreuten Sternen dieser ausgedehnten Figur. Am abendlichen Dezemberhimmel steht der Walfisch im Süden unterhalb der Bilder Widder und Fische.

Es handelt sich beim Fabelwesen Cetus nicht um einen Walfisch im Sinne der Zoologie, sondern um ein gar schreckliches Meeresungeheuer, Κήτος (Ketos) genannt. Schon die al-

Veränderliche Sterne

Algol-Minima	2. 3^h59^m	5. 0^h48^m	7. 21^h37^m	10. 18^h26^m	22. 5^h42^m	25. 2^h31^m
Algol-Minima	27. 23^h20	30. 20^h10				
β-Lyrae-Minima	4. 1^h	16. 24^h	29. 22^h			
δ-Cephei-Maxima	2. 1^h	7. 10^h	12. 19^h	18. 3^h	23. 12^h	28. 21^h
Mira-Helligkeit	3^m – 4^m, fallend					

FIXSTERNE

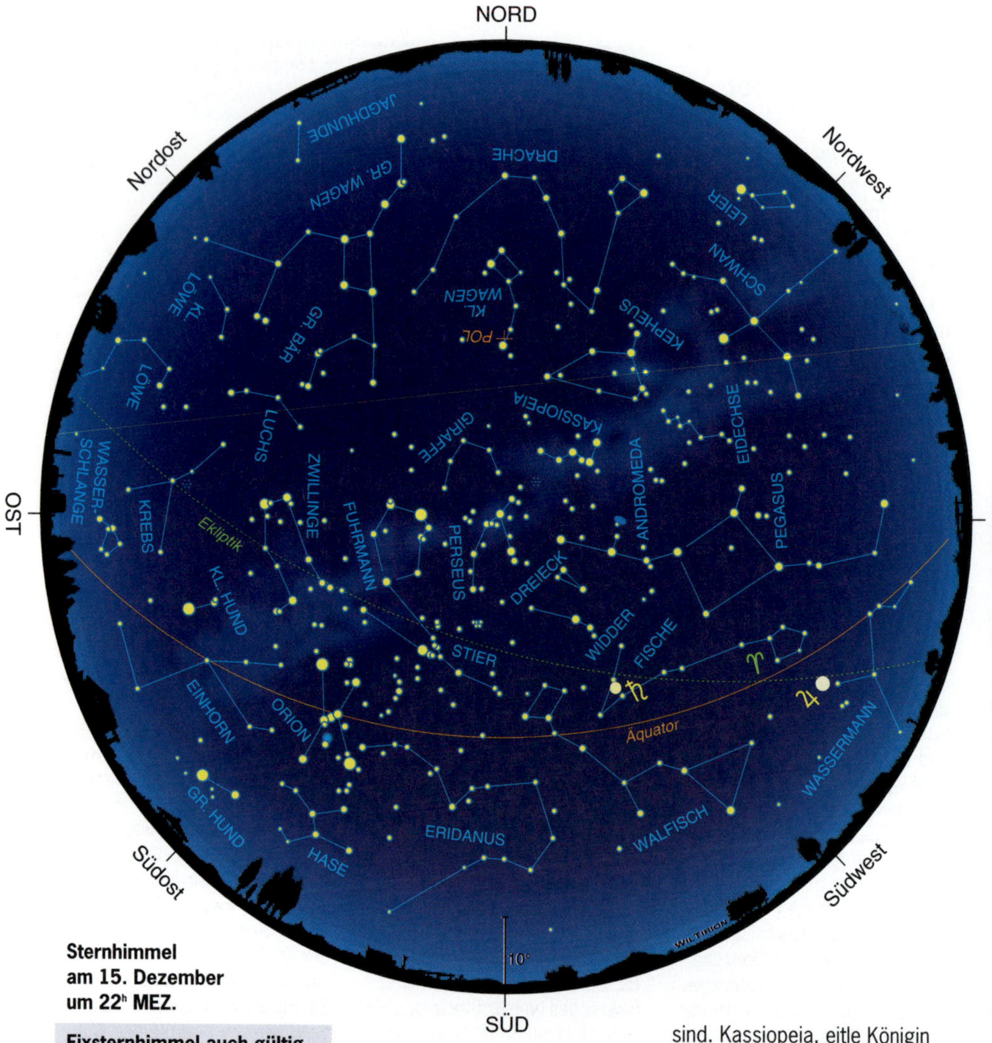

Sternhimmel am 15. Dezember um 22^h MEZ.

Fixsternhimmel auch gültig für:	MEZ	MESZ
15. 9.	4^h	5^h
1.10.	3	4
15.10.	2	3
1.11.	1	
15.11.	0	
1.12.	**23**	
15.12.	**22**	
31.12.	**21**	
15. 1.	20	
31. 1.	19	

ten Babylonier sahen in diesem Sternenareal einen gefährlichen Drachen, der gerade den Fluten des Euphrat entsteigt. In der klassischen Mythologie ist der Walfisch das Meeresungeheuer aus dem Sagenkreis um Kassiopeia, Kepheus, Andromeda und Perseus, die ebenfalls am spätherbstlichen Abendhimmel als Sternbilder zu erkennen sind. Kassiopeia, eitle Königin von Äthiopien, beleidigt die Nereiden, weil sie behauptet, viel schöner als jene zu sein. Die gekränkten Nereiden wenden sich an Poseidon, den Gott des Meeres, der zur Strafe und aus Rache ein fürchterliches Meeresungeheuer an die Gestade Äthiopiens entsendet, eben den Walfisch. In seiner Not wendet sich König Kepheus, Gemahl der Kassiopeia, an das Orakel in Delphi. Dieses verkündet ihm: Erst wenn seine Tochter Andromeda dem Cetus geopfert wird, wird Äthiopien von dieser schlimmen Plage befreit. Auf Drängen seines Volkes entschließt sich Kepheus schweren Herzens dazu, seine Tochter dem Ungeheuer preiszugeben. Andromeda wird an einen Küstenfelsen geschmiedet. Bald darauf naht das Untier Cetus unter gewaltigem Brausen. Der Kopf ist weit aus dem Wasser gereckt, die Nüstern aufgebläht, und giftiger Geifer tropft aus dem aufgerissenen Maul. Schon will der Cetus Andromeda verschlingen, da naht in höchster Not der Retter in Gestalt von Perseus. Perseus, der zuvor die fürchterliche Medusa, eine der Gorgonen, enthauptet hatte, trägt Flügelschuhe, mit denen er durch die Lüfte eilt. Kaum hat er den Cetus erspäht, stürzt er sich von oben auf das durch die Wogen pflügende Monster und stößt ihm sein Sägezahnschwert tief in den Nacken. Blut spritzt in hohem Bogen ins Meer (und färbt es rot), das schwer getroffene Ungeheuer bäumt sich auf, und es entbrennt ein fürchterlicher Kampf. Ungezählte Male jagt Perseus sein Schwert in den Leib des Cetus, bis dieser endlich tödlich verletzt in den Fluten für immer versinkt.

Bei den Ägyptern sah man im Sternenareal des Cetus fünf Strauße. In einer anderen Darstellung findet man einen Hund mit einem langen, dreigeteilten Schwanz (Canis Tritonis). Die Araber nannten dieses Sternbild Elkaitos, was aus dem Griechischen abgeleitet ist und ebenfalls Meeresungeheuer bedeutet. Manche Abbildungen zeigen den Cetus, wie er im Fluß Eridanus (ebenfalls ein Sternbild) schwimmt, andere, wie er dort seine Tatzen eintaucht. Der Hauptstern, α Ceti, heißt Menkar und ist 2,5. Größe. Er leuchtet tiefrot (Spektraltyp M2 III). Der Name stammt vom arabischen Al Minhar, was Nase bedeutet. Bei Ptolemäus findet sich dieser Name noch für λ Ceti; er ist später auf α übergegangen.

Der hellste Stern – mit $2\overset{m}{,}0$ – ist β Ceti, Deneb Kaitos genannt, was soviel wie Schwanz des Ungeheuers bedeutet. Auch die Bezeichnung Diphda für β Ceti taucht gelegentlich auf. Sie geht auf den arabischen Namen Al Difda al Thani zurück und bedeutet der zweite Frosch, wobei Fomalhaut (α PsA) den ersten Frosch darstellen soll. Der Stern γ Ceti trägt die Bezeichnung Kaffaljidhma, eine arabische Benennung, die ursprünglich den ganzen Kopf des Walfisches betraf. γ Ceti ist ein enger visueller Doppelstern. Die hellere ($3\overset{m}{,}6$), bläuliche Komponente hat in $2\overset{''}{,}7$ einen $7\overset{m}{,}2$ gelblichen Begleiter. Der Name Baten Kaitos für ζ Ceti ($3\overset{m}{,}9$) kommt ebenfalls aus dem Arabischen und bedeutet Bauch des Untiers.

Der wohl bekannteste Stern im Walfisch ist ο Ceti, der 1596 von dem ostfriesischen Landpfarrer David Fabricius als veränderlich erkannt wurde und Mira (Stella) Ceti getauft wurde, der wundersame (Stern) im Walfisch. Mira Ceti ist der Prototyp einer Klasse von langperiodischen Veränderlichen (Mira-Sterne). Zwei sonnennahe Sterne im Walfisch sind noch zu erwähnen: τ Ceti, ein sonnenähnlicher Einzelstern in 11,8 Lichtjahren Entfernung, der schon nach Radiosignalen intelligenter Außerirdischer abgehorcht wurde, sowie das Doppelsternpaar UV Ceti in nur neun Lichtjahren Distanz, das ebenfalls den Prototyp einer Klasse von Veränderlichen bildet, die kurzfristige (minutenlange) Helligkeitsausbrüche zeigen (Flare-stars, Flackersterne).

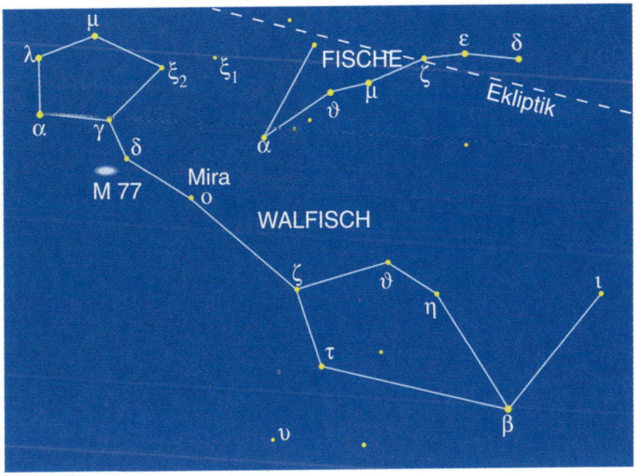

12.6: Skelettkarte des Sternbildes Walfisch mit dem berühmten Veränderlichen Mira (o Ceti) und dem Spiralnebel M 77.

Wann beginnt das dritte Jahrtausend?

Das Jahr 2000 steht kurz vor der Türe. Vielerorts wird der Jahreswechsel von 1999 auf 2000 als Beginn eines neuen Jahrtausends angesehen. Nachdenklichere Zeitgenossen hingegen meinen, daß das dritte Jahrtausend erst am 1. Januar des Jahres 2001 anbricht. Darüber geraten viele Mitmenschen sowohl an Stammtischen als auch in den Gazetten in hitzige Debatten. Alle möglichen Argumente werden vorgebracht, um die Ansicht zu stützen, mit dem 1. Januar 2000 träten wir in ein neues Jahrtausend. Selbst nüchterne Ingenieure verfassen ellenlange Briefe, um nachzuweisen, daß die Jahreszahl 2000 bereits den Eintritt ins dritte Jahrtausend signalisiert. Doch sie sind auf dem Holzweg. Die Zeitrechnung folgt den unbestechlichen Gesetzen der mathematischen Logik. Und die hat bekanntlich ihre Fallstricke. Tatsache ist: Unser Jahrhundert, das 20., endet am 31. Dezember 2000. Da jedes Jahrtausend tausend Jahre hat, sind erst am 31. Dezember 2000 zweitausend Jahre seit Beginn unserer Zeitzählung vergangen. Somit beginnt das 21. Jahrhundert und damit das dritte Jahrtausend erst am 1. Januar 2001. Denn das Jahr 2000 muß natürlich erst vollständig vergehen, bis 2000 Jahre nach Start der Zeitrechnung vergangen sind. Das erste Jahr des dritten Jahrtausends trägt somit die Jahreszahl 2001. Die Jahrtausendwende erfolgt also nicht am 1. Januar 2000, sondern erst in der Nacht vom 31. Dezember 2000 auf den 1. Januar 2001.

Wer dies einsieht, braucht jetzt nicht weiterzulesen. Hartnäckige Zweifler und Skeptiker können hoffentlich durch einen kurzen Ausflug in die Chronologie überzeugt werden. Die Chronologie ist die Lehre von der Zeitrechnung (griech.: χρόνος – Zeit und λόγος – Lehre). Die Jahre unseres bürgerlichen Datums werden seit dem Zeitpunkt der Geburt Jesu Christi gezählt. Die Jahreszahl 1998 bedeutet somit: 1998 Jahre sind seit der Geburt verflossen – und zwar am Ende des Jahres 1998! Die Ära unserer Zeitrechnung beginnt mit der Epoche der Geburt Christi. Ära bezeichnet eine bestimmte Periode der Zeitzählung, also eine Zeitspanne, während die Epoche im Gegensatz zum täglichen Sprachgebrauch den Beginn einer Ära angibt. Die Geburt Christi markiert den Zeitpunkt Null unserer Zeitrechnung. Das Jahr 1 nach Christi dauerte somit vom 1.1.1 bis 31.12.1, dann folgte das zweite Jahr nach Christi mit Beginn am 1.1.2 und Ende am 31.12.2. Das dritte Jahr nach Christi begann am 1.1.3 und endete am 31.12.3. Das zehnte Jahr begann schließlich am 1.1.10 und endete am 31.12.10 – damit waren zehn Jahre seit Christi Geburt vergangen und das erste Jahrzehnt vollendet. Das zweite Jahrzehnt begann daher am 1.1.11 und endete am 31.12.20, woraus sofort folgt, daß das dritte Jahrzehnt am 1.1.21 und nicht am 1.1.20 begann. Wie nun leicht einzusehen ist, endete das zehnte Jahrzehnt und damit das erste Jahrhundert am 31.12.100. Das elfte Jahrzehnt und damit das zweite Jahrhundert begann am 1.1.101 (siehe auch Abb. 12.7). Führt man diese Überlegung weiter, so erkennt man: Das 20. Jahrhundert begann am 1.1.1901 und dauert bis zum 31.12.2000, das sind hundert Jahre. Das zehnte und letzte Jahrzehnt unseres Jahrhunderts begann am 1.1.1991 und endet daher nach zehn Jahren am 31.12.2000. Somit beginnt das 21. Jahrhundert und damit auch das 3. Jahrtausend am 1. Januar 2001 und nicht schon 2000.

Als „Gegenargument" wird gerne folgendes angeführt: Fährt man mit einem Auto 2000 Kilometer weit, dann sind bereits 2000 Kilometer erreicht,

12.7: Beginn und Ende des ersten und zweiten Jahrzehnts unserer Zeitrechnung.

wenn der Kilometerzähler von 1999 auf 2000 springt und nicht erst, wenn er von 2000 auf 2001 springt! Das ist auch völlig richtig. Und genau hier liegt das Verständnisproblem mancher Zeitgenossen. Die Zählung nach Kilometer erfolgt anders als die Jahreszählung in der Zeitrechnung. Der erste Kilometer gilt als nullter Kilometer, der zweite erhält die Ordnungszahl 1, der dritte die 2 usw. Hat das Auto einen halben Kilometer zurückgelegt, zeigt der Zähler 0,5 km. Nach eineinhalb Kilometer liest man 1,5 km ab. Bei 2,0 km sind genau zwei Kilometer gefahren worden, bei 10,0 km eben zehn. Anders ist es bei der Jahreszählung. Hier gibt es kein Jahr Null. Ist ein halbes Jahr nach Start der Zeitrechnung vergangen, so schreibt man den 30. Juni des Jahres 1 und nicht 0,5! Eineinhalb Jahre nach Beginn der Jahreszählung hat man den 30. Juni 2 und nicht 1,5! Der Kilometerzähler zeigt erst nach einem gefahrenen Kilometer die 1 an, während man bei der Jahreszählung sofort mit der Zahl 1 beginnt. Entsprechend schreibt man, wenn das erste Jahr vergangen ist, vom ersten Tag des zweiten Jahres an eine 2 für das Folgejahr. Somit ergibt sich: Erst wenn das Jahr 10 vergangen ist, also am 31. Dezember 10, sind zehn Jahre verflossen, und es beginnt am 1. Januar 11 das zweite Jahrzehnt (siehe Abb. 12.8). Beim Automobil zeigt der Kilometerzähler erst dann 10,0 km, wenn zehn Kilometer gefahren wurden. Im elften Fahrkilometer springt er jedoch nicht plötzlich von 10 auf 11, sondern auf 10,0 folgt 10,1, dann 10,2 ... 10,7, 10,8, 10,9 und endlich 11,0 km. Analog gilt, daß nach 1999,9 km Fahrstrecke schließlich 2000,0 km erscheint. Dann sind wirklich zweitausend Kilometer zurückgelegt worden. Am 31. Dezem-

12.8: Vergleich der Zählungen gefahrener Kilometer und abgelaufener Jahre. Nähere Erläuterungen siehe Text.

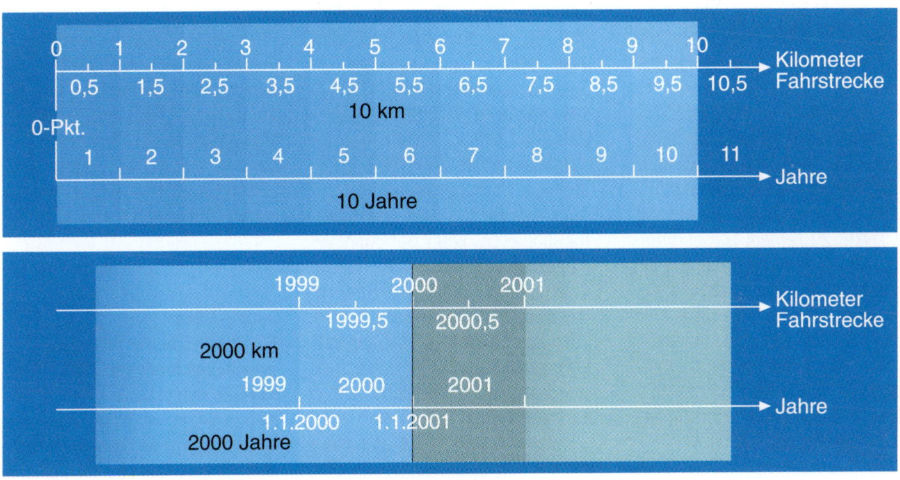

ber 1999 sind seit Beginn der Zeitrechnung 1999 Jahre verflossen. Aber sofort am 1. Januar darauf schreibt man das Jahr 2000, obwohl es soeben erst begonnen hat. Aber erst wenn das Jahr vollständig vergangen ist, sind 2000 Jahre seit Beginn der Zeitrechnung abgelaufen. Und dies ist erst am 31. Dezember 2000, also zum Jahresende, der Fall. Somit beginnt das erste Jahr des dritten Jahrtausends am 1. Januar 2001. Quod erat demonstrandum...

FALLEN UNSERER ZEITRECHNUNG

In unserer Zeitrechnung gibt es noch mehr Fallstricke. So ist Jesus Christus gar nicht zum Zeitpunkt Null unserer Ära geboren worden, sondern vermutlich etwa sieben Jahre vorher, also 7 **vor** „Christi Geburt". Zu Lebzeiten Jesu Christi dachte natürlich niemand daran, seinen Geburtstag als Nullpunkt einer Jahreszählung zu benutzen. Die Zählung der Jahre nach Christi Geburt geht auf den aus Syrien stammenden und in Rom wirkenden Abt Dionysius Exiguus (gest. um 545) zurück. Bis dahin hatte man die Jahre nach der Märtyrer-Ära gerechnet, die mit dem Amtsantritt des römischen Kaisers Diokletian 284 nach Chr. begann. Dionysius Exiguus fand es besser, die Jahre ab der „Menschwerdung Christi" zu zählen. Dabei unterlief ihm jedoch ein Irrtum in der Festlegung des Geburtszeitpunktes Christi, was nach über 500 Jahren auch verständlich ist. Heute gehen wohl die meisten der betroffenen Forscher davon aus, daß die Person Jesus Christus bereits etwa 7 Jahre vor unserer Zeitrechnung geboren wurde. Allerdings hat man die Jahreszählung nicht nochmals geändert. In manchen Büchern und Kalendern wird deshalb vom Jahr 1998 nach unserer Zeitrechnung (abgek. n. u. Z.) bzw. vor unserer Zeitrechnung gesprochen. Dies ist konsequenter als die Bezeichnung „nach" bzw. „vor Christi". Trotz des objektiv falschen Ausdruckes „nach Christi" wird diese Bezeichnung üblicherweise heute fast überall verwendet, und kaum jemand stört sich daran. Für Jahresangaben vor Beginn unserer Zeitrechnung ist noch zu beachten, daß es zwei Zeitskalen gibt, eine historische und eine astronomische. Die historische Zeitskala kennt kein Jahr Null. Ein Ereignis, das ein Jahr vor der „Geburt Christi" stattfand, passierte also 1 v. Chr. Die Geburt Jesu Christi war wahrscheinlich, wie wir eben erfahren haben, im Jahr 7 v. Chr., der römische Feldherr Gaius Julius Caesar starb im Jahr 44 v. Chr.

Die astronomische Zeitskala enthält das Jahr Null. Ein Jahr vor Chr. beginnt das Jahr Null und dauert wie alle Jahre zwölf Monate. Vor dem Jahr Null, also zwei Jahre v. Chr., liegt das Jahr –1. Somit ist Jesus Christus im Jahre –6 geboren worden und Caesar im Jahr –43 astronomischer Zählweise gestorben. In Planetarien, die nach astronomischer Zeitskala funktionieren, zeigt der Jahreszähler –6 bei der Großen Konjunktion von Jupiter und Saturn, die wohl als Erscheinung des „Sterns von Bethlehem" angesehen werden darf. Man muß also den Betrag der Jahreszahl um eins reduzieren, wenn man von der historischen in die astronomische Zeitskala wechseln will. Der Vorteil der astronomischen Zeitskala liegt darin, daß Zeitdifferenzen, in denen die Epoche unserer Zeitrechnung liegt, durch einfache arithmetische Subtraktion berechnet werden können. Oder einfacher gesagt: Will man wissen, wieviel Jahre seit einem Ereignis vor Christi verflossen sind, braucht man nur die Differenz zu bilden. Ein Beispiel möge dies erläutern: Wieviel Jahre sind vom 1. Januar des Jahres 3 vor Chr. bis zum 1. Januar 5 nach Chr. verflossen? Acht? Nein, nur sieben! Denn das Jahr 3 vor Chr. entspricht dem Jahr –2 der astronomischen Zeitskala. Die Differenz $5 - (-2) = 7$ liefert das richtige Resultat. Der griechische Philosoph Sokrates mußte 399 v. Chr. den tödlichen Giftbecher trinken. Wann war sein 2000. Todestag? $x - (-398) = 2000$, also im Jahre 1602. Im Jahre 1957 und nicht schon 1956 war der 2000. Jahrestag der Ermordung von Julius Caesar: $x - (-43) = 2000$ ergibt für $x = 1957$. Der 2000. Geburtstag des Kaisers Augustus wurde irrtümlich schon 1937 gefeiert. Da Augustus 63 vor Chr. geboren wurde, zeigt die Rechnung: $x - (-62) = 2000$, daß sich der Geburtstag von Augustus erst 1938 zum 2000. Mal jährte. In der Chronologie heißt es aufpassen – denn was in den Gazetten steht, ist nicht immer zutreffend.

Rechte Seite:
T.1: Die Größe der Planetenscheibchen im Jahre 1998. Man beachte den eingetragenen Maßstab in Bogensekunden. Anblick im umkehrenden Fernrohr (Norden unten, Osten rechts).

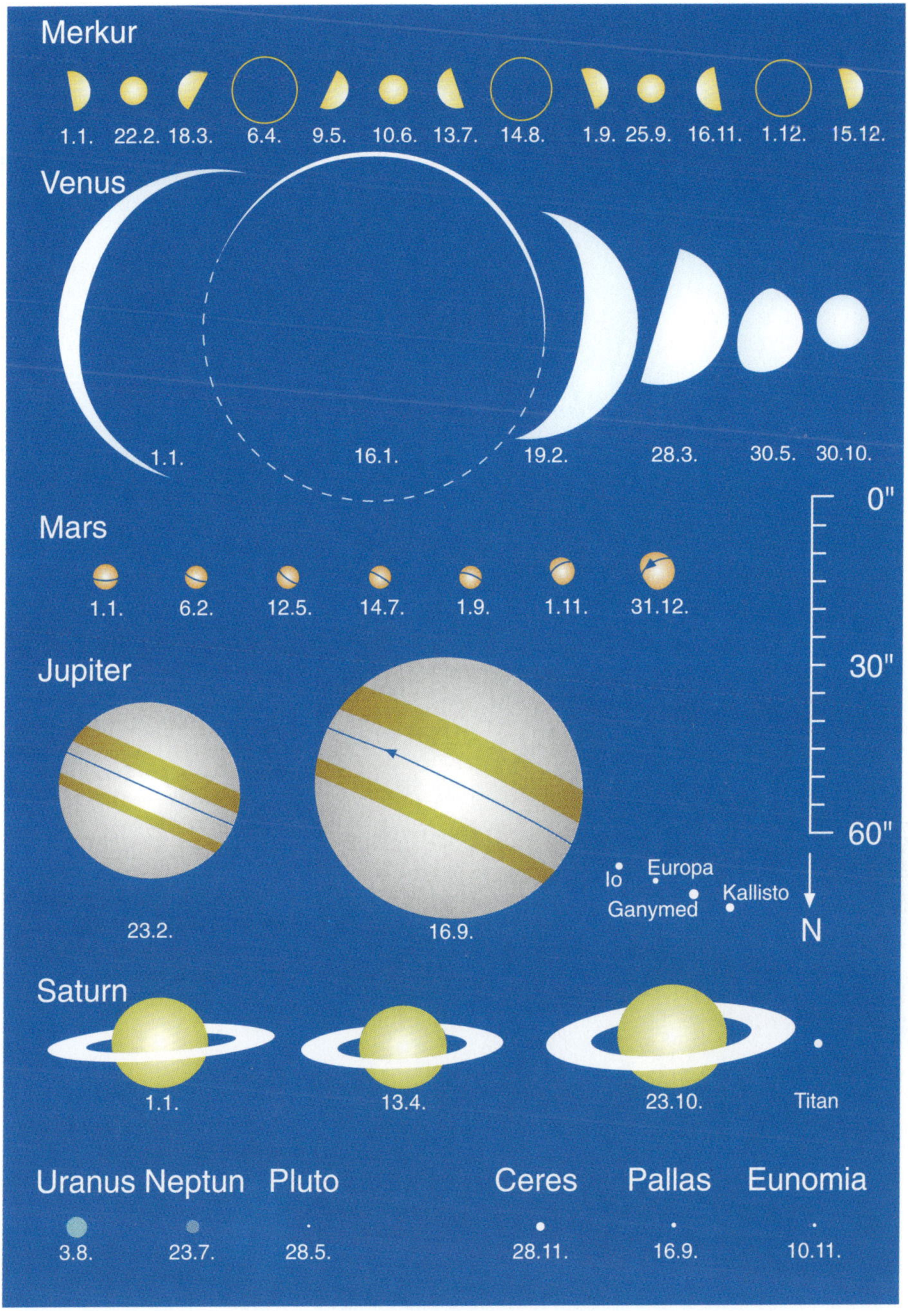
Merkur
1.1. 22.2. 18.3. 6.4. 9.5. 10.6. 13.7. 14.8. 1.9. 25.9. 16.11. 1.12. 15.12.
Venus
1.1. 16.1. 19.2. 28.3. 30.5. 30.10.
Mars
1.1. 6.2. 12.5. 14.7. 1.9. 1.11. 31.12.
Jupiter
23.2. 16.9.
Io
Europa
Ganymed
Kallisto
0"
30"
60"
N
Saturn
1.1. 13.4. 23.10.
Titan
Uranus Neptun Pluto
3.8. 23.7. 28.5.
Ceres Pallas Eunomia
28.11. 16.9. 10.11.

PLANETENSICHTBARKEIT

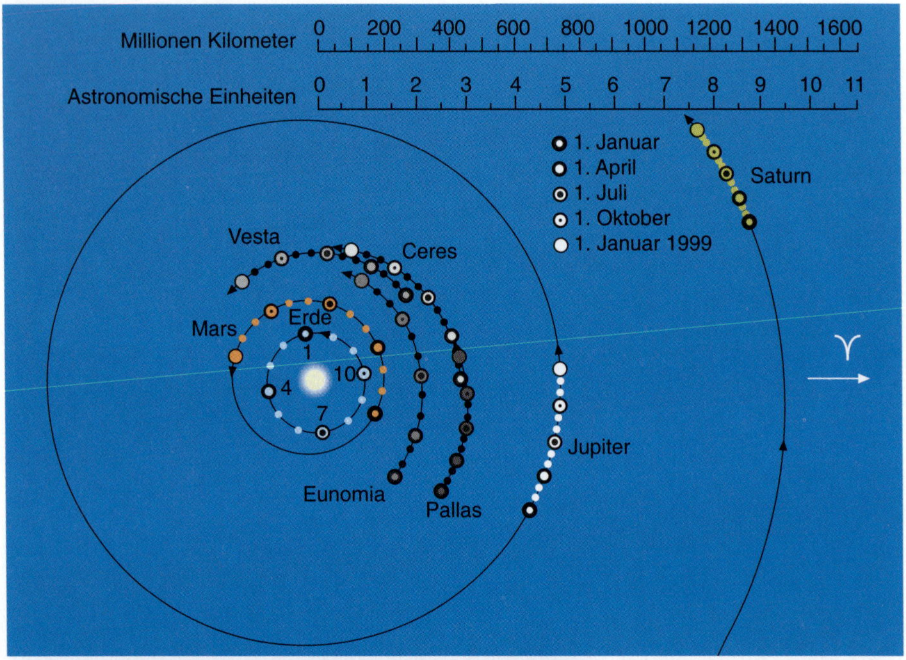

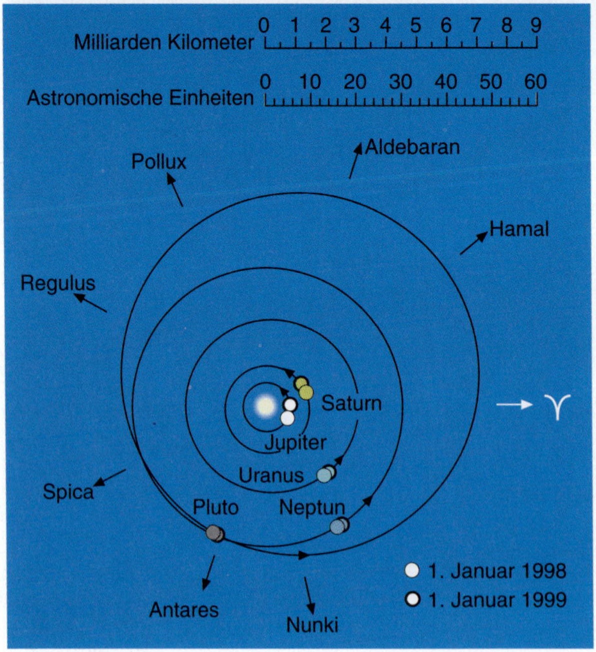

T.2 (oben): Das Planetensystem von der Erd- bis zur Saturnbahn im Jahre 1998. Eingetragen sind die Positionen der Planeten Erde, Mars, Jupiter und Saturn sowie die Bahnstücke der helleren Kleinplaneten 1998.

T.3 (links): Das äußere Planetensystem 1998. Eingetragen sind die Positionen der Planeten Jupiter, Saturn, Uranus, Neptun und Pluto zu Jahresbeginn 1998 und 1999.

T.4 (rechts oben): Die Helligkeiten der Planeten 1998.

T.5 (rechts unten): Die Sichtbarkeiten der Planeten im Jahre 1998.

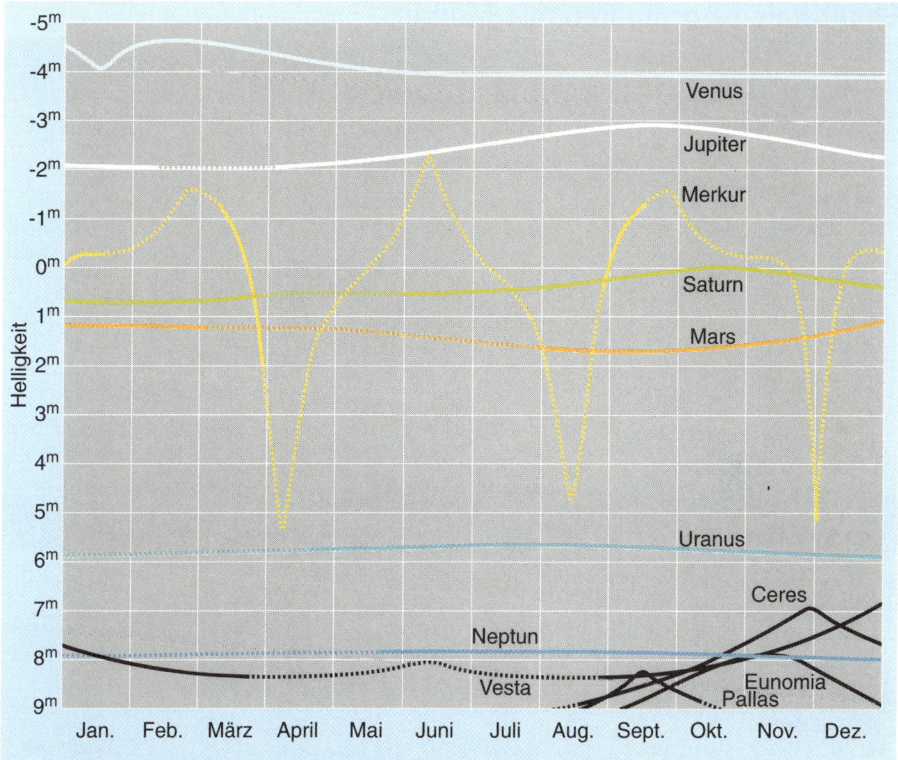
Helligkeit
-5m
-4m
-3m
-2m
-1m
0m
1m
2m
3m
4m
5m
6m
7m
8m
9m
Venus
Jupiter
Merkur
Saturn
Mars
Uranus
Ceres
Neptun
Vesta
Eunomia
Pallas
Jan.
Feb.
März
April
Mai
Juni
Juli
Aug.
Sept.
Okt.
Nov.
Dez.

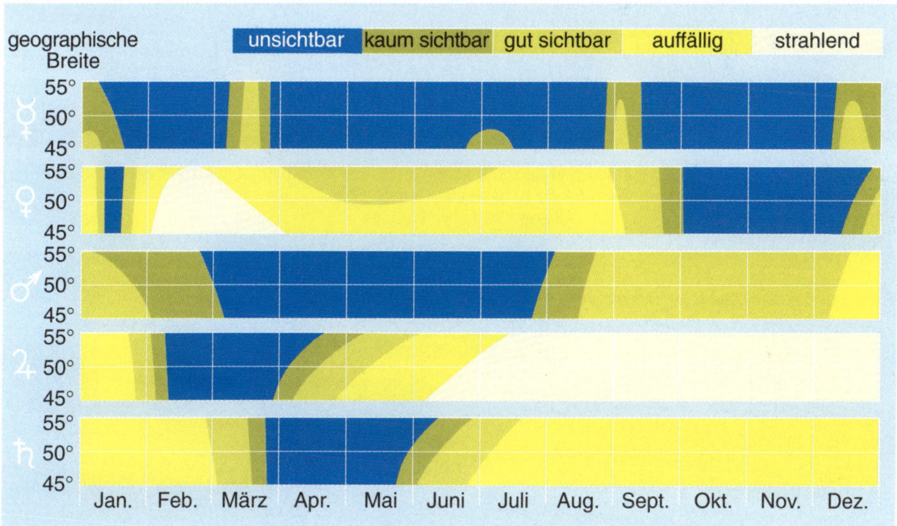
geographische Breite
unsichtbar
kaum sichtbar
gut sichtbar
auffällig
strahlend
55°
50°
45°
Jan.
Feb.
März
Apr.
Mai
Juni
Juli
Aug.
Sept.
Okt.
Nov.
Dez.

Ekliptikale Koordinaten des Mondes

	JANUAR		FEBRUAR		MÄRZ		APRIL		MAI		JUNI	
Tag	Länge	Breite	Länge	Breite	Länge	Breite	Länge	Breite	Länge	Breite	Länge	Breite
	°	°	°	°	°	°	°	°	°	°	°	°
2.	323,5	+1,6	16,7	-3,1	26,3	-3,8	78,5	-5,2	114,2	-3,6	160,0	+0,4
4.	351,9	-0,9	45,0	-4,7	55,2	-5,1	105,3	-4,3	139,4	-1,6	183,8	+2,4
6.	20,1	-3,1	72,3	-5,2	82,6	-5,2	130,6	-2,6	163,6	+0,5	207,5	+4,0
8.	48,1	-4,7	98,7	-4,6	108,6	-4,2	154,8	-0,5	187,2	+2,5	231,5	+4,9
10.	75,5	-5,1	124,2	-3,1	133,5	-2,4	178,5	+1,6	210,9	+4,0	256,3	+4,9
12.	102,3	-4,4	148,9	-1,1	157,7	-0,3	202,1	+3,5	235,0	+4,9	281,9	+4,0
14.	128,1	-2,8	172,9	+1,1	181,5	+1,9	226,0	+4,7	259,7	+4,9	308,3	+2,2
16.	152,8	-0,8	196,6	+3,1	205,1	+3,7	250,2	+5,1	285,1	+4,0	335,4	-0,1
18.	176,7	+1,4	220,3	+4,6	229,0	+4,9	275,2	+4,6	311,3	+2,2	3,3	-2,5
20.	200,3	+3,3	244,7	+5,3	253,3	+5,3	301,3	+3,2	338,6	-0,2	31,9	-4,3
22.	224,3	+4,6	270,3	+5,0	278,8	+4,6	328,8	+0,9	7,2	-2,6	60,9	-5,1
24.	249,3	+5,2	297,5	+3,6	305,7	+3,0	357,8	-1,6	36,8	-4,4	89,6	-4,5
26.	275,8	+4,7	326,5	+1,3	334,5	+0,5	28,0	-3,9	66,5	-5,0	117,2	-3,0
28.	303,9	+3,1	356,4	-1,5	4,6	-2,2	58,2	-5,0	95,3	-4,4	143,2	-0,9
30.	333,0	+0,7	-	-	35,0	-4,3	87,1	-4,8	122,4	-2,8	167,9	+1,3

	JULI		AUGUST		SEPTEMBER		OKTOBER		NOVEMBER		DEZEMBER	
Tag	Länge	Breite	Länge	Breite	Länge	Breite	Länge	Breite	Länge	Breite	Länge	Breite
	°	°	°	°	°	°	°	°	°	°	°	°
2.	191,8	+3,2	235,5	+5,2	281,0	+4,1	315,8	+1,4	7,1	-3,1	45,8	-4,9
4.	215,6	+4,6	260,3	+5,0	307,8	+2,1	344,2	-1,2	37,5	-4,7	76,1	-4,7
6.	239,8	+5,1	286,2	+3,7	336,1	-0,4	14,2	-3,5	68,1	-4,9	105,4	-3,2
8.	264,9	+4,7	313,5	+1,6	5,6	-3,0	44,6	-4,9	97,3	-3,9	133,0	-1,0
10.	291,1	+3,4	341,9	-1,0	35,4	-4,7	74,2	-5,0	124,7	-2,0	158,7	+1,2
12.	318,3	+1,2	10,7	-3,3	64,3	-5,3	102,1	-3,8	150,2	+0,2	183,1	+3,2
14.	346,1	-1,3	39,5	-4,9	92,1	-4,5	128,3	-1,9	174,5	+2,3	206,9	+4,5
16.	14,3	-3,5	67,7	-5,3	118,5	-2,9	153,3	+0,3	198,3	+3,9	230,6	+5,1
18.	42,7	-4,9	95,1	-4,4	143,9	-0,7	177,5	+2,3	222,0	+4,8	254,7	+4,7
20.	71,0	-5,1	121,6	-2,6	168,4	+1,5	201,3	+4,0	245,9	+4,9	279,4	+3,5
22.	98,8	-4,2	147,2	-0,4	192,5	+3,4	225,0	+4,9	270,1	+4,2	304,6	+1,6
24.	125,6	-2,3	171,9	+1,9	216,2	+4,7	248,8	+5,0	294,9	+2,6	330,7	-0,7
26.	151,3	0,0	195,9	+3,7	240,0	+5,2	273,0	+4,2	320,5	+0,5	357,7	-2,9
28.	175,9	+2,2	219,7	+4,9	264,1	+4,8	298,0	+2,6	347,4	-1,9	25,8	-4,6
30.	199,7	+3,9	243,6	+5,3	289,2	+3,5	324,3	+0,4	15,9	-3,9	54,9	-5,1

Die Koordinaten gelten für 1^h MEZ und sind geozentrische Werte. Von Mitteleuropa aus steht der Mond etwa 0°,7 südlicher. Abstand der Mondbahn relativ zu helleren Sternen 1998:

Stern:	Aldebaran	Alhena	Regulus	Spica	Antares
Mond:	0°	2° nördl.	1° südl.	5° nördl.	9° nördl.

T.6: Lage der Mondbahn im Tierkreis relativ zur Ekliptik von 180° bis 360° ekl. Länge.

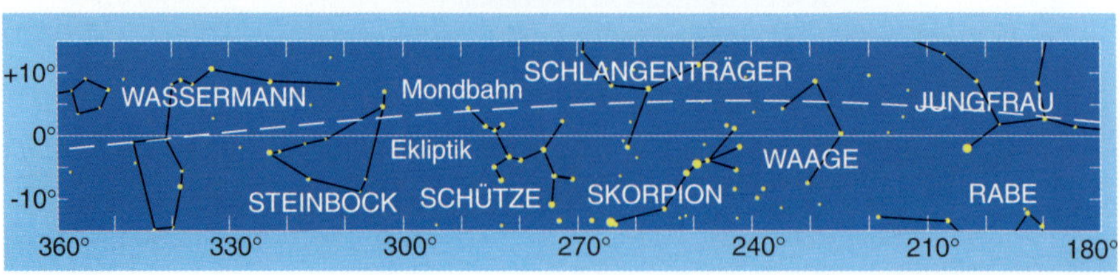

Ekliptikale Koordinaten der Sonne und der großen Planeten

	SONNE	MERKUR		VENUS		MARS		JUPITER		SATURN	
Datum	Länge	Länge	Breite	Länge	Breite	Länge	Breite	Länge	Breite	Länge	Breite
	°	°	°	°	°	°	°	°	°	°	°
Jan 1.	280,4	258,5	+2,5	303,4	+2,1	310,8	−1,2	322,3	−0,9	13,8	−2,5
10.	289,5	266,8	+1,2	299,9	+4,4	317,9	−1,1	324,2	−0,9	14,1	−2,5
20.	299,7	279,7	−0,2	294,0	+6,4	325,7	−1,1	326,4	−0,9	14,6	−2,4
31.	310,9	295,9	−1,4	289,1	+7,3	334,4	−1,0	329,0	−0,9	15,4	−2,4
Feb 10.	321,0	311,9	−2,0	288,8	+6,9	342,3	−0,9	331,3	−0,9	16,2	−2,4
20.	331,1	329,2	−2,0	292,1	+5,9	350,1	−0,8	333,7	−0,9	17,2	−2,3
28.	339,2	344,1	−1,4	296,7	+5,0	356,4	−0,7	335,7	−0,9	18,0	−2,3
Mrz 10.	349,2	3,0	+0,1	304,2	+3,7	4,1	−0,6	338,1	−0,9	19,1	−2,3
20.	359,2	17,6	+2,2	313,0	+2,5	11,8	−0,5	340,4	−0,9	20,3	−2,3
31.	10,1	20,9	+3,4	323,6	+1,3	20,2	−0,4	343,0	−0,9	21,6	−2,2
Apr 10.	19,9	14,1	+1,8	334,0	+0,3	27,7	−0,3	345,2	−1,0	22,9	−2,2
20.	29,7	9,8	−0,8	344,7	−0,5	35,2	−0,2	347,3	−1,0	24,2	−2,2
30.	39,5	13,5	−2,6	355,7	−1,2	42,6	−0,1	349,3	−1,0	25,4	−2,3
Mai 10.	49,1	23,3	−3,1	7,0	−1,6	49,8	0,0	351,2	−1,0	26,7	−2,3
20.	58,8	37,4	−2,5	18,5	−1,9	57,0	+0,1	352,9	−1,1	27,8	−2,3
31.	69,4	57,3	−1,0	31,2	−2,0	64,9	+0,2	354,6	−1,1	29,1	−2,3
Jun 10.	78,9	78,6	+0,8	42,9	−2,0	71,9	+0,3	355,8	−1,2	30,1	−2,3
20.	88,5	100,0	+1,9	54,7	−1,8	78,8	+0,4	356,8	−1,2	31,0	−2,4
30.	98,0	118,4	+1,7	66,5	−1,5	85,7	+0,5	357,5	−1,3	31,8	−2,4
Jul 10.	107,6	133,1	+0,6	78,4	−1,1	92,4	+0,6	358,0	−1,3	32,5	−2,4
20.	117,1	143,5	−1,3	90,4	−0,7	99,1	+0,7	358,1	−1,4	33,0	−2,5
31.	127,6	148,3	−3,6	103,7	−0,2	106,4	+0,8	357,8	−1,4	33,4	−2,5
Aug 10.	137,2	144,2	−4,9	115,9	+0,2	113,0	+0,9	357,2	−1,5	33,6	−2,6
20.	146,8	136,9	−3,5	128,1	+0,6	119,5	+1,0	356,4	−1,5	33,6	−2,6
31.	157,4	139,2	−0,3	141,6	+1,0	126,5	+1,1	355,1	−1,5	33,4	−2,6
Sep 10.	167,1	153,3	+1,5	154,0	+1,3	132,9	+1,1	353,9	−1,6	33,1	−2,7
20.	176,8	171,8	+1,8	166,4	+1,4	139,2	+1,2	352,5	−1,6	32,6	−2,7
30.	186,6	189,9	+1,0	178,8	+1,4	145,4	+1,3	351,3	−1,6	32,0	−2,7
Okt 10.	196,5	206,6	0,0	191,3	+1,4	151,5	+1,3	350,1	−1,5	31,2	−2,8
20.	206,4	222,1	−1,2	203,8	+1,2	157,6	+1,4	349,2	−1,5	30,5	−2,8
31.	217,4	237,8	−2,3	217,6	+0,9	164,1	+1,5	348,5	−1,5	29,6	−2,8
Nov 10.	227,4	250,1	−2,7	230,1	+0,6	170,0	+1,6	348,2	−1,4	28,8	−2,7
20.	237,5	257,4	−2,1	242,7	+0,2	175,8	+1,6	348,2	−1,4	28,1	−2,7
30.	247,6	251,5	+0,6	255,2	−0,2	181,4	+1,7	348,6	−1,4	27,6	−2,7
Dez 10.	257,7	241,4	+2,7	267,8	−0,6	186,9	+1,8	349,3	−1,3	27,1	−2,6
20.	267,9	246,4	+2,2	280,3	−1,0	192,3	+1,8	350,4	−1,3	26,9	−2,6
31.	279,1	259,9	+0,7	294,1	−1,3	197,9	+1,9	351,8	−1,2	26,8	−2,6

Länge:	Jan 1.	Mrz 1.	Mai 1.	Jul 1.	Sep 1.	Nov 1.	Dez 31.	Breite
URANUS	307°1	310°5	312°6	312°0	309°7	308°9	310°9	−0°7 bis −0°6
NEPTUN	298,9	301,1	302,2	301,4	299,8	299,5	301,0	+0,3 bis + 0,4
PLUTO	246,8	248,0	247,4	245,8	245,4	246,8	249,1	+11,4 bis +12,4

Lage der Mondbahn im Tierkreis relativ zur Ekliptik von 0° bis 180° ekl. Länge.

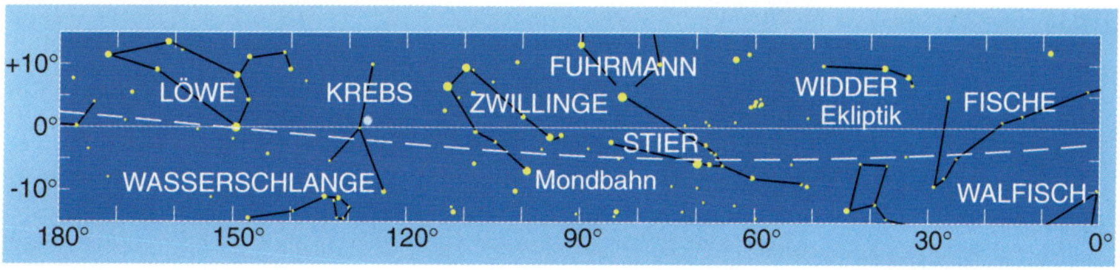

Ephemeriden der großen Planeten Januar-Juni

Datum	MERKUR Rektas.	Deklin.	Kulmin.	Aufg.	Du.	bel.	VENUS Rektas.	Deklin.	Kulmin.	Unterg.	Du.	bel.
	h m	°	h m	h m	″		h m	°	h m	h m	″	
Jan 1.	17 11	–20,4	10 49	6 30	7,5	48%	20 21	–17,4	13 56	18 32	56,6	8%
5.	17 24	–21,2	10 46	6 32	6,8	60	20 15	–16,7	13 34	18 14	59,4	5
10.	17 46	–22,2	10 49	6 41	6,2	71	20 04	–15,9	13 04	17 48	61,9	2
15.	18 13	–22,9	10 57	6 53	5,8	78	19 52	–15,3	12 32		63,0	1
20.	18 42	–23,3	11 07	7 05	5,5	84	19 39	–15,0	11 59	Aufg.	62,4	1
25.	19 14	–23,1	11 18	7 16	5,2	88	19 28	–14,8	11 29	6 39	60,2	3
31.	19 53	–22,3	11 34	7 26	5,0	92	19 19	–14,9	10 57	6 08	56,1	8
Feb 5.	20 26	–21,0	11 48	7 31	4,9	94	19 16	–15,1	10 35	5 46	52,2	12
10.	21 00	–19,1	12 02	7 34	4,8	97	19 17	–15,3	10 17	5 30	48,1	17
15.	21 34	–16,7	12 16		4,8	98	19 23	–15,6	10 03	5 17	44,3	21
20.	22 08	–13,6	12 31	Unterg.	4,8	100	19 31	–15,8	9 52	5 07	40,8	26
25.	22 43	–10,0	12 46	18 04	4,9	100	19 43	–15,9	9 44	5 00	37,6	30
28.	23 04	– 7,6	12 55	18 25	5,0	98	19 51	–16,0	9 40	4 56	35,9	32
Mrz 5.	23 38	– 3,2	13 09	19 01	5,3	93	20 06	–15,9	9 35	4 51	33,3	36
10.	0 11	+ 1,3	13 22	19 36	5,8	83	20 22	–15,6	9 32	4 46	31,0	39
15.	0 40	+ 5,6	13 31	20 04	6,4	65	20 40	–15,2	9 30	4 42	29,0	42
20.	1 01	+ 9,0	13 32	20 21	7,4	44	20 59	–14,5	9 29	4 37	27,2	45
25.	1 13	+11,0	13 22	20 20	8,6	25	21 18	–13,7	9 29	4 33	25,5	48
31.	1 12	+11,3	12 57	19 53	10,2	7	21 42	–12,4	9 29	4 26	23,8	51
Apr 5.	1 02	+ 9,7	12 26	19 14	11,2	1	22 02	–11,2	9 30	4 21	22,6	54
10.	0 49	+ 7,2	11 54		11,6	2	22 23	– 9,8	9 31	4 14	21,5	56
15.	0 40	+ 4,8	11 26	Aufg.	11,3	8	22 44	– 8,2	9 32	4 08	20,4	58
20.	0 37	+ 3,1	11 04	4 47	10,6	17	23 04	– 6,5	9 33	4 00	19,5	60
25.	0 42	+ 2,5	10 50	4 35	9,7	26	23 25	– 4,7	9 34	3 53	18,7	63
30.	0 54	+ 2,9	10 42	4 25	8,8	35	23 46	– 2,7	9 35	3 45	17,9	65
Mai 5.	1 10	+ 4,2	10 39	4 15	8,0	43	0 07	– 0,8	9 37	3 36	17,2	66
10.	1 31	+ 6,2	10 41	4 07	7,3	51	0 28	+ 1,3	9 38	3 28	16,6	68
15.	1 55	+ 8,7	10 46	3 59	6,7	59	0 50	+ 3,4	9 40	3 20	16,0	70
20.	2 24	+11,6	10 55	3 53	6,2	68	1 11	+ 5,5	9 41	3 11	15,5	72
25.	2 56	+14,8	11 08	3 49	5,8	77	1 33	+ 7,5	9 43	3 03	15,0	73
31.	3 41	+18,6	11 30	3 49	5,4	89	1 59	+10,0	9 46	2 54	14,4	75
Jun 5.	4 24	+21,5	11 53	3 54	5,2	97	2 21	+11,9	9 49	2 46	14,0	77
10.	5 10	+23,7	12 20		5,1	100	2 44	+13,8	9 52	2 40	13,6	78
15.	5 58	+24,9	12 48	Unterg.	5,1	97	3 07	+15,6	9 55	2 34	13,3	80
20.	6 44	+24,9	13 14	21 35	5,3	90	3 31	+17,2	9 59	2 29	13,0	81
25.	7 26	+23,9	13 36	21 48	5,6	80	3 55	+18,6	10 04	2 25	12,7	83
30.	8 03	+22,2	13 54	21 53	6,0	71	4 20	+19,9	10 09	2 22	12,4	84

Datum	SATURN Rektas.	Deklin.	Kulmin.	Unterg.	Äqu.	Pol	RING Öffn.	gr.A.	kl.A.	Ö.S.	URANUS Rektas.	Deklin.
	h m	°	h m	h m	″	″	°	″	″	°	h m	°
Jan 1.	0 55	+3,1	18 30	0 51	17,9	16,1	– 8,9	40,7	6,3	–11,5	20 39	–19,1
15.	0 57	+3,4	17 37	23 56	17,5	15,7	– 9,2	39,7	6,3	–11,7	20 42	–18,9
31.	1 00	+3,8	16 38	22 59	17,1	15,3	– 9,7	38,7	6,5	–11,9	20 46	–18,6
Feb 15.	1 05	+4,4	15 44	22 07	16,7	15,0	–10,3	37,9	6,8	–12,1	20 49	–18,4
28.	1 10	+4,9	14 57	21 24	16,4	14,7	–10,9	37,3	7,0	–12,3	20 52	–18,2
Mrz 15.	1 16	+5,6	14 05	20 34	16,2	14,6	–11,6	36,9	7,4	–12,5	20 55	–18,0
31.	1 23	+6,4	13 09	19 42	16,1	14,5	–12,4	36,6	7,9	–12,7	20 58	–17,8
Apr 15.	1 30	+7,1	12 17		16,1	14,4	–13,2	36,5	8,3	–12,9	21 00	–17,7
30.	1 38	+7,7	11 25	Aufg.	16,1	14,5	–13,9	36,6	8,8	–13,1	21 01	–17,6
Mai 15.	1 44	+8,4	10 33	3 50	16,3	14,6	–14,6	36,9	9,3	–13,3	21 02	–17,6
31.	1 51	+9,0	9 37	2 51	16,5	14,8	–15,3	37,4	9,9	–13,6	21 01	–17,6
Jun 15.	1 57	+9,5	8 44	1 55	16,8	15,1	–15,8	38,1	10,4	–13,8	21 00	–17,7
30.	2 02	+9,9	7 49	0 59	17,2	15,5	–16,2	39,0	10,9	–14,0	20 59	–17,8

MARS Rektas.	Deklin.	Kulmin.	Unterg.	Du.	bel.	JUPITER Rektas.	Deklin.	Kulmin.	Unterg.	Äqu.	Pol	Datum
h m	°	h m	h m	″		h m	°	h m	h m	″	″	
20 54	−18,7	14 32	19 02	4,4	97%	21 40	−14,9	15 16	20 05	34,5	32,3	Jan 1.
21 07	−17,7	14 29	19 04	4,4	97	21 43	−14,6	15 04	19 54	34,3	32,1	5.
21 23	−16,5	14 25	19 07	4,3	97	21 47	−14,3	14 48	19 41	34,0	31,8	10.
21 38	−15,3	14 21	19 09	4,3	97	21 51	−13,9	14 33	19 28	33,8	31,6	15.
21 53	−13,9	14 16	19 12	4,3	97	21 56	−13,5	14 17	19 14	33,6	31,4	20.
22 09	−12,5	14 12	19 15	4,2	98	22 00	−13,1	14 02	19 01	33,4	31,2	25.
22 27	−10,8	14 06	19 18	4,2	98	22 06	−12,7	13 44	18 45	33,2	31,0	31.
22 41	− 9,3	14 01	19 21	4,2	98	22 10	−12,2	13 29	18 32	33,1	30,9	Feb 5.
22 56	− 7,8	13 56	19 23	4,1	98	22 15	−11,8	13 14	18 19	33,0	30,8	10.
23 11	− 6,2	13 51	19 25	4,1	98	22 19	−11,4	12 59	18 06	32,9	30,8	15.
23 25	− 4,7	13 46	19 28	4,1	99	22 24	−11,0	12 43	17 53	32,9	30,8	20.
23 39	− 3,1	13 40	19 30	4,1	99	22 28	−10,5	12 28		32,9	30,7	25.
23 48	− 2,1	13 37	19 31	4,0	99	22 31	−10,3	12 19	Aufg.	32,9	30,8	28.
0 02	− 0,5	13 31	19 33	4,0	99	22 36	− 9,8	12 04	6 49	32,9	30,8	Mrz 5.
0 16	+ 1,1	13 26	19 35	4,0	99	22 40	− 9,4	11 49	6 31	33,0	30,9	10.
0 30	+ 2,6	13 20	19 37	4,0	99	22 45	− 8,9	11 34	6 14	33,1	31,0	15.
0 44	+ 4,2	13 14	19 39	4,0	99	22 49	− 8,5	11 18	5 57	33,2	31,1	20.
0 58	+ 5,7	13 09	19 41	3,9	100	22 53	− 8,1	11 03	5 39	33,4	31,2	25.
1 15	+ 7,5	13 02	19 43	3,9	100	22 59	− 7,6	10 45	5 18	33,6	31,4	31.
1 29	+ 9,0	12 56	19 44	3,9	100	23 03	− 7,1	10 29	5 01	33,8	31,6	Apr 5.
1 43	+10,4	12 51	19 46	3,9	100	23 07	− 6,7	10 14	4 43	34,1	31,9	10.
1 58	+11,7	12 45	19 47	3,9	100	23 11	− 6,3	9 58	4 25	34,3	32,1	15.
2 12	+13,1	12 40	19 49	3,8	100	23 15	− 5,9	9 42	4 08	34,6	32,4	20.
2 26	+14,3	12 34	19 50	3,8	100	23 19	− 5,5	9 26	3 50	35,0	32,7	25.
2 41	+15,5	12 29	19 51	3,8	100	23 22	− 5,1	9 10	3 32	35,3	33,1	30.
2 55	+16,6	12 24	19 52	3,8	100	23 26	− 4,8	8 54	3 14	35,7	33,4	Mai 5.
3 10	+17,7	12 19		3,8	100	23 29	− 4,4	8 38	2 56	36,2	33,8	10.
3 24	+18,7	12 14	Aufg.	3,8	100	23 33	− 4,1	8 22	2 38	36,6	34,2	15.
3 39	+19,6	12 09	4 24	3,8	100	23 36	− 3,8	8 05	2 20	37,1	34,7	20.
3 54	+20,4	12 04	4 14	3,7	100	23 39	− 3,5	7 48	2 02	37,6	35,2	25.
4 11	+21,3	11 58	4 03	3,7	100	23 42	− 3,2	7 28	1 40	38,2	35,8	31.
4 26	+22,0	11 53	3 54	3,7	100	23 44	− 3,0	7 10	1 22	38,8	36,3	Jun 5.
4 41	+22,5	11 48	3 45	3,7	100	23 46	− 2,7	6 53	1 03	39,4	36,9	10.
4 56	+23,0	11 43	3 38	3,7	100	23 48	− 2,5	6 35	0 45	40,0	37,4	15.
5 11	+23,4	11 39	3 30	3,7	100	23 50	− 2,4	6 17	0 26	40,7	38,0	20.
5 26	+23,7	11 34	3 24	3,7	100	23 52	− 2,2	5 59	0 07	41,3	38,6	25.
5 41	+23,9	11 29	3 17	3,7	99	23 53	− 2,1	5 41	23 45	42,0	39,3	30.

URANUS Kulmin.	Unterg.	Du.	NEPTUN Rektas.	Deklin.	Kulmin.	Aufg.	Du.	PLUTO Rektas.	Deklin.	Kulmin.	Datum
h m	h m	″	h m	°	h m	h m	″	h m	°	h m	
14 15	18 41	3,4	20 04	−20,0	13 40	9 19	2,2	16 28	− 9,7	10 05	Jan 1.
13 23	17 50	3,4	20 06	−19,9	12 47	8 25	2,2	16 30	− 9,7	9 11	5.
12 24	7 55	3,4	20 09	−19,8	11 47	7 25	2,2	16 31	− 9,7	8 10	31.
11 28	6 59	3,4	20 11	−19,7	10 50	6 28	2,2	16 32	− 9,7	7 12	Feb 15.
10 40	6 09	3,4	20 13	−19,6	10 01	5 38	2,2	16 33	− 9,7	6 22	28.
9 44	5 12	3,4	20 15	−19,5	9 04	4 40	2,2	16 33	− 9,6	5 23	Mrz 15.
8 44	4 11	3,5	20 16	−19,4	8 02	3 38	2,2	16 33	− 9,5	4 19	31.
7 47	3 13	3,5	20 17	−19,4	7 04	2 40	2,3	16 32	− 9,4	3 20	Apr 15.
6 49	2 15	3,5	20 17	−19,3	6 06	1 41	2,3	16 31	− 9,3	2 20	30.
5 51	1 16	3,6	20 17	−19,3	5 07	0 42	2,3	16 29	− 9,2	1 19	Mai 15.
4 48	0 13	3,6	20 17	−19,4	4 03	23 35	2,3	16 28	− 9,2	0 15	31.
3 48	23 10	3,7	20 16	−19,4	3 03	22 35	2,3	16 26	− 9,1	23 10	Jun 15.
2 47	22 10	3,7	20 14	−19,5	2 03	21 35	2,3	16 25	− 9,2	22 10	30.

Ephemeriden der großen Planeten Juli-Dezember

Datum	MERKUR Rektas.	Deklin.	Kulmin.	Aufg.	Du.	bel.	VENUS Rektas.	Deklin.	Kulmin.	Unterg.	Du.	bel.
	h m	°	h m	h m	″		h m	°	h m	h m	″	
Jul 1.	8 10	+21,8	13 56	21 53	6,1	70%	4 25	+20,1	10 10	2 22	12,3	84%
5.	8 36	+20,0	14 06	21 50	6,5	63	4 45	+21,0	10 14	2 21	12,1	85
10.	9 03	+17,5	14 12	21 42	7,0	55	5 10	+21,8	10 20	2 21	11,9	86
15.	9 25	+14,9	14 14	21 30	7,6	47	5 36	+22,4	10 26	2 23	11,7	88
20.	9 42	+12,5	14 11	21 13	8,3	39	6 02	+22,7	10 32	2 28	11,5	89
25.	9 53	+10,4	14 01	20 53	9,1	30	6 28	+22,8	10 39	2 34	11,3	90
31.	9 57	+ 8,7	13 41	20 24	10,1	19	7 00	+22,5	10 46	2 43	11,1	91
Aug 5.	9 51	+ 8,2	13 15		10,8	10	7 26	+22,0	10 53	2 53	10,9	92
10.	9 40	+ 8,9	12 43	Aufg.	11,2	3	7 52	+21,2	10 59	3 04	10,8	93
15.	9 25	+10,4	12 09	5 16	10,9	1	8 17	+20,1	11 05	3 17	10,6	94
20.	9 13	+12,4	11 38	4 35	10,1	6	8 43	+18,9	11 11	3 30	10,5	95
25.	9 11	+14,1	11 18	4 05	8,8	19	9 08	+17,3	11 16	3 44	10,4	95
31.	9 26	+14,7	11 10	3 53	7,4	43	9 37	+15,3	11 22	4 02	10,3	96
Sep 5.	9 51	+13,9	11 16	4 04	6,4	64	10 01	+13,3	11 26	4 17	10,2	97
10.	10 23	+11,7	11 29	4 28	5,7	82	10 25	+11,2	11 30	4 32	10,1	97
15.	10 58	+ 8,6	11 44	4 59	5,3	93	10 49	+ 9,0	11 34	4 47	10,1	98
20.	11 33	+ 4,9	11 59	5 32	5,0	98	11 12	+ 6,7	11 38	5 02	10,0	98
25.	12 06	+ 0,9	12 13	6 05	4,8	100	11 35	+ 4,3	11 41	5 17	10,0	99
30.	12 38	– 3,0	12 25		4,8	99	11 58	+ 1,8	11 44	5 32	9,9	99
Okt 5.	13 09	– 6,8	12 36	Unterg.	4,8	98	12 21	– 0,7	11 47	5 47	9,9	99
10.	13 39	–10,3	12 46	17 58	4,8	96	12 44	– 3,2	11 50	6 02	9,8	100
15.	14 08	–13,6	12 56	17 51	4,9	94	13 07	– 5,7	11 54	6 18	9,8	100
20.	14 37	–16,6	13 05	17 44	5,0	91	13 30	– 8,1	11 57	6 33	9,8	100
25.	15 06	–19,2	13 14	17 38	5,2	87	13 53	–10,5	12 01	6 49	9,8	100
31.	15 40	–21,9	13 24	17 33	5,5	82	14 22	–13,2	12 06		9,8	100
Nov 5.	16 07	–23,5	13 32	17 30	5,9	75	14 46	–15,3	12 11	Unterg.	9,8	100
10.	16 32	–24,7	13 37	17 28	6,4	66	15 11	–17,2	12 16	16 52	9,8	100
15.	16 53	–25,2	13 37	17 25	7,1	54	15 37	–19,0	12 22	16 48	9,8	100
20.	17 04	–24,9	13 27	17 18	8,1	37	16 03	–20,5	12 28	16 45	9,9	100
25.	17 01	–23,8	13 03		9,1	16	16 29	–21,8	12 35	16 44	9,9	99
30.	16 40	–21,6	12 21	Aufg.	9,9	1	16 56	–22,8	12 42	16 45	9,9	99
Dez 5.	16 13	–19,1	11 35	7 10	9,6	5	17 23	–23,6	12 49	16 48	10,0	99
10.	16 00	–17,8	11 04	6 30	8,6	25	17 50	–24,0	12 57	16 53	10,0	99
15.	16 03	–18,0	10 49	6 17	7,5	46	18 18	–24,2	13 05	17 00	10,1	98
20.	16 20	–19,2	10 46	6 21	6,7	63	18 45	–24,0	13 13	17 10	10,2	98
25.	16 43	–20,7	10 50	6 33	6,0	74	19 13	–23,5	13 20	17 21	10,2	97
31.	17 16	–22,3	11 00	6 53	5,5	83	19 45	–22,5	13 29	17 36	10,3	97

Datum	SATURN Rektas.	Deklin.	Kulmin.	Unterg.	Äqu.	Pol	RING Öffn.	gr.A.	kl.A.	Ö.S.	URANUS Rektas.	Deklin.
	h m	°	h m	h m	″	″	°	″	″	°	h m	°
Jul 1.	2 02	+ 9,9	7 46	0 55	17,2	15,5	–16,2	39,0	10,9	–14,0	20 59	–17,8
15.	2 06	+10,1	6 54	0 02	17,6	15,9	–16,5	39,9	11,4	–14,2	20 57	–18,0
31.	2 08	+10,3	5 54	22 57	18,1	16,3	–16,7	41,1	11,8	–14,4	20 54	–18,2
Aug 15.	2 09	+10,3	4 56	21 59	18,6	16,8	–16,7	42,2	12,1	–14,6	20 52	–18,3
31.	2 08	+10,2	3 52	20 56	19,1	17,2	–16,6	43,4	12,4	–14,8	20 49	–18,5
Sep 15.	2 06	+ 9,9	2 51	19 56	19,5	17,6	–16,3	44,3	12,4	–15,0	20 48	–18,6
30.	2 03	+ 9,6	1 49	18 56	19,8	17,9	–15,9	45,0	12,4	–15,2	20 46	–18,7
Okt 15.	1 59	+ 9,2	0 46	17 55	20,0	18,0	–15,5	45,4	12,2	–15,4	20 46	–18,7
31.	1 54	+ 8,7	23 34		20,0	18,0	–15,1	45,4	11,8	–15,6	20 46	–18,7
Nov 15.	1 50	+ 8,4	22 30	Unterg.	19,9	17,9	–14,7	45,1	11,4	–15,8	20 47	–18,6
30.	1 46	+ 8,1	21 28	4 14	19,5	17,6	–14,4	44,4	11,0	–16,0	20 49	–18,5
Dez 15.	1 44	+ 7,9	20 27	3 12	19,1	17,2	–14,2	43,4	10,6	–16,2	20 51	–18,3
31.	1 43	+ 7,9	19 23	2 08	18,6	16,7	–14,2	42,3	10,4	–16,4	20 54	–18,1

MARS Rektas.	Deklin.	Kulmin.	Unterg.	Du.	bel.	JUPITER Rektas.	Deklin.	Kulmin.	Unterg.	Äqu.	Pol	Datum
h m	°	h m	h m	″		h m	°	h m	h m	″	″	
5 44	+23,9	11 28	3 16	3,7	99%	23 53	– 2,1	5 37	23 41	42,1	39,4	Jul 1.
5 56	+24,0	11 24	3 12	3,7	99	23 54	– 2,1	5 22	23 25	42,7	39,9	5.
6 11	+24,0	11 19	3 07	3,7	99	23 55	– 2,0	5 03	23 06	43,4	40,6	10.
6 25	+24,0	11 14	3 02	3,7	99	23 55	– 2,0	4 44	22 47	44,1	41,2	15.
6 40	+23,8	11 09	2 58	3,8	99	23 55	– 2,0	4 24	22 27	44,8	41,9	20.
6 55	+23,6	11 04	2 54	3,8	99	23 55	– 2,1	4 04	22 08	45,5	42,5	25.
7 12	+23,2	10 58	2 50	3,8	99	23 54	– 2,2	3 40	21 44	46,2	43,2	31.
7 26	+22,8	10 52	2 48	3,8	98	23 53	– 2,3	3 19	21 24	46,9	43,8	Aug 5.
7 40	+22,4	10 46	2 45	3,8	98	23 52	– 2,4	2 59	21 04	47,5	44,4	10.
7 54	+21,8	10 40	2 43	3,8	98	23 51	– 2,6	2 38	20 44	48,0	44,9	15.
8 07	+21,2	10 34	2 40	3,9	98	23 49	– 2,8	2 16	20 23	48,5	45,3	20.
8 21	+20,5	10 28	2 38	3,9	98	23 47	– 3,0	1 55	20 03	48,9	45,7	25.
8 37	+19,7	10 20	2 36	3,9	97	23 45	– 3,3	1 29	19 38	49,3	46,1	31.
8 50	+18,9	10 14	2 34	4,0	97	23 42	– 3,6	1 07	19 17	49,5	46,3	Sep 5.
9 03	+18,0	10 07	2 32	4,0	97	23 40	– 3,9	0 45	18 56	49,7	46,5	10.
9 15	+17,2	10 00	2 30	4,0	97	23 38	– 4,1	0 23	18 36	49,8	46,5	15.
9 28	+16,2	9 53	2 28	4,1	96	23 35	– 4,4	0 01		49,7	46,5	20.
9 40	+15,3	9 45	2 26	4,1	96	23 33	– 4,7	23 34	Unterg.	49,6	46,4	25.
9 52	+14,3	9 38	2 24	4,2	96	23 30	– 4,9	23 12	4 56	49,4	46,2	30.
10 04	+13,2	9 30	2 21	4,2	95	23 28	– 5,1	22 50	4 33	49,1	45,9	Okt 5.
10 16	+12,2	9 22	2 19	4,3	95	23 26	– 5,3	22 29	4 10	48,7	45,5	10.
10 28	+11,1	9 14	2 16	4,3	95	23 24	– 5,5	22 07	3 48	48,2	45,1	15.
10 39	+10,0	9 06	2 14	4,4	95	23 23	– 5,7	21 46	3 25	47,7	44,6	20.
10 51	+ 8,9	8 57	2 11	4,5	94	23 21	– 5,8	21 25	3 04	47,1	44,1	25.
11 04	+ 7,6	8 47	2 07	4,6	94	23 20	– 5,9	21 00	2 38	46,4	43,4	31.
11 15	+ 6,5	8 38	2 04	4,7	94	23 19	– 6,0	20 40	2 18	45,7	42,7	Nov 5.
11 26	+ 5,4	8 29	2 01	4,8	93	23 19	– 6,0	20 20	1 58	45,0	42,1	10.
11 37	+ 4,3	8 20	1 57	4,9	93	23 19	– 6,0	20 00	1 38	44,3	41,4	15.
11 47	+ 3,2	8 11	1 53	5,0	93	23 19	– 5,9	19 41	1 19	43,6	40,8	20.
11 58	+ 2,1	8 02	1 49	5,1	92	23 19	– 5,9	19 22	1 00	42,9	40,1	25.
12 08	+ 1,0	7 53	1 45	5,2	92	23 20	– 5,7	19 03	0 42	42,2	39,4	30.
12 18	– 0,1	7 43	1 41	5,4	92	23 21	– 5,6	18 44	0 24	41,5	38,8	Dez 5.
12 28	– 1,1	7 34	1 36	5,5	91	23 23	– 5,4	18 26	0 07	40,8	38,2	10.
12 38	– 2,2	7 24	1 31	5,7	91	23 25	– 5,2	18 08	23 46	40,2	37,6	15.
12 48	– 3,2	7 14	1 26	5,8	91	23 27	– 5,0	17 51	23 30	39,5	37,0	20.
12 58	– 4,1	7 04	1 21	6,0	91	23 29	– 4,7	17 33	23 14	38,9	36,4	25.
13 09	– 5,3	6 51	1 14	6,2	91	23 32	– 4,4	17 13	22 55	38,2	35,7	31.

URANUS Kulmin.	Unterg.	Du.	NEPTUN Rektas.	Deklin.	Kulmin.	Aufg.	Du.	PLUTO Rektas.	Deklin.	Kulmin.	Datum
h m	h m	″	h m	°	h m	h m	″	h m	°	h m	
2 43	22 06	3,7	20 14	–19,5	1 59	21 31	2,3	16 25	– 9,2	22 06	Jul 1.
1 46	21 10	3,7	20 13	–19,6	1 02	20 35	2,3	16 23	– 9,2	21 09	15.
0 41		3,7	20 11	–19,7	23 53		2,3	16 23	– 9,3	20 06	31.
23 35	Unterg.	3,7	20 09	–19,8	22 53	Unterg.	2,3	16 22	– 9,4	19 06	Aug 15.
22 30	3 03	3,7	20 08	–19,8	21 48	2 14	2,3	16 22	– 9,5	18 04	31.
21 29	2 02	3,7	20 07	–19,9	20 48	1 13	2,3	16 23	– 9,7	17 05	Sep 15.
20 29	1 01	3,6	20 06	–19,9	19 49	0 14	2,3	16 24	– 9,8	16 07	30.
19 29	0 02	3,6	20 06	–20,0	18 50	23 11	2,3	16 26	–10,0	15 10	Okt 15.
18 27	22 55	3,6	20 06	–19,9	17 47	22 08	2,3	16 28	–10,1	14 09	31.
17 29	21 58	3,5	20 07	–19,9	16 49	21 10	2,2	16 30	–10,3	13 12	Nov 15.
16 32	21 01	3,5	20 09	–19,8	15 52	20 13	2,2	16 32	–10,4	12 16	30.
15 35	20 05	3,4	20 11	–19,7	14 54	19 17	2,2	16 34	–10,5	11 19	Dez 15.
14 35	19 07	3,4	20 13	–19,6	13 54	18 17	2,2	16 37	–10,6	10 18	31.

Ephemeriden hellerer Kleinplaneten

VESTA (4)			
Datum	Rektas.	Deklin.	Kulmin.
	h m	°	h m
Jan **1.**	1 23	+ 0,8	18 58
5.	1 25	+ 1,4	18 45
10.	1 29	+ 2,0	18 29
15.	1 33	+ 2,7	18 14
20.	1 37	+ 3,4	17 58
25.	1 42	+ 4,2	17 44
31.	1 48	+ 5,0	17 26
Feb 5.	1 54	+ 5,8	17 12
10.	2 00	+ 6,6	16 58
15.	2 06	+ 7,3	16 45
20.	2 12	+ 8,1	16 32
25.	2 19	+ 8,9	16 18
28.	2 23	+ 9,3	16 11
Mrz 5.	2 30	+10,1	15 58
10.	2 37	+10,8	15 46
15.	2 44	+11,5	15 33
20.	2 52	+12,3	15 21
25.	2 59	+13,0	15 09
31.	3 09	+13,8	14 55
Sep 5.	7 49	+20,5	9 13
10.	7 57	+20,3	9 01
15.	8 05	+20,0	8 50
20.	8 13	+19,7	8 38
25.	8 21	+19,4	8 26
30.	8 29	+19,1	8 14
Okt 5.	8 36	+18,8	8 01
10.	8 43	+18,5	7 49
15.	8 50	+18,2	7 36
20.	8 56	+17,9	7 23
25.	9 03	+17,7	7 09
31.	9 10	+17,4	6 53
Nov 5.	9 15	+17,2	6 39
10.	9 20	+17,0	6 24
15.	9 25	+16,8	6 09
20.	9 30	+16,7	5 54
25.	9 33	+16,6	5 38
30.	9 37	+16,6	5 21
Dez 5.	9 39	+16,7	5 04
10.	9 42	+16,8	4 47
15.	9 43	+17,0	4 29
20.	9 44	+17,2	4 10
25.	9 44	+17,5	3 50
31.	9 43	+18,0	3 26

PALLAS (2)							
Datum	Rektas.	Deklin.	Kulmin.	Datum	Rektas.	Deklin.	Kulmin.
	h m	°	h m		h m	°	h m
Jul 5.	23 54	+ 7,6	5 22	Sep 5.	23 43	– 0,1	1 07
10.	23 56	+ 7,5	5 04	10.	23 39	– 1,2	0 44
15.	23 57	+ 7,2	4 46	**15.**	23 36	– 2,4	0 21
20.	23 58	+ 6,9	4 27	**20.**	23 32	– 3,6	23 53
25.	23 58	+ 6,6	4 08	25.	23 28	– 4,7	23 29
31.	23 58	+ 6,0	3 44	30.	23 25	– 5,9	23 06
Aug **5.**	23 57	+ 5,4	3 24	Okt 5.	23 21	– 7,0	22 43
10.	23 56	+ 4,8	3 03	10.	23 18	– 8,0	22 20
15.	23 55	+ 4,0	2 41	**15.**	23 15	– 9,0	21 58
20.	23 52	+ 3,2	2 20	**20.**	23 13	– 9,9	21 36
25.	23 50	+ 2,2	1 57	**25.**	23 12	–10,7	21 15
31.	23 46	+ 1,0	1 30	**31.**	23 10	–11,5	20 50

CERES (1)			
Datum	Rektas.	Deklin.	Kulmin.
	h m	°	h m
Sep 5.	4 36	+15,9	6 00
10.	4 40	+16,0	5 44
15.	4 43	+16,1	5 28
20.	4 46	+16,3	5 11
25.	4 48	+16,4	4 53
30.	4 50	+16,4	4 35
Okt 5.	4 51	+16,5	4 17
10.	4 52	+16,6	3 57
15.	4 51	+16,7	3 37
20.	4 50	+16,8	3 17
25.	4 49	+16,8	2 56
31.	4 46	+16,9	2 29
Nov 5.	4 43	+17,0	2 06
10.	4 39	+17,1	1 43
15.	4 35	+17,2	1 19
20.	4 30	+17,2	0 55
25.	4 25	+17,3	0 31
30.	4 20	+17,4	0 06
Dez 5.	4 15	+17,5	23 36
10.	4 10	+17,7	23 12
15.	4 06	+17,8	22 48
20.	4 02	+17,9	22 24
25.	3 58	+18,1	22 01
31.	3 54	+18,4	21 34

EUNOMIA (15)			
Datum	Rektas.	Deklin.	Kulmin.
	h m	°	h m
Sep 5.	2 57	+33,5	4 21
10.	3 00	+34,3	4 04
15.	3 03	+34,9	3 47
20.	3 05	+35,6	3 29
25.	3 05	+36,1	3 10
30.	3 05	+36,6	2 51
Okt 5.	3 04	+36,9	2 30
10.	3 02	+37,2	2 08
15.	3 00	+37,3	1 46
20.	2 56	+37,4	1 23
25.	2 52	+37,2	0 59
31.	2 46	+36,9	0 30
Nov 5.	2 41	+36,4	0 05
10.	2 36	+35,9	23 36
15.	2 32	+35,2	23 12
20.	2 28	+34,4	22 48
25.	2 24	+33,6	22 25
30.	2 21	+32,7	22 00
Dez 5.	2 19	+31,8	21 41
10.	2 18	+31,0	21 21
15.	2 18	+30,2	21 01
20.	2 19	+29,4	20 42
25.	2 20	+28,7	20 24
31.	2 23	+28,0	20 04

In den **halbfett** gedruckten Tagesintervallen sind die Kleinplaneten einfacher aufzufinden.
Spaltenüberschriften: Rektaszension und Deklination für 1 MEZ. / Kulmination = Meridiandurchgang: MEZ für 10° östliche Länge. / Aufgang oder Untergang: MEZ für 10° östliche Länge und 50° nördliche Breite. / Scheinbarer Durchmesser für 1^h MEZ, Äqu.: Äquatordurchmesser, Pol: Poldurchmesser. / Beleuchteter Teil des Planetenscheibchens für 1^h MEZ. / Saturnring: Öffnung, große und kleine Ringachse, Öffnung zur Sonne.

Zentralmeridiane Jupiter 1998 (1^h MEZ = 2^h MESZ)

System I

Dat.	Jan	Mai	Jun	Jul	Aug	Sep	Okt	Nov	Dez
1.	109°	310°	162°	219°	76°	294°	355°	212°	266°
2.	266	108	320	17	234	93	153	9	64
3.	64	266	118	174	32	251	311	167	222
4.	222	64	276	332	190	49	109	325	19
5.	19	221	74	130	348	207	267	123	177
6.	177	19	231	288	146	5	65	281	335
7.	335	177	29	86	304	163	223	79	133
8.	132	335	187	244	102	321	21	237	290
9.	290	132	345	42	260	119	179	35	88
10.	88	290	143	200	58	277	337	192	246
11.	245	88	301	358	216	75	135	350	44
12.	43	246	99	156	14	233	293	148	201
13.	200	44	256	314	172	31	91	306	359
14.	358	201	54	112	330	189	249	104	157
15.	156	359	212	270	128	347	47	262	315
16.	313	157	10	68	286	145	205	59	112
17.	111	315	168	226	84	303	3	217	270
18.	269	113	326	24	242	101	161	15	68
19.	66	270	124	182	40	259	319	173	225
20.	224	68	282	340	198	57	117	331	23
21.	22	226	80	138	356	215	275	128	181
22.	179	24	237	296	154	13	73	286	338
23.	337	182	35	94	312	171	230	84	136
24.	134	340	193	252	110	329	28	242	294
25.	292	137	351	50	268	127	186	40	92
26.	90	295	149	208	66	285	344	197	249
27.	247	93	307	6	224	83	142	355	47
28.	45	251	105	164	22	241	300	153	205
29.	203	49	263	322	180	39	98	311	2
30.	0	206	61	120	338	197	256	108	160
31.	158	4		278	136		54		318

System II

Dat.	Jan	Mai	Jun	Jul	Aug	Sep	Okt	Nov	Dez
1.	259°	265°	240°	68°	48°	30°	222°	202°	28°
2.	49	55	30	218	198	181	13	352	178
3.	199	205	181	8	349	331	163	143	328
4.	349	355	331	159	139	122	314	293	118
5.	139	145	121	309	290	272	104	83	268
6.	289	296	271	99	80	63	254	233	59
7.	79	86	61	250	230	213	45	24	209
8.	229	236	212	40	21	3	195	174	359
9.	19	26	2	190	171	154	345	324	149
10.	169	176	152	340	322	304	136	114	299
11.	319	326	302	131	112	95	286	264	89
12.	109	116	93	281	262	245	76	55	239
13.	259	267	243	71	53	35	227	205	29
14.	49	57	33	222	203	186	17	355	179
15.	199	207	183	12	354	336	167	145	329
16.	349	357	334	162	144	127	318	295	120
17.	139	147	124	313	294	277	108	86	270
18.	289	297	274	103	85	67	258	236	60
19.	79	88	64	253	235	218	49	26	210
20.	229	238	215	44	26	8	199	176	360
21.	19	28	5	194	176	159	349	326	150
22.	169	178	155	344	326	309	139	117	300
23.	319	328	305	135	117	99	290	267	90
24.	109	119	96	285	267	250	80	57	240
25.	259	269	246	76	58	40	230	207	30
26.	49	59	36	226	208	191	21	357	180
27.	199	209	187	16	358	341	171	147	330
28.	349	359	337	167	149	131	321	297	120
29.	139	150	127	317	299	282	111	88	270
30.	289	300	277	107	90	72	262	238	60
31.	79	90		258	240		52		211

D = Neigung der Planetenachse zur Erde: 2° (Jupiter)

Korrektur für MEZ	0^h	1^h	2^h	3^h	4^h	5^h	6^h	7^h	17^h	18^h	19^h	20^h	21^h	22^h	23^h	24^h	Änderung
Jupiter System I	−37°	0°	+37°	+73°	+110°	+146°	+138°	+219°	−135°	− 98°	−62°	−25°	+12°	+48°	+85°	+121°	+36°,6/Stunde
Jupiter System II	−36°	0°	+36°	+73°	+109°	+145°	+181°	+218°	−140°	−104°	−67°	−31°	+5°	+41°	+78°	+114°	+36°,3/Stunde

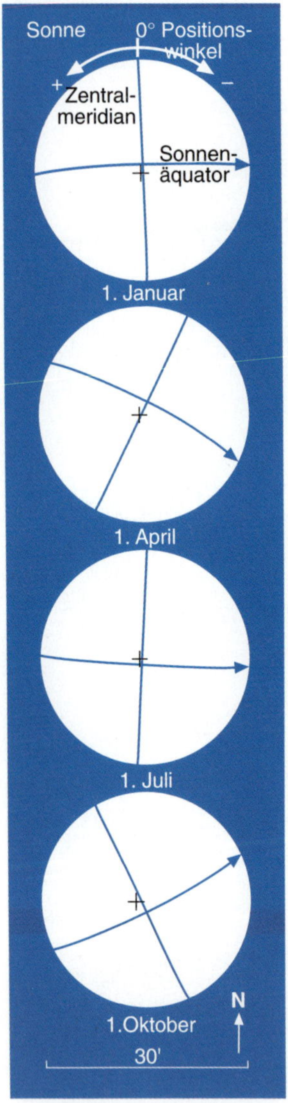

T.7: Lage des Zentralmeridians und des Äquators der Sonne im Verlauf des Jahres relativ zum Beobachter auf der Erde.

Ephemeride der Sonnenscheibe 1998 (1^h MEZ)

Datum	Entferng.	Du.	Z. M.	B₀	P	Sternzeit
		'	°	°	°	h m
Jan 1.	0,983 AE	32,5	283,2	–3,0	+ 2,2	6 42
10.	0,983	32,5	164,6	–4,0	– 2,2	7 17
20.	0,984	32,5	33,0	–5,0	– 6,9	7 57
31.	0,985	32,5	248,1	–5,9	–11,7	8 40
Feb 10.	0,987	32,4	116,5	–6,6	–15,6	9 19
20.	0,989	32,4	344,8	–7,0	–18,9	9 59
28.	0,991	32,3	239,4	–7,2	–21,2	10 30
Mrz 10.	0,993	32,2	107,7	–7,2	–23,5	11 10
20.	0,996	32,1	335,9	–7,0	–25,1	11 49
31.	0,999	32,0	190,8	–6,6	–26,1	12 33
Apr 10.	1,002	31,9	58,9	–6,0	–26,3	13 12
20.	1,005	31,8	286,8	–5,2	–25,7	13 52
30.	1,007	31,8	154,7	–4,3	–24,4	14 31
Mai 10.	1,010	31,7	22,5	–3,2	–22,3	15 10
20.	1,012	31,6	250,3	–2,1	–19,6	15 50
31.	1,014	31,5	104,7	–0,8	–15,9	16 33
Jun 10.	1,015	31,5	332,4	+0,4	–12,0	17 13
20.	1,016	31,5	200,0	+1,6	– 7,8	17 52
30.	1,017	31,5	67,6	+2,7	– 3,3	18 31
Jul 10.	1,017	31,5	295,3	+3,8	+ 1,3	19 11
20.	1,016	31,5	163,0	+4,8	+ 5,7	19 50
31.	1,015	31,5	17,4	+5,7	+10,3	20 34
Aug 10.	1,014	31,6	245,2	+6,3	+14,1	21 13
20.	1,012	31,6	113,0	+6,8	+17,6	21 53
31.	1,010	31,7	327,7	+7,2	+20,7	22 36
Sep 10.	1,007	31,8	195,6	+7,2	+23,1	23 15
20.	1,004	31,8	63,6	+7,1	+24,8	23 55
30.	1,002	31,9	291,6	+6,8	+25,9	0 34
Okt 10.	0,999	32,0	159,7	+6,2	+26,3	1 14
20.	0,996	32,1	27,7	+5,5	+26,0	1 53
31.	0,993	32,2	242,7	+4,5	+24,7	2 36
Nov 10.	0,990	32,3	110,8	+3,4	+22,8	3 16
20.	0,988	32,4	339,0	+2,3	+20,0	3 55
30.	0,986	32,4	207,2	+1,0	+16,6	4 35
Dez 10.	0,985	32,5	75,4	–0,2	+12,5	5 14
20.	0,984	32,5	303,7	–1,5	+ 8,0	5 54
31.	0,983	32,5	158,8	–2,9	+ 2,8	6 37

Angaben: Datum, Entfernung Erde-Sonne in Astronomischen Einheiten (1 AE = 149 600 000 km), scheinbarer Durchmesser, Zentralmeridian (tägliche Abnahme 13°,2), Neigung der Sonnenachse zur Erde, Positionswinkel des Sonnen-Nordpols (Rotationselemente nach Carrington), Sternzeit in Greenwich

Beginn der synodischen Sonnenrotation nach Carrington 1998

Rot. Nr.	Datum	MEZ	Rot. Nr.	Datum	MEZ
		h m			h m
1932	Jan 22.	13 06	1939	Aug 1.	8 40
1933	Feb 18.	21 18	1940	Aug 28.	14 17
1934	Mrz 18.	5 06	1941	Sep 24.	20 36
1935	Apr 14.	12 02	1942	Okt 22.	3 30
1936	Mai 11.	17 53	1943	Nov 18.	10 46
1937	Jun 7.	22 55	1944	Dez 15.	18 23
1938	Jul 5.	3 40			

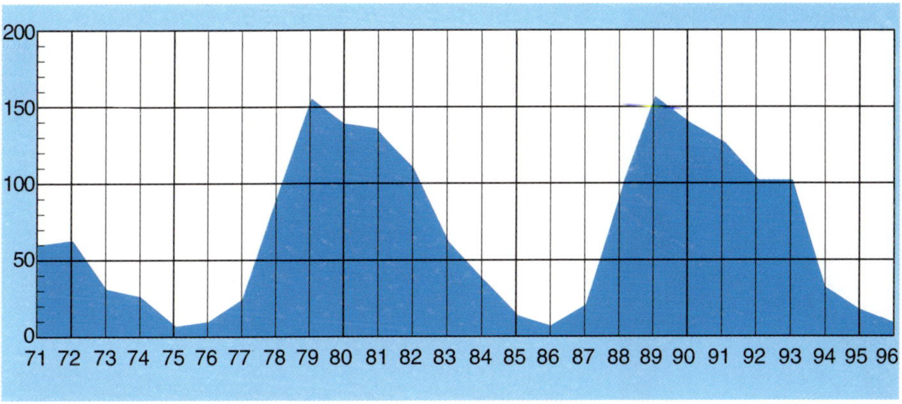

T.8: Jahresmittel der Sonnenfleckenrelativzahlen von 1970 bis 1995.

T.9: Monatsmittel der Sonnenfleckenrelativzahlen von Januar 1990 bis März 1996.

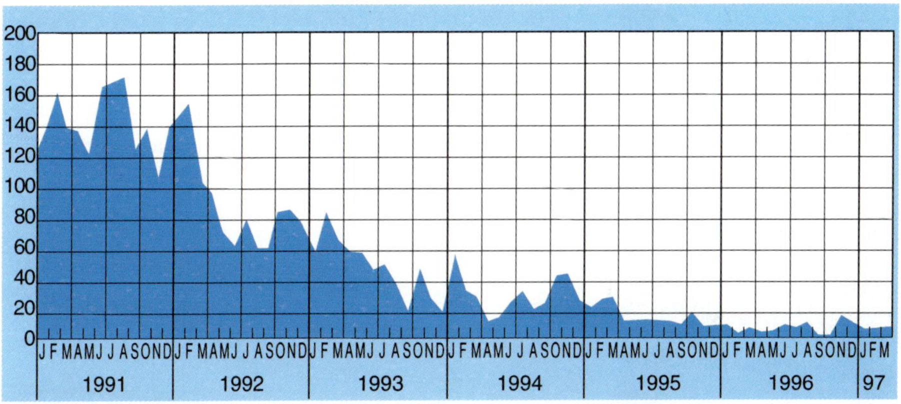

T.10: Stellung und relative Lage der zunehmenden Mondsichel zum Westhorizont jeweils am 1. Sichtbarkeitsabend nach Neumond zum Zeitpunkt des Sonnenuntergangs im Jahre 1998.

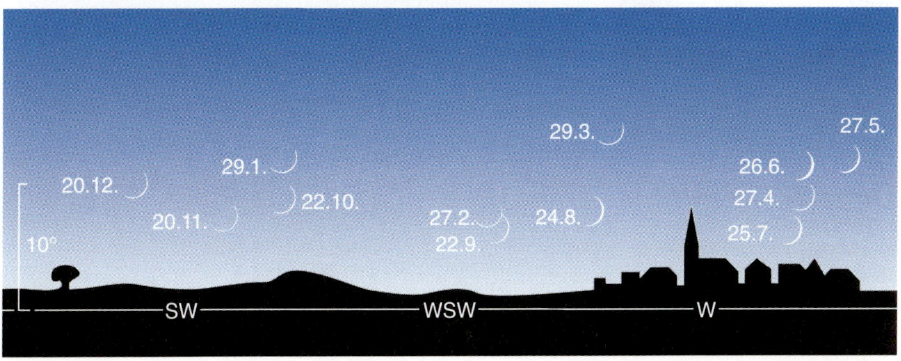

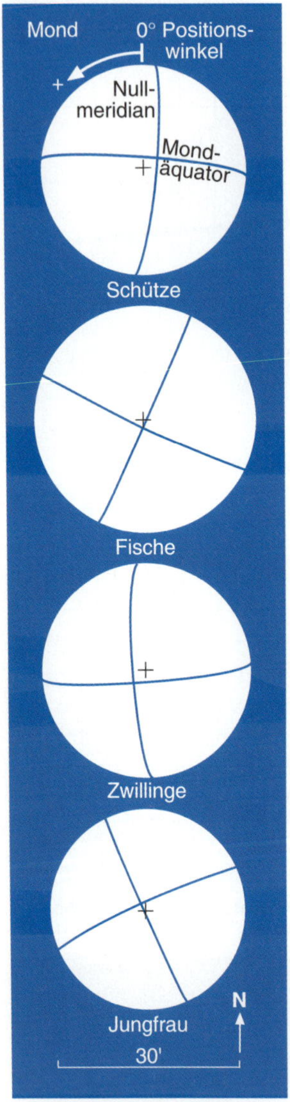

T.11: Lage des Nullmeridians und des Mondäquators relativ zum Beobachter auf der Erde in Abhängigkeit von der Position des Mondes im Tierkreis (siehe auch monatliche Rubrik Mondlauf).

Sternbedeckungen durch den Mond

Datum		MEZ		Stern	Hell.	bel.	E/A	P
		h	m		m			°
Jan	6.	23	50	64 Cet	5.6	65%	E	45
	7.	1	00	ξ^1 Cet	4.4:	65	E	5
	17.	23	30	Zavijava	3.6	76	A	225
	30.	18	35	81 Aqr	6.2	9	E	40
Feb	19.	5	15	**Zuben Elakrab**	3.9:	54	A	300
Mrz	2.	20	10	HR 725	6.1	23	E	55
	3.	19	00	HR 1028	6.0	32	E	140
	3.	22	25	5 Tau	4.1:	34	E	150
	4.	18	05	γ Tau	3.7	43	E	65
	4.	21	25	70 Tau	6.5:	45	E	40
	4.	21	40	71 Tau	4.5:	45	E	120
	4.	22	45	ϑ^2 Tau	3.4:	45	E	75
	4.	22	45	ϑ^1 Tau	3.8:	45	E	55
	4.	23	35	80 Tau	5.6:	46	E	145
	4.	23	45	81 Tau	5.5	46	E	130
	5.	0	10	85 Tau	6.0	46	E	95
	5.	22	25	111 Tau	5.0	56	E	95
	6.	0	15	117 Tau	5.8	57	E	130
	6.	19	10	HR 2214	5.9:	65	E	110
Apr	28.	19	45	**Aldebaran**	0.9	8	E	25
	28.	20	15	**Aldebaran**	0.9	8	A	325
	28.	20	40	89 Tau	5.8	8	E	155
Mai	4.	21	05	31 Leo	4.4	64	E	125
	6.	0	50	59 Leo	5.0	74	E	85
Jun	4.	22	40	44 Vir	5.8	76	E	130
Jul	2.	23	45	74 Vir	4.7	61	E	110
	6.	21	35	HR 6196	5.0	91	E	45
Aug	1.	23	15	**Zuben Elakrab**	3.9:	64	E	100
Sep	12.	2	10	γ Tau	3.7	61	A	305
Okt	16.	5	05	ρ Leo	3.9:	16	A	310
	29.	22	20	42 Cap	5.2:	65	E	85
	30.	19	10	σ Aqr	4.8	73	E	25
Nov	5.	19	55	γ Tau	3.7	96	A	275
	5.	23	35	ϑ^2 Tau	3.4:	95	A	200
	5.	23	45	ϑ^1 Tau	3.8:	95	A	225
	6.	2	35	**Aldebaran**	0.9	95	E	80
	6.	3	45	**Aldebaran**	0.9	95	A	255
	15.	5	25	**Porrima**	2.8:	14	E	135
	15.	6	35	**Porrima**	2.8:	13	A	275
	24.	19	25	π Cap	5.3:	27	E	130
	24.	20	15	ρ Cap	4.8	27	E	55
Dez	1.	17	00	μ Cet	4.3:	94	E	25
	28.	19	20	ξ^2 Cet	4.3	76	E	130
	29.	22	05	5 Tau	4.1:	86	E	135
	30.	16	35	γ Tau	3.7	91	E	55
	30.	20	40	ϑ^2 Tau	3.8:	92	E	120
	30.	20	55	ϑ^1 Tau	3.4:	92	E	140
	30.	21	40	HR 1427	4.8:	93	E	95
	31.	0	30	**Aldebaran**	0.9	94	E	85
	31.	1	40	**Aldebaran**	0.9	94	A	255

Hell. = Helligkeit („:" = Doppelstern), E/A = Eintritt/Austritt,
bel. = beleuchteter Teil der Mondscheibe, P = Positionswinkel

Datum	MEZ Stunde	Hamburg	Hannover	Berlin	Dresden	Leipzig	Düsseldorf	Frankfurt	Nürnberg	Stuttgart	München	Zürich	Wien
Jan 6.	23	51,1	50,9	52,7	52,9	52,3	49,2	50,4	51,9	51,0	52,6	51,1	54,9
7.	0/1	–	–	–	–	–	–	–	–	–	02,4	58,8	06,2
17.	23	38,6	33,6	36,6	29,0	29,8	25,5	–	–	–	–	–	–
30.	18	36,3	36,0	37,0	37,1	36,7	34,7	35,3	36,3	35,6	36,7	35,4	38,5
Feb 19.	5	14,5	14,4	19,2	20,3	18,2	10,5	13,1	16,8	14,1	18,0	13,2	25,6
Mrz 2.	20	10,1	10,1	12,3	12,9	12,0	08,4	10,0	12,0	11,0	13,0	11,3	15,7
3.	18/19	52,1	55,4	00,1	07,1	03,7	55,1	04,8	–	–	–	–	–
3.	22	19,5	25,0	22,9	30,9	30,0	–	–	–	–	–	–	–
4.	18	04,1	02,7	07,6	06,8	05,1	–	–	01,8	–	01,5	–	09,2
4.	21	26,8	25,5	29,4	28,7	27,5	21,5	23,1	25,5	23,3	25,8	22,5	30,5
4.	21	33,7	36,1	38,0	41,4	40,0	36,7	40,7	44,0	44,7	47,9	48,7	49,7
4.	22	41,1	42,2	43,7	45,3	44,5	41,8	44,0	45,9	45,9	47,7	47,3	49,3
4.	22	45,3	45,5	47,6	48,3	47,4	44,1	45,9	47,6	47,0	48,7	47,5	50,9
4.	23	26,3	29,5	28,5	32,3	31,9	33,5	36,8	38,2	41,6	42,8	49,8	39,8
4.	23	36,2	38,8	38,1	41,3	40,8	41,8	44,3	45,6	47,7	48,8	52,0	47,1
5.	0	04,5	06,1	05,9	07,9	07,4	07,8	09,4	10,3	11,4	12,1	13,7	–
5.	22	21,7	23,0	25,6	27,9	26,5	22,0	25,3	28,2	27,8	30,7	29,6	33,8
6.	0	09,7	12,3	11,9	15,0	14,5	15,0	17,6	19,0	21,0	22,1	24,9	20,9
6.	19	06,1	06,0	11,7	13,1	10,7	01,6	05,2	09,8	07,1	12,1	07,4	20,5
Apr 28.	19	51,0	47,9	52,0	49,5	48,8	44,2	44,9	46,3	44,8	46,1	44,2	48,9
28.	20	04,2	10,2	06,7	12,9	12,6	15,5	18,3	19,4	21,9	22,7	25,5	20,5
28.	20	36,9	42,1	38,4	44,4	44,6	–	–	–	–	–	–	–
Mai 4.	20/21	58,1	59,6	03,8	06,6	04,5	57,8	02,0	06,1	05,1	09,2	07,0	14,7
6.	0	45,1	46,8	48,7	51,1	49,9	46,6	49,6	52,1	52,0	54,5	53,9	56,7
Jun 4.	22	34,1	35,9	39,5	42,6	40,6	34,5	38,6	42,6	41,7	45,7	43,7	50,8
Jul 2.	23	38,3	40,4	41,9	44,8	43,6	40,9	44,1	46,6	46,9	49,3	49,2	–
6.	21	37,4	34,6	43,4	41,5	38,8	25,8	28,1	32,6	27,2	31,8	23,5	43,1
Aug 1.	23	–	–	–	–	–	13,8	17,1	–	19,8	–	21,7	–
Sep 12.	2	07,2	07,6	13,5	14,3	12,2	03,3	06,5	10,2	07,3	10,7	06,1	17,8
Okt 16.	5	03,4	03,2	05,7	05,8	04,9	01,2	02,0	03,5	01,9	03,3	00,7	07,2
29.	22	15,8	16,6	19,7	21,6	20,1	14,7	17,6	20,8	19,5	22,8	20,2	27,7
30.	19	19,0	16,7	19,9	17,9	17,1	12,1	11,5	12,6	09,6	10,9	06,3	16,2
Nov 5.	19/20	00,9	59,4	00,3	58,5	58,6	57,7	56,5	56,0	55,0	54,4	53,2	55,3
5.	23	44,5	41,3	43,7	39,3	39,6	36,7	34,3	32,8	30,0	27,6	24,4	–
5.	23	51,6	49,3	52,8	50,3	49,7	44,7	44,0	44,6	41,6	42,1	37,9	46,1
6.	2	33,7	33,1	38,0	38,6	36,7	28,7	31,3	35,0	32,2	36,1	31,5	43,5
6.	3	43,1	43,6	47,9	49,2	47,4	40,3	43,1	46,5	44,2	47,5	43,3	53,6
15.	5	26,9	26,3	28,4	28,2	27,5	24,5	25,3	26,6	25,7	27,1	25,9	29,9
15.	6	37,1	35,6	39,9	39,0	37,6	31,0	31,6	33,7	30,4	32,6	27,2	39,6
24.	19	15,9	17,9	22,8	27,0	24,1	15,6	20,9	26,8	25,2	31,8	27,9	42,3
24.	20	–	–	–	–	–	13,3	14,7	16,2	15,7	17,3	16,1	–
Dez 1.	16/17	07,3	04,6	04,4	01,0	01,8	02,5	59,6	57,7	56,5	54,7	53,6	54,6
28.	19	14,3	14,4	21,8	25,1	21,1	09,1	13,8	21,4	17,4	30,9	19,7	–
29.	21/22	59,2	00,7	06,7	10,9	07,6	57,3	03,4	10,8	09,1	19,6	16,7	–
30.	16	38,9	36,7	36,9	34,2	34,7	34,8	32,5	31,3	–	28,7	–	29,3
30.	20	39,1	38,5	44,2	45,3	42,9	33,9	36,9	41,5	38,4	43,7	38,2	54,1
30.	20/21	50,9	52,8	01,5	–	–	48,8	–	–	–	–	–	–
30.	21	39,9	39,1	44,4	44,8	42,8	34,4	36,8	40,6	37,5	41,7	36,5	50,0
31.	0	28,5	28,9	32,9	34,5	32,7	26,1	29,2	32,8	31,1	34,8	31,7	40,3
31.	1	35,1	36,2	39,0	40,9	39,5	34,5	37,2	40,0	38,7	41,4	38,8	45,5

Unter jeder Stadt sind die Minuten und Zehntelminuten der Sternbedeckungszeit angegeben.

Sternzeit um 20^h MEZ = 21^h MESZ auf 10° östlicher Länge

Tag	Jan	Feb	Mrz	Apr	Mai	Jun	Jul	Aug	Sep	Okt	Nov	Dez
	h m	h m	h m	h m	h m	h m	h m	h m	h m	h m	h m	h m
1.	2 25	4 27	6 18	8 20	10 18	12 20	14 19	16 21	18 23	20 21	22 23	0 22
2.	2 29	4 31	6 21	8 24	10 22	12 24	14 22	16 25	18 27	20 25	22 27	0 26
3.	2 33	4 35	6 25	8 28	10 26	12 28	14 26	16 29	18 31	20 29	22 31	0 30
4.	2 37	4 39	6 29	8 32	10 30	12 32	14 30	16 33	18 35	20 33	22 35	0 34
5.	2 41	4 43	6 33	8 36	10 34	12 36	14 34	16 37	18 39	20 37	22 39	0 37
6.	2 45	4 47	6 37	8 39	10 38	12 40	14 38	16 40	18 43	20 41	22 43	0 41
7.	2 49	4 51	6 41	8 43	10 42	12 44	14 42	16 44	18 47	20 45	22 47	0 45
8.	2 53	4 55	6 45	8 47	10 46	12 48	14 46	16 48	18 51	20 49	22 51	0 49
9.	2 56	4 59	6 49	8 51	10 50	12 52	14 50	16 52	18 54	20 53	22 55	0 53
10.	3 00	5 03	6 53	8 55	10 53	12 56	14 54	16 56	18 58	20 57	22 59	0 57
11.	3 04	5 07	6 57	8 59	10 57	13 00	14 58	17 00	19 02	21 01	23 03	1 01
12.	3 08	5 10	7 01	9 03	11 01	13 04	15 02	17 04	19 06	21 05	23 07	1 05
13.	3 12	5 14	7 05	9 07	11 05	13 08	15 06	17 08	19 10	21 09	23 11	1 09
14.	3 16	5 18	7 09	9 11	11 09	13 11	15 10	17 12	19 14	21 12	23 15	1 13
15.	3 20	5 22	7 13	9 15	11 13	13 15	15 14	17 16	19 18	21 16	23 19	1 17
16.	3 24	5 26	7 17	9 19	11 17	13 19	15 18	17 20	19 22	21 20	23 23	1 21
17.	3 28	5 30	7 21	9 23	11 21	13 23	15 22	17 24	19 26	21 24	23 27	1 25
18.	3 32	5 34	7 25	9 27	11 25	13 27	15 26	17 28	19 30	21 28	23 30	1 29
19.	3 36	5 38	7 28	9 31	11 29	13 31	15 29	17 32	19 34	21 32	23 34	1 33
20.	3 40	5 42	7 32	9 35	11 33	13 35	15 33	17 36	19 38	21 36	23 38	1 37
21.	3 44	5 46	7 36	9 39	11 37	13 39	15 37	17 40	19 42	21 40	23 42	1 41
22.	3 48	5 50	7 40	9 43	11 41	13 43	15 41	17 44	19 46	21 44	23 46	1 45
23.	3 52	5 54	7 44	9 46	11 45	13 47	15 45	17 47	19 50	21 48	23 50	1 48
24.	3 56	5 58	7 48	9 50	11 49	13 51	15 49	17 51	19 54	21 52	23 54	1 52
25.	4 00	6 02	7 52	9 54	11 53	13 55	15 53	17 55	19 58	21 56	23 58	1 56
26.	4 03	6 06	7 56	9 58	11 57	13 59	15 57	17 59	20 02	22 00	0 02	2 00
27.	4 07	6 10	8 00	10 02	12 01	14 03	16 01	18 03	20 05	22 04	0 06	2 04
28.	4 11	6 14	8 04	10 06	12 04	14 07	16 05	18 07	20 09	22 08	0 10	2 08
29.	4 15	–	8 08	10 10	12 08	14 11	16 09	18 11	20 13	22 12	0 14	2 12
30.	4 19	–	8 12	10 14	12 12	14 15	16 13	18 15	20 17	22 16	0 18	2 16
31.	4 23	–	8 16	–	12 16	–	16 17	18 19	–	22 20	–	2 20

Korrektur für andere östliche geographische Längen

Länge	4°	5°	6°	7°	8°	9°	11°	12°	13°	14°	15°	16°
Korr.	-24^m	-20^m	-16^m	-12^m	-8^m	-4^m	$+4^m$	$+8^m$	$+12^m$	$+16^m$	$+20^m$	$+24^m$

Korrektur für andere Uhrzeiten derselben Nacht (Datumswechsel um Mitternacht)

MEZ	18^h	19^m	21^h	22^h	23^h	0^h	1^h	2^h	3^h	4^h	5^h	6^h
MESZ	19^h	20^h	22^h	23^h	0^h	1^h	2^h	3^h	4^h	5^h	6^h	7^h
Korr.	-2^h00^m	-1^h00^m	$+1^h00^m$	$+2^h00^m$	$+3^h00^m$	$+4^h01^m$	$+5^h01^m$	$+6^h01^m$	$+7^h01^m$	8^h01^m	$+9^h01^m$	$+10^h02^m$

Erläuterungen siehe auch Seite 16 unter Sternzeit.

Die obige Tabelle gibt für jeden Tag des Jahres die Sternzeit um 20^h MEZ (= 21^h Sommerzeit) am Meridian 10° östlicher Länge an. Für den Ortsmeridian des Beobachters ist eine Korrektur entsprechend der geographischen Längendifferenz zu 10° östlicher Länge anzubringen. Pro Längengrad beträgt diese Korrektur vier Minuten. Für Orte *westlich* des Meridians ist die Korrektur *abzuziehen*, für Orte *östlich* hingegen zu *addieren*. Auf der rechten Seite findet man in der Tabelle *Geographische Koordinaten größerer Städte* in der letzten Spalte die Zeitkorrektur vermerkt. Wer zu einer anderen Zeit als 20^h beobachtet, muß noch die Zeitkorrektur gemäß der obigen Tabelle anbringen. Beispiel: Wieviel Uhr Sternzeit ist es am 25. März um 23^h in München? Aus der Tabelle entnimmt man: Sternzeit am 25. März um 20^h = 7^h52^m. Dies gilt für 10° östlicher Länge. Die Zeitkorrektur für München beträgt laut Tabelle rechts sechs Minuten. Da München östlich vom 10°-Meridian liegt, sind diese sechs Minuten zu addieren, und man erhält 7^h58^m (**Achtung:** das Vorzeichen in der Spalte Zeitkorrektur der rechten Tabelle gilt für die Korrektur der Kulminationszeiten! Für die Sternzeitberechnung kehren sich die Vorzeichen um!).- Am 25. März ist es also um 20^h MEZ 7^h58^m Sternzeit. Für 23^h MEZ ist gemäß obiger Tabelle die Korrektur von 3^h00^m anzubringen; um 23^h MEZ ist es also am 25. März in München 10^h58^m Sternzeit.

Geographische Koordinaten großer Städte mit Zeitkorrektur in Minuten

Stadt	östl. Länge	nördl. Breite	Zeitkorrektur gegen 10° östl. Länge
Aachen	6°,1	50°,8	+16^{m}
Amsterdam	4,9	52,4	+20
Antwerpen	4,4	51,2	+22
Augsburg	10,9	48,4	– 4
Baden-Baden	8,2	48,8	+ 7
Basel	7,6	47,6	+ 9
Berlin	13,4	52,5	– 14
Bern	7,4	46,9	+10
Bielefeld	8,5	52,0	+ 6
Bochum	7,2	51,5	+11
Bonn	7,1	50,7	+12
Bozen	11,3	46,5	– 5
Braunschweig	10,5	52,3	– 2
Bregenz	9,8	47,5	+ 1
Bremen	8,8	53,1	+ 5
Brünn	16,6	49,2	–26
Brüssel	4,3	50,8	+23
Chemnitz	12,9	50,8	– 12
Coburg	11,0	50,3	– 4
Darmstadt	8,7	49,9	+ 5
Dortmund	7,5	51,5	+10
Dresden	13,7	51,1	– 15
Düsseldorf	6,8	51,2	+13
Duisburg	6,8	51,4	+13
Eisenach	10,3	51,0	– 1
Emden	7,2	53,4	+11
Erfurt	11,0	51,0	– 4
Essen	7,0	51,5	+12
Frankfurt (Main)	8,7	50,1	+ 5
Frankfurt (Oder)	14,6	52,3	–18
Freiburg (Breisgau)	7,9	48,0	+ 9
Genf	6,2	46,2	+15
Görlitz	15,0	51,2	–20
Graz	15,5	47,1	–22
Halle	12,0	51,5	– 8
Hamburg	10,0	53,6	0
Hannover	9,7	52,4	+ 1
Heidelberg	8,7	49,4	+ 5
Heilbronn	9,2	49,1	+ 3
Innsbruck	11,4	47,3	– 6
Kaiserslautern	7,8	49,4	+ 9
Karlsruhe	8,4	49,0	+ 6
Kassel	9,5	51,3	+ 2
Kiel	10°,1	54°,3	– 1^{m}
Klagenfurt	14,3	46,6	–17
Koblenz	7,6	50,4	+10
Köln	7,0	50,9	+12
Konstanz	9,2	47,7	+ 3
Krefeld	6,6	51,3	+14
Leipzig	12,4	51,3	–10
Linz (Donau)	14,3	48,3	–17
Ludwigshafen (Rh.)	8,4	49,5	+ 6
Lübeck	10,7	53,9	– 3
Lüttich	5,5	50,6	+18
Luxemburg	6,1	49,6	+15
Magdeburg	11,6	52,1	– 7
Mailand	9,2	45,5	+ 3
Mainz	8,3	50,0	+ 7
Mannheim	8,5	49,5	+ 6
Mönchengladbach	6,4	51,2	+14
München	11,6	48,1	– 6
Münster	7,6	52,0	+10
Nürnberg	11,1	49,5	– 4
Osnabrück	8,0	52,3	+ 8
Potsdam	13,1	52,4	–12
Prag	14,4	50,1	–18
Regensburg	12,1	49,0	– 8
Reutlingen	9,2	48,5	+ 3
Rostock	12,1	54,1	– 8
Rotterdam	4,5	51,9	+22
Saarbrücken	7,0	49,2	+12
Salzburg	13,1	47,8	–12
Schwerin	11,4	53,6	– 6
Stralsund	13,1	54,3	–12
Straßburg	7,7	48,6	+ 9
Stuttgart	9,2	48,8	+ 3
Trier	6,6	49,8	+13
Tübingen	9,1	48,5	+ 4
Ulm	10,0	48,4	0
Wien	16,4	48,2	–25
Wiesbaden	8,2	50,1	+ 7
Wilhelmshaven	8,1	53,5	+ 8
Worms	8,4	49,6	+ 7
Würzburg	9,9	49,8	0
Wuppertal	7,1	51,3	+11
Zürich	8,6	47,4	+ 6

Erläuterungen siehe auch Seite 16
Die Tabelle enthält die geographischen Koordinaten einiger größerer Städte in Mitteleuropa. In der vierten Spalte ist der Zeitunterschied der Ortszeit zum Meridian 10° östlicher Länge in Minuten angegeben. Um diesen Betrag kulminieren die Gestirne in der jeweiligen Stadt früher (negativer Wert) oder später (positiver Wert). Beispiel: Für Stuttgart findet man +3^{m}, für München –6^{m}. In Stuttgart gehen die Gestirne jeweils drei Minuten später durch den Meridian als im Himmelsjahr angegeben, in München dagegen um sechs Minuten früher.
Die Auf- und Untergangszeiten sind außer von der geographischen Länge auch noch von der geographischen Breite abhängig. Um sie für einen bestimmten Ort zu korrigieren, benutze man das Nomogramm auf Seite 224.

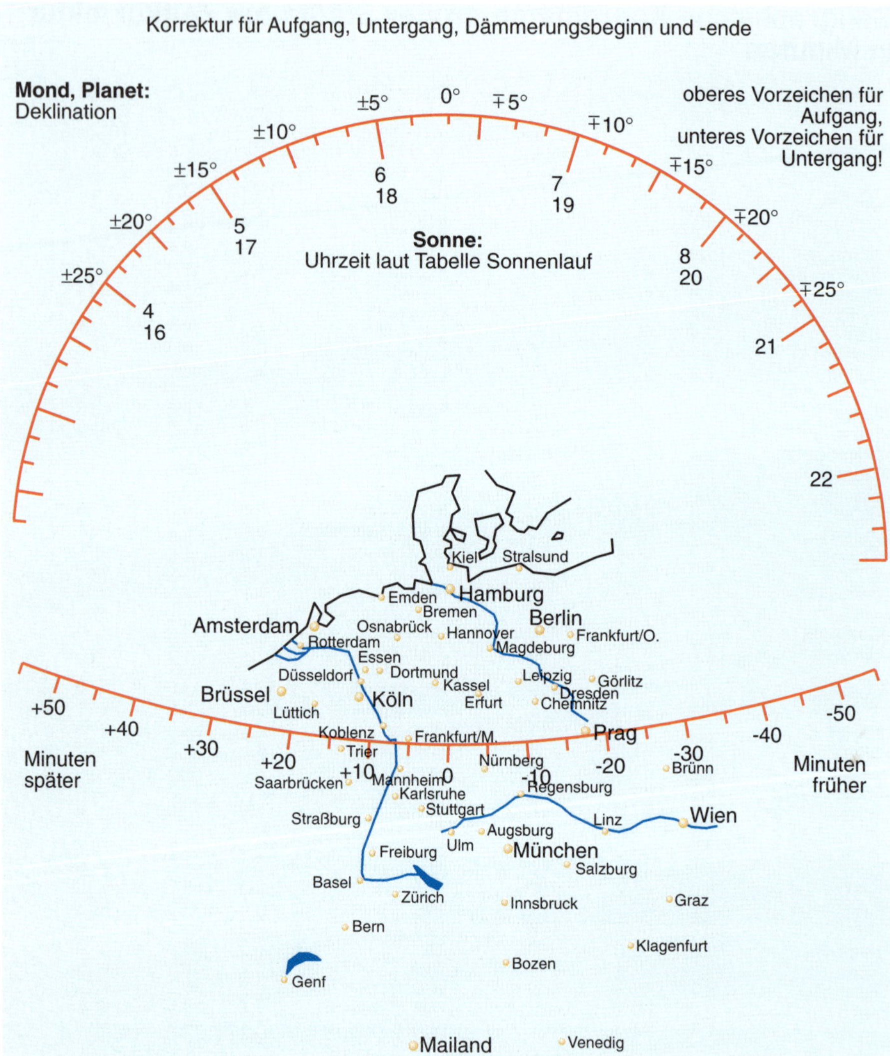

T.12: Nomogramm zur Bestimmung der Auf- und Untergangszeiten (Erläuterungen siehe Seite 16).

Korrektur für Auf- und Untergangszeiten

Sonne: Datum:			Jan. 21.	Febr. 8.	Febr. 23.	März 8.	März 20.	April 2.	April 16.	Mai 1.	Mai 20.	Juni 21.
		Dez. 22.	Nov. 22.	Nov. 3.	Okt. 19.	Okt. 6.	Sept. 23.	Sept. 10.	Aug. 27.	Aug. 12.	Juli 24.	
Mond, Planet:												
Deklination		-25°	-20°	-15°	-10°	- 5°	0°	+ 5°	+10°	+15°	+20°	+25°
Hamburg	Aufgang	+21m	+15m	+10m	+ 6m	+ 3m	+ 1m	- 4m	- 7m	-11m	-16m	-22m
	Unterg.	-21	-15	-10	- 6	- 3	+ 1	+ 4	+ 7	+11	+16	+22
Hannover	Aufgang	+14	+11	+ 8	+ 5	+ 3	+ 1	- 1	- 4	- 6	- 9	-13
	Unterg.	-12	- 9	- 6	- 3	- 1	+ 1	+ 3	+ 6	+ 8	+11	+15
Berlin	Aufgang	+ 1	- 3	- 6	- 9	-12	-14	-16	-19	-21	-25	-29
	Unterg.	-28	-24	-21	-18	-16	-14	-11	- 9	- 6	- 3	+ 1
Dresden	Aufgang	- 9	-11	-12	-13	-14	-15	-16	-17	-18	-19	-21
	Unterg.	-20	-19	-18	-17	-16	-15	-14	-13	-12	-11	- 9
Leipzig	Aufgang	- 2	- 4	- 6	- 7	- 8	-10	-11	-12	-13	-15	-17
	Unterg.	-17	-15	-13	-12	-11	-10	- 8	- 7	- 6	- 4	- 2
Düsseldorf	Aufgang	+19	+18	+16	+15	+14	+13	+12	+11	+10	+ 8	+ 6
	Unterg.	+ 7	+ 8	+10	+11	+12	+13	+14	+15	+16	+18	+20
Frankfurt	Aufgang	+ 6	+ 6	+ 6	+ 5	+ 5	+ 5	+ 5	+ 5	+ 5	+ 5	+ 4
	Unterg.	+ 4	+ 5	+ 5	+ 5	+ 5	+ 5	+ 5	+ 5	+ 6	+ 6	+ 6
Nürnberg	Aufgang	- 6	- 6	- 5	- 5	- 4	- 4	- 3	- 3	- 2	- 2	- 1
	Unterg.	- 1	- 2	- 2	- 3	- 3	- 4	- 4	- 5	- 5	- 6	- 6
Stuttgart	Aufgang	- 3	- 1	0	+ 1	+ 2	+ 3	+ 4	+ 5	+ 6	+ 7	+ 9
	Unterg.	+ 9	+ 7	+ 6	+ 5	+ 4	+ 3	+ 2	+ 1	0	- 1	- 3
München	Aufgang	-15	-13	-11	- 9	- 8	- 6	- 5	- 3	- 1	+ 1	+ 3
	Unterg.	+ 3	0	- 2	- 3	- 5	- 6	- 8	- 9	-11	-13	-16
Zürich	Aufgang	- 7	- 3	0	+ 2	+ 4	+ 6	+ 8	+11	+13	+16	+20
	Unterg.	+19	+15	+12	+10	+ 8	+ 6	+ 4	+ 1	- 1	-4	- 8
Wien	Aufgang	-34	-32	-30	-28	-27	-25	-24	-22	-21	-19	-16
	Unterg.	-17	-19	-21	-22	-24	-25	-27	-28	-30	-32	-35
Halber Tagbogen												
53° nördl. Breite		3h32m	4h09m	4h41m	5h10m	5h37m	6h04	6h31m	6h58m	7h28m	8h00m	8h38m
50° nördl. Breite		3 50	4 21	4 50	5 15	5 40	6 04	6 28	6 52	7 19	7 47	8 20
47° nördl. Breite		4 04	4 32	4 57	5 20	5 42	6 03	6 25	6 47	7 11	7 36	8 04

+ positiv: Korrektur addieren, Auf- oder Untergang findet später statt
– negativ: Korrektur subtrahieren, Auf- oder Untergang findet früher statt

Beispiel: Auf- und Untergang der Sonne am 20. März in Stuttgart.
Laut Tabelle *Sonnenlauf* auf Seite 62 lauten die Werte 6h24m und 18h32m für 50° Nord und 10° Ost.
Korrektur +3 und +3. Also geht die Sonne in Stuttgart um 6h27m auf und um 18h35m unter.
Für Daten und Deklinationen, die nicht in obiger Tabelle aufgeführt sind, nimmt man den nächstliegenden Wert, ohne einen großen Fehler zu begehen.

Astronomische Institute, Planetarien und Sternwarten

Augsburg
s-Planetarium
Im Thäle 3
86152 Augsburg
Tel.: (08 21) 3 24 67 62

Bamberg
Dr.-Remeis-Sternwarte
Bamberg
Astronomisches Institut der
Universität Erlangen-Nürnberg
Sternwartstraße 7
96049 Bamberg
Tel.: (09 51) 9 52 22-0
Fax: (09 51) 9 52 22-22
Telex: 62 98 30 unier
e-Mail: postmaster@
sternwarte.uni-erlangen.de

Basel
Astronomisches Institut der
Universität Basel
Venusstraße 7
CH-4102 Binningen
Tel.: (0 61) 2 71 77 11
Fax: (0 61) 2 71 78 10

Berlin
Institut für Astronomie und
Astrophysik der Technischen
Universität Berlin
Hardenbergstraße 36
10623 Berlin
Tel.: (0 30) 31 42 37 83
Fax: (0 30) 3 14-2 48 85
e-Mail: bordihn@physik.
TU-Berlin.de

Archenhold-Sternwarte
Alt-Treptow 1
12435 Berlin – Treptow
Tel.: (0 30) 5 34 80 80

Wilhelm-Foerster-Sternwarte
und Planetarium
Munsterdamm 90
12169 Berlin
Tel.: (0 30) 7 90 09 30

ZEISS-Großplanetarium
Prenzlauer Allee 80
10405 Berlin
Tel.: (0 30) 42 28 41 98

Bochum
Astronomisches Institut der
Ruhr-Universität
Postfach 10 21 48
44780 Bochum
Tel.: (02 34) 7 00 34
Fax: (02 34) 70 94-1 69 54
e-Mail: astrorub @ ruba.rz.
ruhr-uni-bochum.de

Planetarium und Sternwarte
Castroper Straße 67
44777 Bochum
Tel.: (02 34) 9 10 36 91

Bonn
Astronomische Institute der
Universität Bonn
Sternwarte mit Observatorium
Hoher List
Institut für Astrophysik und
Extraterrestrische Forschung
Auf dem Hügel 71
53121 Bonn
Tel. Sternwarte:
(02 28) 73 36 55, 56
Tel. Radioastronomie:
(02 28) 73 36 57, 58
Tel. Astrophysik:
(02 28) 73 36 71, 76
Gemeinsames Fax:
(02 28) 73-36 72
e-Mail: user@astro.
uni-bonn.de
Radioastronomisches Institut
mit Radioobservatorium
Stockert
e-Mail: mebold@astro.
uni-bonn.de

Observatorium Hoher List
54550 Daun/Eifel
Tel.: (0 65 92) 21 50/29 37

Radioobservatorium Stockert
53902 Eschweiler
Tel.: Bad Münstereifel
(0 22 53) 30 03

Max-Planck-Institut für
Radioastronomie
Auf dem Hügel 69
53121 Bonn
Tel.: (02 28) 52 51
Fax: (02 28) 52 52 29

Bremen
Sternwarte der
Olbers-Gesellschaft
Olbers-Planetarium der Hoch-
schule Bremen, FB Nautik
Werderstr. 73
28199 Bremen
Tel.: (04 21) 70 68 82

Dresden
Technische Universität
Dresden
Lohrmann-Observatorium und
Professur für Astronomie im
Institut für Planetare Geodäsie
Mommsenstraße 13
01069 Dresden
Tel.: (03 51) 4 63-40 97
Telex: 32 81 02 tuni d
Fax: (03 51) 4 63-70 19
e-Mail: lohrmobs@rcs.
urz.tu-dresden.de

Frankfurt
Institut für Theoretische
Physik (Astrophysik)
Robert-Mayer-Straße 10
60325 Frankfurt/Main
Tel.: (0 69) 7 98 23 57
Telex: 41 39 32 Uni FD
Fax: (0 69) 7 98 83 50
e-Mail: kegel@astro.
uni-frankfurt.de

ANSCHRIFTEN

Freiburg im Breisgau
Kiepenheuer-Institut für Sonnenphysik
Schöneckstraße 6
79104 Freiburg
Tel.: (07 61) 31 98-0
Fax: (07 61) 3 19 81 11
e-Mail: secr@kis.uni-freiburg.de

Richard-Fehrenbach-Planetarium in der Gewerbeschule II
Friedrichstraße 51
79098 Freiburg im Breisgau
Tel.: (07 61) 27 60 99

Göttingen
Universitäts-Sternwarte
Geismarlandstraße 11
37083 Göttingen
Tel.: (05 51) 39 50 42/39 50 53
Fax: (05 51) 39 50 43
e-Mail: (name)@uni-sw.gwdg.de

Außenstelle im Observatorio del Teide/Teneriffa
Tel.: (00 34 22) 3 29-1 41
Telex: (0 52) 9 14 34 obte e
Fax: (00 34 22) 3 29-1 40

Graz
Institut für Astronomie der Universität Graz (Universitätssternwarte)
Universitätsplatz 5
A-8010 Graz
Tel.: (03 16) 3 80-52 70/52 71
Fax: (03 16) 38 40 91
e-Mail: arh@bimgsl.kfunigraz.ac.at

Observatorium Lustbühel
Lustbühelstraße 46
A-8042 Graz
Tel.: (03 16) 4 13 58-16
Telex: 31 10 78 obslgz

Sonnenobservatorium Kanzelhöhe
A-9521 Treffen/Kärnten
Tel.: (0 42 48) 27 17
Fax: 04 56-42 48-2 00

Halle
Raumflugplanetarium
Peißnitzinsel 4 a
06108 Halle
Tel.: (03 45) 2 02 87 76

Hamburg
Hamburger Sternwarte
Gojenbergsweg 112
21029 Hamburg
Tel.: (0 40) 72 52-41 12
Telex: 21 78 84 hamst d
Fax: (0 40) 72 52-41 98
e-Mail: dreimers@hs.uni-hamburg.de

Planetarium
Hindenburgstraße Ö 1
22303 Hamburg
Tel.: (0 40) 51 49 85-0

Hannover
Astronomische Station am Institut für Erdmessung der Universität
Nienburger Straße 5
30167 Hannover
Tel.: (05 11) 7 62 24 75

Heidelberg
Astronomisches Rechen-Institut
Mönchhofstraße 12–14
69120 Heidelberg
Tel.: (0 62 21) 40 50
Fax: (0 62 21) 40 52 97

Institut für Theoretische Astrophysik
Tiergartenstr. 15
69121 Heidelberg
Tel.: (0 62 21) 54 48 37
Telex: 46 15 15 unikl d
Fax: (0 62 21) 54 42 21
e-Mail: wmt@manki-ita.uni-heidelberg.de

Max-Planck-Institut für Astronomie
Königstuhl 17
69117 Heidelberg
Tel.: (0 62 21) 52 80
Telex: 46 17 89 mpia d
Fax: (0 62 21) 52 82 46
e-Mail: internet: mpia-hd.mpg.de

Außenstelle Deutsch-Spanisches Astronomisches Zentrum
Calar Alto/Almeria
Apartados Correos 511
Almeria/Spanien
Tel.: (00 34 51) 23 09 88/22 55 76
Fax: (00 34 51) 22 55 62
e-Mail: internet: caha.es

Landessternwarte
Königstuhl
69117 Heidelberg
Tel.: (0 62 21) 50 90
Fax: (0 62 21) 5 09-2 02
e-Mail: Postmaster@mail.lsw.uni-heidelberg.de

Innsbruck
Institut für Astronomie der Universität Innsbruck
Technikerstraße 25
A-6020 Innsbruck
Tel.: (05 12) 5 07 60 31
Fax: (05 12) 5 07 29 23
Internet: Astro@uibk.ac.at

Jena
Universitäts-Sternwarte
Schillergäßchen 2
07745 Jena
Tel.: (0 36 41) 63 03-23
Fax: (0 36 41) 63 04 17
Telex: 33 15 06 uni dd
e-Mail: obs@betty.astro.uni-jena.de

Planetarium
Am Planetarium 5
07743 Jena
Tel.: (0 36 41) 2 73 15

INTERCON SPACETEC
Deneb
Schwan
M29
Alles für die Astronomie
TELESKOPE
FERNGLÄSER
ZUBEHÖR
BÜCHER
POSTER
STERNKARTEN
SOFTWARE
Riesenauswahl
Große Ausstellung
ICS
VIXEN
GALAXY
PENTAX
TELE VUE
ASTROSCAN
CELESTRON
MIYAUCHI
DOCTER
FUJINON
LEICA
ASTRONOMIE 97/98
INTERCON SPACETEC
INTERCON SPACETEC
Gablinger Weg 9d
D-86154 Augsburg
Fax 0821-414 085
Tel. 0821-414 081
Katalog ASTRONOMIE 97/98
160 Seiten kompetente Information
Bitte 8,– DM in Briefmarken.

Kassel
Planetarium im Museum für Astronomie und Technikgeschichte
Orangerie
An der Karlsaue 20 c
34121 Kassel

Kiel
Institut für Astronomie und Astrophysik
Leibnizstr. 15
24118 Kiel
Tel.: (04 31) 8 80-41 10
Fax: (04 31) 8 80-41 00
e-Mail: jonas@astrophysik.uni-kiel.d400.de

Planetarium
Knooper Weg 62
24103 Kiel
Tel.: (04 31) 51 98-2 11

Klagenfurt
Raumflugplanetarium
Villacher Straße 239
A-9020 Klagenfurt
Sternwarte Kreubergl
Tel.: (04 63) 2 17 00

Köln
Physikalisches Institut der Universität zu Köln
Zülpicher Straße 77
50937 Köln
Tel.: (02 21) 4 70-35 67
Fax: (02 21) 4 70-51 62
e-Mail: ...@ph1.uni-koeln.de

Locarno
Istituto Ricerche Solari Locarno
via Patocchi
CH-6644 Orselina
Tel. + Fax: 00 41 93 33 42 26

Luzern
Planetarium im Verkehrshaus der Schweiz
Lidostraße 5
CH-6006 Luzern
Tel. (0 41) 31 44 44

Mannheim
Planetarium
W.-Varnholt-Allee 1
68165 Mannheim
Tel.: (06 21) 41 56 92
Fax: (06 21) 41 24 11

München
Europäische Südsternwarte (ESO)
Karl-Schwarzschild-Straße 2
85748 Garching
Tel.: (0 89) 32 00 62 76
Telex: 05-2 82 82-0 eo d
Fax: (0 89) 3 20 23 62

Institut für Astronomie und Astrophysik der Universität München
Universitäts-Sternwarte
Scheinerstraße 1
81679 München
Tel.: (0 89) 92 20 94-0
e-Mail: sam@usmv23.uni-münchen.de

Max-Planck-Institut für Extraterrestrische Physik
Karl-Schwarzschild-Str. 1
85748 Garching
Tel.: (0 89) 32 99-00
Telex: 05 21 58 45 xter d
Fax: (0 89) 32 99-35 99
e-Mail: mfs@mpe-garching

Max-Planck-Institut für Astrophysik
Karl-Schwarzschild-Straße 1
85748 Garching
Tel.: (0 89) 32 99-00
Telex: 52 46 29
Fax: (0 89) 32 99-32 35
e-Mail: userid@mpa-garching

Planetarium und Bayerische Volkssternwarte
Anzinger Straße 1
81671 München
Tel.: (0 89) 40 62 39

Planetarium
Forum der Technik
Museumsinsel 1
80538 München
Tel.: (0 89) 2 11-25-1 80
Fax: (0 89) 2 11-1 89

Münster
Astronomisches Institut der Westfälischen Wilhelms-Universität
Wilhelm-Klemm-Straße 10
48149 Münster
Tel.: 49(0)2 51-83-35 61
Telex: 89 25 29 unims d
Fax: 49(0)2 51-83-35 65
e-Mail: userid
oder
aimal@cygnus.uni.muenster.de (Internet)

Außenstation Schalkenmehren
Hembrich 6
54552 Schalkenmehren/Eifel
Tel.: 49(0)65 92-39 14

Planetarium im Naturkundemuseum
Sentruper Straße 285
48161 Münster
Tel.: (02 51) 8 94 23

Nürnberg
Planetarium
Am Plärrer 41
90317 Nürnberg
Tel.: (09 11) 26 54 67

Sternwarte
Regiomontanusweg 1
90431 Nürnberg
Tel.: (09 11) 9 59 35 38

Osnabrück
Museum am Schölerberg/Planetarium
Am Schölerberg 8
49082 Osnabrück
Tel.: (05 41) 56 00 30

ANSCHRIFTEN

Potsdam
Astrophysikalisches Institut Potsdam
An der Sternwarte 16
14482 Potsdam
Tel.: (03 31) 7 49 90
Fax: (03 31) 7 49 92 00
e-Mail: khraedler@aip.de

Astrophysikalisches Observatorium Potsdam/ Sonnenobservatorium Einsteinturm
Telegrafenberg
14473 Potsdam
Tel.: (03 31) 28 80
Fax: (03 31) 2 88 23 10

Observatorium für solare Radioastronomie Tremsdorf
14552 Tremsdorf
Tel.: (03 32 05) 22 61

Recklinghausen
Westf. Volkssternwarte/ Planetarium
Stadtgarten Cäcilienhöhe
45657 Recklinghausen
Tel.: (0 23 61) 2 31 34

Schneeberg
Sternwarte und Planetarium
Heinrich-Heine-Straße
08289 Schneeberg
Tel.: (0 37 72) 2 24 39

Siegen
Sternwarte der Universität
Adolf-Reichwein-Straße
57068 Siegen
Tel.: (02 71) 7 40-46 13
Fax: (02 71) 7 40-23 30

Sonneberg
Sternwarte Sonneberg
Sternwartestraße 32
96515 Sonneberg
Tel.: (0 36 75) 8 12 10
Fax: (0 36 75) 8 12 19

Stuttgart
Carl-Zeiss-Planetarium mit Sternwarte Welzheim
Mittlerer Schloßgarten
70173 Stuttgart
Tel.: (07 11) 1 62 92 15
Fax: (07 11) 216 39 12
e-Mail: HUKPLAN@planetarium.s.shuttle.de

Sternwarte Welzheim
Tel.: (0 71 82) 42 84

Tautenburg
Thüringer Landessternwarte Karl-Schwarzschild-Observatorium
Sternwarte 5
07778 Tautenburg
Tel.: (03 64 27) 86 30
Fax: (03 64 27) 8 63 29

Tübingen
Astronom. Institut der Univ.
Waldhäuser Straße 64
72076 Tübingen
Tel.: (0 70 71) 29 24 86
Telex: 07 26 27 14 ait d
Fax: (0 70 71) 29 34 58
e-Mail: (username) @ait.physik uni.tuebingen.de

Lehr- und Forschungsbereich Theoretische Astrophysik der Universität Tübingen
Auf der Morgenstelle 10
72076 Tübingen
Tel.: (0 70 71) 29 24 87
Fax: (0 70 71) 29 75 75
e-Mail: username@tat.physik.uni-tuebingen.de

Welzheim
Siehe Planetarium **Stuttgart**

Wernigerode
Harzplanetarium
Sekundarschule „Maxim Gorki"
Walther-Rathenau-Straße 11
38855 Wernigerode
Tel.: (0 39 43) 3 22 77

Wien
Institut für Astronomie der Universität Wien, Universitäts-Sternwarte
Türkenschanzstraße 17
A-1180 Wien
Tel.: (02 22) 4 70 68 00-0
Fax: (02 22) 4 70 68 00-15
e-Mail: user@astro.ast.univie.ac.at

Kuffner-Sternwarte
Johann Staud-Straße 10
A-1160 Wien
Tel.: (02 22) 9 14 81 30

URANIA-Sternwarte
Uraniastraße 1
A-1010 Wien
Tel.: (02 22) 7 12 61 91

Planetarium
Oswald-Thomas-Platz 1
A-1020 Wien
Tel.: (02 22) 24 94 32

Wolfsburg
Planetarium
Uhlandweg 2
38440 Wolfsburg
Tel.: (0 53 61) 2 19 39

Würzburg
Institut für Astronomie und Astrophysik
Am Hubland
97074 Würzburg
Tel.: (09 31) 8 88-50 31
Fax: (09 31) 8 88-46 03
e-Mail: deubner@astro.uni-wuerzburg.de

Zürich
Institut für Astronomie
ETH-Zentrum
CH-8092 Zürich
Tel.: 41-1-6 32 38 13
Fax: 41-1-6 32 12 05
e-Mail: username@astro.phys.ethz.ch

URANIA-Sternwarte
Uraniastraße 9
CH-8000 Zürich

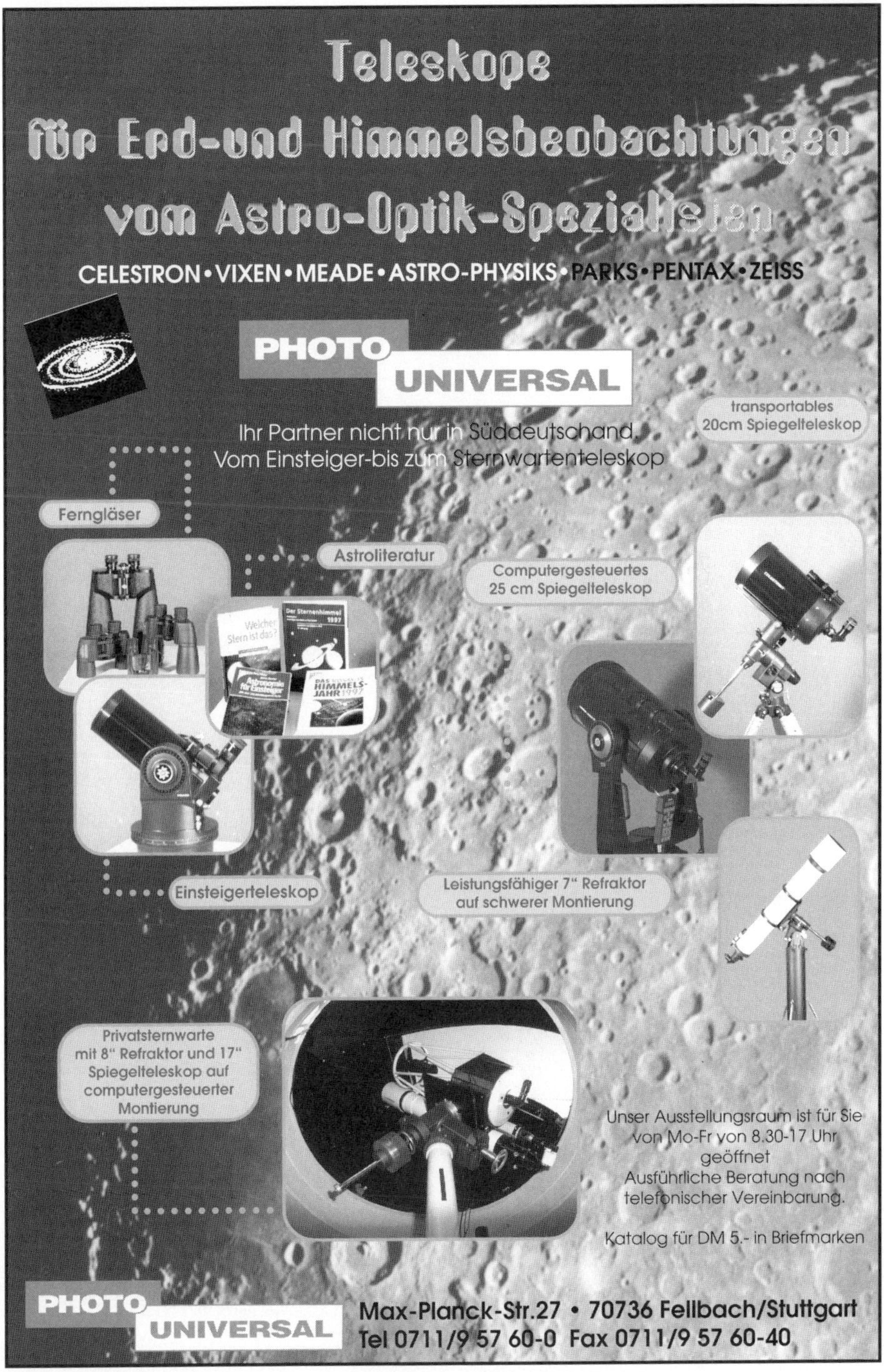
Teleskope
für Erd-und Himmelsbeobachtungen
vom Astro-Optik-Spezialisten
CELESTRON • VIXEN • MEADE • ASTRO-PHYSIKS • PARKS • PENTAX • ZEISS
PHOTO UNIVERSAL
Ihr Partner nicht nur in Süddeutschand.
Vom Einsteiger-bis zum Sternwartenteleskop
transportables 20cm Spiegelteleskop
Ferngläser
Astroliteratur
Computergesteuertes 25 cm Spiegelteleskop
Einsteigerteleskop
Leistungsfähiger 7" Refraktor auf schwerer Montierung
Privatsternwarte mit 8" Refraktor und 17" Spiegelteleskop auf computergesteuerter Montierung
Unser Ausstellungsraum ist für Sie von Mo-Fr von 8.30-17 Uhr geöffnet
Ausführliche Beratung nach telefonischer Vereinbarung.
Katalog für DM 5.- in Briefmarken
PHOTO UNIVERSAL
Max-Planck-Str.27 • 70736 Fellbach/Stuttgart
Tel 0711/9 57 60-0 Fax 0711/9 57 60-40

Ihr Traumfernrohr. Wenn Sie es be
1
2
3
4
5
6
7
8
9
10
11
12
Spass am Sternegucken ...
Ein kleiner Querschnitt* durch unser großes Programm: 1 C11 Ultima PEC >sehr große Leistung, ultrakompakt 2 C8 Custom >extremes Spektiv 3 C8 GP-DX >Astrofotografentraum 4 C9 Ultima PEC >HighTech 5 Celestar 8 >Preiswert, kompakt 6 CG-11 >Perfektion in jeder Beziehung 7 CG-9 >Astrofotografie total 8 Firstscope 80 >preiswert, robust 9 GP R-150S >DeepSky sehen und fotografieren 10 NP 80L >super für Mond und Planeten 11 NP E102M >viel Refraktor für wenig Geld 12 NP R-114S >DAS Einsteigerteleskop 13 C5 >ultrakompaktes Reiseteleskop 14 C8 GP >bestes Preis/Leistungsverhältnis 15 C90 >leistungsstarkes Spektiv 16 CG-14 >Astro-Power ohne Ende 17 Firstscope 60 >Schülerteleskop 18 Firstscope R-114 >leistungsstarkes Schülerteleskop 19 GP R-114M >ausbaufähiges Einsteigerteleskop 20 GP VC-200L >Astrofoto-Kanone 21 NP E-150S >große Leistung, kleines Geld 22 Sirius 50L >Einstiegsdroge für kleine Sterngucker 23 TeleVue-Teleskope >Nonplusultra für Perfektionisten 24 Vixen 12x80 >Sternendusche
Die größte Auswahl an Teleskopen und Zubehör in Deu

13
14
15
16
17
18
19
20
21
22
23
24

Amateurastronomische Vereinigungen, Beobachtungsstationen und Privatsternwarten

Aalen
Schul- und Volkssternwarte
Rombacherstraße 30
73430 Aalen

Abensberg
AK Astronomie der
Weltenburger Akademie
Adlerstraße 104
93326 Abensberg

Albstadt
Sternwarte und
Planetarium
Hartmannstraße 140
72458 Albstadt-Ebingen

Aschersleben
Planetarium Aschersleben
Im Tierpark
Auf der Alten Burg 40
06449 Aschersleben

Augsburg
siehe **Diedorf**

Bad Driburg
Sternwarte der
F.-W.-Weber-Realschule
Elsterweg 13
33014 Bad Driburg

Bad Mergentheim
Astronomische Vereinigung
Weikersheim
Marienstraße 38
97980 Bad Mergentheim

Bad Nauheim
Volkssternwarte Wetterau e. V.
Hauptstraße 40
61231 Bad Nauheim

Bad Salzschlirf
Sternwarte
Dr.-Martiny-Straße 1
36364 Bad Salzschlirf

Bad Salzuflen
Schulsternwarte im Zentrum
Lohfeld
Wasserfuhr 25 e
32108 Bad Salzuflen

Bad Zwesten
Sternwarte der
Hardtwaldklinik I
Hardtstraße
34596 Bad Zwesten

Baindt
s. **Waldburg-Weingarten**

Basel
Astronomischer Verein
Venusstraße 7
CH-4102 Binningen

Bautzen
Sternwarte Bautzen
Schulsternwarte und
Planetarium
Czornebohstraße 82
(Naturpark)
02625 Bautzen

Bentheim
Stiftung Volkssternwarte
Twente
Astronomischer Verein der
Grafschaft Bentheim e. V.
Frensdorferweg 22, LATTROP
NL-7590 AB Denekamp

Berlin
Bruno H. Bürgel
Sternwarte
Heerstraße 531
13593 Berlin

Bielefeld
Schulsternwarte
Brackweder Gymnasium
Beckumer Straße 10
33647 Bielefeld

Arbeitsgemeinschaft
Astronomie
Naturkundemuseum
Kreuzstraße 38
33602 Bielefeld

Bietigheim-Bissingen
siehe **Ludwigsburg**

Bonn
Volkssternwarte Bonn e. V.
Poppelsdorfer Allee 47
53115 Bonn

Braunschweig
Sternfreunde Braunschweig-
Hondelage e. V.
Ackerweg 1 B
38108 Braunschweig

Bremerhaven
Bremerhavener
Sternfreunde e. V.
Buschkämpen 29
27576 Bremerhaven

Buchloe
Volkssternwarte der VHS
Adolf-Müller-Straße 7
86807 Buchloe

Bülach
Schul- und Volkssternwarte
Bülach
Rotzibüch bei Eschenmosen
CH-8180 Bülach

Calden
Sternwarte
Schachter Weg
34379 Calden

Carona
Feriensternwarte CALINA
Osservatorio Calina
CH-6914 Carona

KOSMOS Report
Thomas Bührke
GEHEIMNIS-VOLLE SCHATTEN-WELT
Das Universum ein schwarzer Fleck? Dieses Buch lädt ein, sich an der aufregenden Suche nach der dunklen Materie zu beteiligen. Eines der spannendsten Abenteuer der modernen Astronomie.
159 Seiten, 43 Abbildungen
ISBN 3-440-07026-3
Bernhard Mackowiak
WARUM LEUCHTEN STERNE?
Die Astronomie in Fragen und Antworten
Warum hat der Mond Flecken und was sind Mondmeere? Woher kommt das Universum? Antworten auf die 100 am häufigsten gestellten Fragen rund um die Astronomie.
160 Seiten, 64 Abbildungen
ISBN 3-440-07004-2
Bernhard Mackowiak
ENERGIE VOM MARS?
Rohstoffe auf Mond und Mars, Forschungsstationen auf Merkur? Ein Report rund um Geld und Macht, der weit ins nächste Jahrtausend führt.
159 Seiten, 35 Abbildungen
ISBN 3-440-07228-2
Rüdiger Vaas
DER TOD KAM AUS DEM ALL
Wie groß ist die Wahrscheinlichkeit von Kometen- und Meteoriteneinschlägen auf der Erde? War ein Komet das Schicksal der Dinosaurier? Ein Buch über Vergangenheit und Zukunft des Lebens auf der Erde.
208 Seiten
79 Abbildungen
ISBN 3-440-07005-0
kosmos
Bücher • Videos • CDs • Kalender
zu den Themen: Natur, Garten- und Zimmerpflanzen, Astronomie, Heimtiere, Pferde, Kinder- und Jugendbücher, Eisenbahn/Nutzfahrzeuge

ANSCHRIFTEN

Coburg
Volkssternwarte Coburg/VHS
Löwenstr. 15
96450 Coburg

Crimmitschau
Interessengemeinschaft
Astronomie
Sternwarte „Johannes Kepler"
Lindenstraße 8
08451 Crimmitschau

Damme
Club der Sternfreunde Damme e.V.
Hebbelstr. 1
49401 Damme

Darmstadt
Volkssternwarte e. V.
Herdweg 45
64285 Darmstadt

Diedorf
Astronomische Vereinigung
Augsburg e. V.
Pestalozzistraße
86420 Diedorf/Augsburg

Donzdorf
Sternfreunde Donzdorf
Messelberg-Sternwarte beim
Schulzentrum
73072 Donzdorf

Dortmund
Sternwarte im Westfalenpark
Astronomischer Verein
Dortmund e. V.
Hörder Bahnhofstr. 9
44263 Dortmund

Drebach
Volkssternwarte und Planetarium
Straße der Jugend 14
09430 Drebach (Erzgebirge)

Düsseldorf
Benzenberg-Sternwarte
Wimpfener Straße 18
40597 Düsseldorf

Durmersheim
Sternfreunde Durmersheim
Würmersheimer Straße 25
76448 Durmersheim

Eilenburg
Volks- und Schulsternwarte
Am Mansberg 18
04838 Eilenburg

Eisenstadt
Burgenländische
Amateurastronomen
Neusiedlerstraße 8
A-7000 Eisenstadt

Burgenländische
Landessternwarte
Dr.-Karl-Renner-Straße 1
A-7000 Eisenstadt

Erfurt
siehe **Molsdorf**

Erkrath
Sternwarte Neanderhöhe
Hochdahl, Stellarium
Hildener Straße 17
40699 Erkrath

Eschwege
Vereinigte Amateur-
Astronomen
Eschwege VAAE 1975 e. V.
Kromenweg 6 a
36205 Sontra-Breitau

Essen
Verein für volkstümliche
Astronomie
Weberplatz 1
45127 Essen

Walter-Hohmann-Sternwarte
Wallneyer Straße 159
45133 Essen

Frankfurt/Main
Volkssternwarte des Phys.
Vereins Frankfurt
Robert-Mayer-Straße 2–4
60054 Frankfurt

Freiburg
Volkssternwarte Freiburg
Staudinger Straße 10
79115 Freiburg/Br.

Sternfreunde Breisgau e. V.
Hugstetter Straße 5
79106 Freiburg/Br.

Freigericht-Somborn
Schulsternwarte
Konrad-Adenauer-Ring
63579 Freigericht-Somborn

Fürstenfeldbruck
Planetarium und Sternwarte
Schöngeisingerstraße 6/II
82256 Fürstenfeldbruck

Fulda
Hans-Nüchter-Sternwarte
Domänenweg 2
36037 Fulda

Planetarium im Vonderau-
Museum
Jesuitenplatz 2
36010 Fulda

Fuldatal
Volkssternwarte Rothwesten
Brüder-Grimm-Straße 24
34233 Fuldatal-Rothwesten

Geretsried
Volks- und Schulsternwarte
Geretsried e. V.
Adalbert-Stifter-Str. 14
82538 Geretsried

Gmunden
Eisner-Sternwarte
Kalvarienberg
A-4810 Gmunden

Goch
Klever Volkssternwarte e. V.
Beobachtungsstation Goch
Berliner Straße 69
47574 Goch-Nierswalde

ANSCHRIFTEN

Görlitz
Scultetus-Sternwarte
An der Sternwarte 1
02827 Görlitz

Göttingen
Förderkreis Planetarium
Göttingen e. V.
Brauweg 11
37073 Göttingen

Gondelsheim
Kraichgau-Sternwarte
Gondelsheim e. V.
Lilienstraße 25
76669 Bad Schönborn

Graz
Steirischer Astronomen Verein
Blümelstraße 33
A-8020 Graz

Gröbenzell
Astronomische Vereinigung
West-München (AVWM)
Grasslfinger Straße 43
82194 Gröbenzell

Gudensberg
Förderverein Schulsternwarte
Gudensberg e. V.
Schwimmbadweg 30
34281 Gudensberg

Hagen
Volkssternwarte
Eugen-Richter-Turm
58135 Hagen

Hamburg
Ges. für volkstümliche
Astronomie (GvA) e. V.
Hindenburgstraße Ö 1
22303 Hamburg

Hamm
Astronomische Arbeits-
gemeinschaft der VHS
Westenwall 2
59065 Hamm

Hannover
Planetarium der
Bismarckschule
An der Bismarckschule 5
30173 Hannover

Volkssternwarte
Am Lindener Berg 27
30449 Hannover

Hardheim
Astronomie-Arbeitskreis
Walter-Hohmann-Sternwarte
Alte Würzburger Straße 5
74736 Hardheim

Heilbronn
Robert-Mayer-
Volks- und Schulsternwarte
Bismarckstraße 10
74072 Heilbronn

Heppenheim
Starkenburg-Sternwarte
Kl. Bach 3
64646 Heppenheim

Herzberg
Schulsternwarte
Am Wasserturm
04916 Herzberg

Hof
Volkssternwarte Hof
Egerländer Weg 25
95032 Hof

Ilsede
Privatsternwarte
Alter Weg 4 B
31241 Ilsede

Jena
Urania-Sternwarte
Schillergäßchen 2
07745 Jena

Karlsruhe
Sternwarte des
Max-Planck-Gymnasiums
Krokusweg
76199 Karlsruhe

Kassel
Astronomischer Arbeitskreis
Kassel e. V.
Wilhelmshöher Allee 300 A
34131 Kassel

Kempten
Astronomieverein Kempten e. V.
Saarlandstr. 1
87435 Kempten

Kirchhain
Kirchhainer Sternfreunde e. V.
Volkssternwarte
Straße der Jugend 11
03253 Doberlug-Kirchhain

Köln
Planetarium
Blücherstraße 17
50733 Köln

Volkssternwarte
Nikolausstraße 55
50937 Köln

Krefeld
Vereinigung Krefelder
Sternfreunde e. V.
Waldhofstraße 132
47800 Krefeld

Kreuzlingen
Sternwarte Kreuzlingen
Breitenrainstraße 21
CH-8280 Kreuzlingen

Kufstein
Astro-Club Planetarium
Schützenstraße 16
A-6332 Kufstein

Laufeld
Astronomischer Freundeskreis
Wittlich e. V.
Marktplatz 6
54533 Laufeld

Laufen
Astronomische Arbeitsgruppe
Laufen e. V.
Goethestraße 8
83410 Laufen

Laupheim
Planetarium
Parkweg 44
88471 Laupheim

Volkssternwarte e. V.
Leibnizstraße 35
88471 Laupheim

Leinfelden
Schul- und Volkssternwarte
Anemonenstraße 15
70771 Leinfelden-Echterdingen

Lemgo
Sternwarte Lemgo
der FH Lippe
Liebigstraße 87
32655 Lemgo

Linz
Volkssternwarte
Sternwarteweg 5
A-4020 Linz

Lübeck
Sternwarte Lübeck
Am Ährenfeld 2
23564 Lübeck

Ludwigsburg
Arbeitsgemeinschaft
Astronomie
Rosenstraße 15/2
74321 Bietigheim-Bissingen

Lustenau
Vorarlberger
Amateur Astronomen
Hofsteigstraße 33
A-6890 Lustenau

Luxemburg
Amateurs Astronomes du
Luxembourg
16 B, rue Emile Mayrisch
L-3522 Dudelange

Magdeburg
Planetarium und Sternwarte
Pablo-Picasso-Straße 21
39128 Magdeburg

Mainz
Astronomische
Arbeitsgemeinschaft
der Sternfreunde Mainz
und Umgebung e. V.
Petersplatz 2
55116 Mainz

Menden
Vereinigung der Sternfreunde
Menden e. V.
Thüringer Str. 14
58708 Menden

Meran
Amateurastronomen
„MAX VALIER“
Verein zur Förderung der
Astronomie in Südtirol
Laurinstraße 217
I-39012 Meran (BZ)

Mönchengladbach
Astronomischer Arbeitskreis
Mönchengladbach e. V.
Engelsholt 143
41069 Mönchengladbach

Moers
Moerser Astronomische
Organisation e. V.
Drinhausstr. 2
47447 Moers

Molsdorf
Volkssternwarte Erfurt
Gothaer Straße 4 a
99192 Molsdorf

Münster
Sternfreunde Münster e. V.
Sentruper Straße 285
48161 Münster

Neumarkt
Bayerische Volkssternwarte
Moorstraße 5
92318 Neumarkt

Neumünster
Arbeitsgemeinschaft Sternwarte der Volkshochschule
Neumünster
Stadt Neumünster/Kulturamt
24534 Neumünster

Neunkirchen
Verein der Amateurastronomen
des Saarlandes e. V.
Händelstraße 1
66538 Neunkirchen

Nordenham
Planetarium
Bahnhofstraße 52
26954 Nordenham

Norderney
Astronomischer Arbeitskreis
Norderney
Birkenweg 22
26548 Norderney

Norderstedt
Volkssternwarte
Norderstedt e. V.
Alsterstieg 11
22851 Norderstedt

Nordhausen
Planetarium
Wendenstr. 1
99734 Nordhausen

Nürnberg
Astronomie & Philatelie
Dallingerstraße 1
90459 Nürnberg

Nürnberger Astronomische
Arbeitsgemeinschaft e. V.
Regiomontanusweg 1
90491 Nürnberg

Nürtingen
Astronomische Vereinigung
Birkenweg 7
72622 Nürtingen

Oldenburg
Oldenburger Sternfreunde e. V.
Kranbergstraße 6
26123 Oldenburg

Ottobeuren
Allgäuer Volks-
sternwarte e. V.
Schwabenstraße 13
87724 Ottobeuren

Paderborn
Volkssternwarte
Im Schloßpark
33041 Paderborn

Papenburg
Astronomischer Verein
Wilhelm-Leuschner-Straße 48
26871 Papenburg

Passau
Volkssternwarte
Veste Oberhaus
94034 Passau

Pfarrkirchen
siehe **Zeilarn**

Pforzheim
Astronomischer Arbeitskreis
Parkstraße 25
75223 Öschelbronn

Potsdam
Planetarium –
Beobachtungsstation
Im Neuen Garten 6
14469 Potsdam

Radeberg
Freundeskreis Sternwarte e. V.
Volkssternwarte Erich Bär
Stolpener Straße PF 84–40
01454 Radeberg

Regensburg
Volkssternwarte
Ägidienplatz 2
93047 Regensburg

Remscheid
Astronomischer Verein
Remscheid e. V.
Im Laspert 11
42855 Remscheid

Reutlingen
Planetarium und Sternwarte
Karlstraße 40
72764 Reutlingen

Rheine
Astro-AG Waldhügel
Birkhahnweg 8
48429 Rheine

Rodewisch
Schulsternwarte
Rützengrüner Straße 41 a
08228 Rodewisch
(Vogtland)

Rüsselsheim
Rüsselsheimer
Sternfreunde e. V.
Am Borngraben 40
65428 Rüsselsheim

Salzburg
Sternwarte am Voggenberg
Höfelgasse 6
A-5020 Salzburg

Schaffhausen
Dr. h. c. Hans-Rohr-Sternwarte
Astro-AG der
Naturforschenden Gesellschaft
Beckengässchen 23
CH-8201 Schaffhausen

Schkeuditz
Astronomisches Zentrum
An der Bergbreite
04435 Schkeuditz

Seewalchen
Astronom. AK. Salzkammergut
Sachsenstraße 2
A-4863 Seewalchen

Senftenberg
Planetarium
An der Ingenieurschule
01968 Senftenberg

Singen
Volkssternwarte
Rielasinger Straße 37
78224 Singen

Soest
Volkssternwarte
Steinkuhlenweg 6
59494 Soest

Sohland
Volks- und
Schulsternwarte
Zöllnerweg 12
02689 Sohland

Solingen
Walter-Horn-Ges. e. V.
Sternwarte
Sternstraße 5
42719 Solingen

Stadthagen
Astronomie-Arbeitsgemeinschaft
am Ratsgymnasium Stadthagen
Büschingstr. 37
31655 Stadthagen

Stuttgart
Schwäbische Sternwarte
Zur Uhlandshöhe 41
70188 Stuttgart

Suhl
Volks- und Schulsternwarte
Auf dem Hoheloh 1
98527 Suhl

Sursee
Sternwarte Sursee
Berufsschule Kotten
Kyburgerstr. 3
CH-6210 Sursee

Tirschenreuth
Volkssternwarte Tirschenreuth
Blankenbühlstraße 28
95643 Tirschenreuth

Trier
Sternwarte Trier e. V.
Wilhelm-Leuschner-Straße 50
54292 Trier

Tübingen
Astronomische Vereinigung
Tübingen e. V.
Sternwarte der Universität
Waldhäuser Straße 64
72076 Tübingen

Überlingen
Sternwarte Überlingen
Ob. St. Leonhardstraße 45
88662 Überlingen

Ulm
Astronomische Arbeitsgruppe
Julius-Leber-Weg 49
89705 Ulm

Violau
Sternwarte
Bruder-Klaus-Heim
86450 Violau

Waldburg
Astronomischer Arbeitskreis
Waldburg-Weingarten e. V.
Gartenstraße 31
88255 Baindt

Wertheim
Johann-Kern-Sternwarte e. V.
Mittlere Flur 20
97877 Wertheim

Wetterau
siehe **Bad Nauheim**

Wetzlar
Astronomischer Arbeitskreis
Lindenstr. 11
35606 Solms

Widdern
Amateursternwarte
Johannes Röder
Falkenstr. 1
74259 Widdern

Wien
Astronomischer Jugendclub
Richard-Wagner-Platz 2/8
A-1160 Wien

Wiesbaden
Astronomische Gesellschaft
Urania e. V.
Volkssternwarte
Bierstadter Str. 47
65189 Wiesbaden

Winterthur
Sternwarte Eschenberg
der AG Winterthur
Breitenstraße 2
CH-8542 Wiesendangen

Winzer
Volkssternwarte
Bayerischer Wald e. V.
Pf.-Neumeier-Str. 1
94577 Winzer

Wittlich siehe **Laufeld**

Wolfsburg
Sternwarte der VHS
Walter-Flex-Weg 8
38446 Wolfsburg

Zeilarn
Sternfreunde Pfarrkirchen
Oberhaus
84367 Zeilarn

Überregionale astronomische Amateur-Vereinigungen

Bundesdeutsche Arbeitsgemeinschaft für Veränderliche
Sterne e. V. (BAV)
Munsterdamm 90
12169 Berlin

Österreichischer
Astronomischer Verein
Baumgartenstraße 23/4
A-1140 Wien

Schweizerische Astronomische Gesellschaft (SAG)
Zentralsekretariat:
Ch. Marais-Long 10
CH-1217 Meyrin

Vereinigung der Sternfreunde
e. V. (VdS)
Anzingerstraße 1
(Volkssternwarte)
81671 München

Das Verzeichnis erhebt keinen Anspruch auf Vollständigkeit.

Das Kalendarium 1998 bis 2002

Das Kalendarium enthält für die Jahre 1998 bis 2002 alle Wochentage, die Mondphasen (☽: Erstes Viertel, ○: Vollmond, ☾: Letztes Viertel, ●: Neumond), die beweglichen Feiertage sowie die Zahl der Tage (Gemeinjahr oder Schaltjahr).
Ferner sind vermerkt: Beginn der Jahreszeiten sowie Sonnennähe und -ferne (alle Zeiten MEZ), Sonnen- und Mondfinsternisse (in Mitteleuropa sichtbare Finsternisse sind durch **Fettdruck** hervorgehoben) und schließlich die wichtigsten Konstellationen der Planeten. Halbschattenfinsternisse des Mondes sind, da kaum auffallend, nicht vermerkt.

Bei Merkur sind die größten östlichen und westlichen Elongationen angegeben. Sofern es zu einer Abend- oder Morgensichtbarkeit in unseren Breiten kommt, ist das Datum **fettgedruckt.** *Kursivdruck* bedeutet schwierige Sichtbedingungen, Normaldruck: Merkur bleibt unsichtbar. Bei Venus sind außer den Daten der größten Elongationen auch die unteren und oberen Konjunktionen vermerkt.
Für die äußeren Planeten (Mars bis Pluto) sind die Oppositionen und Konjunktionen angegeben sowie das Sternbild, in dem der Planet seine Oppositionsstellung erreicht. Ferner sind die Oppositionsentfernungen von der Erde in Millionen Kilometer vermerkt.

„Vertraut mit den Wundern des Weltraums"

Ebenso wie die Kunst ästhetische Wünsche und Gefühle des Menschen befriedigt, so bietet ein wissenschaftliches Hobby, oder besser "Wissenschaft als Hobby" die gleiche Befriedigung für den menschlichen Intellekt. Machen Sie deshalb sich und Ihre Kinder - **vertraut mit den Wundern des Weltraums** - Sie werden ein Leben lang von einem besonders faszinierenden Wissen profitieren.

Wir sind seit 30 Jahren in Deutschland auf dem Gebiet Schul- und Hobby-Astronomie tätig und haben auch für Sie oder für Ihre Kinder die richtigen Anregungen, wie zum Beispiel diese:

Baader Planetarium

Die möglichst realistische Darstellung der Bewegungsverhältnisse von Erde und Mond um die Sonne war unser Hauptanliegen bei der Konstruktion dieses Gerätes. Was sich jedoch durch die Verbindung mit dem umgebenden Sternglobus alles herleiten läßt, übertrifft die Möglichkeiten früherer Modelle um ein Vielfaches und reicht von der Darstellung von Tag und Nacht bis zur Projektion des Nachthimmels für jede Jahreszeit und jede Position auf der Erde. Jetzt läßt sich alles demonstrieren, was das räumliche Vorstellungsvermögen übersteigt und was man einem Kind - auch nicht mit der besten Erklärung - verständlich machen kann.

Teleskope und Zubehör

Bei uns finden Sie das größte Angebot an Markenfernrohren in Deutschland: ASTRO PHYSICS, CARL ZEISS, CELESTRON, VIXEN, ALT-Montierungen u.v.a.

Wir liefern Okulare und astronomisches Zubehör z.T. aus eigener Fertigung: z.B.: Sonnenfilter, Spektrographen, Micro-Guide Okular, Protuberanzenansatz, DAYSTAR-Filter, Zeiss opt. Bauteile u. Prismen, **SBIG CCD-Kameras und Auto-Guider.**

Unsere Gesamtunterlagen bitten wir schriftlich gegen eine Schutzgebühr von DM 10,-- (aus dem Ausland DM 15,--) anzufordern.

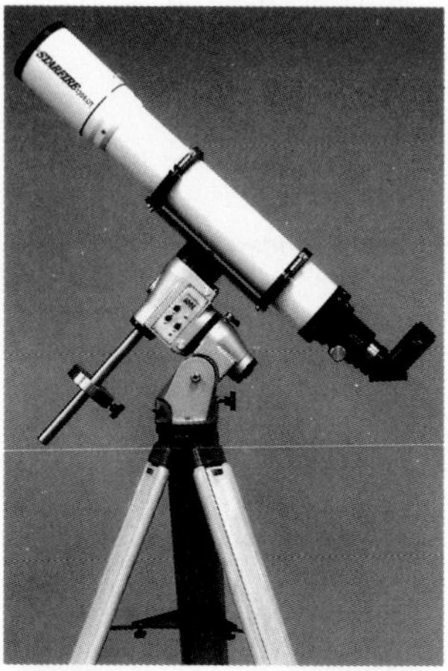

Sternwarten-Kuppeln aus GFK

Eine permanente Aufstellungsmöglichkeit für das Teleskop ist der Wunschtraum aller Amateure und ein Muß für Schulen, wo ansonsten die halbe Beobachtungszeit mit dem korrekten Aufstellen des Gerätes verbracht wird. Wir stellen solche Kuppeln in einfacher Ausführung (aber auch mit allen technischen Raffinessen) selbst her und liefern in Größen von 2-12 Metern Durchmesser Kuppeln, die dem neuesten Stand der Technik entsprechen. Anders als eine Hütte mit abfahrbarem Dach bietet die klassische, auch ästhetisch schöne Kuppel perfekten Windschutz (Winter), Abschirmung gegen das heute so häufig störende Streulicht und Schutz gegen das lästige Beschlagen der Fernrohroptik.

DIE PREIS-SENSATION

SIBERIA 110 u. SIBERIA 150

Vollausgestattete Fernrohre aus Russland inkl. Motorantrieb, in hervorragender opt. Qualität, jedoch zu Kaufhaus-Preisen!

In der niedrigsten Preisklasse kommen die meisten angebotenen Fernrohre mittlerweile aus China oder anderen asiatischen Ländern - z.T. mit großen Kompromissen an der opt. Grundkonzeption und der mechanischen Stabilität!

Unsere russischen Fernrohre sind dagegen *superstabil,* mit hervorragender optischer Leistung. Nutzen Sie den gegenwärtigen enormen Preisvorteil!

Fordern Sie kostenlose Prospekte zu unseren russischen Newton - Teleskopen an.

baader planetarium ®

BAADER PLANETARIUM GMBH
Zur Sternwarte
82291 Mammendorf
Tel.: 08145/8802 Fax: 08145/8805

1998

Januar

Mo		5☽	12○	19	26
Di		**6**	13	20☾	27
Mi		7	14	21	28●
Do	**1**	8	15	22	29
Fr	2	9	16	23	30
Sa	3	10	17	24	31
So	**4**	**11**	**18**	**25**	

Februar

Mo	2	9	16	23
Di	3☽	10	17	24
Mi	4	11○	18	25
Do	5	12	19☾	26●
Fr	6	13	20	27
Sa	7	14	21	28
So	**1**	**8**	**15**	**22**

März

Mo	2	9	16	23	30
Di	3	10	17	24	31
Mi	4	11	18	25	
Do	5☽	12	19	26	
Fr	6	13○	20	27	
Sa	7	14	21☾	28●	
So	**1**	**8**	**15**	**22**	**29**

April

Mo		6	**13**	20	27
Di		7	14	21	28
Mi	1	8	15	22	29
Do	2	9	16	23	30
Fr	3☽	**10**	17	24	
Sa	4	11○	18	25	
So	**5**	**12**	**19☾**	**26●**	

Mai

Mo		4	11○	18	25●
Di		5	12	19☾	26
Mi		6	13	20	27
Do		7	14	**21**	28
Fr	**1**	8	15	22	29
Sa	2	9	16	23	30
So	**3☽**	**10**	**17**	**24**	**31**

Juni

Mo	1	8	15	22	29
Di	2☽	9	16	23	30
Mi	3	10○	17☾	24●	
Do	4	**11**	18	25	
Fr	5	12	19	26	
Sa	6	13	20	27	
So	**7**	**14**	**21**	**28**	

Juli

Mo		6	13	20	27
Di		7	14	21	28
Mi	1☽	8	15	22	29
Do	2	9○	16☾	23●	30
Fr	3	10	17	24	31☽
Sa	4	11	18	25	
So	**5**	**12**	**19**	**26**	

August

Mo		3	10	17	24	31
Di		4	11	18	25	
Mi		5	12	19	26	
Do		6	13	20	27	
Fr		7	14☾	21	28	
Sa	1	8○	15	22●	29	
So	**2**	**9**	**16**	**23**	**30☽**	

September

Mo		7	14	21	28☽
Di	1	8	15	22	29
Mi	2	9	16	23	30
Do	3	10	17	24	
Fr	4	11	18	25	
Sa	5	12	19	26	
So	**6○**	**13☾**	**20●**	**27**	

Oktober

Mo		5○	12☾	19	26
Di		6	13	20●	27
Mi		7	14	21	28☽
Do	1	8	15	22	29
Fr	2	9	16	23	30
Sa	**3**	10	17	24	31
So	**4**	**11**	**18**	**25**	

November

Mo	2	9	16	23	30
Di	3	10	17	24	
Mi	4○	11☾	18	25	
Do	5	12	19●	26	
Fr	6	13	20	27☽	
Sa	7	14	21	28	
So	**1**	**8**	**15**	**22**	**29**

Dezember

Mo		7	14	21	28
Di	1	8	15	22	29
Mi	2	9	16	23	30
Do	3○	10☾	17	24	31
Fr	4	11	18●	**25**	
Sa	5	12	19	**26☽**	
So	**6**	**13**	**20**	**27**	

Feiertage:

Aschermittwoch:	25. Feb.	Pfingstsonntag:	31. Mai	1. Advent:	29. Nov.
Ostersonntag:	12. April	Fronleichnam:	11. Juni		
Chr. Himmelfahrt:	21. Mai	Totensonntag:	22. Nov.		

Das Jahr 1998 ist ein Gemeinjahr zu 365 Tagen.

Beginn der Jahreszeiten:

Frühling: 20. März 20h55m
Sommer: 21. Juni 15h03m

Herbst: 23. Sept. 6h37m
Winter: 22. Dez. 2h56m

Erde in Sonnennähe: 4. Jan. 22h
Erde in Sonnenferne: 4. Juli 1h

Finsternisse:

26. Feb.: totale Sonnenfinsternis

22. Aug.: ringförmige Sonnenfinsternis

Planeten:

Innere Planeten

Merkur:	Größte östliche Elongation:	**20. März** (19°)	17. *Juli* (27°)	11. Nov (23°)	
	Größte westliche Elongation:	**6. Jan.** (23°)	4. Mai (27°)	**31. Aug.** (18°)	**20. Dez.** (22°)

Venus:	Untere Konjunktion:	16. Jan.
	Größte westliche Elongation:	27. März (47°)
	Obere Konjunktion:	30. Okt.

Äußere Planeten	Opposition	(Mio. km)	im Sternbild	Konjunktion
Mars:	–	–	–	12. Mai
Jupiter:	16. September	593	Wassermann	23. Februar
Saturn:	23. Oktober	1241	Fische	13. April
Uranus:	3. August	2821	Steinbock	28. Januar
Neptun:	23. Juli	4357	Steinbock	19. Januar
Pluto:	28. Mai	4348	Schlangenträger	30. November

1999

	Januar	Februar	März	April
Mo	4 11 18 25	1 8☾ 15 22	1 8 15 22 29	**5** 12 19 26
Di	5 12 19 26	2 9 16● 23☽	2○ 9 16 23 30	6 13 20 27
Mi	**6** 13 20 27	3 10 17 24	3 10☾ 17● 24☽ 31○	7 14 21 28
Do	7 14 21 28	4 11 18 25	4 11 18 25	1 8 15 22☽ 29
Fr	1 8 15 22 29	5 12 19 26	5 12 19 26	**2** 9☾ 16● 23 30○
Sa	2○ 9☾ 16 23 30	6 13 20 27	6 13 20 27	3 10 17 24
So	**3 10 17● 24☽ 31○**	**7 14 21 28**	**7 14 21 28**	**4 11 18 25**

	Mai	Juni	Juli	August
Mo	3 10 17 **24** 31	7☾ 14 21 28○	5 12 19 26	2 9 16 23 30
Di	4 11 18 25	1 8 15 22 29	6☾ 13● 20☽ 27	3 10 17 24 31
Mi	5 12 19 26	2 9 16 23 30	7 14 21 28○	4☾ 11● 18 25
Do	6 **13** 20 27	**3** 10 17 24	1 8 15 22 29	5 12 19☽ 26
Fr	7 14 21 28	4 11 18 25	2 9 16 23 30	6 13 20 27○
Sa	1 8☾ 15● 22☽ 29	5 12 19 26	3 10 17 24 31	7 14 21 28
So	**2 9 16 23 30○**	**6 13● 20☽ 27**	**4 11 18 25**	**1 8 15 22 29**

	September	Oktober	November	Dezember
Mo	6 13 20 27	4 11 18 25	1 8● 15 22 29	6 **13** 20 27
Di	7 14 21 28	5 12 19 26	2 9 16☽ 23○ 30☾	7● 14 21 28
Mi	1 8 15 22 29	6 13 20 27	3 10 17 24	1 8 15 22○ 29☾
Do	2☾ 9● 16 23 30	7 14 21 28	4 11 18 25	2 9 16☽ 23 30
Fr	3 10 17☽ 24	1 8 15 22 29	5 12 19 26	3 10 17 24 31
Sa	4 11 18 25○	2☾ 9● 16 23 30	6 13 20 27	4 11 18 **25**
So	**5 12 19 26**	**3 10 17☽ 24○ 31☾**	**7 14 21 28**	**5 12 19 26**

Feiertage:

Aschermittwoch:	17. Feb.	Pfingstsonntag:	23. Mai	1. Advent:	28. Nov.
Ostersonntag:	4. April	Fronleichnam:	3. Juni		
Chr. Himmelfahrt:	13. Mai	Totensonntag:	21. Nov.		

Das Jahr 1999 ist ein Gemeinjahr zu 365 Tagen.

Beginn der Jahreszeiten:

Frühling: 21. März 2^h46^m — Herbst: 23. Sept. 12^h31^m — Erde in Sonnennähe: 3. Jan. 14^h
Sommer: 21. Juni 20^h49^m — Winter: 22. Dez. 8^h44^m — Erde in Sonnenferne: 6. Juli 23^h

Finsternisse:

16. Feb.: ringförmige Sonnenfinsternis — 28. Juli: partielle Mondfinsternis
11. Aug.: totale Sonnenfinsternis:
Einzige totale Sonnenfinsternis in diesem Jahrhundert, die von Deutschland aus beobachtbar ist. Die Totalitätszone verläuft über Karlsruhe – Stuttgart – München – Salzburg – Graz

Planeten:

Innere Planeten

Merkur:	Größte östliche Elongation:	**3. März** (18°)	28. *Juni* (26°)	24. Okt. (24°)
	Größte westliche Elongation:	16. April (28°)	**14. Aug.** (19°)	**3. Dez.** (20°)
	Untere Konjunktion:	15. Nov. – Transit!		
Venus:	Größte östliche Elongation:	11. Juni (45°)	Untere Konjunktion: 20. Aug.	
	Größte westliche Elongation:	30. Okt. (46°)		

Äußere Planeten	Opposition	(Mio. km)	im Sternbild	Konjunktion
Mars:	24. April	87	Jungfrau	–
Jupiter:	23. Oktober	593	Widder	1. April
Saturn:	6. November	1228	Widder	27. April
Uranus:	7. August	2827	Steinbock	2. Februar
Neptun:	26. Juli	4355	Steinbock	22. Januar
Pluto:	31. Mai	4362	Schlangenträger	3. Dezember

2000

Januar

Mo		3	10	17	24	31
Di		4	11	18	25	
Mi		5	12	19	26	
Do		**6**●	13	20	27	
Fr		7	14☽	21☺	28☾	
Sa	**1**	8	15	22	29	
So	**2**	**9**	**16**	**23**	**30**	

Februar

Mo		7	14	21	28
Di	1	8	15	22	29
Mi	2	9	16	23	
Do	3	10	17	24	
Fr	4	11	18	25	
Sa	5●	12	19☺	26	
So	**6**	**13**☽	**20**	**27**☾	

März

Mo		6●	13☽	20☺	27
Di		7	14	21	28☾
Mi	1	8	15	22	29
Do	2	9	16	23	30
Fr	3	10	17	24	31
Sa	4	11	18	25	
So	**5**	**12**	**19**	**26**	

April

Mo		3	10	17	**24**
Di		4●	11☽	18☺	25
Mi		5	12	19	26☾
Do		6	13	20	27
Fr		7	14	**21**	28
Sa	1	8	15	22	29
So	**2**	**9**	**16**	**23**	**30**

Mai

Mo	**1**	8	15	22	29
Di	2	9	16	23	30
Mi	3	10☽	17	24	31
Do	4●	11	18☺	25	
Fr	5	12	19	26☾	
Sa	6	13	20	27	
So	**7**	**14**	**21**	**28**	

Juni

Mo		5	**12**	19	26
Di		6	13	20	27
Mi		7	14	21	28
Do	**1**	8	15	**22**	29
Fr	2●	9☽	16☺	23	30
Sa	3	10	17	24	
So	**4**	**11**	**18**	**25**☾	

Juli

Mo		3	10	17	24☾	31●
Di		4	11	18	25	
Mi		5	12	19	26	
Do		6	13	20	27	
Fr		7	14	21	28	
Sa	1●	8☽	15	22	29	
So	**2**	**9**	**16**☺	**23**	**30**	

August

Mo		7☽	14	21	28
Di	1	8	15☺	22☾	29●
Mi	2	9	16	23	30
Do	3	10	17	24	31
Fr	4	11	18	25	
Sa	5	12	19	26	
So	**6**	**13**	**20**	**27**	

September

Mo		4	11	18	25
Di		5☽	12	19	26
Mi		6	13☺	20	27●
Do		7	14	21☾	28
Fr	1	8	15	22	29
Sa	2	9	16	23	30
So	**3**	**10**	**17**	**24**	

Oktober

Mo		2	9	16	23	30
Di		**3**	10	17	24	31
Mi		4	11	18	25	
Do		5☽	12	19	26	
Fr		6	13☺	20☾	27●	
Sa		7	14	21	28	
So	**1**	**8**	**15**	**22**	**29**	

November

Mo		6	13	20	27
Di		7	14	21	28
Mi	**1**	8	15	22	29
Do	2	9	16	23	30
Fr	3	10	17	24	
Sa	4☽	11☺	18☾	25	
So	**5**	**12**	**19**	**26**●	

Dezember

Mo		4☽	11☺	18☾	**25**●
Di		5	12	19	**26**
Mi		6	13	20	27
Do		7	14	21	28
Fr	1	8	15	22	29
Sa	2	9	16	23	30
So	**3**	**10**	**17**	**24**	**31**

Feiertage:

Aschermittwoch:	8. März	Pfingstsonntag:	11. Juni	1. Advent:	3. Dez.
Ostersonntag:	23. April	Fronleichnam:	22. Juni		
Chr. Himmelfahrt:	1. Juni	Totensonntag:	26. Nov.		

Das Jahr 2000 ist ein **Schaltjahr** zu 366 Tagen.

Beginn der Jahreszeiten:

Frühling: 20. März 8^h35^m
Sommer: 21. Juni 2^h48^m
Herbst: 22. Sept. 18^h27^m
Winter: 21. Dez. 14^h37^m
Erde in Sonnennähe: 3. Jan. 7^h
Erde in Sonnenferne: 4. Juli 1^h

Finsternisse:

21. Jan.: totale Mondfinsternis
5. Feb.: partielle Sonnenfinsternis
1. Juli: partielle Sonnenfinsternis
16. Juli: totale Mondfinsternis
31. Juli: partielle Sonnenfinsternis
25. Dez.: partielle Sonnenfinsternis

Planeten:

Innere Planeten

Merkur:	Größte östliche Elongation:	**15.Feb.** (18°)	9. *Juni* (24°)	6. Okt. (26°)
	Größte westliche Elongation:	28. März (28°)	*27. Juli* (20°)	**15. Nov.** (19°)
Venus:	Obere Konjunktion:	11. Juni		

Äußere Planeten	Opposition	(Mio. km)	im Sternbild	Konjunktion
Mars:	–	–	–	1. Juli
Jupiter:	28. November	606	Stier	8. Mai
Saturn:	19. November	1217	Stier	10. Mai
Uranus:	11. August	2832	Steinbock	6. Februar
Neptun:	27. Juli	4353	Steinbock	24. Januar
Pluto:	1. Juni	4378	Schlangenträger	4. Dezember

2001

Symbole: ☽ Erstes Viertel, ☺ Vollmond, ☾ Letztes Viertel, ● Neumond

Januar

Mo	1	8	15	22	29
Di	2	9☺	16☾	23	30
Mi	3☽	10	17	24●	31
Do	4	11	18	25	
Fr	5	12	19	26	
Sa	**6**	13	20	27	
So	**7**	**14**	**21**	**28**	

Februar

Mo		5	12	19	26
Di		6	13	20	27
Mi		7	14	21	28
Do	1☽	8☺	15☾	22	
Fr	2	9	16	23●	
Sa	3	10	17	24	
So	**4**	**11**	**18**	**25**	

März

Mo		5	12	19	26
Di		6	13	20	27
Mi		7	14	21	28
Do	1	8	15	22	29
Fr	2	9☺	16☾	23	30
Sa	3☽	10	17	24	31
So	**4**	**11**	**18**	**25●**	

April

Mo		2	9	**16**	23●	30☽
Di		3	10	17	24	
Mi		4	11	18	25	
Do		5	12	19☾	26	
Fr		6	**13**	20	27	
Sa		7	14	21	28	
So	**1☽**	**8☺**	**15☾**	**22**	**29**	

Mai

Mo		7☺	14	21	28
Di	**1**	8	15☾	22	29☽
Mi	2	9	16	23●	30
Do	3	10	17	**24**	31
Fr	4	11	18	25	
Sa	5	12	19	26	
So	**6**	**13**	**20**	**27**	

Juni

Mo		**4**	11	18	25
Di		5	12	19	26
Mi		6☺	13	20	27
Do		7	**14**☾	21●	28☽
Fr	1	8	15	22	29
Sa	2	9	16	23	30
So	**3**	**10**	**17**	**24**	

Juli

Mo		2	9	16	23	30
Di		3	10	17	24	31
Mi		4	11	18	25	
Do		5☺	12	19	26	
Fr		6	13☾	20●	27☽	
Sa		7	14	21	28	
So	**1**	**8**	**15**	**22**	**29**	

August

Mo		6	13	20	27
Di		7	14	21	28
Mi	1	8	15	22	29
Do	2	9	16	23	30
Fr	3	10	17	24	31
Sa	4☺	11	18	25☽	
So	**5**	**12**☾	**19●**	**26**	

September

Mo		3	10☾	17●	24☽
Di		4	11	18	25
Mi		5	12	19	26
Do		6	13	20	27
Fr		7	14	21	28
Sa	1	8	15	22	29
So	**2**☺	**9**	**16**	**23**	**30**

Oktober

Mo	1	8	15	22	29
Di	2☺	9	16●	23	30
Mi	**3**	10☾	17	24☽	31
Do	4	11	18	25	
Fr	5	12	19	26	
Sa	6	13	20	27	
So	**7**	**14**	**21**	**28**	

November

Mo		5	12	19	26
Di		6	13	20	27
Mi		7	14	21	28
Do	**1**☺	8☾	15●	22	29
Fr	2	9	16	23☽	30☺
Sa	3	10	17	24	
So	**4**	**11**	**18**	**25**	

Dezember

Mo		3	10	17	24	31
Di		4	11	18	**25**	
Mi		5	12	19	**26**	
Do		6	13	20	27	
Fr		7☾	14●	21	28	
Sa	1	8	15	22☽	29	
So	**2**	**9**	**16**	**23**	**30**☺	

Feiertage:

Aschermittwoch:	28. Feb.	Pfingstsonntag:	3. Juni	1. Advent:	2. Dez.
Ostersonntag:	15. April	Fronleichnam:	14. Juni		
Chr. Himmelfahrt:	24. Mai	Totensonntag:	25. Nov.		

Das Jahr 2001 ist ein Gemeinjahr zu 365 Tagen.

Beginn der Jahreszeiten:

Frühling: 20. März 14h31m
Sommer: 21. Juni 8h37m
Herbst: 23. Sept. 0h04m
Winter: 21. Dez. 20h22m
Erde in Sonnennähe: 4. Jan. 10h
Erde in Sonnenferne: 4. Juli 15h

Finsternisse:

9. Jan.: totale Mondfinsternis
21. Juni: totale Sonnenfinsternis
5. Juli: partielle Mondfinsternis
14. Dez.: ringförmige Sonnenfinsternis

Planeten:

Innere Planeten

Merkur:	Größte östliche Elongation:	**28. Jan.** (18°)	**22. Mai** (22°)	18. Sept. (27°)
	Größte westliche Elongation:	11. März (27°)	*9. Juli* (21°)	**29. Okt.** (19°)
Venus:	Größte östliche Elongation:	17. Jan. (47°)	Untere Konjunktion: 30. März	
	Größte westliche Elongation:	8. Juni (46°)		

Äußere Planeten	Opposition	(Mio. km)	im Sternbild	Konjunktion
Mars:	13. Juni	67	Schlangenträger	–
Jupiter:	(1. Januar 200**2**)	626	Zwillinge	14. Juni
Saturn:	3. Dezember	1209	Stier	25. Mai
Uranus:	14. August	2837	Steinbock	9. Februar
Neptun:	30. Juli	4351	Steinbock	26. Januar
Pluto:	3. Juni	4395	Schlangenträger	7. Dezember

2002

Januar					
Mo		7	14	21☽	28☺
Di	**1**	8	15	22	29
Mi	2	9	16	23	30
Do	3	10	17	24	31
Fr	4	11	18	25	
Sa	5	12	19	26	
So	**6**☾	**13**●	**20**	**27**	

Februar				
Mo		4☾	11	18	25
Di		5	12●	19	26
Mi		6	13	20☽	27☺
Do		7	14	21	28
Fr	1	8	15	22	
Sa	2	9	16	23	
So	**3**	**10**	**17**	**24**	

März					
Mo		4	11	18	25
Di		5	12	19	26
Mi		6☾	13	20	27
Do		7	14●	21	28☺
Fr	1	8	15	22☽	**29**
Sa	2	9	16	23	30
So	**3**	**10**	**17**	**24**	**31**

April					
Mo	**1**	8	15	22	29
Di	2	9	16	23	30
Mi	3	10	17	24	
Do	4☾	11	18	25	
Fr	5	12●	19	26	
Sa	6	13	20☽	27☺	
So	**7**	**14**	**21**	**28**	

Mai					
Mo		6	13	**20**	27
Di		7	14	21	28
Mi	1	8	15	22	29
Do	2	**9**	16	23	**30**
Fr	3	10	17	24	31
Sa	4☾	11	18	25	
So	**5**	**12**●	**19**☽	**26**☺	

Juni					
Mo		3☾	10	17	24☺
Di		4	11●	18☽	25
Mi		5	12	19	26
Do		6	13	20	27
Fr		7	14	21	28
Sa	1	8	15	22	29
So	**2**	**9**	**16**	**23**	**30**

Juli					
Mo	1	8	15	22	29
Di	2☾	9	16	23	30
Mi	3	10●	17☽	24☺	31
Do	4	11	18	25	
Fr	5	12	19	26	
Sa	6	13	20	27	
So	**7**	**14**	**21**	**28**	

August					
Mo		5	12	19	26
Di		6	13	20	27
Mi		7	14	21	28
Do	1☾	8●	15☽	22☺	29
Fr	2	9	16	23	30
Sa	3	10	17	24	31☾
So	**4**	**11**	**18**	**25**	

September						
Mo		2	9	16	23	30
Di		3	10	17	24	
Mi		4	11	18	25	
Do		5	12	19	26	
Fr		6	13☽	20	27	
Sa		7●	14	21☺	28	
So	**1**	**8**	**15**	**22**	**29**☾	

Oktober					
Mo		7	14	21☺	28
Di	1	8	15	22	29☾
Mi	2	9	16	23	30
Do	**3**	10	17	24	31
Fr	4	11	18	25	
Sa	5	12	19	26	
So	**6**●	**13**☽	**20**	**27**	

November					
Mo		4●	11☽	18	25
Di		5	12	19	26
Mi		6	13	20☺	27☾
Do		7	14	21	28
Fr	**1**	8	15	22	29
Sa	2	9	16	23	30
So	**3**	**10**	**17**	**24**	

Dezember						
Mo		2	9	16	23	30
Di		3	10	17	24	31
Mi		4●	11☽	18	**25**	
Do		5	12	19☺	**26**	
Fr		6	13	20	27☾	
Sa		7	14	21	28	
So	**1**	**8**	**15**	**22**	**29**	

Feiertage:

Aschermittwoch:	13. Feb.	Pfingstsonntag:	19. Mai	1. Advent:	1. Dez.
Ostersonntag:	31. März	Fronleichnam:	30. Mai		
Chr. Himmelfahrt:	9. Mai	Totensonntag:	24. Nov.		

Das Jahr 2002 ist ein Gemeinjahr zu 365 Tagen.

Beginn der Jahreszeiten:

Frühling: 20. März 20^h16^m — Herbst: 23. Sept. 5^h55^m — Erde in Sonnennähe: 2. Jan. 15^h
Sommer: 21. Juni 14^h24^m — Winter: 22. Dez. 2^h14^m — Erde in Sonnenferne: 6. Juli 5^h

Finsternisse:

11. Juni: ringförmige Sonnenfinsternis
4. Dez.: totale Sonnenfinsternis

Planeten:

Innere Planeten

Merkur:	Größte östliche Elongation:	*11. Jan.* (19°)	**4. Mai** (21°)	1. Sept. (27°)	*26. Dez.* (20°)
	Größte westliche Elongation:	21. Feb. (27°)	21. Juni (23°)	**13. Okt.** (18°)	
Venus:	Obere Konjunktion:	14. Jan.	Untere Konjunktion: 31. Okt.		
	Größte östliche Elongation:	22. Aug. (46°)			

Äußere Planeten	Opposition	(Mio. km)	im Sternbild	Konjunktion
Mars:	–	–	–	10. August
Jupiter:	1. Januar	626	Zwillinge	20. Juli
Saturn:	17. Dezember	1205	Stier	9. Juni
Uranus:	20. August	2841	Steinbock	13. Februar
Neptun:	2. August	4349	Steinbock	28. Januar
Pluto:	7. Juni	4414	Schlangenträger	9. Dezember

TELESKOP KOSMOS 60
Holen Sie sich die Sterne vom Himmel!
Entdecken Sie Monddetails, Saturn und seine Ringe, Jupiter und seine Monde, Phasen von Venus, helle Doppelsterne und vieles mehr.
KOSMOS 60
Teleskop Kosmos 60
Refraktor mit 60 mm Objektivdurchmesser und 700 mm Brennweite, azimutale Montierung, höhenverstellbares Holzstativ, Sucherfernrohr 5 x 24, je ein Okular für 175fache und 56fache Vergrößerung, eine Umkehrlinse 1,5 für Erdbeobachtung, eine Barlowlinse 2,3, ein Mondfilter sowie das Kosmos-Jahrbuch „Was tut sich am Himmel?"
nur DM 199,–
Kosmos Service
Pfizerstr. 5 - 7
70184 Stuttgart
Tel. 07 11 / 21 91 - 2 67
Fax 07 11 / 21 91 - 3 50

Sternführer

Astronomie für Einsteiger – eine Einführung mit zahlreichen Sternkarten, Fotos, Zeichnungen und Beobachtungshinweisen.

191 Seiten, 16 Sternkarten, 217 Abbildungen, 28 Tabellen
ISBN 3-440-05715-1

Der ideale Sternführer für Einsteiger und Jugendliche. Mit 60 Sternkarten und Sternbilder-ABC.

64 Seiten, 60 Sternkarten, 51 Sternbilder
ISBN 3-440-06204-X

Mit 52 Sternkarten, die den nördlichen und südlichen Sternenhimmel vollständig abbilden sowie Tips und Informationen zu astronomischen Instrumenten und Anleitungen zum Fotografieren des Nachthimmels.

383 Seiten, 142 Sternkarten
138 Abbildungen
ISBN 3-440-05787-9

Wo finde ich den Großen Bären? Ist der helle Lichtpunkt dort ein Planet oder ein Stern? **Welcher Stern ist das?** gibt eine umfassende Übersicht des nördlichen und südlichen Himmels.

176 Seiten
60 Himmelssternkarten
88 Sternbildkarten
52 Abbildungen
ISBN 3-440-07531-1

kosmos

Bücher • Videos • CDs • Kalender
zu den Themen: Natur, Garten- und Zimmerpflanzen, Astronomie, Heimtiere, Pferde, Kinder- und Jugendbücher, Eisenbahn/Nutzfahrzeuge